高等工科数学系列课程教材

空间解析几何与线性代数

第2版

总主编　孙振绮
主　编　孙振绮　张宪君
副主编　杨　毅　孙建邵　李福梅

机械工业出版社

本书是以教育部（原国家教委）1995 年颁布的高等工科院校本科“空间解析几何与线性代数”的教学基本要求为纲，广泛吸取国内外知名大学的教学经验编写而成的.

全书共 8 章：空间解析几何，n 阶行列式，矩阵，线性方程组，线性空间，内积空间，相似矩阵及其对角化，二次型等，书末还附有线性算子，酉空间简介，若尔当（Jordan）标准形简介和部分习题参考答案与提示.

本书可作为工科大学本科生的数学课教材，也可供准备报考工科硕士研究生的人员与工程技术人员参考.

图书在版编目（CIP）数据

空间解析几何与线性代数/孙振绮等主编. —2 版. —北京：机械工业出版社，2011.6（2018.1 重印）

高等工科数学系列课程教材

ISBN 978 - 7 - 111 - 34407 - 0

Ⅰ.①空…　Ⅱ.①孙…　Ⅲ.①空间几何：解析几何 - 高等学校 - 教材②线性代数 - 高等学校 - 教材　Ⅳ.①O182.2②O151.2

中国版本图书馆 CIP 数据核字（2011）第 078338 号

机械工业出版社（北京市百万庄大街 22 号　邮政编码 100037）

策划编辑：郑　玫　责任编辑：郑　玫　李　乐

版式设计：张世琴　责任校对：张莉娟

封面设计：鞠　杨　责任印制：孙　炜

保定市中画美凯印刷有限公司印刷

2018 年 1 月第 2 版 · 第 5 次印刷

169mm × 239mm · 15.75 印张 · 301 千字

10 001—11 900 册

标准书号：ISBN 978 - 7 - 111 - 34407 - 0

定价：28.00 元

凡购本书，如有缺页、倒页、脱页，由本社发行部调换

电话服务

社服务中心：(010) 88361066

销 售 一 部：(010) 68326294

销 售 二 部：(010) 88379649

读者购书热线：(010) 88379203

网络服务

门户网：http: //www.cmpbook.com

教材网：http: //www.cmpedu.com

封面无防伪标均为盗版

序

高等数学课程的教学要求、内容选取和体系编排等方面，前苏联教材与北美教材有很大的差异．面对当今科学技术的发展和社会需求，从我国实际情况出发，吸收不同国家、不同学派的优点，更好地为我国培养高质量人才是广大数学教师的责任与愿望．

我国大多数工科数学教材的内容和体系是在20世纪50年代前苏联相应教材的基础上演变发展而来的．当今不少教材在进行改革的同时，正在吸收北美等发达国家的先进理念和经验，而对前苏联教材近年来的变化注意不够．孙振绮教授对前苏联的高等数学教学进行了长期深入的研究，发表了相关论文与研究报告十余篇．这对吸收不同学派所长，推动我国工科数学教学改革、建设具有中国特色的系列教材具有重要的参考价值．

长期以来，孙振绮教授与其他教授合作，以培养高素质创新型人才为目标，力图探讨一条提高本门课程教学质量的新途径．他们结合我国的实际情况，吸收前苏联高等数学课程教学的先进理念和经验，对教学过程进行了整体的优化设计，编写了一套工科数学系列教材共9部．该系列教材的取材考虑了现代科技发展的需要，提高了知识的起点，适当运用了现代数学的观点，增加了一些现代工程需要的应用数学方法，扩大了信息．同时，整合优化了教学体系，体现了数学有关分支间的相互交叉和渗透，加强了数学思想方法的阐述和运用数学知识解决问题的能力的培养．

与当今出版的众多工科数学教材相比，本系列教材特色鲜明，颇有新意．其最突出的特点是：内容丰富，观点较高，体系优化，基础理论比较深厚，吸收了俄罗斯学派和教材的观点和特色，在国内独树一帜．对数学要求较高的专业和读者，本书不失为一套颇有特色的教材或良好的参考书．

该系列教材曾在作者所在学校和有关院校使用，反应良好，并于2005年获机械工业出版社科技进步一等奖．其中《工科数学分析教程》（上、下册）第2版被列为普通高等教育“十一五”国家级规划教材．该校使用该教材的工科数学分析系列课程被评为2005年山东省精品课程，相关的改革成果和经验，多次获校与省教学成果奖，在国内同行中，有广泛良好的影响．笔者相信，本系列教材的出版，不仅有益于我国高质量人才的培养，也将会使广大师生集思广益，有助于本门课程教学改革的深入发展．

西安交通大学　马知恩

第2版前言

高等工科数学系列课程教材（第1版）曾获2005年机械工业出版社科技进步一等奖. 近年来，我们坚持以培养高素质、创新型人才为目标，优化教学质量系统，全面深化教学改革，先后获省高等教育教学成果一、二等奖各一项，进一步推动了系列课程教材建设. 自2007年起，我们陆续对本系列教材进行了修订.

本次修订出版的第2版教材在基本保持原教材风貌的基础上补充部分内容，适当增加数学建模内容比例与现代工程应用教学方法，精选了例题与习题，调整了某些内容顺序.

本书中对于有些为满足提高理论知识平台的需要而设置的超纲部分的内容均打了“*”号，可不列入授课内容，授课约需用68学时.

全套教材（第2版）由孙振绮任总主编，本书由孙振绮、张宪君任主编，参加本书修订的有杨毅（第2，8章）、孙建邵（第5、6章）、李福梅（第3章）、王卫卫（第1章）、钟云娇（第4章），此外还有李文学、于佳佳参加编写. 丁效华、金承日教授分别审阅了教材的各部分内容，提出了许多宝贵意见.

由于编者水平有限，缺点、疏漏之处在所难免，恳请读者批评指正！

编　者

第1版前言

为适应科学技术进步的要求，培养高素质人才，必须改革工科数学课程体系与教学方法．为此，我们进行了十多年的教学改革实践，先后在哈尔滨工业大学、黑龙江省教委立项，长期从事“高等工科数学教学过程的优化设计”课题的研究．该课题曾获哈尔滨工业大学优秀教学研究成果奖．本套系列课程教材正是这一研究成果的最新总结，包括：《工科数学分析教程（上，下册）》、《空间解析几何与线性代数》、《概率论与数理统计》、《复变函数论与运算微积》、《数学物理方程》、《最优化方法》、《计算技术与程序设计》等．

这套教材在编写上广泛吸取国内外知名大学的教学经验，特别是吸取了莫斯科理工学院、乌克兰人民科技大学（原基辅工业大学）等的教学改革经验，提高了知识起点，适当地扩大了知识信息量，加强了基础，并突出了对学生的数学素质与学习能力的培养．具体地，①加强了对传统内容的理论叙述；②适当运用了近代数学观点来叙述古典工科数学内容，加强了对重要的数学思想方法的阐述；③加强了系列课程内容之间的相互渗透与交叉，注重培养学生综合运用数学知识解决实际问题的能力；④把精选教材内容与编写典型计算题有机结合起来，从而加强了知识间的联系，形成课程的逻辑结构，扩展了知识的深广度，使内容具备较高的系统性和逻辑性；⑤强化了对学生的科学工程计算能力的培养；⑥加强对学生数学建模能力的培养；⑦突出工科特点，增加了许多现代工程应用数学方法；⑧注意到课程内容与工科研究生数学的衔接与区别．

在编写这本书时，既强调讲清线性代数理论的“代数背景”（解线性方程组）与“几何背景”，加强了空间解析几何与线性代数的相互联系，又重点突出了线性空间与线性算子的理论，为其他工科数学课程提供了一个较高的“知识台阶”．书中配有大量的例题与习题（有参考答案），既有利于教师积极地组织教学过程，又便于学生自学．

本书可供工科大学自动化、计算机科学与技术、机械电子工程，工程物理、通信工程、电子科学与技术等对数学知识要求较高专业的本科生使用．按大纲讲授需74学时，全讲需90学时．

全套教材由孙振绮任总主编．本书由孙振绮、丁效华任主编，李宝家、伊晓东任副主编．参加本书编写的还有杨毅、邹巾英、孙建邵、李福梅、范德军等．刘铁夫、张宪君教授分别审阅了教材的各部分内容，提出了许多宝贵意见．

在此，对哈尔滨工业大学多年来一直支持这项教学改革的领导、专家、教授深表谢意！

由于编者水平有限，缺点、疏漏之处在所难免，恳请读者批评指正！

编　者

目　录

第1章　空间解析几何

1.1　二阶与三阶行列式

行列式是研究线性代数的重要工具，在解决科学研究和工程技术问题中发挥着重要作用. 行列式的概念源于解线性方程组.

1.1.1　二阶行列式

考察用加减消元法解二元一次线性方程组

$$\begin{cases} a_{11}x_1 + a_{12}x_2 = b_1 \\ a_{21}x_1 + a_{22}x_2 = b_2 \end{cases} \tag{1.1}$$

当 $a_{11}a_{22} - a_{12}a_{21} \neq 0$ 时，方程组(1.1)有唯一解

$$x_1 = \frac{b_1a_{22} - b_2a_{12}}{a_{11}a_{22} - a_{12}a_{21}}, x_2 = \frac{b_2a_{11} - b_1a_{21}}{a_{11}a_{22} - a_{12}a_{21}} \tag{1.2}$$

为了便于记忆上述解的公式，引进记号

$$\begin{vmatrix} a_{11} & a_{12} \\ a_{21} & a_{22} \end{vmatrix} = a_{11}a_{22} - a_{12}a_{21}$$

并称它为二阶行列式. 二阶行列式的计算也可根据图 1.1 来记忆.

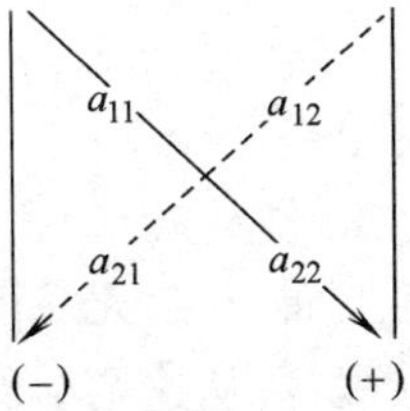

图　1.1

利用二阶行列式的概念，式(1.2)中的两个分子可以分别记为

$$D_1 = \begin{vmatrix} b_1 & a_{12} \\ b_2 & a_{22} \end{vmatrix}, D_2 = \begin{vmatrix} a_{11} & b_1 \\ a_{21} & b_2 \end{vmatrix}$$

因此，对于方程组(1.1)，在行列式

$$D = \begin{vmatrix} a_{11} & a_{12} \\ a_{21} & a_{22} \end{vmatrix} \neq 0$$

时，方程组的解可以表示为

$$x_1 = \frac{D_1}{D}, x_2 = \frac{D_2}{D}$$

例 1.1　解二元一次线性方程组

$$\begin{cases} x_1 - 3x_2 = -5 \\ 4x_1 + 3x_2 = -5 \end{cases}$$

解　方程组中未知量的系数所构成的二阶行列式

$$D = \begin{vmatrix} 1 & -3 \\ 4 & 3 \end{vmatrix} = 3 - (-3) \times 4 = 15 \neq 0$$

所以方程组有唯一解

$$D_1 = \begin{vmatrix} -5 & -3 \\ -5 & 3 \end{vmatrix} = -30, D_2 = \begin{vmatrix} 1 & -5 \\ 4 & -5 \end{vmatrix} = 15$$

于是方程组的解为

$$x_1 = \frac{D_1}{D} = \frac{-30}{15} = -2, x_2 = \frac{D_2}{D} = \frac{15}{15} = 1$$

例 1.2　计算 $\begin{vmatrix} x+y & 2y \\ 2x & x+y \end{vmatrix}$

解　$\begin{vmatrix} x+y & 2y \\ 2x & x+y \end{vmatrix} = (x+y)^2 - 4xy = x^2 + y^2 - 2xy = (x-y)^2$

例 1.3　计算 $\begin{vmatrix} \mathrm{i}-1 & 2\mathrm{i} \\ \mathrm{i} & \mathrm{i}+1 \end{vmatrix}$

解

$$\begin{vmatrix} \mathrm{i}-1 & 2\mathrm{i} \\ \mathrm{i} & \mathrm{i}+1 \end{vmatrix} = \mathrm{i}^2 - 1 - 2\mathrm{i}^2 = 0$$

1.1.2　三阶行列式

考察用加减消元法解三元一次线性方程组

$$\begin{cases} a_{11}x_1 + a_{12}x_2 + a_{13}x_3 = b_1 \\ a_{21}x_1 + a_{22}x_2 + a_{23}x_3 = b_2 \\ a_{31}x_1 + a_{32}x_2 + a_{33}x_3 = b_3 \end{cases} \tag{1.3}$$

同上面一样，先从前两式消去 x_3，后两式消去 x_3，得到只含 x_1，x_2 的两个新的线性方程；再从这两个新线性方程消去 x_2，就得到

$$(a_{11}a_{22}a_{33} + a_{12}a_{23}a_{31} + a_{13}a_{21}a_{32} - a_{11}a_{23}a_{32} - a_{12}a_{21}a_{33} - a_{13}a_{22}a_{31})x_1$$
$$= b_1a_{22}a_{33} + a_{12}a_{23}b_3 + a_{13}b_2a_{32} - b_1a_{23}a_{32} - a_{12}b_2a_{33} - a_{13}a_{22}b_3$$

当 x_1 的系数

$$D = a_{11}a_{22}a_{33} + a_{12}a_{23}a_{31} + a_{13}a_{21}a_{32} - a_{11}a_{23}a_{32} - a_{12}a_{21}a_{33} - a_{13}a_{22}a_{31} \neq 0$$

时，得出

$$x_1 = \frac{1}{D}(b_1a_{22}a_{33} + a_{12}a_{23}b_3 + a_{13}b_2a_{32} - b_1a_{23}a_{32} - a_{12}b_2a_{33} - a_{13}a_{22}b_3)$$

同样，可以求得

$$x_2=\frac{1}{D}(a_{11}b_2a_{33}+a_{12}a_{23}b_3+a_{13}b_2a_{32}-a_{11}a_{23}b_3-b_1a_{21}a_{33}-a_{13}b_2a_{31})$$

$$x_3=\frac{1}{D}(a_{11}a_{22}b_3+a_{12}b_2a_{31}+b_1a_{21}a_{32}-a_{11}b_2a_{32}-a_{12}a_{21}b_3-b_1a_{22}a_{31})$$

所以,当 $D\neq0$ 时,如果方程组(1.3)有解,就一定是上述唯一形式.

同前面一样,为了便于记忆,引进三阶行列式

$$\begin{vmatrix}a_{11}&a_{12}&a_{13}\\a_{21}&a_{22}&a_{23}\\a_{31}&a_{32}&a_{33}\end{vmatrix}=a_{11}a_{22}a_{33}+a_{12}a_{23}a_{31}+a_{13}a_{21}a_{32}-a_{11}a_{23}a_{32}-a_{12}a_{21}a_{33}-a_{13}a_{22}a_{31}$$

它含有三行、三列,是六个项的代数和.这六项这样来记忆:如图1.2所示,实线上三个元素的乘积构成的三项都取正号,虚线上三个元素的乘积构成的三项都取负号.

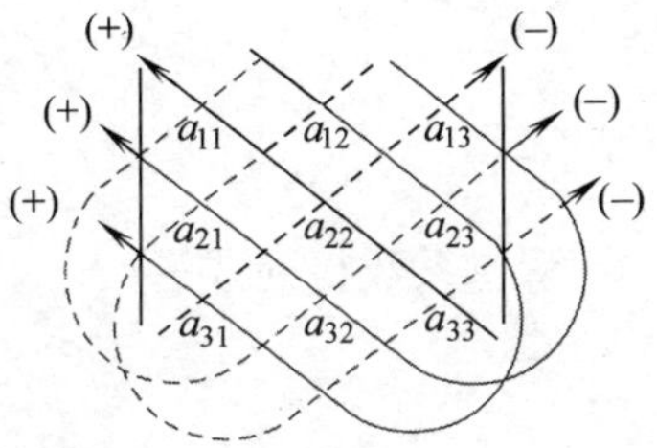

图 1.2

例 1.4

$$D=\begin{vmatrix}2&-3&1\\4&1&-2\\5&1&3\end{vmatrix}$$

解 $D=2\times1\times3+(-3)\times(-2)\times5+1\times4\times1-1\times1\times5-(-3)\times4\times3-2\times(-2)\times1=75$

例 1.5 计算 $\begin{vmatrix}1&2&3\\2&3&1\\3&1&2\end{vmatrix}$

解 $\begin{vmatrix}1&2&3\\2&3&1\\3&1&2\end{vmatrix}=1\times3\times2+2\times1\times3+3\times1\times2-3\times3\times3-2\times2\times2-1\times1\times1=-18$

利用加减消元法,不难看出三元一次线性方程组的解可以用三阶行列式表示.当

$$D=\begin{vmatrix}a_{11}&a_{12}&a_{13}\\a_{21}&a_{22}&a_{23}\\a_{31}&a_{32}&a_{33}\end{vmatrix}\neq0$$

时,方程组(1.3)有唯一解.如果记

$$D_1=\begin{vmatrix}b_1&a_{12}&a_{13}\\b_2&a_{22}&a_{23}\\b_3&a_{32}&a_{33}\end{vmatrix},D_2=\begin{vmatrix}a_{11}&b_1&a_{13}\\a_{21}&b_2&a_{23}\\a_{31}&b_3&a_{33}\end{vmatrix}$$

$$D_3 = \begin{vmatrix} a_{11} & a_{12} & b_1 \\ a_{21} & a_{22} & b_2 \\ a_{31} & a_{32} & b_3 \end{vmatrix}$$

方程组(1.3)的解为

$$x_1 = \frac{D_1}{D}, x_2 = \frac{D_2}{D}, x_3 = \frac{D_3}{D}$$

例 1.6 解线性方程组

$$\begin{cases} 3x_1 - x_2 + x_3 = 26 \\ 2x_1 - 4x_2 - x_3 = 9 \\ x_1 + 2x_2 + x_3 = 16 \end{cases}$$

解 系数行列式

$$D = \begin{vmatrix} 3 & -1 & 1 \\ 2 & -4 & -1 \\ 1 & 2 & 1 \end{vmatrix} = 5 \neq 0$$

所以方程组有唯一解. 再计算

$$D_1 = \begin{vmatrix} 26 & -1 & 1 \\ 9 & -4 & -1 \\ 16 & 2 & 1 \end{vmatrix} = 55, D_2 = \begin{vmatrix} 3 & 26 & 1 \\ 2 & 9 & -1 \\ 1 & 16 & 1 \end{vmatrix} = 20$$

$$D_3 = \begin{vmatrix} 3 & -1 & 26 \\ 2 & -4 & 9 \\ 1 & 2 & 16 \end{vmatrix} = -15$$

方程组的解为

$$x_1 = \frac{55}{5} = 11, x_2 = \frac{20}{5} = 4, x_3 = \frac{-15}{5} = -3$$

1.2 几何向量

1.2.1 几何向量的概念

描述速度、加速度、力等既有方向又有大小的量,称为**向量**. 向量有两个特征——大小和方向,几何中的有向线段恰好具有这两个特征. 抛去一般向量的具体意义,用几何空间中有向线段表示向量,并称这样的向量为**几何向量**(有时简称向

量). 有向线段的长度表示向量的大小,有向线段的方向表示向量的方向. 以 A 为起点、B 为终点的有向线段所表示的向量记为$\overrightarrow{AB}$(图 1.3),有时也用一个黑体字母表示向量,如 $\boldsymbol{a}$,$\boldsymbol{b}$,$\boldsymbol{n}$ 等. 向量的大小叫向量的长度(也叫向量的模). 向量$\overrightarrow{AB}$,$\boldsymbol{a}$ 的长度依次记为$|\overrightarrow{AB}|$和$|\boldsymbol{a}|$. 长度为 1 的向量称为单位向量. 起点和终点重合的向量称为零向量,记为 $\boldsymbol{0}$. 零向量的长度等于 0,零向量的方向可以看做是任意的.

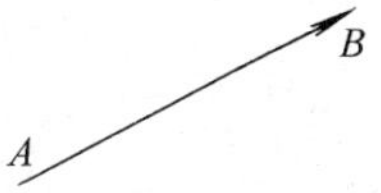

图 1.3

在实际问题中,有些向量与其起点有关,有些向量与其起点无关. 本书只研究与起点无关的向量,并称这种向量为**自由向量**. 这样的向量可以平行移动,所以如果两个向量 $\boldsymbol{a}$ 和 $\boldsymbol{b}$ 的长度相等,又互相平行(即在同一条直线上,或在平行直线上称为共线),且指向相同,则说 $\boldsymbol{a}$ 与 $\boldsymbol{b}$ 相等,记为 $\boldsymbol{a}=\boldsymbol{b}$. 也就是说,平行移动后能完全重合的向量是相等的. 因为本书讨论的是自由向量,故可以说任两向量共面.

1.2.2 几何向量的线性运算

向量的线性运算是指向量的加法及数与向量相乘.

设 $\boldsymbol{a}=\overrightarrow{OA}$,$\boldsymbol{b}=\overrightarrow{OB}$,规定 $\boldsymbol{a}$ 与 $\boldsymbol{b}$ 的和 $\boldsymbol{a}+\boldsymbol{b}$ 是一个向量,它是以$\overrightarrow{OA}$,$\overrightarrow{OB}$为邻边作平行四边形 $OACB$ 后,再由点 O 与其相对的顶点 C 连成的向量,即 $\boldsymbol{a}+\boldsymbol{b}=\overrightarrow{OC}$(图 1.4). 这种方法叫**平行四边形法**. 如果两向量 $\boldsymbol{a}=\overrightarrow{OA}$与 $\boldsymbol{b}=\overrightarrow{OB}$在同一直线上,那么规定它们的和是这样一个向量:当$\overrightarrow{OA}$与$\overrightarrow{OB}$的指向相同时,和向量的方向与原来两向量的方向相同,其长度等于两向量长度的和;当$\overrightarrow{OA}$与$\overrightarrow{OB}$的指向相反时,和向量的方向与较长的向量的方向相同,其长度则等于两向量长度的差.

在图 1.4 中,$\overrightarrow{AC}=\overrightarrow{OB}=\boldsymbol{b}$,所以,让 $\boldsymbol{a}$ 的终点与 $\boldsymbol{b}$ 的起点重合,则由 $\boldsymbol{a}$ 的起点 O 到 $\boldsymbol{b}$ 的终点 C 的向量$\overrightarrow{OC}$为 $\boldsymbol{a}$,$\boldsymbol{b}$ 的和向量,即$\overrightarrow{OC}=\boldsymbol{a}+\boldsymbol{b}$,这种方法叫求向量 $\boldsymbol{a}$ 与 $\boldsymbol{b}$ 之和的**三角形法**.

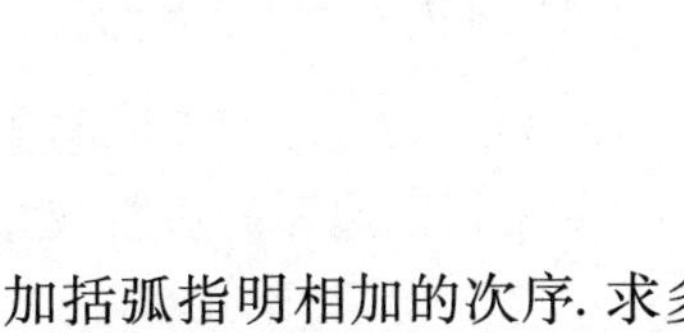

图 1.4

按定义,容易证明向量加法满足:

(1) $\boldsymbol{a}+\boldsymbol{b}=\boldsymbol{b}+\boldsymbol{a}$(交换律)

(2) $(\boldsymbol{a}+\boldsymbol{b})+\boldsymbol{c}=\boldsymbol{a}+(\boldsymbol{b}+\boldsymbol{c})$(结合律)

(3) $\boldsymbol{a}+\boldsymbol{0}=\boldsymbol{a}$

(4) $\boldsymbol{a}+(-\boldsymbol{a})=\boldsymbol{0}$

由于向量加法满足结合律,多个向量相加,不必加括弧指明相加的次序. 求多个向量 $\boldsymbol{a}_1,\boldsymbol{a}_2,\cdots,\boldsymbol{a}_n$ 之和时,只要让前一向量的终点作为次一向量的起点,则 $\boldsymbol{a}_1$ 的起点与 $\boldsymbol{a}_n$ 的终点相连并指向后者的向量等于 $\boldsymbol{a}_1+\boldsymbol{a}_2+\cdots+\boldsymbol{a}_n$. $n=3$ 的例子如图 1.5 所示. 与向量 $\boldsymbol{b}$ 长度相等而方向相反的向量称为 $\boldsymbol{b}$ 的**负向量**,记为 $-\boldsymbol{b}$. 向量 $\boldsymbol{a}$ 与 $-\boldsymbol{b}$ 的和向量记为 $\boldsymbol{a}-\boldsymbol{b}=\boldsymbol{a}+(-\boldsymbol{b})$,称为 $\boldsymbol{a}$ 与 $\boldsymbol{b}$ 的**差**(图 1.6).

为了表示几何向量的"伸缩",我们定义实数与向量的乘法(简称数乘运算).

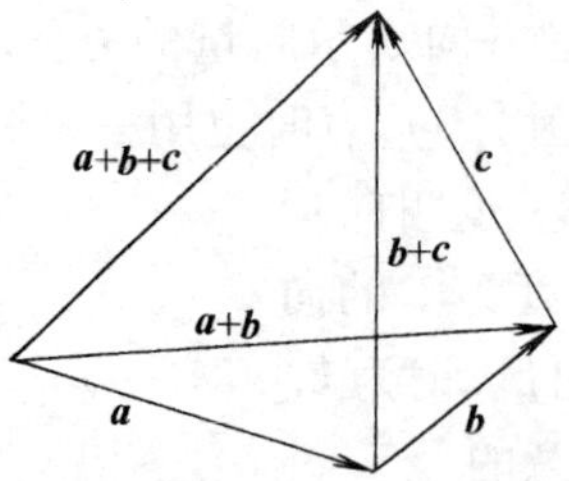

图 1.5

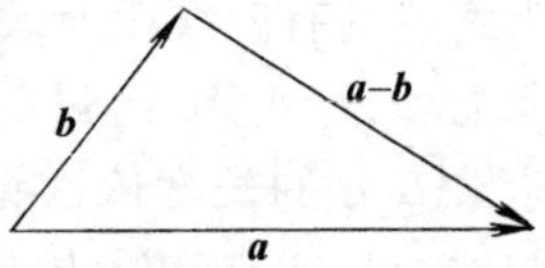

图 1.6

实数 k 与非零向量 $\boldsymbol{a}$ 的乘积是一个向量,记为 $k\boldsymbol{a}$. 它的长度 $|k\boldsymbol{a}| = |k||\boldsymbol{a}|$. 它的方向:当 $k>0$ 时,与 $\boldsymbol{a}$ 同向;当 $k<0$ 时,与 $\boldsymbol{a}$ 反向(图 1.7);当 $k=0$ 时,方向不定(此时 $k\boldsymbol{a}$ 是零向量).

若 $\boldsymbol{a}=\boldsymbol{0}$,对任意实数 k,规定 $k\boldsymbol{a}=\boldsymbol{0}$.

实数与向量的数乘满足:

(1) $1\boldsymbol{a}=\boldsymbol{a}, (-1)\boldsymbol{a}=-\boldsymbol{a}$

(2) $k(l\boldsymbol{a})=(kl)\boldsymbol{a}$

(3) $k(\boldsymbol{a}+\boldsymbol{b})=k\boldsymbol{a}+k\boldsymbol{b}$

(4) $(k+l)\boldsymbol{a}=k\boldsymbol{a}+l\boldsymbol{a}$

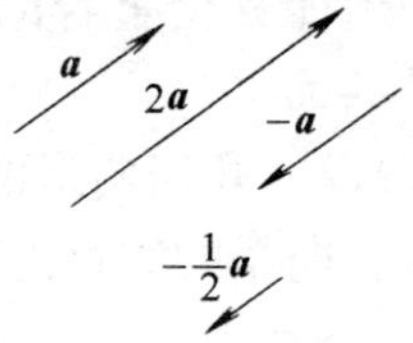

图 1.7

显然,只要 $\boldsymbol{a}$ 不是零向量,$\boldsymbol{a}/|\boldsymbol{a}|$ 就是与 $\boldsymbol{a}$ 同方向的单位向量,记作 $\boldsymbol{e}_a$. $\boldsymbol{a}=|\boldsymbol{a}|\boldsymbol{e}_a$.

例 1.7 证明平行四边形的对角线互相平分(图 1.8).

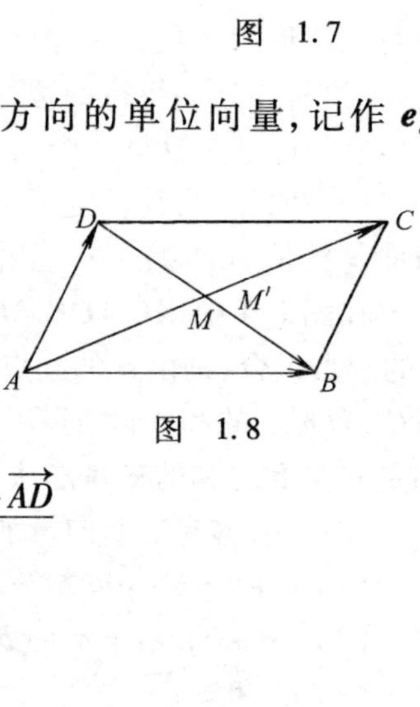

图 1.8

证 设平行四边形 $ABCD$,AC 的中点为 M,BD 的中点为 M'.

$\because \overrightarrow{DB}=\overrightarrow{AB}-\overrightarrow{AD}$

$$\overrightarrow{AM'}=\overrightarrow{AD}+\overrightarrow{DM'}=\overrightarrow{AD}+\frac{\overrightarrow{DB}}{2}=\overrightarrow{AD}+\frac{\overrightarrow{AB}-\overrightarrow{AD}}{2}=\frac{\overrightarrow{AB}+\overrightarrow{AD}}{2}$$

又$\because \overrightarrow{AM}=\dfrac{\overrightarrow{AC}}{2}=\dfrac{\overrightarrow{AB}+\overrightarrow{AD}}{2}$

$\therefore \overrightarrow{AM'}=\overrightarrow{AM}$,$M'$ 与 M 重合,

即平行四边形的对角线互相平分.

1.3 空间直角坐标系

过空间一个定点 O,作三条相互垂直的数轴,它们都以 O 为原点且一般具有相同的长度单位. 这三条轴分别叫 x 轴(横轴)、y 轴(纵轴)、z 轴(竖轴);统称坐标轴. 通常把 x 轴和 y 轴配置在水平面上,而 z 轴则是铅垂线;它们的正方向通常构

成“右手系”，即 Ox，Oy 和 Oz 的正方向符合“右手规则”，即以右手握住 z 轴，当右手的四个手指从正向 x 轴以$\frac{\pi}{2}$角度转向正向 y 轴时，大拇指的指向就是 z 轴的正向，如图 1.9 所示. 这样的三条坐标轴就构成了一个**空间直角坐标系**，记为 $Oxyz$. 点 O 叫做**坐标原点**(或**原点**).

三条坐标轴中的任意两条可以确定一个平面，这样的三个平面统称为**坐标面**. x 轴及 y 轴确定的坐标面叫 xOy **面**，另外，两个坐标面分别叫做 yOz **面**及 zOx **面**. 三个坐标面把空间分成八个部分，每一部分叫做一个**卦限**. 含有 x 轴、y 轴、z 轴的正半轴的卦限叫做**第一卦限**，其他为第二、第三、第四卦限，在 xOy 面的上方，按逆时针方向确定. 第五卦限在第一卦限的下方，其他第六、第七、第八卦限，在 xOy 面的下方，按逆时针方向确定(图 1.10).

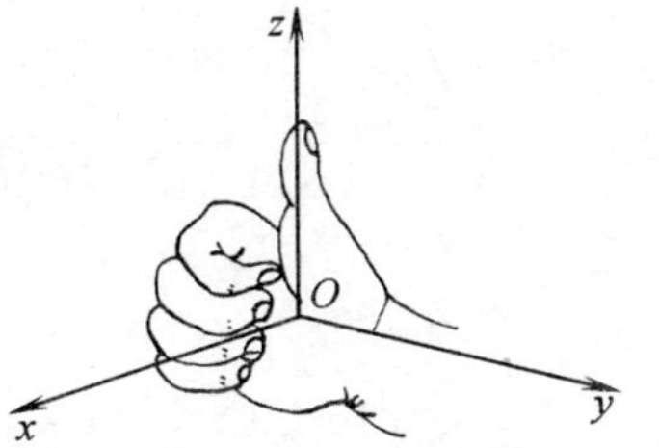

图 1.9

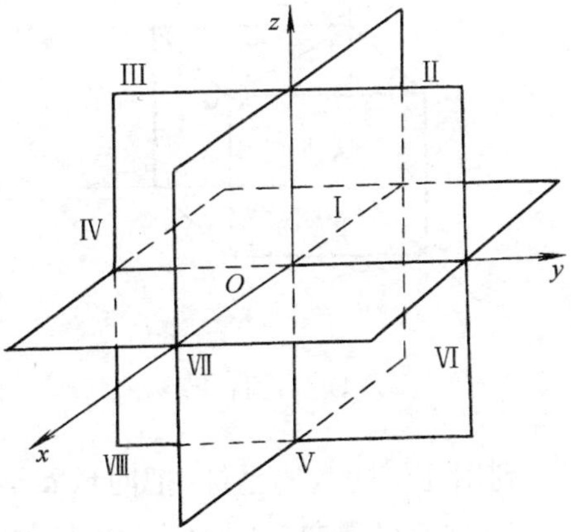

图 1.10

设 M 是空间中任一点，P,Q,R 分别是点 M 在 x,y,z 轴上的投影，记 P,Q,R 在 x,y,z 轴上的坐标依次为 x,y,z，则点 M 唯一地确定了一个三元有序实数组(x,y,z). 反之，任给一个三元有序实数组(x,y,z)，按同样的含义，也唯一地确定了 $Oxyz$ 坐标系中一个点. 称这组数 x,y,z 为**点 M 的坐标**，并依次称 x,y,z 为点 M 的**横坐标**、**纵坐标**和**竖坐标**. 坐标为 x,y,z 的点 M 通常记为 $M(x,y,z)$.

在空间直角坐标系 $Oxyz$ 的三条轴 Ox，Oy，Oz 的正方向上依次取三个单位向量 $\boldsymbol{i},\boldsymbol{j},\boldsymbol{k}$，称其为**基本单位向量**.

下面指出，空间中任一向量 $\boldsymbol{a}$ 都可以表示成

$$x\boldsymbol{i}+y\boldsymbol{j}+z\boldsymbol{k}$$

的形式，其中 $x,y,z\in\mathbf{R}$.

取点 $M(x,y,z)$ 使$\overrightarrow{OM}=\boldsymbol{a}$，如图 1.11 所示，有

$$\boldsymbol{a}=\overrightarrow{OM}=\overrightarrow{OM'}+\overrightarrow{M'M}=\overrightarrow{OP}+\overrightarrow{OQ}+\overrightarrow{OR}=x\boldsymbol{i}+y\boldsymbol{j}+z\boldsymbol{k},$$

设 $\boldsymbol{a}$ 是一个几何向量,若

$$\boldsymbol{a}=a_x\boldsymbol{i}+a_y\boldsymbol{j}+a_z\boldsymbol{k}$$

则称(a_x,a_y,a_z)为向量 $\boldsymbol{a}$ 关于基本单位向量 $\boldsymbol{i},\boldsymbol{j},\boldsymbol{k}$ 的**坐标**.

设 $\boldsymbol{a}=\overrightarrow{M_1M_2}$,$M_1$,$M_2$ 的坐标分别为(x_1,y_1,z_1)和(x_2,y_2,z_2)(图 1.12),求向量 $\boldsymbol{a}$ 的坐标,根据几何向量的运算规则

$$\begin{aligned}\boldsymbol{a}&=\overrightarrow{OM_2}-\overrightarrow{OM_1}\\&=(x_2\boldsymbol{i}+y_2\boldsymbol{j}+z_2\boldsymbol{k})-(x_1\boldsymbol{i}+y_1\boldsymbol{j}+z_1\boldsymbol{k})\\&=(x_2-x_1)\boldsymbol{i}+(y_2-y_1)\boldsymbol{j}+(z_2-z_1)\boldsymbol{k}\end{aligned}$$

故 a 的坐标为$(x_2-x_1,y_2-y_1,z_2-z_1)$.

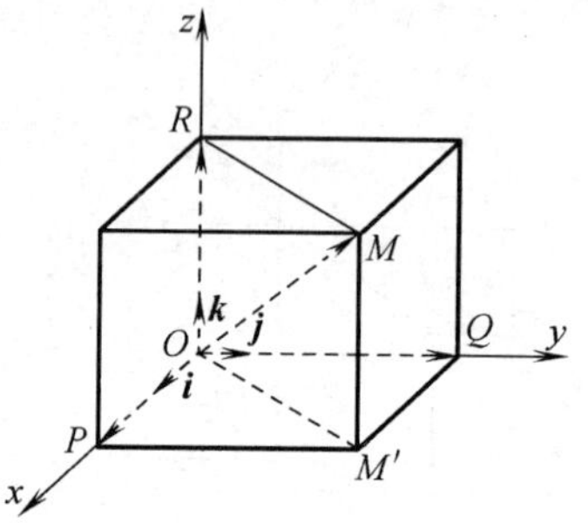

图 1.11

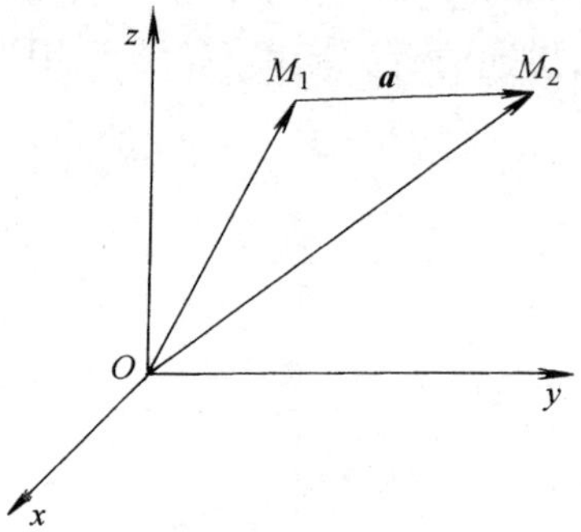

图 1.12

利用几何向量的坐标,把向量 $\boldsymbol{a}=a_x\boldsymbol{i}+a_y\boldsymbol{j}+a_z\boldsymbol{k}$ 记作(a_x,a_y,a_z),即 $\boldsymbol{a}=(a_x,a_y,a_z)$. 进而可得向量的加法、减法、数与向量相乘等运算的坐标形式.

设

$$\boldsymbol{a}=a_x\boldsymbol{i}+a_y\boldsymbol{j}+a_z\boldsymbol{k}=(a_x,a_y,a_z)$$
$$\boldsymbol{b}=b_x\boldsymbol{i}+b_y\boldsymbol{j}+b_z\boldsymbol{k}=(b_x,b_y,b_z)$$

则

$$\boldsymbol{a}+\boldsymbol{b}=(a_x+b_x,a_y+b_y,a_z+b_z)$$
$$\boldsymbol{a}-\boldsymbol{b}=(a_x-b_x,a_y-b_y,a_z-b_z)$$
$$k\boldsymbol{a}=(ka_x,ka_y,ka_z)$$

1.4 几何向量的数量积

1.4.1 向量在轴上的投影

设有两个非零向量 $\boldsymbol{a},\boldsymbol{b}$,任取空间一点 O,作$\overrightarrow{OA}=\boldsymbol{a}$,$\overrightarrow{OB}=\boldsymbol{b}$,称不超过 π 的 $\angle AOB$(设 $\theta=\angle AOB,0\leqslant\theta\leqslant\pi$)为**向量 $\boldsymbol{a}$ 与 $\boldsymbol{b}$ 的夹角**(图 1.13),记作$\langle\boldsymbol{a},\boldsymbol{b}\rangle$,零向量与另一向量的夹角可以在 0 到 π 间任意取值. 可以类似地定义向量与一轴的夹角及两轴的夹角.

设有空间一点 A 及一轴 u，通过点 A 作轴 u 的垂直平面 π，那么称平面 π 与轴 u 的交点 A' 为点 A **在轴 u 上的投影**（图 1.14）.

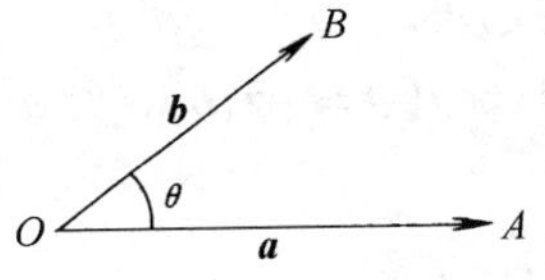

图 1.13

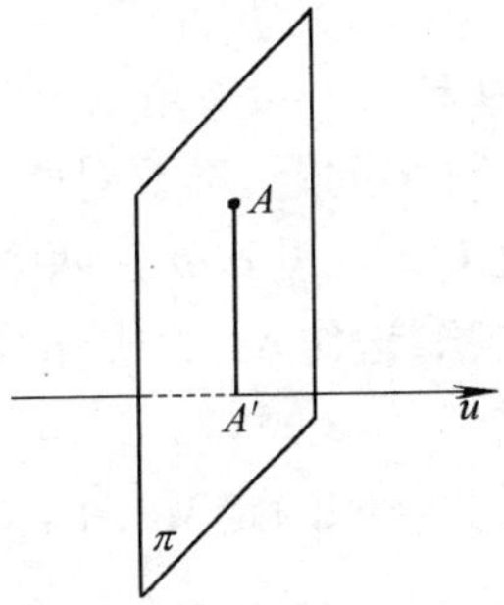

图 1.14

定义 1.1 设向量 $\overrightarrow{AB}$ 的起点 A 和终点 B 在轴 u 上的投影分别为 A'，B'（图 1.15），那么轴 u 上有向线段 $\overrightarrow{A'B'}$ 的值 $A'B'$（其绝对值等于 $|\overrightarrow{A'B'}|$，其符号由 $\overrightarrow{A'B'}$ 的方向决定，当 $\overrightarrow{A'B'}$ 与轴 u 同向时取正号，当 $\overrightarrow{A'B'}$ 与轴 u 反向时取负号）叫做**向量 $\overrightarrow{AB}$ 在轴 u 上的投影**，记作 $\mathrm{Prj}_u\,\overrightarrow{AB}$，轴 u 为**投影轴**.

定理 1.1 向量 $\overrightarrow{AB}$ 在轴 u 上的投影等于向量的长度乘以轴与向量的夹角的余弦（图 1.16），即

$$\mathrm{Prj}_u\,\overrightarrow{AB} = |\overrightarrow{AB}|\cos\theta$$

由此可知：相等向量在同一轴上的投影相等. 当一非零向量与投影轴成锐角时，其投影为正；成钝角时，其投影为负；成直角时，其投影为零.

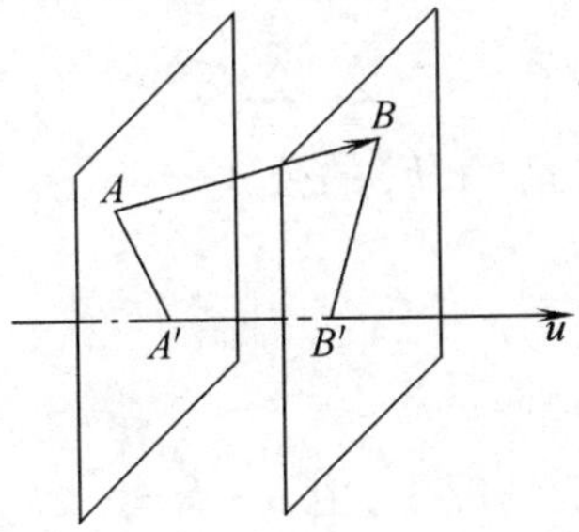

图 1.15

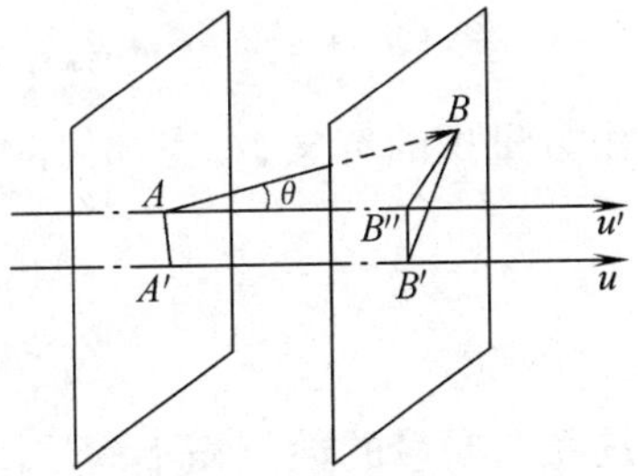

图 1.16

定理 1.2 两个向量的和在某轴上的投影等于这两向量在该轴上投影的和，即

$$\mathrm{Prj}_u(\boldsymbol{a}_1 + \boldsymbol{a}_2) = \mathrm{Prj}_u\boldsymbol{a}_1 + \mathrm{Prj}_u\boldsymbol{a}_2$$

1.4.2 几何向量的数量积

先看一个例子.

设常力 $\boldsymbol{F}$ 作用在质点 m 上,使质点 m 产生位移 $\boldsymbol{s}$,那么力 $\boldsymbol{F}$ 使质点 m 产生位移 $\boldsymbol{s}$ 所做的功为

$$W=|\boldsymbol{F}||\boldsymbol{s}|\cos\theta$$

其中,θ 为 $\boldsymbol{F}$ 与 $\boldsymbol{s}$ 的夹角.

还有许多问题,都要对两个向量 $\boldsymbol{a},\boldsymbol{b}$ 作类似的运算.

定义 1.2 设 $\boldsymbol{a},\boldsymbol{b}$ 是两个几何向量,称 $|\boldsymbol{a}||\boldsymbol{b}|\cos\theta(\theta=\langle\boldsymbol{a},\boldsymbol{b}\rangle)$ 为 $\boldsymbol{a}$ 与 $\boldsymbol{b}$ 的**数量积或内积**,记作 $\boldsymbol{a}\cdot\boldsymbol{b}$ 或 $(\boldsymbol{a},\boldsymbol{b})$,即

$$\boldsymbol{a}\cdot\boldsymbol{b}=(\boldsymbol{a},\boldsymbol{b})=|\boldsymbol{a}||\boldsymbol{b}|\cos\theta$$

根据数量积的定义,两个几何向量的数量积等于零的充要条件是 $\boldsymbol{a}=\boldsymbol{0}$ 或 $\boldsymbol{b}=\boldsymbol{0}$ 或 $\theta=\frac{\pi}{2}$. 这样,两个几何向量互相垂直的充要条件是它们的数量积等于零.

由于 $|\boldsymbol{b}|\cos\langle\boldsymbol{a},\boldsymbol{b}\rangle$ 是向量 $\boldsymbol{b}$ 在向量 $\boldsymbol{a}$ 方向上的投影,所以,当 $\boldsymbol{a}\neq\boldsymbol{0}$ 时,$\boldsymbol{a}\cdot\boldsymbol{b}$ 就是 $\boldsymbol{a}$ 的长度 $|\boldsymbol{a}|$ 与 $\boldsymbol{b}$ 在 $\boldsymbol{a}$ 方向上的投影 $\mathrm{Prj}_{\boldsymbol{a}}\boldsymbol{b}$ 之积,即

$$\boldsymbol{a}\cdot\boldsymbol{b}=|\boldsymbol{a}|\mathrm{Prj}_{\boldsymbol{a}}\boldsymbol{b}$$

同理,当 $\boldsymbol{b}\neq\boldsymbol{0}$ 时有 $$\boldsymbol{a}\cdot\boldsymbol{b}=|\boldsymbol{b}|\mathrm{Prj}_{\boldsymbol{b}}\boldsymbol{a}$$

向量的数量积具有下列性质:

(1) $\boldsymbol{a}\cdot\boldsymbol{b}=\boldsymbol{b}\cdot\boldsymbol{a}$(交换律)

(2) $(k\boldsymbol{a})\cdot\boldsymbol{b}=k(\boldsymbol{a}\cdot\boldsymbol{b})$

(3) $(\boldsymbol{a}+\boldsymbol{b})\cdot\boldsymbol{c}=\boldsymbol{a}\cdot\boldsymbol{c}+\boldsymbol{b}\cdot\boldsymbol{c}$(分配律)

(4) $\boldsymbol{a}\cdot\boldsymbol{a}\geqslant 0$. 此外,$\boldsymbol{a}\cdot\boldsymbol{a}=0$ 的充要条件是 $\boldsymbol{a}=\boldsymbol{0}$.

推广性质(3),可得

$$(\boldsymbol{a}_1+\boldsymbol{a}_2+\cdots+\boldsymbol{a}_m)\cdot(\boldsymbol{b}_1+\boldsymbol{b}_2+\cdots+\boldsymbol{b}_n)=\sum_{i=1}^{m}\sum_{j=1}^{n}\boldsymbol{a}_i\boldsymbol{b}_j$$

由数量积的定义,可得几何向量长度 $|\boldsymbol{a}|$ 和夹角 $\langle\boldsymbol{a},\boldsymbol{b}\rangle$ 的公式

$$|\boldsymbol{a}|=\sqrt{\boldsymbol{a}\cdot\boldsymbol{a}}$$

$$\cos\langle\boldsymbol{a},\boldsymbol{b}\rangle=\frac{\boldsymbol{a}\cdot\boldsymbol{b}}{|\boldsymbol{a}||\boldsymbol{b}|}$$

注意 向量的数量积不满足消去律,即在一般情况下,由 $\boldsymbol{a}\cdot\boldsymbol{b}=\boldsymbol{a}\cdot\boldsymbol{c},\boldsymbol{a}\neq\boldsymbol{0}$ 不能得到 $\boldsymbol{b}=\boldsymbol{c}$. 事实上,$\boldsymbol{a}\cdot\boldsymbol{b}=\boldsymbol{a}\cdot\boldsymbol{c}$ 是说 $\boldsymbol{a}\cdot(\boldsymbol{b}-\boldsymbol{c})=0$,即 $\boldsymbol{a}$ 与 $\boldsymbol{b}-\boldsymbol{c}$ 垂直. 同样,由 $\boldsymbol{a}\cdot\boldsymbol{b}=\boldsymbol{c}\cdot\boldsymbol{b},\boldsymbol{b}\neq\boldsymbol{0}$ 一般也不能得到 $\boldsymbol{a}=\boldsymbol{c}$.

下面在直角坐标系 $\{O;\boldsymbol{i},\boldsymbol{j},\boldsymbol{k}\}$ 下,用向量的坐标表示数量积,由于 $\boldsymbol{i},\boldsymbol{j},\boldsymbol{k}$ 是互相垂直的基本单位向量,所以

$$\boldsymbol{i}\cdot\boldsymbol{i}=\boldsymbol{j}\cdot\boldsymbol{j}=\boldsymbol{k}\cdot\boldsymbol{k}=1$$

$$\boldsymbol{i}\cdot\boldsymbol{j}=\boldsymbol{i}\cdot\boldsymbol{k}=\boldsymbol{j}\cdot\boldsymbol{k}=0$$

利用数量积的运算性质得

$$\begin{aligned}\boldsymbol{a}\cdot\boldsymbol{b} &= (a_x\boldsymbol{i}+a_y\boldsymbol{j}+a_z\boldsymbol{k})\cdot(b_x\boldsymbol{i}+b_y\boldsymbol{j}+b_z\boldsymbol{k})\\ &= a_xb_x\boldsymbol{i}\cdot\boldsymbol{i}+a_yb_y\boldsymbol{j}\cdot\boldsymbol{j}+a_zb_z\boldsymbol{k}\cdot\boldsymbol{k}+(a_xb_y+a_yb_x)\boldsymbol{i}\cdot\boldsymbol{j}+\\ &\quad (a_xb_z+a_zb_x)\boldsymbol{i}\cdot\boldsymbol{k}+(a_yb_z+a_zb_y)\boldsymbol{j}\cdot\boldsymbol{k}\\ &= a_xb_x+a_yb_y+a_zb_z\end{aligned}$$

由向量的数量积的定义及上述式子,对于向量 $\boldsymbol{a}=(a_x,a_y,a_z)$,易得

$$|\boldsymbol{a}|=\sqrt{\boldsymbol{a}\cdot\boldsymbol{a}}=\sqrt{a_x^2+a_y^2+a_z^2}$$

若记 $\boldsymbol{a}$ 与 Ox,Oy,Oz 轴之间的夹角依次为 α,β,γ,则

$$\cos\alpha=\frac{a_x}{\sqrt{a_x^2+a_y^2+a_z^2}},\cos\beta=\frac{a_y}{\sqrt{a_x^2+a_y^2+a_z^2}},\cos\gamma=\frac{a_z}{\sqrt{a_x^2+a_y^2+a_z^2}}$$

称 α,β,γ 为 $\boldsymbol{a}$ 的**方向角**,称 $\cos\alpha,\cos\beta,\cos\gamma$ 为 $\boldsymbol{a}$ 的**方向余弦**.

显然,

$$\cos^2\alpha+\cos^2\beta+\cos^2\gamma=1$$

$$\boldsymbol{e}_a=\frac{\boldsymbol{a}}{|\boldsymbol{a}|}=\left(\frac{a_x}{|\boldsymbol{a}|},\frac{a_y}{|\boldsymbol{a}|},\frac{a_z}{|\boldsymbol{a}|}\right)=(\cos\alpha,\cos\beta,\cos\gamma)$$

例 1.8 已知 $|\boldsymbol{a}|=2,|\boldsymbol{b}|=1,\langle\boldsymbol{a},\boldsymbol{b}\rangle=60°$,试求向量 $\boldsymbol{a}+\boldsymbol{b},\boldsymbol{a}-\boldsymbol{b}$ 之间夹角的余弦.

解 首先有

$$\cos\varphi=\frac{(\boldsymbol{a}+\boldsymbol{b})(\boldsymbol{a}-\boldsymbol{b})}{|\boldsymbol{a}+\boldsymbol{b}||\boldsymbol{a}-\boldsymbol{b}|}$$

利用已知条件可求得

$$(\boldsymbol{a}+\boldsymbol{b})(\boldsymbol{a}-\boldsymbol{b})=|\boldsymbol{a}|^2-|\boldsymbol{b}|^2=3$$

$$\begin{aligned}|\boldsymbol{a}+\boldsymbol{b}| &= \sqrt{(\boldsymbol{a}+\boldsymbol{b})^2}=\sqrt{|\boldsymbol{a}|^2+2\boldsymbol{ab}+|\boldsymbol{b}|^2}\\ &= \sqrt{4+2\times2\times1\times\frac{1}{2}+1}=\sqrt{7}\end{aligned}$$

$$\begin{aligned}|\boldsymbol{a}-\boldsymbol{b}| &= \sqrt{(\boldsymbol{a}-\boldsymbol{b})^2}=\sqrt{|\boldsymbol{a}|^2-2\boldsymbol{ab}+|\boldsymbol{b}|^2}\\ &= \sqrt{4-2\times2\times1\times\frac{1}{2}+1}=\sqrt{3}\end{aligned}$$

于是

$$\cos\varphi=\frac{3}{\sqrt{7}\times\sqrt{3}}=\sqrt{\frac{3}{7}}$$

1.5 几何向量的向量积

设 $\boldsymbol{a},\boldsymbol{b},\boldsymbol{c}$ 为几何空间中的三个几何向量,如果把 $\boldsymbol{a},\boldsymbol{b},\boldsymbol{c}$ 的起点放在一起,将右手的四指(不含拇指)由 $\boldsymbol{a}$ 转到 $\boldsymbol{b}$(转过的角度 $\langle\boldsymbol{a},\boldsymbol{b}\rangle$ 为小于 π 的角),那么伸开的

拇指的指向就是 $\boldsymbol{c}$ 的方向，则称 $\boldsymbol{a},\boldsymbol{b},\boldsymbol{c}$ 构成“右手系”(图 1.17).

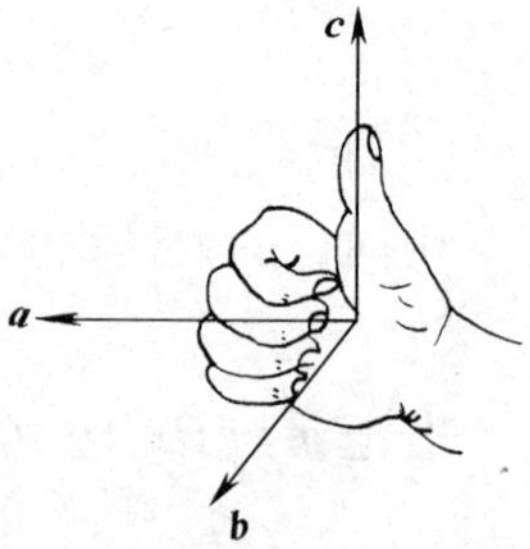

图 1.17

定义 1.3 设 $\boldsymbol{a},\boldsymbol{b}$ 是两个向量，若向量 $\boldsymbol{c}$ 满足：

(1) $|\boldsymbol{c}| = |\boldsymbol{a}||\boldsymbol{b}|\sin\theta,\theta = \langle \boldsymbol{a},\boldsymbol{b}\rangle$

(2) $\boldsymbol{c}\perp\boldsymbol{a},\boldsymbol{c}\perp\boldsymbol{b}$

(3) 向量 $\boldsymbol{a},\boldsymbol{b},\boldsymbol{c}$ 组成右手系

则称向量 $\boldsymbol{c}$ 为向量 $\boldsymbol{a},\boldsymbol{b}$ 的**向量积**，记为 $\boldsymbol{a}\times\boldsymbol{b}$.

若 $\boldsymbol{a},\boldsymbol{b}$ 中有一个是零向量，规定 $\boldsymbol{a}\times\boldsymbol{b}=\boldsymbol{0}$.

由于 $|\boldsymbol{a}|\cdot|\boldsymbol{b}|\sin\theta$ 等于平行四边形 $ABCD$ 的面积(图 1.18)，所以 $|\boldsymbol{a}\times\boldsymbol{b}|$ 的值与以 $\boldsymbol{a},\boldsymbol{b}$ 为邻边的平行四边形的面积的值相同，并且 $\boldsymbol{a}$ 与 $\boldsymbol{b}$ 平行的充要条件是 $\boldsymbol{a}\times\boldsymbol{b}=\boldsymbol{0}$.

几何向量的向量积具有下列性质：

(1) $\boldsymbol{a}\times\boldsymbol{b} = -\boldsymbol{b}\times\boldsymbol{a}$

(2) $(k\boldsymbol{a})\times\boldsymbol{b} = k(\boldsymbol{a}\times\boldsymbol{b}) = \boldsymbol{a}\times(k\boldsymbol{b})$

(3) $(\boldsymbol{a}+\boldsymbol{b})\times\boldsymbol{c} = (\boldsymbol{a}\times\boldsymbol{c})+(\boldsymbol{b}\times\boldsymbol{c})$

$\boldsymbol{a}\times(\boldsymbol{b}+\boldsymbol{c}) = (\boldsymbol{a}\times\boldsymbol{b})+(\boldsymbol{a}\times\boldsymbol{c})$

注意 (1)向量的向量积不满足交换律.

(2)向量的向量积不满足消去律，即在一般情况下，由 $\boldsymbol{a}\times\boldsymbol{b}=\boldsymbol{a}\times\boldsymbol{c},\boldsymbol{a}\neq\boldsymbol{0}$ 不能得到 $\boldsymbol{b}=\boldsymbol{c}$. 同样，在一般情况下 $\boldsymbol{a}\times\boldsymbol{b}=\boldsymbol{c}\times\boldsymbol{b},\boldsymbol{b}\neq\boldsymbol{0}$，也不能得到 $\boldsymbol{a}=\boldsymbol{c}$.

向量积具有明显的物理意义. 设有一个圆锥形刚体以等角速度 $\boldsymbol{\omega}$ 绕中心轴 L 转动，$\boldsymbol{\omega}$ 的方向按右手法则规定为：用右手握住轴 L，四指指向旋转的方向，则伸开的拇指的指向就是 $\boldsymbol{\omega}$ 的方向(图 1.19). 此时，点 P 的线速度 $\boldsymbol{v}$ 的大小为

$$|\boldsymbol{v}| = |\boldsymbol{\omega}||\overrightarrow{O_1P}| = |\boldsymbol{\omega}||\overrightarrow{OP}|\sin\theta = |\boldsymbol{\omega}\times\overrightarrow{OP}|$$

$\boldsymbol{v}$ 的方向恰为 $\boldsymbol{\omega}\times\overrightarrow{OP}$ 的方向，所以 $\boldsymbol{v}=\boldsymbol{\omega}\times\overrightarrow{OP}$.

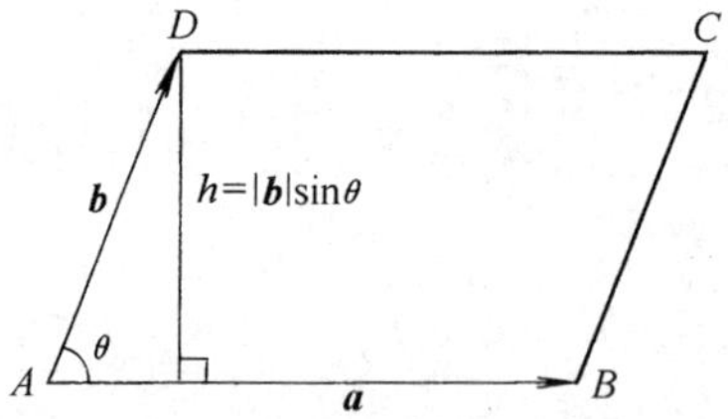

图 1.18

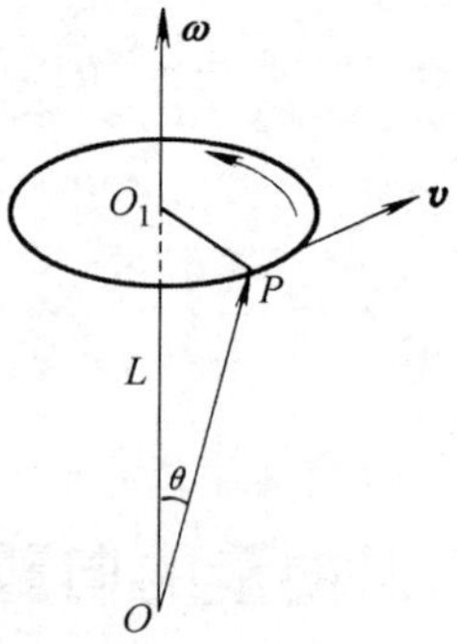

图 1.19

下面推导 $\boldsymbol{a}\times\boldsymbol{b}$ 的代数表达式.

由 $\boldsymbol{i}\times\boldsymbol{i}=\boldsymbol{0}$, $\boldsymbol{j}\times\boldsymbol{j}=\boldsymbol{0}$, $\boldsymbol{k}\times\boldsymbol{k}=\boldsymbol{0}$, $\boldsymbol{i}\times\boldsymbol{j}=\boldsymbol{k}$, $\boldsymbol{j}\times\boldsymbol{k}=\boldsymbol{i}$, $\boldsymbol{k}\times\boldsymbol{i}=\boldsymbol{j}$, $\boldsymbol{j}\times\boldsymbol{i}=-\boldsymbol{k}$, $\boldsymbol{k}\times\boldsymbol{j}=-\boldsymbol{i}$, $\boldsymbol{i}\times\boldsymbol{k}=-\boldsymbol{j}$ 得

$$\begin{aligned}\boldsymbol{a}\times\boldsymbol{b}&=(a_x\boldsymbol{i}+a_y\boldsymbol{j}+a_z\boldsymbol{k})\times(b_x\boldsymbol{i}+b_y\boldsymbol{j}+b_z\boldsymbol{k})\\&=a_xb_x\boldsymbol{i}\times\boldsymbol{i}+a_yb_y\boldsymbol{j}\times\boldsymbol{j}+a_zb_z\boldsymbol{k}\times\boldsymbol{k}+a_xb_y\boldsymbol{i}\times\boldsymbol{j}+a_xb_z\boldsymbol{i}\times\boldsymbol{k}+\\&\quad a_yb_x\boldsymbol{j}\times\boldsymbol{i}+a_yb_z\boldsymbol{j}\times\boldsymbol{k}+a_zb_x\boldsymbol{k}\times\boldsymbol{i}+a_zb_y\boldsymbol{k}\times\boldsymbol{j}\\&=(a_yb_z-a_zb_y)\boldsymbol{i}-(a_xb_z-a_zb_x)\boldsymbol{j}+(a_xb_y-a_yb_x)\boldsymbol{k}\end{aligned}$$

从而可证

$$\boldsymbol{a}\times\boldsymbol{b}=\left(\begin{vmatrix}a_y&a_z\\b_y&b_z\end{vmatrix},-\begin{vmatrix}a_x&a_z\\b_x&b_z\end{vmatrix},\begin{vmatrix}a_x&a_y\\b_x&b_y\end{vmatrix}\right)=\begin{vmatrix}\boldsymbol{i}&\boldsymbol{j}&\boldsymbol{k}\\a_x&a_y&a_z\\b_x&b_y&b_z\end{vmatrix}$$

其中，$\begin{vmatrix}\boldsymbol{i}&\boldsymbol{j}&\boldsymbol{k}\\a_x&a_y&a_z\\b_x&b_y&b_z\end{vmatrix}=\begin{vmatrix}a_y&a_z\\b_y&b_z\end{vmatrix}\boldsymbol{i}-\begin{vmatrix}a_x&a_z\\b_x&b_z\end{vmatrix}\boldsymbol{j}+\begin{vmatrix}a_x&a_y\\b_x&b_y\end{vmatrix}\boldsymbol{k}$

例 1.9 如图 1.20 所示，求以 $A(1,-1,2)$，$B(5,-6,2)$，$C(1,3,-1)$ 为顶点的 $\triangle ABC$ 的面积及 AC 边上的高.

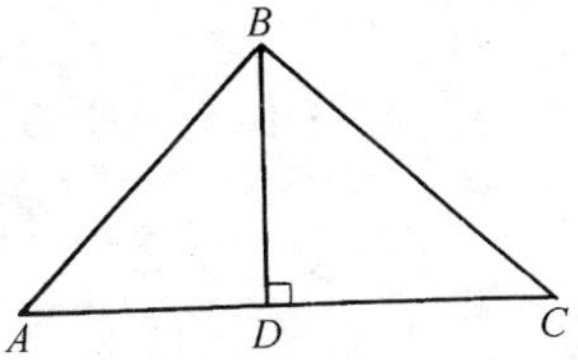

图 1.20

解 $\overrightarrow{AB}=(4,-5,0)$，$\overrightarrow{AC}=(0,4,-3)$

$\triangle ABC$ 的面积

$$S=\frac{1}{2}|\overrightarrow{AB}\times\overrightarrow{AC}|=\frac{1}{2}\begin{vmatrix}\boldsymbol{i}&\boldsymbol{j}&\boldsymbol{k}\\4&-5&0\\0&4&-3\end{vmatrix}=\frac{1}{2}|15\boldsymbol{i}+12\boldsymbol{j}+16\boldsymbol{k}|=\frac{1}{2}\times25=12.5$$

高 $|\overrightarrow{BD}|$

$$|\overrightarrow{BD}|=\frac{2S}{|\overrightarrow{AC}|}=\frac{2\times12.5}{5}=5$$

例 1.10 已知向量 $\boldsymbol{\gamma}$ 垂直于向量 $\boldsymbol{\alpha}=(1,2,1)$ 和 $\boldsymbol{\beta}=(-1,1,1)$，并满足 $\boldsymbol{\gamma}\cdot(\boldsymbol{i}-2\boldsymbol{j}+\boldsymbol{k})=8$，求向量 $\boldsymbol{\gamma}$.

解 $\boldsymbol{\alpha}\times\boldsymbol{\beta}=\begin{vmatrix}\boldsymbol{i}&\boldsymbol{j}&\boldsymbol{k}\\1&2&1\\-1&1&1\end{vmatrix}=\boldsymbol{i}-2\boldsymbol{j}+3\boldsymbol{k}$

因 $\boldsymbol{\gamma}$ 与 $\boldsymbol{\alpha},\boldsymbol{\beta}$ 都垂直，设 $\boldsymbol{\gamma}=\lambda(\boldsymbol{i}-2\boldsymbol{j}+3\boldsymbol{k})$，由条件 $\boldsymbol{\gamma}\cdot(\boldsymbol{i}-2\boldsymbol{j}+\boldsymbol{k})=8$，有

$$\lambda + 4\lambda + 3\lambda = 8$$
$$8\lambda = 8$$
$$\lambda = 1$$

所以

$$\boldsymbol{\gamma} = \boldsymbol{i} - 2\boldsymbol{j} + 3\boldsymbol{k}$$

例 1.11 已知向量 $\boldsymbol{\alpha},\boldsymbol{\beta},\boldsymbol{\gamma}$ 不共线,证明:$\boldsymbol{\alpha}+\boldsymbol{\beta}+\boldsymbol{\gamma}=\boldsymbol{0}$ 的充要条件是

$$\boldsymbol{\alpha}\times\boldsymbol{\beta}=\boldsymbol{\beta}\times\boldsymbol{\gamma}=\boldsymbol{\gamma}\times\boldsymbol{\alpha}$$

证 必要性:由 $\boldsymbol{\alpha}+\boldsymbol{\beta}+\boldsymbol{\gamma}=\boldsymbol{0}$,有 $\boldsymbol{\gamma}=-(\boldsymbol{\alpha}+\boldsymbol{\beta})$,于是

$$\begin{aligned}\boldsymbol{\beta}\times\boldsymbol{\gamma} &= -\boldsymbol{\beta}\times(\boldsymbol{\alpha}+\boldsymbol{\beta})\\ &= -\boldsymbol{\beta}\times\boldsymbol{\alpha}-\boldsymbol{\beta}\times\boldsymbol{\beta}\\ &= -\boldsymbol{\beta}\times\boldsymbol{\alpha}\\ &=\boldsymbol{\alpha}\times\boldsymbol{\beta}\\ \boldsymbol{\gamma}\times\boldsymbol{\alpha} &= -(\boldsymbol{\alpha}+\boldsymbol{\beta})\times\boldsymbol{\alpha}\\ &= -\boldsymbol{\alpha}\times\boldsymbol{\alpha}-\boldsymbol{\beta}\times\boldsymbol{\alpha}\\ &=\boldsymbol{\alpha}\times\boldsymbol{\beta}\end{aligned}$$

所以

$$\boldsymbol{\alpha}\times\boldsymbol{\beta}=\boldsymbol{\beta}\times\boldsymbol{\gamma}=\boldsymbol{\gamma}\times\boldsymbol{\alpha}$$

充分性:由 $\boldsymbol{\alpha}\times\boldsymbol{\beta}=\boldsymbol{\beta}\times\boldsymbol{\gamma}=\boldsymbol{\gamma}\times\boldsymbol{\alpha}$,有

$$\begin{aligned}(\boldsymbol{\alpha}+\boldsymbol{\beta}+\boldsymbol{\gamma})\times\boldsymbol{\gamma} &=\boldsymbol{\alpha}\times\boldsymbol{\gamma}+\boldsymbol{\beta}\times\boldsymbol{\gamma}+\boldsymbol{\gamma}\times\boldsymbol{\gamma}\\ &= -\boldsymbol{\beta}\times\boldsymbol{\gamma}+\boldsymbol{\beta}\times\boldsymbol{\gamma}=\boldsymbol{0}\end{aligned}$$

所以

$$\boldsymbol{\gamma}/\!/\boldsymbol{\alpha}+\boldsymbol{\beta}+\boldsymbol{\gamma}$$

同理可得

$$\boldsymbol{\alpha}/\!/\boldsymbol{\alpha}+\boldsymbol{\beta}+\boldsymbol{\gamma}$$
$$\boldsymbol{\beta}/\!/\boldsymbol{\alpha}+\boldsymbol{\beta}+\boldsymbol{\gamma}$$

若 $\boldsymbol{\alpha}+\boldsymbol{\beta}+\boldsymbol{\gamma}\neq\boldsymbol{0}$,则 $\boldsymbol{\alpha},\boldsymbol{\beta},\boldsymbol{\gamma}$ 共线,与题设矛盾. 所以

$$\boldsymbol{\alpha}+\boldsymbol{\beta}+\boldsymbol{\gamma}=\boldsymbol{0}$$

1.6 几何向量的混合积

定义 1.4 已知三个向量 $\boldsymbol{a},\boldsymbol{b},\boldsymbol{c}$,先作 $\boldsymbol{a}$ 和 $\boldsymbol{b}$ 的向量积 $\boldsymbol{a}\times\boldsymbol{b}$,把所得向量与 $\boldsymbol{c}$ 再作数量积 $(\boldsymbol{a}\times\boldsymbol{b})\cdot\boldsymbol{c}$,这样得到的数量叫做三向量 $\boldsymbol{a},\boldsymbol{b},\boldsymbol{c}$ 的混合积,记为 $[\boldsymbol{abc}]$.

由向量的混合积的定义可知,

$$[\boldsymbol{abc}]=0\Leftrightarrow\boldsymbol{a},\boldsymbol{b},\boldsymbol{c}\text{ 共面}$$

向量的混合积有如下几何意义:$[\boldsymbol{abc}]=(\boldsymbol{a}\times\boldsymbol{b})\cdot\boldsymbol{c}$ 的绝对值表示以向量 $\boldsymbol{a}$,

$\boldsymbol{b}$,$\boldsymbol{c}$ 为棱的平行六面体的体积. 如果向量 $\boldsymbol{a}$,$\boldsymbol{b}$,$\boldsymbol{c}$ 组成右手系,那么混合积的符号是正的;如果 $\boldsymbol{a}$,$\boldsymbol{b}$,$\boldsymbol{c}$ 组成左手系,那么混合积的符号是负的.

设$\overrightarrow{OA}=\boldsymbol{a}$,$\overrightarrow{OB}=\boldsymbol{b}$,$\overrightarrow{OC}=\boldsymbol{c}$,按向量的定义,$|\boldsymbol{a}\times\boldsymbol{b}|$等于以 $\boldsymbol{a}$ 和 $\boldsymbol{b}$ 为边的平行四边形 $OADB$ 的面积,$\boldsymbol{a}\times\boldsymbol{b}$ 的方向垂直于这个平行四边形所在的平面 π,且当 $\boldsymbol{a}$,$\boldsymbol{b}$,$\boldsymbol{c}$ 组成右手系时,$\boldsymbol{a}\times\boldsymbol{b}$ 与 $\boldsymbol{c}$ 指向平面 π 的同侧(图 1.21);当 $\boldsymbol{a}$,$\boldsymbol{b}$,$\boldsymbol{c}$ 组成左手系时,向量 $\boldsymbol{a}\times\boldsymbol{b}$ 与 $\boldsymbol{c}$ 指向平面 π 的异侧. 如果设 $\boldsymbol{a}\times\boldsymbol{b}$ 与 $\boldsymbol{c}$ 的夹角为 α,则

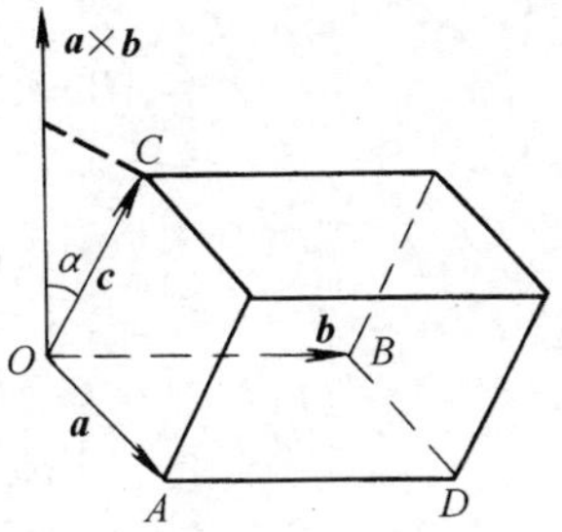

图 1.21

$$[\boldsymbol{abc}]=(\boldsymbol{a}\times\boldsymbol{b})\cdot\boldsymbol{c}=|\boldsymbol{a}\times\boldsymbol{b}||\boldsymbol{c}|\cos\alpha$$

从而当 $\boldsymbol{a}$,$\boldsymbol{b}$,$\boldsymbol{c}$ 组成右手系时,$[\boldsymbol{abc}]$为正;当 $\boldsymbol{a}$,$\boldsymbol{b}$,$\boldsymbol{c}$ 组成左手系时,$[\boldsymbol{abc}]$为负. 由于以向量 $\boldsymbol{a}$,$\boldsymbol{b}$,$\boldsymbol{c}$ 为棱的平行六面体的底(平行四边形 $OADB$)的面积等于$|\boldsymbol{a}\times\boldsymbol{b}|$,它的高 h 等于 $\pm|\boldsymbol{c}|\cos\alpha$(当 α 为锐角时取正号,当 α 为钝角时取负号),所以这个平行六面体的体积为

$$V=|\boldsymbol{a}\times\boldsymbol{b}|\cdot|\boldsymbol{c}|\cos\alpha \text{ 或 } V=-|\boldsymbol{a}\times\boldsymbol{b}|\cdot|\boldsymbol{c}|\cos\alpha$$

即

$$[\boldsymbol{abc}]=V \text{ 或 } [\boldsymbol{abc}]=-V$$

向量的混合积满足

$$(\boldsymbol{a}\times\boldsymbol{b})\cdot\boldsymbol{c}=(\boldsymbol{b}\times\boldsymbol{c})\cdot\boldsymbol{a}=(\boldsymbol{c}\times\boldsymbol{a})\cdot\boldsymbol{b}=-(\boldsymbol{b}\times\boldsymbol{a})\cdot\boldsymbol{c}$$
$$=-(\boldsymbol{c}\times\boldsymbol{b})\cdot\boldsymbol{a}=-(\boldsymbol{a}\times\boldsymbol{c})\cdot\boldsymbol{b}$$

即

$$[\boldsymbol{abc}]=[\boldsymbol{bca}]=[\boldsymbol{cab}]=-[\boldsymbol{bac}]=-[\boldsymbol{cba}]=-[\boldsymbol{acb}]$$

下面利用向量的坐标导出计算混合积$[\boldsymbol{abc}]$的公式.

$$\begin{aligned}[\boldsymbol{abc}]&=(\boldsymbol{a}\times\boldsymbol{b})\cdot\boldsymbol{c}=((a_yb_z-a_zb_y)\boldsymbol{i}-(a_xb_z-a_zb_x)\boldsymbol{j}+\\&\quad(a_xb_y-a_yb_x)\boldsymbol{k})\cdot(c_x\boldsymbol{i}+c_y\boldsymbol{j}+c_z\boldsymbol{k})\\&=(a_yb_z-a_zb_y)c_x-(a_xb_z-a_zb_x)c_y+(a_xb_y-a_yb_x)c_z\\&=\begin{vmatrix}a_x&a_y&a_z\\b_x&b_y&b_z\\c_x&c_y&c_z\end{vmatrix}\end{aligned}$$

即有

$$[\boldsymbol{abc}]=\begin{vmatrix}a_x&a_y&a_z\\b_x&b_y&b_z\\c_x&c_y&c_z\end{vmatrix}$$

例 1.12 已知空间中四点 $A(1,1,1)$,$B(4,4,4)$,$C(3,5,5)$,$D(2,4,7)$,求四面体 $ABCD$ 的体积.

解 四面体 $ABCD$ 的体积 V_{ABCD} 等于以向量 $\overrightarrow{AB},\overrightarrow{AC},\overrightarrow{AD}$ 为棱的平行六面体体积的 $\frac{1}{6}$，而该平行六面体的体积等于混合积 $[\overrightarrow{AB},\overrightarrow{AC},\overrightarrow{AD}]$ 的绝对值.

$$\overrightarrow{AB}=(3,3,3),\overrightarrow{AC}=(2,4,4),\overrightarrow{AD}=(1,3,6)$$

$$[\overrightarrow{AB},\overrightarrow{AC},\overrightarrow{AD}]=\begin{vmatrix}3&3&3\\2&4&4\\1&3&6\end{vmatrix}=18$$

$$V_{ABCD}=\frac{1}{6}\left|[\overrightarrow{AB},\overrightarrow{AC},\overrightarrow{AD}]\right|=\frac{1}{6}\times 18=3$$

例 1.13 设 $\boldsymbol{\alpha}\times\boldsymbol{\beta}+\boldsymbol{\beta}\times\boldsymbol{\gamma}+\boldsymbol{\gamma}\times\boldsymbol{\alpha}=\boldsymbol{0}$，证明：$\boldsymbol{\alpha},\boldsymbol{\beta},\boldsymbol{\gamma}$ 共面.

分析 要证明 $\boldsymbol{\alpha},\boldsymbol{\beta},\boldsymbol{\gamma}$ 共面只要证明它们的混合积为 0 即可.

证 由于

$$\boldsymbol{\alpha}\times\boldsymbol{\beta}+\boldsymbol{\beta}\times\boldsymbol{\gamma}+\boldsymbol{\gamma}\times\boldsymbol{\alpha}=\boldsymbol{0}$$

$$\boldsymbol{\alpha}\cdot(\boldsymbol{\alpha}\times\boldsymbol{\beta})+\boldsymbol{\alpha}\cdot(\boldsymbol{\beta}\times\boldsymbol{\gamma})+\boldsymbol{\alpha}\cdot(\boldsymbol{\gamma}\times\boldsymbol{\alpha})=\boldsymbol{0}$$

由于 $\boldsymbol{\alpha}\perp\boldsymbol{\alpha}\times\boldsymbol{\beta},\boldsymbol{\alpha}\perp\boldsymbol{\gamma}\times\boldsymbol{\alpha}$，所以

$$\boldsymbol{\alpha}\cdot(\boldsymbol{\alpha}\times\boldsymbol{\beta})=0$$

$$\boldsymbol{\alpha}\cdot(\boldsymbol{\gamma}\times\boldsymbol{\alpha})=0$$

于是

$$\boldsymbol{\alpha}\cdot(\boldsymbol{\beta}\times\boldsymbol{\gamma})=0$$

所以，$\boldsymbol{\alpha},\boldsymbol{\beta},\boldsymbol{\gamma}$ 共面.

1.7 空间中的平面与直线

取定三维几何空间中的一个坐标系（一般取直角坐标系），任给一个平面 π（直线 L）. 所谓平面 π（直线 L）的方程，就是平面 π（直线 L）上任意点 $M(x,y,z)$ 的坐标 (x,y,z) 所满足的一个方程 $F(x,y,z)=0$（方程组），并且满足这个方程 $F(x,y,z)=0$（方程组）的点 $M(x,y,z)$ 一定在平面 π（直线 L）上. 本节在空间直角坐标系中建立平面与直线的方程，讨论空间中点、直线、平面之间的一些关系.

1.7.1 空间中平面的方程

设平面 π 通过点 $M_0(x_0,y_0,z_0)$ 并且垂直于非零向量 $\boldsymbol{n}=(A,B,C)$，如图1.22所示. 下面建立平面 π 的方程.

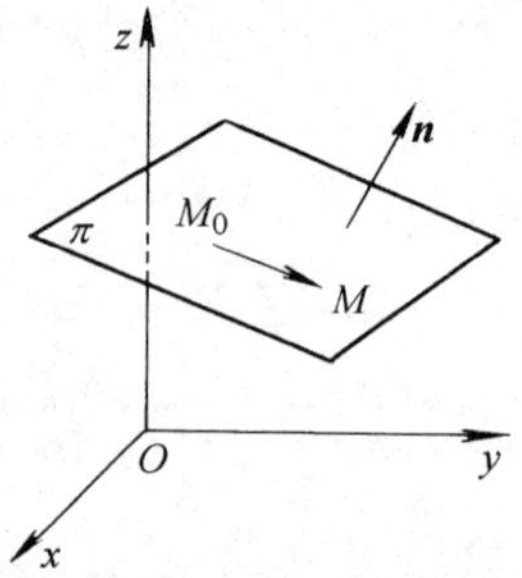

图 1.22

称垂直于平面 π 的非零向量 $\boldsymbol{n}=(A,B,C)$ 为平面 π 的法向量.

设 $M(x,y,z)$ 是平面 π 上的任意一点，则 $\overrightarrow{M_0M}$ 与 $\boldsymbol{n}$ 垂

直,从而

$$\boldsymbol{n}\cdot\overrightarrow{M_0M}=0$$

由$\overrightarrow{M_0M}=\overrightarrow{OM}-\overrightarrow{OM_0}=(x-x_0,y-y_0,z-z_0)$,$\boldsymbol{n}=(A,B,C)$知

$$A(x-x_0)+B(y-y_0)+C(z-z_0)=0 \tag{1.4}$$

即平面 π 上任一点 $M(x,y,z)$ 的坐标满足式(1.4). 反之,若点 $M(x,y,z)$ 的坐标满足式(1.4),则$\overrightarrow{M_0M}$与 $\boldsymbol{n}$ 垂直,故点 M 必在平面 π 上. 式(1.4)就是平面 π 的方程,称其为平面 π 的**点法式方程**.

整理式(1.4)得

$$Ax+By+Cz+D=0 \tag{1.5}$$

其中,$D=-(Ax_0+By_0+Cz_0)$. 称方程(1.5)为平面 π 的**一般方程**.

由于任一平面都可用它上面的一点及它的法向量来确定,所以由上面的讨论可知,任一平面 π 的方程都可以写成形如式(1.5)的三元一次方程的形式. 反过来,当 A,B,C 中至少有一个元素不为零时,形如式(1.5)的每一个三元一次方程都确定一个法向量为 $\boldsymbol{n}=(A,B,C)$的平面. 事实上,任取满足式(1.5)的一组数(x_0,y_0,z_0),则

$$Ax_0+By_0+Cz_0+D=0 \tag{1.6}$$

由式(1.5)及式(1.6)得

$$A(x-x_0)+B(y-y_0)+C(z-z_0)=0 \tag{1.7}$$

这是通过点 $M_0(x_0,y_0,z_0)$且垂直于 $\boldsymbol{n}=(A,B,C)$的平面方程. 又式(1.5)与式(1.7)同解,故当 A,B,C 不全为零时,任意一个形如式(1.5)的三元一次方程都是平面方程.

例 1.14 设 $M_1(x_1,y_1,z_1)$,$M_2(x_2,y_2,z_2)$,$M_3(x_3,y_3,z_3)$是空间中不在同一条直线上的三点,试求过三点 M_1,M_2,M_3 的平面 π 的方程.

解 设平面 π 内任一点 M 为(x,y,z),则利用向量$\overrightarrow{M_1M}$,$\overrightarrow{M_1M_2}$,$\overrightarrow{M_1M_3}$的共面性质可得

$$\begin{vmatrix} x-x_1 & y-y_1 & z-z_1 \\ x_2-x_1 & y_2-y_1 & z_2-z_1 \\ x_3-x_1 & y_3-y_1 & z_3-z_1 \end{vmatrix}=0 \tag{1.8}$$

称方程(1.8)为平面 π 的**三点式方程**.

例 1.15 设一平面 π 与 x,y,z 轴分别交于 $P(a,0,0)$,$Q(0,b,0)$和 $R(0,0,c)$(图 1.23),求平面 π 的方程(其中 a,b,c 都不为零).

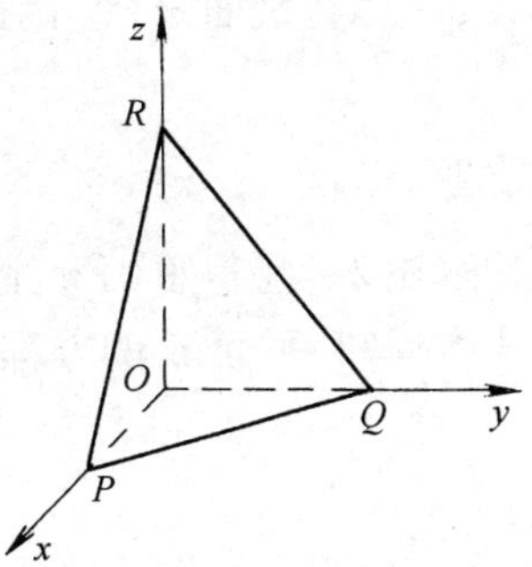

图 1.23

解 由 P,Q,R 三点不共线,可知平面 π 的方程为

$$\begin{vmatrix} x-a & y-0 & z-0 \\ 0-a & b-0 & 0-0 \\ 0-a & 0-0 & c-0 \end{vmatrix}=0$$

即

$$bcx+acy+abz=abc$$

由 a,b,c 都不为零,得

$$\frac{x}{a}+\frac{y}{b}+\frac{z}{c}=1 \tag{1.9}$$

称方程(1.9)为平面 π 的**截距式方程**.

例 1.16 求过点 $M_1(2,-1,4)$,$M_2(-1,3,-2)$且垂直于平面 π_1: $-2x+3y-z=0$ 的平面方程.

解 设所求平面的一个法向量为 $\boldsymbol{n}=(A,B,C)$. 因为向量$\overrightarrow{M_1M_2}=(-3,4,-6)$在所求平面上,所以它必与 $\boldsymbol{n}$ 垂直. 又因为所求的平面与平面 π_1 垂直,所以平面 π_1 的法向量 $\boldsymbol{n}_1=(-2,3,-1)$必与 $\boldsymbol{n}$ 垂直,这样可取

$$\boldsymbol{n}=\overrightarrow{M_1M_2}\times\boldsymbol{n}_1=14\boldsymbol{i}+9\boldsymbol{j}-\boldsymbol{k}$$

由平面的点法式方程知,所求平面的方程为

$$14(x-2)+9(y+1)-(z-4)=0$$

即

$$14x+9y-z-15=0$$

例 1.17 求通过 y 轴和点 $M_0=(8,3,-2)$的平面方程.

解法 1 (待定系数法)设所求平面 π 的方程为

$$Ax+By+Cz+D=0$$

因为平面 π 通过 y 轴,故点(0,0,0),(0,1,0)在平面 π 上,于是 $B=D=0$,又(8,3,-2)在平面 π 上,因此有 $4A=C$,从而平面 π 的方程为

$$Ax+4Az=0$$

即

$$x+4z=0$$

解法 2 易得平面 π 上三点 $O(0,0,0)$,$P(0,1,0)$,$M_0(8,3,-2)$,由平面的三点式方程知,平面 π 的方程为

$$\begin{vmatrix} x & y & z \\ 0 & 1 & 0 \\ 8 & 3 & -2 \end{vmatrix}=0$$

即

$$x+4z=0$$

解法 3　由于$\overrightarrow{OM_0}$及 y 轴都平行于平面 π,所以可取平面 π 的法向量

$$\boldsymbol{n}=\overrightarrow{OM_0}\times\boldsymbol{j}=(2,0,8)$$

由平面的点法式方程知,平面 π 的方程为(平面 π 过原点)

$$x+4z=0$$

下面讨论平面与平面间的位置关系.

设有两个平面

$$\pi_1: A_1x+B_1y+C_1z+D_1=0$$
$$\pi_2: A_2x+B_2y+C_2z+D_2=0$$

称 π_1,π_2 的法向量的夹角 φ 为这两个平面的夹角,通常规定$0\leqslant\varphi\leqslant\frac{\pi}{2}$. 平面 π_1 和 π_2 的夹角 φ 可由公式

$$\cos\varphi=\frac{|A_1A_2+B_1B_2+C_1C_2|}{\sqrt{A_1^2+B_1^2+C_1^2}\cdot\sqrt{A_2^2+B_2^2+C_2^2}}$$

来确定(图 1.24).

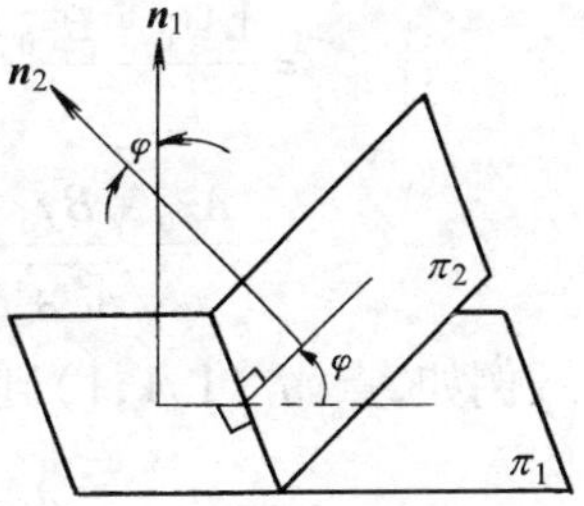

图　1.24

π_1 与 π_2 垂直的充要条件是其法向量 $\boldsymbol{n}_1,\boldsymbol{n}_2$ 互相垂直,即

$$A_1A_2+B_1B_2+C_1C_2=0$$

π_1 与 π_2 平行但不重合的充要条件是其法向量 $\boldsymbol{n}_1,\boldsymbol{n}_2$ 互相平行,即

$$\frac{A_1}{A_2}=\frac{B_1}{B_2}=\frac{C_1}{C_2}\neq\frac{D_1}{D_2}$$

π_1 与 π_2 重合的充要条件是

$$\frac{A_1}{A_2}=\frac{B_1}{B_2}=\frac{C_1}{C_2}=\frac{D_1}{D_2}$$

例 1.18　求平面

$$\pi_1: x+2y-z+8=0$$
$$\pi_2: 2x+y+z-7=0$$

之间的夹角.

解

$$\cos\varphi=\frac{|1\times2+2\times1+(-1)\times1|}{\sqrt{1^2+2^2+(-1)^2}\times\sqrt{2^2+1^2+1^2}}=\frac{1}{2}$$

故所求夹角 $\varphi=\frac{\pi}{3}$.

现在再来考查点到平面的距离.

设 $M_0(x_0,y_0,z_0)$是平面 $\pi: Ax+By+Cz+D=0$ 外一点. 在平面 π 上任取一点

$M_1(x_1,y_1,z_1)$,作平面 π 的法向量 $\boldsymbol{n}=(A,B,C)$,则点 M_0 到平面 π 的距离 d(图 1.25)为

$$d=|\text{Prj}_{\boldsymbol{n}}\overrightarrow{M_1M_0}|$$

设 $\boldsymbol{e}_n$ 是与 $\boldsymbol{n}$ 方向一致的单位向量,则

$$\text{Prj}_{\boldsymbol{n}}\overrightarrow{M_1M_0}=\boldsymbol{e}_n\overrightarrow{M_1M_0}$$

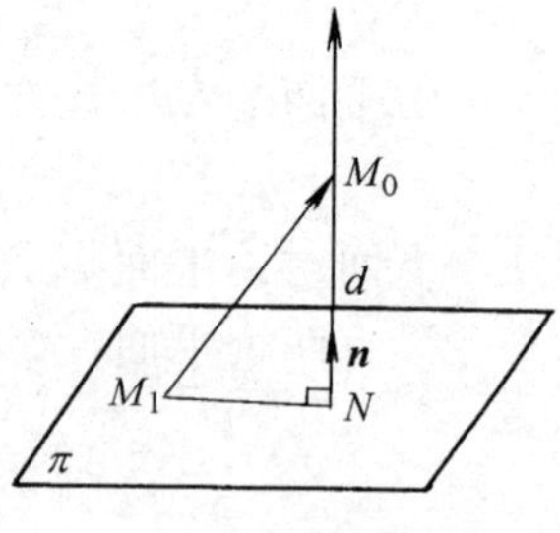

图 1.25

但

$$\boldsymbol{e}_n=\frac{\boldsymbol{n}}{|\boldsymbol{n}|}=\left(\frac{A}{\sqrt{A^2+B^2+C^2}},\frac{B}{\sqrt{A^2+B^2+C^2}},\frac{C}{\sqrt{A^2+B^2+C^2}}\right)$$

$$\overrightarrow{M_1M_0}=(x_0-x_1,y_0-y_1,z_0-z_1)$$

于是,由 $M_1(x_1,y_1,z_1)$ 在平面 π 上,$Ax_1+By_1+Cz_1+D=0$ 得

$$\begin{aligned}d&=|\text{Prj}_n\overrightarrow{M_1M_0}|=|\boldsymbol{e}_n\overrightarrow{M_1M_0}|\\&=\left|\frac{A(x_0-x_1)}{\sqrt{A^2+B^2+C^2}}+\frac{B(y_0-y_1)}{\sqrt{A^2+B^2+C^2}}+\frac{C(z_0-z_1)}{\sqrt{A^2+B^2+C^2}}\right|\\&=\frac{|Ax_0+By_0+Cz_0-(Ax_1+By_1+Cz_1)|}{\sqrt{A^2+B^2+C^2}}\\&=\frac{|Ax_0+By_0+Cz_0+D|}{\sqrt{A^2+B^2+C^2}}\end{aligned}$$

例如,点 $M_0(1,1,1)$ 到平面 $\pi:2x+2y-z+10=0$ 的距离为

$$d=\frac{|2\times1+2\times1-1\times1+10|}{\sqrt{2^2+2^2+(-1)^2}}=\frac{13}{3}$$

例 1.19 求点 $M(-2,-4,3)$ 到平面 $\pi:2x-y+2z+3=0$ 的距离.

分析 利用点到平面的距离公式

$$d=\frac{|Ax_0+By_0+Cz_0+D|}{\sqrt{A^2+B^2+C^2}}$$

解 $d=\dfrac{|2\times(-2)+(-1)\times(-4)+2\times3+3|}{\sqrt{2^2+(-1)^2+2^2}}=3$

注 两平行平面间的距离问题可以转化为点到平面间的距离问题.

例 1.20 求两平面

$$\pi_1:x-2y-2z-12=0$$

$$\pi_2:x-2y-2z-6=0$$

的距离.

分析 由题设知$\dfrac{A_1}{A_2}=\dfrac{B_1}{B_2}=\dfrac{C_1}{C_2}\neq\dfrac{D_1}{D_2}$,所以 π_1 与 π_2 平行. 从 π_1 上取一点,问题转化为求点到平面的距离.

解 显然 π_1 与 π_2 平行. 从 π_1 上任取一点 $M(12,0,0)$,则两平面的距离为

$$d=\frac{|1\times 12-2\times 0-2\times 0-6|}{\sqrt{1^2+(-2)^2+(-2)^2}}=2$$

1.7.2 空间中直线的方程

如果非零向量 $\boldsymbol{s}$ 平行于一条已知直线 L,则称 $\boldsymbol{s}$ 为直线 L 的**方向向量**.

我们来建立过已知点 $M_0(x_0,y_0,z_0)$,并且平行于已知非零向量 $\boldsymbol{s}=(m,n,p)$ 的直线 L 的方程.

设点 $M(x,y,z)$ 是直线上的任意一点,向量 $\overrightarrow{M_0M}=(x-x_0,y-y_0,z-z_0)$ 与向量 $\boldsymbol{s}$ 平行(图 1.26),于是存在实数 t 使

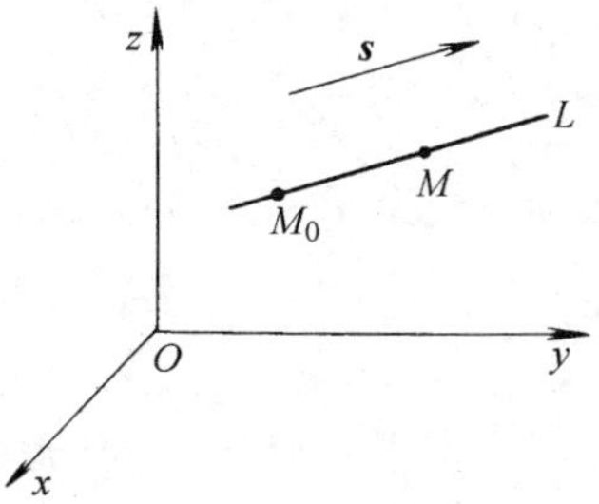

图 1.26

$$\overrightarrow{M_0M}=t\boldsymbol{s}$$

于是

$$\begin{cases}x=x_0+mt\\ y=y_0+nt\\ z=z_0+pt\end{cases}\quad (t\text{ 为参数})\tag{1.10}$$

消去 t 得

$$\frac{x-x_0}{m}=\frac{y-y_0}{n}=\frac{z-z_0}{p}\tag{1.11}$$

易证,点 $M(x,y,z)$ 在直线 L 上的充要条件是其坐标 x,y,z 满足方程(1.11),故方程(1.11)是直线 L 的方程. 称方程(1.11)为直线 L 的**标准方程**,方程(1.10)为直线 L 的**参数方程**.

注 当方程(1.11)中 m,n,p 中有一个为零,例如 $m=0$,而 $n,p\neq 0$ 时,方程(1.11)应理解为

$$\begin{cases}x-x_0=0\\ \dfrac{y-y_0}{n}=\dfrac{z-z_0}{p}\end{cases}$$

当 m,n,p 中有两个为零,例如 $m=n=0$,而 $p\neq 0$ 时,方程(1.11)应理解为

$$\begin{cases}x-x_0=0\\ y-y_0=0\end{cases}$$

例如,方程 $\dfrac{x-4}{5}=\dfrac{y+6}{0}=\dfrac{z}{7}$ 表示的是一条过点 $M_0(4,-6,0)$ 且平行于向量 $\boldsymbol{s}=(5,0,7)$ 的直线 L. L 的方程还可写成

$$\begin{cases} y+6=0 \\ \dfrac{x-4}{5}=\dfrac{z}{7} \end{cases}$$

设平面 π_1,π_2 为

$$\pi_1: A_1x+B_1y+C_1z+D_1=0$$
$$\pi_2: A_2x+B_2y+C_2z+D_2=0$$

π_1,π_2 相交于一条直线 L(图 1.27),则直线 L 的方程为

$$\begin{cases} A_1x+B_1y+C_1z+D_1=0 \\ A_2x+B_2y+C_2z+D_2=0 \end{cases} \tag{1.12}$$

事实上,L 上任一点 $M(x,y,z)$ 既在 π_1 上又在 π_2 上,故 $M(x,y,z)$ 的坐标满足方程(1.12).反之,若 $M(x,y,z)$ 的坐标满足方程(1.12),则 $M(x,y,z)$ 既在 π_1 上又在 π_2 上,从而必在直线 L 上. 称方程(1.12)为直线 L 的**一般方程**.

给定一条直线 L,通过直线 L 的平面有无限多个,在这无限多个平面中任选两个(不重合)平面,把它们的方程联立起来,所得的方程就是 L 的一般方程.

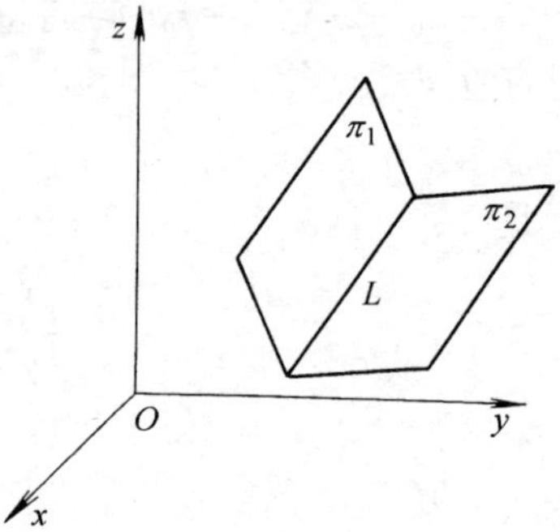

图 1.27

例 1.21 试求过已知两点 $M_0(x_0,y_0,z_0)$ 与 $M_1(x_1,y_1,z_1)$ 的直线 L 的方程.

解 由于 M_0,M_1 在 L 上,所以 $\overrightarrow{M_0M_1}=(x_1-x_0,y_1-y_0,z_1-z_0)$ 是 L 的方向向量. 又 $M_0(x_0,y_0,z_0)$ 在 L 上,故 L 的方程为

$$\frac{x-x_0}{x_1-x_0}=\frac{y-y_0}{y_1-y_0}=\frac{z-z_0}{z_1-z_0} \tag{1.13}$$

称方程(1.13)为直线 L 的**两点式方程**.

例如,过点 $M_0(1,2,-1)$ 和 $M_1(-1,2,4)$ 的直线方程为

$$\frac{x-1}{-1-1}=\frac{y-2}{2-2}=\frac{z+1}{4+1}$$

即

$$\begin{cases} y-2=0 \\ 5x+2z-3=0 \end{cases}$$

例 1.22 设直线 L 的一般方程为

$$\begin{cases} x+3y+2z=0 \\ x+4y+2z=0 \end{cases}$$

试求 L 的标准方程和参数方程.

解 设

$$\pi_1: x+3y+2z=0$$
$$\pi_2: x+4y+2z=0$$

π_1,π_2 的法向量分别为 $\boldsymbol{n}_1=(1,3,2)$, $\boldsymbol{n}_2=(1,4,2)$. 它们的向量积是 L 的方向向量.

$$\boldsymbol{n}_1\times\boldsymbol{n}_2=\begin{vmatrix}\boldsymbol{i} & \boldsymbol{j} & \boldsymbol{k}\\ 1 & 3 & 2\\ 1 & 4 & 2\end{vmatrix}=(-2,0,1)$$

又 $M_0(0,0,0)$ 在直线 L 上,故直线 L 的标准方程为

$$\frac{x}{-2}=\frac{y}{0}=\frac{z}{1}$$

令

$$\frac{x}{-2}=\frac{y}{0}=\frac{z}{1}=t$$

得直线 L 的参数方程

$$\begin{cases}x=-2t\\ y=0\\ z=t\end{cases}$$

下面讨论两条直线间的位置关系.

设有两条直线

$$L_1:\frac{x-x_1}{m_1}=\frac{y-y_1}{n_1}=\frac{z-z_1}{p_1}$$
$$L_2:\frac{x-x_2}{m_2}=\frac{y-y_2}{n_2}=\frac{z-z_2}{p_2}$$

称 L_1,L_2 的方向向量 $\boldsymbol{s}_1=(m_1,n_1,p_1)$, $\boldsymbol{s}_2=(m_2,n_2,p_2)$ 的夹角 φ 为两条直线 L_1 和 L_2 的夹角,通常规定:$0\leqslant\varphi\leqslant\frac{\pi}{2}$.

L_1,L_2 的夹角 φ 可由公式

$$\cos\varphi=\frac{|m_1m_2+n_1n_2+p_1p_2|}{\sqrt{m_1^2+n_1^2+p_1^2}\cdot\sqrt{m_2^2+n_2^2+p_2^2}} \tag{1.14}$$

给出.

例如,设 $L_1:\frac{x+1}{1}=\frac{y-4}{-4}=\frac{z-2}{1}$, $L_2:\frac{x+4}{2}=\frac{y+1}{-2}=\frac{z-1}{-1}$

由

$$\cos\varphi=\frac{|1\times2+(-4)\times(-2)+1\times(-1)|}{\sqrt{1^2+(-4)^2+1^2}\times\sqrt{2^2+(-2)^2+(-1)^2}}=\frac{\sqrt{2}}{2}$$

得 L_1,L_2 的夹角 $\varphi=\frac{\pi}{4}$.

与平面的情形类似，有：

L_1 与 L_2 垂直的充要条件是其方向向量 $\boldsymbol{s}_1$ 与 $\boldsymbol{s}_2$ 垂直，即

$$m_1m_2+n_1n_2+p_1p_2=0$$

L_1 与 L_2 平行的充要条件是其方向向量 $\boldsymbol{s}_1$ 与 $\boldsymbol{s}_2$ 平行，即

$$\frac{m_1}{m_2}=\frac{n_1}{n_2}=\frac{p_1}{p_2}$$

L_1 与 L_2 相交但不重合当且仅当 s_1 与 s_2 共面但 s_1 与 s_2 不平行（图 1.28），即方向向量 $s_1=(m_1, n_1, p_1)$，$s_2=(m_2, n_2, p_2)$ 及向量 $\overrightarrow{M_1M_2}=(x_2-x_1, y_2-y_1, z_2-z_1)$ 共面，所以 L_1 与 L_2 相交但不重合的充要条件是混合积 $[s_1 \quad s_2 \quad \overrightarrow{M_1M_2}]=0$ 且 s_1 与 s_2 不平行. 即

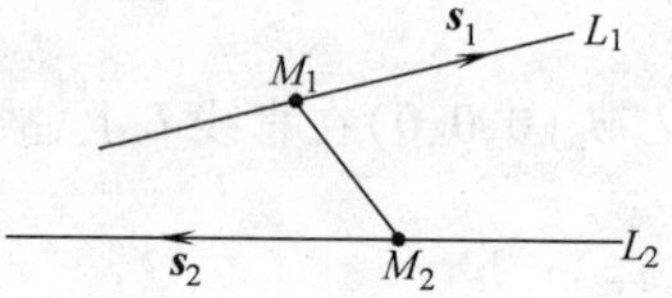

图 1.28

$$\begin{vmatrix} x_2-x_1 & y_2-y_1 & z_2-z_1 \\ m_1 & n_1 & p_1 \\ m_2 & n_2 & p_2 \end{vmatrix}=0$$

L_1 与 L_2 异面当且仅当 $s_1, s_2, \overrightarrow{M_1M_2}$ 不共面，即

$$\begin{vmatrix} x_2-x_1 & y_2-y_1 & z_2-z_1 \\ m_1 & n_1 & p_1 \\ m_2 & n_2 & p_2 \end{vmatrix}\neq 0$$

例 1.23 证明直线 $L_1: \dfrac{x-7}{3}=\dfrac{y-2}{2}=\dfrac{z-1}{-2}$ 与 $L_2: x=1+2t, y=-2-3t, z=5+4t$ 共面，并求 L_1, L_2 所在的平面方程.

分析 利用两直线共面的充分必要条件

$$\begin{vmatrix} x_1-x_2 & y_1-y_2 & z_1-z_2 \\ m_1 & n_1 & p_1 \\ m_2 & n_2 & p_2 \end{vmatrix}=0$$

L_1, L_2 所在平面的法向量 $\boldsymbol{n}=\boldsymbol{s}_1\times\boldsymbol{s}_2$. 用点法式写出平面方程.

解 由题设，L_1 上一点 $M_1(7,2,1)$，L_2 上一点 $M_2(1,-2,5)$. 由两直线共面的充分必要条件，即

$$\begin{vmatrix} 7-1 & 2-(-2) & 1-5 \\ 3 & 2 & -2 \\ 2 & -3 & 4 \end{vmatrix}=0$$

所以直线 L_1, L_2 共面. 此平面的法向量为

$$\boldsymbol{n}=\begin{vmatrix} \boldsymbol{i} & \boldsymbol{j} & \boldsymbol{k} \\ 3 & 2 & -2 \\ 2 & -3 & 4 \end{vmatrix}=2\boldsymbol{i}-16\boldsymbol{j}-13\boldsymbol{k}$$

于是,平面方程为

$$2(x-7)-16(y-2)-13(z-1)=0$$

即

$$2x-16y-13z+31=0$$

其次,讨论直线与平面的位置关系.

设有一条直线

$$L:\frac{x-x_0}{m}=\frac{y-y_0}{n}=\frac{z-z_0}{p}$$

及一平面

$$\pi:Ax+By+Cz+D=0$$

直线 L 与其在平面 π 上的投影直线 L_1 的夹角 φ 称直线 L 与平面 π 的夹角(图 1.29),通常规定 $0\leqslant\varphi\leqslant\frac{\pi}{2}$.

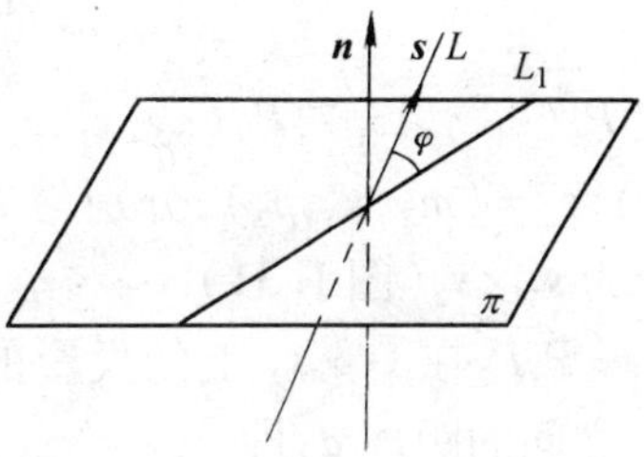

图 1.29

由于

$$\cos\left(\frac{\pi}{2}-\varphi\right)=\frac{|\boldsymbol{n}\cdot\boldsymbol{s}|}{|\boldsymbol{n}||\boldsymbol{s}|}$$

所以 φ 可由公式

$$\sin\varphi=\frac{|mA+nB+pC|}{\sqrt{A^2+B^2+C^2}\cdot\sqrt{m^2+n^2+p^2}}$$

确定.

设 $\boldsymbol{s}=(m,n,p)$ 为 L 的方向向量,$\boldsymbol{n}=(A,B,C)$ 为平面 π 的法向量.

L 与 π 垂直的充要条件是 $\boldsymbol{s}$ 与 $\boldsymbol{n}$ 平行,即

$$\frac{A}{m}=\frac{B}{n}=\frac{C}{p}$$

L 与 π 平行的充要条件是 $\boldsymbol{s}$ 与 $\boldsymbol{n}$ 垂直,即

$$mA+nB+pC=0$$

再来看点到直线的距离.

设直线 L 的标准方程为

$$L:\frac{x-x_0}{m}=\frac{y-y_0}{n}=\frac{z-z_0}{p}$$

即 L 过点 $M_0(x_0,y_0,z_0)$,并且方向向量为 $\boldsymbol{s}=(m,n,p)$. 再设 $M_1(x_1,y_1,z_1)$是直线 L 外一点,则点 M_1 到直线 L 的距离 d(图 1.30)为

$$d=\frac{|s\times\overrightarrow{M_0M_1}|}{|s|}\tag{1.15}$$

事实上，以 $s,\overrightarrow{M_0M_1}$ 为邻边的平行四边形的面积 A 为

$$A=|s\times\overrightarrow{M_0M_1}|$$

又 $A=d|s|$，故式(1.15)成立.

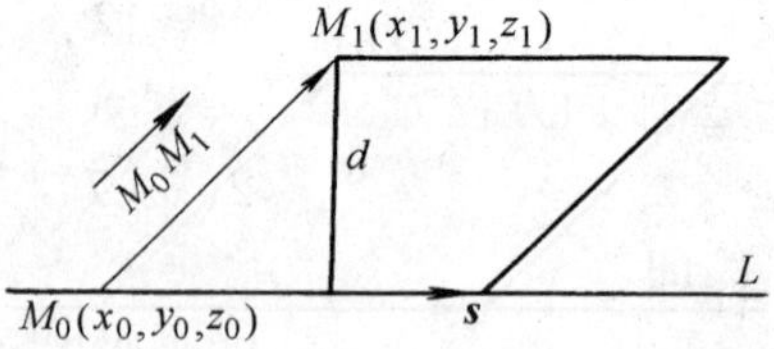

图 1.30

注 两平行直线的距离可转化为点到直线间的距离问题.

最后，研究两条异面直线间的距离.

设有两条异面直线

$$L_1:\frac{x-x_1}{m_1}=\frac{y-y_1}{n_1}=\frac{z-z_1}{p_1}$$

$$L_2:\frac{x-x_2}{m_2}=\frac{y-y_2}{n_2}=\frac{z-z_2}{p_2}$$

记 $P_1(x_1,y_1,z_1)$，$P_2(x_2,y_2,z_2)$ 是 L_1,L_2 上两点，L_1,L_2 的方向向量 $s_1=(m_1,n_1,p_1)$，$s_2=(m_2,n_2,p_2)$，分别与 L_1,L_2 的公垂线垂直，所以 L_1,L_2 的公垂线的方向向量为 $s_1\times s_2$(图 1.31).

$\overrightarrow{P_1P_2}$ 在 $s_1\times s_2$ 上的投影的绝对值就是 L_1，L_2 之间的距离 d，即

$$d=\left|\text{Prj}_{s_1\times s_2}\overrightarrow{P_1P_2}\right|=\left|\overrightarrow{P_1P_2}\cdot\frac{s_1\times s_2}{|s_1\times s_2|}\right|$$

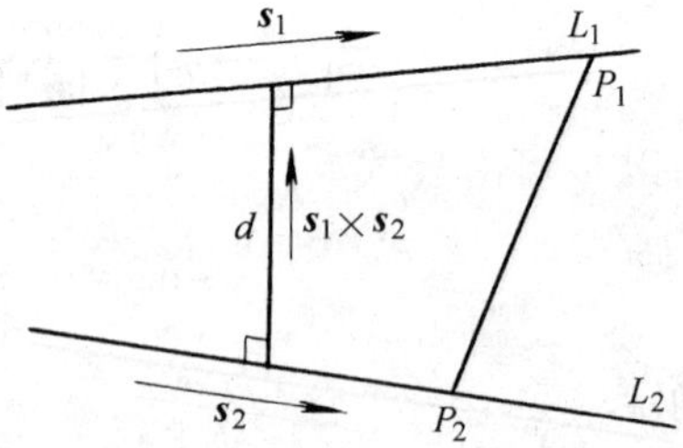

图 1.31

例 1.24 求两直线

$$L_1:\frac{x+7}{3}=\frac{y+4}{4}=\frac{z+3}{-2}$$

$$L_2:\frac{x-21}{6}=\frac{y+5}{-4}=\frac{z-2}{-1}$$

的距离.

解 由于

$$[\overrightarrow{M_1M_2}\quad s_1\quad s_2]=\begin{vmatrix}-7-21 & -4+5 & -3-2\\ 3 & 4 & -2\\ 6 & -4 & -1\end{vmatrix}=507\neq0$$

所以 L_1,L_2 是异面直线，利用异面直线距离公式

$$d=\left|\overrightarrow{M_1M_2}\cdot\frac{s_1\times s_2}{|s_1\times s_2|}\right|$$

其中

$$s_1 \times s_2 = \begin{vmatrix} i & j & k \\ 3 & 4 & -2 \\ 6 & -4 & -1 \end{vmatrix} = -12i - 9j - 36k$$

$$|s_1 \times s_2| = 39$$

所以 L_1, L_2 的距离为

$$d = \frac{507}{39} = 13$$

例 1.25 求异面直线 $L_1: \frac{x}{1} = \frac{y}{2} = \frac{z}{3}$ 与 $L_2: x-1 = y+1 = z-2$ 的公垂线方程.

分析 由立体几何知识知,异面直线的公垂线的作法如下:

过 L_2 作平面 π_2 与直线 L_1 平行,过 L_1 作平面 π_1 与平面 π_2 垂直. 平面 π_1 与直线 L_2 交于点 M,过点 M 作平面 π_2 的垂直线 L,L 即为所求(图 1.32).

解 设过 L_2 且平行 L_1 的平面 π_2 的法向量为 n_2,则 n_2 垂直于 L_1 的方向向量 s_1 和 L_2 的方向向量 s_2. 于是

$$n_2 = \begin{vmatrix} i & j & k \\ 1 & 2 & 3 \\ 1 & 1 & 1 \end{vmatrix} = -i + 2j - k$$

在 L_2 上任取一点,其坐标为(1, -1, 2),则平面 π_2 的方程为

$$-(x-1) + 2(y+1) - (z-2) = 0$$

即

$$-x + 2y - z + 5 = 0$$

设过 L_1 与平面 π_2 垂直的平面 π_1 的法向量为 n_1,则 n_1 与 s_1, n_2 都垂直. 于是

$$n_1 = \begin{vmatrix} i & j & k \\ 1 & 2 & 3 \\ -1 & 2 & -1 \end{vmatrix} = -8i - 2j + 4k$$

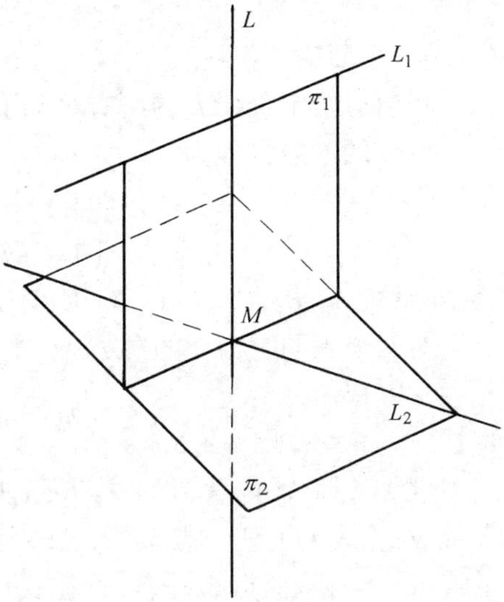

图 1.32

在直线 L_1 上任取一点,设其坐标为(0,0,0),则平面 π_1 的方程是

$$-8x - 2y + 4z = 0$$

即

$$-4x - y + 2z = 0$$

平面 π_1 与直线 L_2 的交点为

$$\begin{cases} x-1 = y+1 = z-2 \\ -4x - y + 2z = 0 \end{cases}$$

令 $x-1 = y+1 = z-2 = t$,解得

$$x=1+t, y=-1+t, z=2+t$$

代入平面 π_1 的方程,得

$$-4(1+t)-(-1+t)+2(2+t)=0$$

$$-3t+1=0$$

$$t=\frac{1}{3}$$

于是,π_1 与 L_2 的交点 M 的坐标是 $\left(\frac{4}{3},-\frac{2}{3},\frac{7}{3}\right)$,则所求异面直线的公垂线的方向向量 $\boldsymbol{s}$ 与平面 π_2 的法向量平行,即 $\boldsymbol{s}=\boldsymbol{n}_2$. 所求公垂线方程为

$$\frac{\left(x-\frac{4}{3}\right)}{-1}=\frac{\left(y+\frac{2}{3}\right)}{2}=\frac{\left(z-\frac{7}{3}\right)}{-1}$$

化简,得

$$\frac{x-1}{-1}=\frac{y}{2}=\frac{z-2}{-1}$$

1.7.3 平面束

将通过给定直线 L 的所有平面的全体称为**平面束**.

设 L 的一般方程为

$$\begin{cases} A_1x+B_1y+C_1z+D_1=0 & (1.16) \\ A_2x+B_2y+C_2z+D_2=0 & (1.17) \end{cases}$$

其中,系数 A_1,B_1,C_1 与 A_2,B_2,C_2 不成比例.

对两个不同时为 0 的参数 λ_1,λ_2,因 A_1,B_1,C_1 与 A_2,B_2,C_2 不成比例,所以三元一次方程

$$\lambda_1(A_1x+B_1y+C_1z+D_1)+\lambda_2(A_2x+B_2y+C_2z+D_2)=0 \qquad (1.18)$$

的系数 $\lambda_1A_1+\lambda_2A_2,\lambda_1B_1+\lambda_2B_2,\lambda_1C_1+\lambda_2C_2$ 不全为零,从而方程(1.18)是平面方程. 对直线 L 上任一点 $M(x,y,z)$,由于 x,y,z 满足式(1.16)和式(1.17),故也满足式(1.18),从而点 $M(x,y,z)$ 在式(1.18)所确定的平面上,因此,式(1.18)表示的平面通过直线 L. 反之,通过直线 L 的任何一个平面都可写成式(1.18)的形式. 称方程(1.18)为通过直线 L 的**平面束方程**.

除平面束式(1.18)中平面

$$A_2x+B_2y+C_2z+D_2=0$$

外,平面束(1.18)中任一平面的方程都可写成

$$A_1x+B_1y+C_1z+D_1+\lambda(A_2x+B_2y+C_2z+D_2)=0 \qquad (1.19)$$

的形式.

应用中常将通过给定直线 L 的平面束方程写成式(1.19)的形式.

例 1.26 已知直线

$$L:\begin{cases}3x-2z-6=0\\x+y-2z+1=0\end{cases}$$

(1) 求 L 在 xOy 平面上的投影方程;

(2) 求 L 在平面 $\pi: x+y+2z-5=0$ 上的投影方程.

分析 (1) L 在 xOy 平面上的投影就是过直线 L 作垂直 xOy 的平面 π_1 与 xOy 面的交线,即 $z=0$ 与 π_1 的交线. 因 π_1 垂直 xOy 面,则方程中缺 z 项,故由 L 的两个方程消去 z 得到的方程即为所求.

(2) L 在平面 π 上的投影则是过 L 作垂直 π 的平面 π_2 与 π 的交线,如图 1.33 所示.

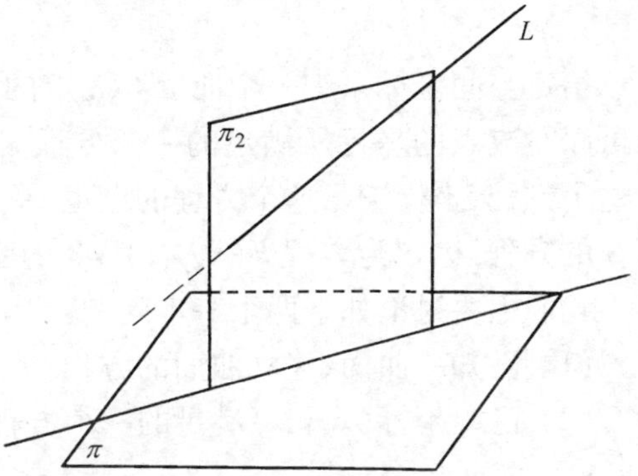

图 1.33

解 (1) 设通过直线 L 的平面束方程为

$$3x-2z-6+\lambda(x+y-2z+1)=0$$

整理得

$$(3+\lambda)x+\lambda y+(-2-2\lambda)z+\lambda-6=0.$$

L_0 为 L 在 xOy 面的投影,所以过 L 的平面 π_1 与过 L_0 的 xOy 面垂直,从而有

$$(3+\lambda,\lambda,-2-2\lambda)\cdot(0,0,1)=0$$

解得 $\lambda=-1$ 代入平面束方程得

$$2x-y-7=0$$

故 L 在 xOy 面上的投影方程为两平面的交线,即

$$\begin{cases}2x-y-7=0\\z=0\end{cases}$$

(2) 同理,L 在平面 $\pi: x+y+2z-5=0$ 上的投影则是过 L 作垂直 π 的平面 π_2 与 π 的交线.

设通过直线 L 的平面束方程为

$$3x-2z-6+\lambda(x+y-2z+1)=0$$

整理得

$$(3+\lambda)x+\lambda y+(-2-2\lambda)z+\lambda-6=0$$

L_0 为 L 在 $\pi: x+y+2z-5=0$ 上的投影,所以过 L 的平面 π_2 与过 L_0 的平面 π 垂直,所以有

$$(3+\lambda,\lambda,-2-2\lambda)\cdot(1,1,2)=0$$

解得 $\lambda=-\dfrac{1}{2}$代入平面方程得

$$\frac{5}{2}x-\frac{1}{2}y-z-\frac{13}{2}=0$$

整理得 $$5x-y-2z-13=0$$

故 L 在 π 上的投影方程为两平面的交线,即

$$\begin{cases}5x-y-2z-13=0\\x+y+2z-5=0\end{cases}$$

1.8 空间中的曲面与曲线

给定空间坐标系中一个曲面 S,S 上的点要满足一定的几何条件,这个条件一般可以写成点的坐标所满足的一个方程 $F(x,y,z)=0$. 曲面 S 上点的坐标一定满足这个方程,坐标满足这个方程的点也一定在曲面 S 上. 称方程 $F(x,y,z)=0$ 为**曲面 S 的方程**,称 S 为方程 $F(x,y,z)=0$ 的**图形**.

我们主要讨论如下两个基本问题:

(1) 已知一曲面,建立曲面的方程.

(2) 已知坐标 (x,y,z) 满足的一个方程,研究这方程所表示的曲面.

1.8.1 球面

已知球面的球心在点 $M_0(x_0,y_0,z_0)$,半径为 r,求该球面的方程.

空间中任一点 $M(x,y,z)$ 在球面上当且仅当 $|M_0M|=r$,即

$$\sqrt{(x-x_0)^2+(y-y_0)^2+(z-z_0)^2}=r$$

故该**球面方程**为

$$(x-x_0)^2+(y-y_0)^2+(z-z_0)^2=r^2 \tag{1.20}$$

如果球心在坐标原点,则球面方程为

$$x^2+y^2+z^2=r^2$$

将方程(1.20)展开,得

$$x^2+y^2+z^2-2x_0x-2y_0y-2z_0z+x_0^2+y_0^2+z_0^2-r^2=0$$

这个方程的特点是:①它是三元二次方程;②二次项 x^2,y^2,z^2 的系数相同;③没有 xy,yz,zx 这类二次项. 事实上,具有这三个条件的方程,一般来说,其图形也是球面. 因为用配完全平方的方法,总可以将这样的方程化成

$$(x-x_0)^2+(y-y_0)^2+(z-z_0)^2=k \tag{1.21}$$

的形式.

当 $k>0$ 时,它就是球心在 $M_0(x_0,y_0,z_0)$,半径为 $\sqrt{k}$ 的球面方程;当 $k=0$ 时,球面收缩为一点(点球面);当 $k<0$ 时,无图形(叫虚球面).

1.8.2 柱面

平行于定直线并沿定曲线 C 移动的直线 L 形成的轨迹叫做**柱面**,定曲线 C 叫

做柱面的**准线**，动直线 L 叫做柱面的**母线**.

一般地，含有两个变量的方程在平面上表示一条曲线，在空间中表示一个柱面，它以平面上的这条曲线为准线，其母线平行于方程中不出现的那个变量对应的坐标轴.

给定一个柱面，总可以适当选取坐标系，使其母线平行于某坐标轴. 当柱面的母线平行于 z 轴，且准线是 xOy 面上的曲线

$$\begin{cases} f(x,y)=0 \\ z=0 \end{cases}$$

时，柱面的方程就是

$$f(x,y)=0$$

例如，方程

(1) $\dfrac{x^2}{a^2}+\dfrac{y^2}{b^2}=1$ (2) $\dfrac{x^2}{a^2}-\dfrac{y^2}{b^2}=1$ (3) $x^2=2py$ $(p>0)$

在空间直角坐标系下，分别表示母线平行于 z 轴的**椭圆柱面**、**双曲柱面**和**抛物柱面**（图 1.34）.

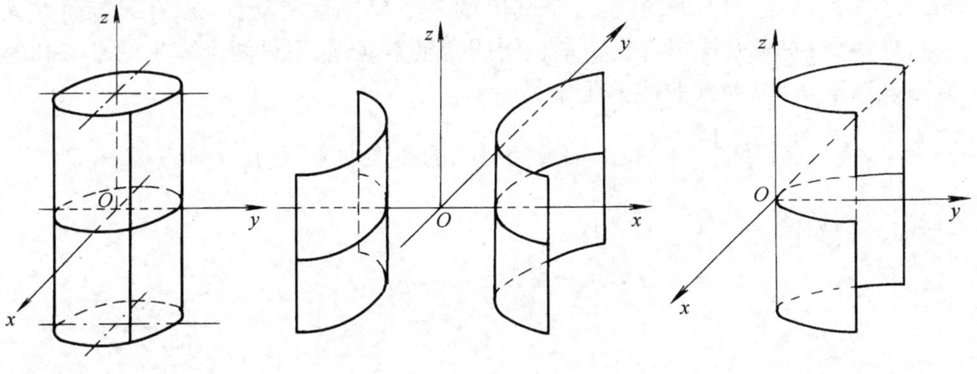

图 1.34

1.8.3 旋转曲面

由一条平面曲线 C 绕该平面上的一条定直线 L 旋转一周所成的曲面叫做**旋转曲面**，曲线 C 称为**母线**，直线 L 称为**旋转轴**.

为方便起见，常把曲线所在的平面取作坐标面，把旋转轴取作坐标轴.

在 yOz 面上，给定曲线 C

$$\begin{cases} f(y,z)=0 \\ x=0 \end{cases}$$

将其绕 z 轴旋转一周，求此旋转曲面的方程.

设 $M(x,y,z)$ 是曲面上任一点，且 M 点位于曲线 C 上点 $M_1(0,y_1,z_1)$ 所转过的圆周上(图 1.35)，则

$$z_1=z$$

又 M,M_1 到 z 轴的距离相等，所以

$$\sqrt{x^2+y^2}=|y_1|$$

即

$$y_1=\pm\sqrt{x^2+y^2}$$

因 $M_1(0,y_1,z_1)$ 在曲线 C 上，故

$$f(y_1,z_1)=0$$

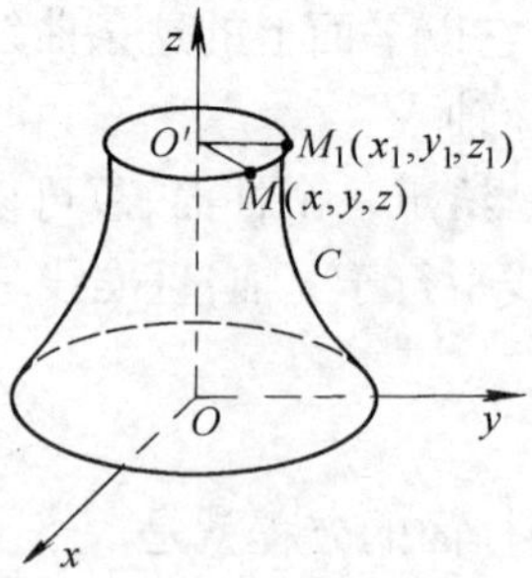

图 1.35

从而

$$f(\pm\sqrt{x^2+y^2},z)=0$$

这就是所求的旋转曲面方程.

同理，曲线 C 绕 y 轴旋转所成的旋转曲面的方程为

$$f(y,\pm\sqrt{x^2+z^2})=0$$

总之，位于坐标面上的曲线 C，绕其上的一个坐标轴转动，所成的旋转面方程可以这样得到：曲线方程中与旋转轴相同的变量不动，而用另两个变量的平方和的平方根(加正、负号)替代曲线方程中另一变量.

例 1.27 求直线 $\begin{cases}z=ky\\x=0\end{cases}$ 绕 z 轴转动得到的曲面的方程(图 1.36).

解 z 不动，用 $\pm\sqrt{x^2+y^2}$ 替代 $z=ky$ 中的 y，得

$$z=\pm k\sqrt{x^2+y^2}$$

即

$$z^2=k^2(x^2+y^2)$$

称直线 L 绕另一条与 L 相交的直线 L' 旋转一周所得的旋转面为**圆锥面**. L 与 L' 的交点叫圆锥面的**顶点**，两直线的夹角 $\alpha\left(0<\alpha<\dfrac{\pi}{2}\right)$ 叫做圆锥面的**半顶角**. 例 1.27 中的曲面就是顶点在原点，半顶角为 $\operatorname{arccot}|k|$ 的圆锥面.

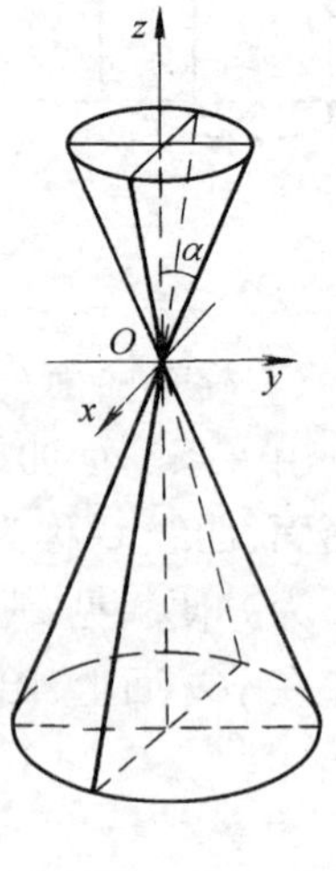

图 1.36

例 1.28 求双曲线

$$\begin{cases}\dfrac{x^2}{a^2}-\dfrac{z^2}{b^2}=1\\y=0\end{cases}$$

分别绕 x 轴，z 轴旋转所得曲面的方程.

解 绕 x 轴旋转时，x 不动，用 $\pm\sqrt{z^2+y^2}$ 替代 z，得该旋转曲面的方程

$$\frac{x^2}{a^2}-\frac{y^2+z^2}{b^2}=1 \tag{1.22}$$

绕 z 轴旋转时，z 不动，用 $\pm\sqrt{x^2+y^2}$ 替代 x，得该旋转曲面的方程

$$\frac{x^2+y^2}{a^2}-\frac{z^2}{b^2}=1 \tag{1.23}$$

分别称方程(1.22)和方程(1.23)为**旋转双叶双曲面**和**旋转单叶双曲面**方程(图1.37)。

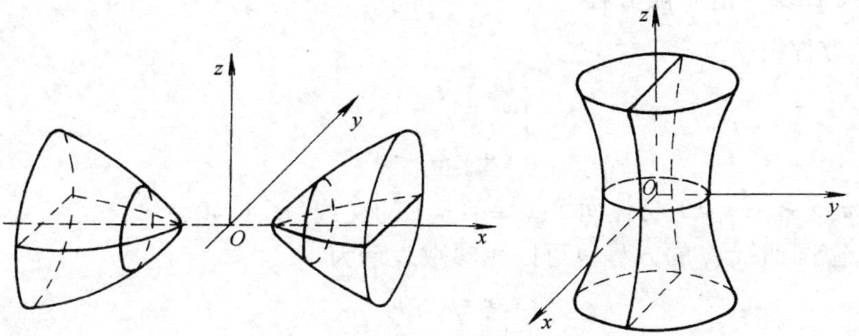

图 1.37

类似地，椭圆 $\begin{cases} z=0 \\ \dfrac{x^2}{a^2}+\dfrac{y^2}{b^2}=1 \end{cases}$ 绕 x 轴旋转，得**旋转椭球面**(图1.38)

$$\frac{x^2}{a^2}+\frac{y^2+z^2}{b^2}=1$$

抛物线 $\begin{cases} x=0 \\ y^2=2pz \end{cases}$ 绕 z 轴旋转，得**旋转抛物面**(图1.39)

$$x^2+y^2=2pz$$

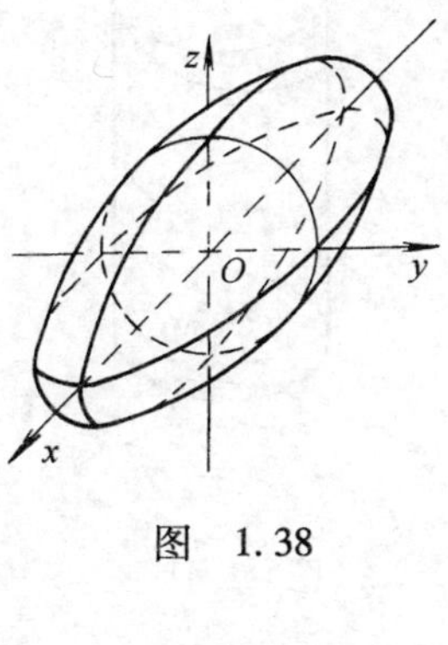

图 1.38

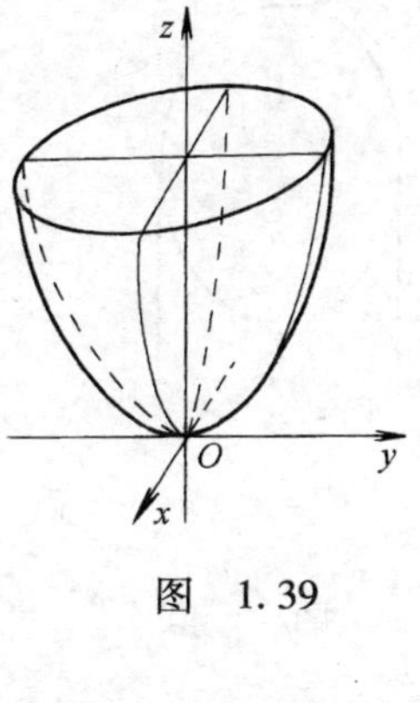

图 1.39

1.8.4 空间曲线

空间曲线可以视为两个通过它的曲面的交线. 若空间曲线 C 是两个曲面

$$S_1: F(x,y,z)=0$$

$$S_2: G(x,y,z)=0$$

的交线,则曲线 C 的方程为

$$\begin{cases} F(x,y,z)=0 \\ G(x,y,z)=0 \end{cases}$$

称其为**空间曲线 C 的一般方程**.

例如,方程组

$$\begin{cases} x^2+y^2=1 \\ x+y+z=3 \end{cases}$$

表示平面 $\pi: x+y+z=3$ 与柱面 $S: x^2+y^2=1$ 的交线(图 1.40).

有时,空间曲线 C 的方程也可以用参数表示为

$$\begin{cases} x=x(t) \\ y=y(t) \\ z=z(t) \end{cases}$$

例 1.29 在半径为 a 的圆柱面上,有一动点 M 以角速度 ω 绕旋转轴转动,同时又以匀速 v 沿母线上升,求点 M 的运动轨迹方程.

解 取圆柱面的轴线为 z 轴,并设 M 点上升方向为 z 轴正向. 取时间 t 为参数,$t=0$ 时,点 M 位于 $A(a,0,0)$ 处. 经时间 t,动点 M 运动到 $M_t(x,y,z)$(图1.41),记 M_t 在 xOy 面的投影为 M',则 M'的坐标为$(x,y,0)$. 显然,$\angle AOM'=\omega t$,从而

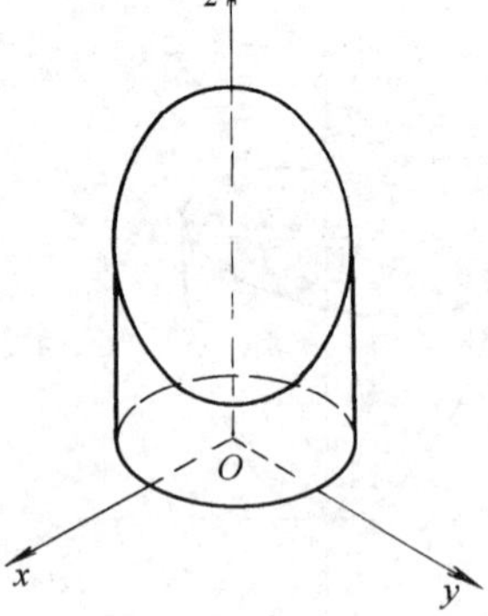

图 1.40

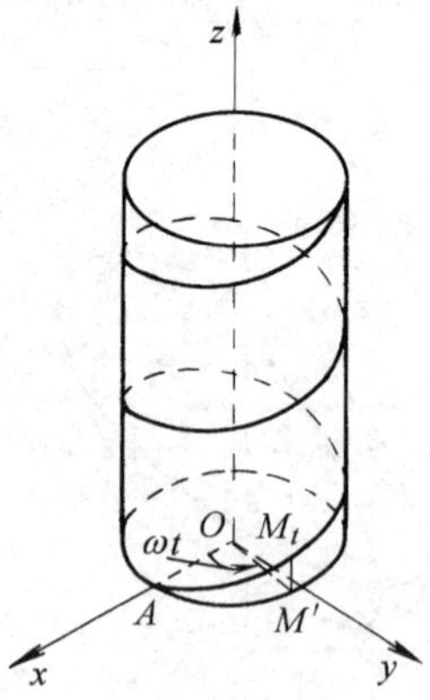

图 1.41

$$x = a\cos\omega t$$
$$y = a\sin\omega t$$

由于动点 M 以线速度 v 沿平行于 z 轴的正方向上升，所以 $z = vt$，故该曲线的方程为

$$\begin{cases} x = a\cos\omega t \\ y = a\sin\omega t \\ z = vt \end{cases}$$

称此曲线为**螺旋线**.

设 C 是一条空间曲线，π 是一个平面，以 C 为准线，作母线垂直于 π 的柱面，该柱面与平面 π 的交线叫做 C 在平面 π 上的**投影曲线**，简称**投影**.

求空间曲线在坐标面上的投影是很重要的. 设曲线 C 的方程为

$$\begin{cases} F_1(x,y,z)=0 \\ F_2(x,y,z)=0 \end{cases}$$

从这个方程组中消去 z 所得到的方程

$$F(x,y)=0$$

就是以 C 为准线，母线垂直于 xOy 面的柱面方程. 故曲线 C 在 xOy 面上的投影为

$$\begin{cases} F(x,y)=0 \\ z=0 \end{cases}$$

同样，从 C 的方程中消去 x 或 y，就可以得到 C 在 yOz 或 zOx 平面上的投影.

例 1.30 求曲线 C

$$\begin{cases} x^2+y^2+z^2=1 \quad (z \geqslant 0) \\ x^2+y^2-x=0 \end{cases}$$

在 xOy，zOx 坐标面上的投影.

解 $x^2+y^2-x=0$ 就是以 C 为准线，母线垂直于 xOy 的柱面，所以 C 在 xOy 面的投影为

$$\begin{cases} x^2+y^2-x=0 \\ z=0 \end{cases}$$

它是 xOy 面上以 $\left(\frac{1}{2},0,0\right)$ 为圆心，半径为 $\frac{1}{2}$ 的圆.

从曲线 C 的方程中消去 y，得

$$z^2+x=1 \quad (x \geqslant 0, z \geqslant 0)$$

故曲线 C 在 zOx 面上的投影为

$$\begin{cases} z^2+x=1 \quad (x \geqslant 0, z \geqslant 0) \\ y=0 \end{cases}$$

它是 zOx 面上的抛物线.

由参数方程表示的空间曲线在坐标面上的投影是容易求出的,例如,螺旋线

$$\begin{cases} x = \cos t \\ y = \sin t \\ z = t \end{cases}$$

在 xOy 平面的投影为

$$\begin{cases} x = \cos t \\ y = \sin t \\ z = 0 \end{cases}$$

即
$$\begin{cases} x^2 + y^2 = 1 \\ z = 0 \end{cases}$$

在 yOz 平面上的投影为

$$\begin{cases} y = \sin t \\ z = t \\ x = 0 \end{cases}$$

即
$$\begin{cases} y = \sin z \\ x = 0 \end{cases}$$

1.9 二次曲面

现在研究三维几何空间中三元二次方程代表的曲面——二次曲面. 一般的三元二次方程都可以写成

$$XA^{\mathrm{T}}X + v^{\mathrm{T}}X + a_{44} = 0$$

其中

$$A = (a_{ij})_{3\times3}, a_{ij} = a_{ji} \quad (i,j = 1,2,3)$$

$$X = \begin{pmatrix} x \\ y \\ z \end{pmatrix}, v = \begin{pmatrix} a_{14} \\ a_{24} \\ a_{34} \end{pmatrix} (\text{见 } 8.4 \text{ 节})$$

依定理 8.2(参看第 8 章 8.22),存在正交变换

$$X = PY$$

使二次型 $X^{\mathrm{T}}AX$ 化为标准二次型 $\lambda_1 x'^2 + \lambda_2 y'^2 + \lambda_3 z'^2$,这意味着三维几何空间中存在适当的直角坐标系,使原来的三元二次方程化成

$$\lambda_1 x'^2 + \lambda_2 y'^2 + \lambda_3 z'^2 + a'_{14}x' + a'_{24}y' + a'_{34}z' + a'_{44} = 0$$

对系数 $\lambda_1, \lambda_2, \lambda_3$ 以及 $a'_{14}, a'_{24}, a'_{34}, a'_{44}$ 的各种可能情况分别进行讨论,将得到三元二次方程所代表的各种不同类型的二次曲面. 下面分别介绍几种常见的二次曲面及其标准方程.

1.9.1 椭球面

由方程

$$\frac{x^2}{a^2}+\frac{y^2}{b^2}+\frac{z^2}{c^2}=1 \quad (a>0,b>0,c>0) \tag{1.24}$$

确定的曲面,称为**椭球面**. 数 a,b,c 称为椭球面的三个半轴.

当 $a=b=c$ 时,方程(1.24)确定一个球面;当 a,b,c 中有两个相等时,方程(1.24)确定一个旋转椭球面.

椭球面有如下特点:

(1) 图形关于三个坐标面、三个坐标轴及原点都对称,且被限制在以原点为中心的长方体

$$|x|\leqslant a, |y|\leqslant b, |z|\leqslant c$$

内.

(2) 图形被平面 $z=h(|h|<c)$ 截割,截线为

$$\begin{cases}\dfrac{x^2}{a^2}+\dfrac{y^2}{b^2}+\dfrac{z^2}{c^2}=1\\ z=h\end{cases}$$

即

$$\begin{cases}\dfrac{x^2}{\left(a\sqrt{1-\dfrac{h^2}{c^2}}\right)^2}+\dfrac{y^2}{\left(b\sqrt{1-\dfrac{h^2}{c^2}}\right)^2}=1\\ z=h\end{cases}$$

这是 $z=h$ 平面上的椭圆. $|h|$增大,其长、短半轴 $a\sqrt{1-\dfrac{h^2}{c^2}}, b\sqrt{1-\dfrac{h^2}{c^2}}$减小. $|h|$由零变到 c,椭圆由$\begin{cases}\dfrac{x^2}{a^2}+\dfrac{y^2}{b^2}=1\\ z=0\end{cases}$变为一点$(0,0,c)$.

图形被平面 $y=h(|h|<b)$ 或 $x=h$ $(|h|<a)$ 截割也有类似的结果(图 1.42).

1.9.2 单叶双曲面

方程

$$\frac{x^2}{a^2}+\frac{y^2}{b^2}-\frac{z^2}{c^2}=1 \quad (a>0,b>0,c>0) \tag{1.25}$$

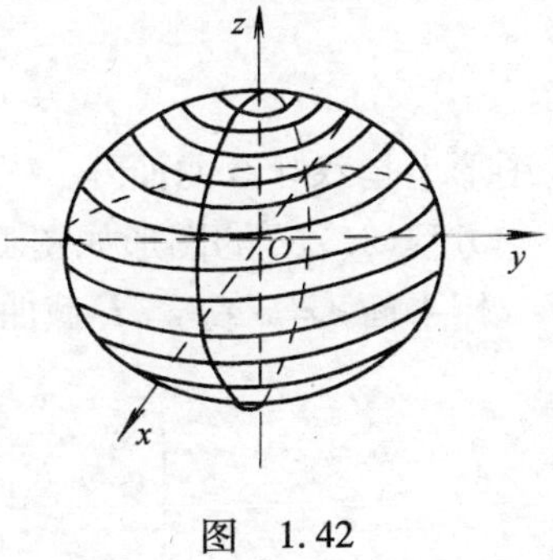

图 1.42

的图形称为**单叶双曲面**. 该方程的特点是,平方项有一个取负号,两个取正号. 类似地,方程

$$\frac{x^2}{a^2}-\frac{y^2}{b^2}+\frac{z^2}{c^2}=1 \text{ 或 } -\frac{x^2}{a^2}+\frac{y^2}{b^2}+\frac{z^2}{c^2}=1$$

的图形也是单叶双曲面.

用平面 $z=h$ 截方程(1.25)的图形,得截线为椭圆

$$\begin{cases}\dfrac{x^2}{\left(a\sqrt{1+\dfrac{h^2}{c^2}}\right)^2}+\dfrac{y^2}{\left(b\sqrt{1+\dfrac{h^2}{c^2}}\right)^2}=1\\ z=h\end{cases}$$

$|h|$增大,其长、短半轴也随之增大.

用平面 $y=k$ 截该图形,得截线为双曲线

$$\begin{cases}\dfrac{x^2}{a^2}-\dfrac{z^2}{c^2}=1-\dfrac{k^2}{b^2}\\ y=k\end{cases}$$

当$|k|<b$ 时,它的实轴与 x 轴平行;当$|k|>b$ 时,它的实轴与 z 轴平行;当$|k|=b$ 时,截线为

$$\begin{cases}\left(\dfrac{x}{a}+\dfrac{z}{c}\right)\left(\dfrac{x}{a}-\dfrac{z}{c}\right)=0\\ y=\pm b\end{cases}$$

是两条相交直线(图 1.43).

1.9.3 双叶双曲面

方程

$$\frac{x^2}{a^2}-\frac{y^2}{b^2}-\frac{z^2}{c^2}=1 \quad (a,b,c>0) \tag{1.26}$$

的图形称为**双叶双曲面**. 该方程的特点是,平方项的系数一个取正号,两个取负号. 类似地,方程

$$-\frac{x^2}{a^2}+\frac{y^2}{b^2}-\frac{z^2}{c^2}=1$$

或

$$-\frac{x^2}{a^2}-\frac{y^2}{b^2}+\frac{z^2}{c^2}=1$$

的图形也是双叶双曲面.

方程(1.26)的图形如图 1.44 所示.

用平面 $z=h$ 或 $y=h$ 截曲面(1.26),得双曲线

$$\begin{cases}\dfrac{x^2}{a^2}-\dfrac{y^2}{b^2}=1+\dfrac{h^2}{c^2}\\ z=h\end{cases} \quad 或 \quad \begin{cases}\dfrac{x^2}{a^2}-\dfrac{z^2}{c^2}=1+\dfrac{h^2}{b^2}\\ y=h\end{cases}$$

用平面 $x=h(|h|\geqslant a)$ 截曲面(1.26),得椭圆

$$\begin{cases}\dfrac{y^2}{b^2}+\dfrac{z^2}{c^2}=-1+\dfrac{h^2}{b^2}\\ x=h\end{cases}$$

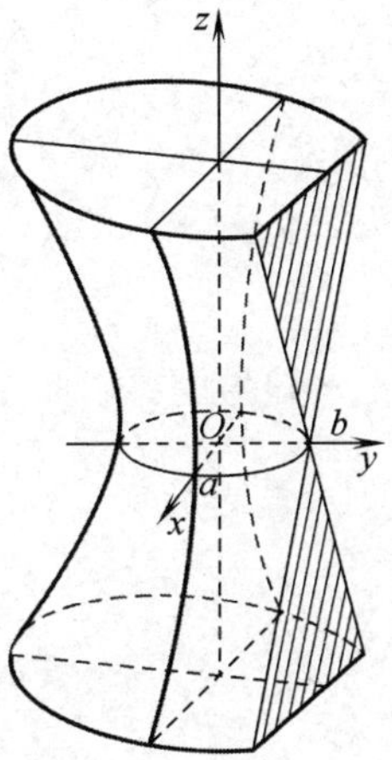

图 1.43

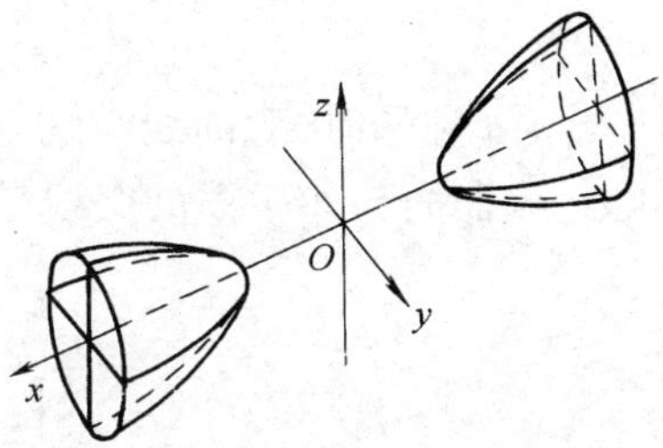

图 1.44

1.9.4 椭圆抛物面

方程

$$\frac{x^2}{2p}+\frac{y^2}{2q}=z \qquad (p,q\text{ 同号}) \tag{1.27}$$

的图形称为**椭圆抛物面**.

用 $z=h$(h 与 p,q 同号)截该曲面,得椭圆

$$\begin{cases}\dfrac{x^2}{2ph}+\dfrac{y^2}{2qh}=1\\ z=h\end{cases}$$

用平面 $x=h$ 或 $y=h$ 截该曲面,得抛物线

$$\begin{cases}y^2=2q\left(z-\dfrac{h^2}{2p}\right)\\ x=h\end{cases}$$

或

$$\begin{cases}x^2=2p\left(z-\dfrac{h^2}{2q}\right)\\ y=h\end{cases}$$

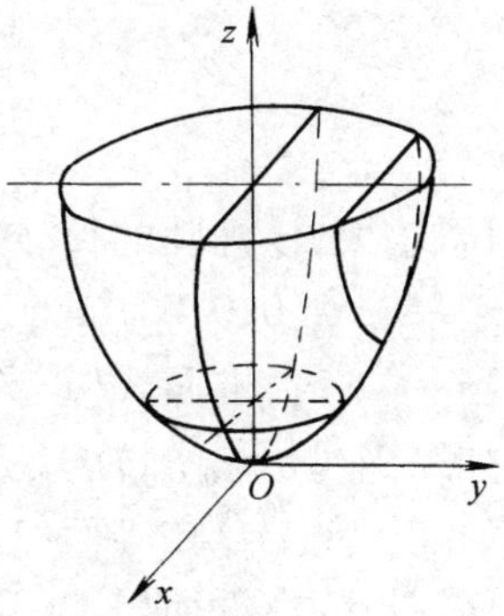

图 1.45

方程(1.27)的图形如图 1.45 所示.

1.9.5 双曲抛物面

$$\frac{x^2}{2p}-\frac{y^2}{2q}=z \quad (p,q\text{ 同号}) \tag{1.28}$$

的图形称为双曲抛物面(或马鞍面). 方程的特点是,有两个异号的平方项,另一个变量是一次项,无常数项.

用平面 $z=h(h\neq0)$ 截该曲面,得双曲线

$$\begin{cases}\dfrac{x^2}{2ph}-\dfrac{y^2}{2qh}=1\\ z=h\end{cases}$$

当 h 与 p,q 同号时,双曲线实轴与 x 轴平行;当 h 与 p,q 异号时,实轴与 y 轴平行. $h=0$ 时,该曲面与 xOy 面的交线是两条相交的直线

$$\begin{cases}\dfrac{x^2}{2p}-\dfrac{y^2}{2q}=0\\ z=0\end{cases}$$

用 $x=h$ 或 $y=h$ 平面截该曲面均得抛物线.

方程(1.28)的图形如图 1.46 所示.

1.9.6 二次锥面

方程

$$\frac{x^2}{a^2}+\frac{y^2}{b^2}-\frac{z^2}{c^2}=0 \quad (a,b,c>0) \tag{1.29}$$

的图形称为**二次锥面**. 该方程是二次齐次方程,平方项的系数两个取正号,一个取负号(也可写成两个系数取负号,一个系数取正号的形式).

用平面 $z=h(h\neq0)$ 截该曲面得椭圆.

$$\begin{cases}\dfrac{x^2}{a^2}+\dfrac{y^2}{b^2}=\left(\dfrac{h}{c}\right)^2\\ z=h\end{cases}$$

$|h|$增大,该椭圆的长、短轴也随之不断增大. 该锥面与 xOy 平面($z=0$ 平面)仅交于一点 $O(0,0,0)$.

当 $a=b$ 时,锥面式(1.29)就是圆锥面.

如果 $M_0(x_0,y_0,z_0)$满足方程(1.29),则 $M(tx_0,ty_0,tz_0)$也满足方程(1.29),即若点 $M_0(x_0,y_0,z_0)$在锥面(1.29)上,则过点 $O(0,0,0)$和 $M_0(x_0,y_0,z_0)$的直线 L 上的任一点均在锥面(1.29)上.

二次锥面的图形如图 1.47 所示.

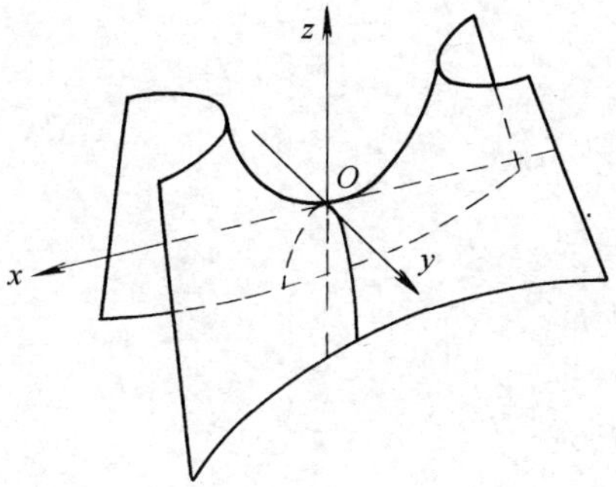

图 1.46

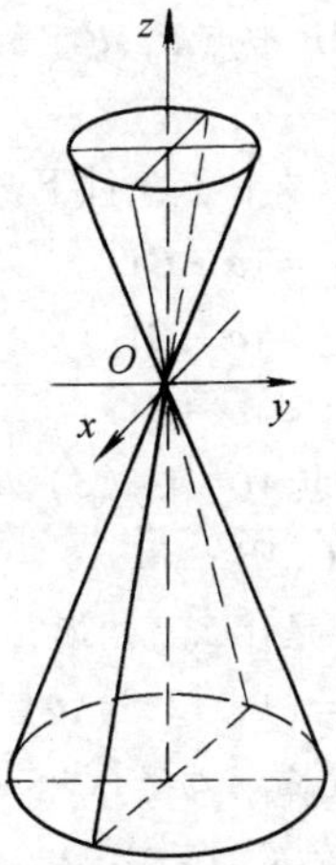

图 1.47

习 题 1

1. 计算二阶行列式:

(1) $\begin{vmatrix} a^2 & ab \\ ab & b^2 \end{vmatrix}$ (2) $\begin{vmatrix} \cos\alpha & -\sin\alpha \\ \sin\alpha & \cos\alpha \end{vmatrix}$

2. 计算 $\begin{vmatrix} a+bi & b \\ 2a & a-bi \end{vmatrix}$

3. 计算三阶行列式:

$$\begin{vmatrix} 2 & 2 & 1 \\ 4 & 1 & -1 \\ 202 & 199 & 101 \end{vmatrix}$$

4. 计算 $\begin{vmatrix} 1 & w & w^2 \\ w^2 & 1 & w \\ w & w^2 & 1 \end{vmatrix}$, 其中 $w=\dfrac{-1}{2}+\dfrac{\sqrt{3}}{2}\mathrm{i}$.

5. 解方程组

$$\begin{cases} 2x_1-x_2-x_3=4 \\ 3x_1+4x_2-2x_3=11 \\ 3x_1-2x_2+4x_3=11 \end{cases}$$

6. 解方程组

$$\begin{cases} bx_1-ax_2=2ab \\ -2cx_2+3bx_3=bc \\ cx_1+ax_3=0 \end{cases} \qquad (\text{其中 } abc\neq 0)$$

7. 已知平行四边形 $ABCD$ 的对角线为 $\overrightarrow{AC}=\alpha$, $\overrightarrow{BD}=\beta$, 求 $\overrightarrow{AB}$, $\overrightarrow{BC}$.

8. 设线段 AB 被点 P_1,P_2 三等分,已知 A 点坐标 $(0,2,-2)$, P_1 点坐标 $(2,-1,0)$. 求 P_2 点和 B 点坐标.

9. 向量 $\boldsymbol{\alpha},\boldsymbol{\beta}$ 在什么条件下,下列式子成立?

(1) $|\boldsymbol{\alpha}+\boldsymbol{\beta}|=|\boldsymbol{\alpha}-\boldsymbol{\beta}|$

(2) $|\boldsymbol{\alpha}+\boldsymbol{\beta}|>|\boldsymbol{\alpha}-\boldsymbol{\beta}|$

(3) $|\boldsymbol{\alpha}+\boldsymbol{\beta}|<|\boldsymbol{\alpha}-\boldsymbol{\beta}|$

10. 已知三点 $A(-1,2,3)$, $B(1,1,1)$, $C(0,0,5)$,求

(1) $\overrightarrow{AB}\cdot\overrightarrow{AC}$, $\overrightarrow{AB}\cdot\overrightarrow{BC}$; (2) $\overrightarrow{AB}$与$\overrightarrow{BC}$的夹角;

(3) $\triangle ABC$ 是什么三角形?

11. 已知 $\boldsymbol{a}=(1,-2,3)$, $\boldsymbol{b}=(2,1,0)$, $\boldsymbol{c}=(6,-2,6)$.

(1) $\boldsymbol{a}+\boldsymbol{b}$ 是否与 $\boldsymbol{c}$ 平行?

(2) 求 $\boldsymbol{a}\cdot\boldsymbol{b}$, $\boldsymbol{a}\cdot\boldsymbol{c}$, $\langle\boldsymbol{a},\boldsymbol{c}\rangle$.

(3) 求 $\boldsymbol{a}\times\boldsymbol{b}$, $[\boldsymbol{abc}]$.

(4) 设 $\boldsymbol{x}=3\boldsymbol{a}+4\boldsymbol{b}-\boldsymbol{c}$, $\boldsymbol{y}=2\boldsymbol{b}+\boldsymbol{c}$,求 $\langle\boldsymbol{x},\boldsymbol{y}\rangle$.

12. 试证: $\boldsymbol{a}\times\boldsymbol{b}+\boldsymbol{b}\times\boldsymbol{c}+\boldsymbol{c}\times\boldsymbol{a}=\boldsymbol{0}$ 的必要条件是 $\boldsymbol{a},\boldsymbol{b},\boldsymbol{c}$ 共面.

13. 设 $\boldsymbol{a},\boldsymbol{b},\boldsymbol{c}$ 是三个向量, k,l 是两个数,试证:

(1) $\boldsymbol{a}\times\boldsymbol{b}$ 与 $k\boldsymbol{a}+l\boldsymbol{b}$ 垂直.

(2) $(\boldsymbol{c}\cdot\boldsymbol{a})\boldsymbol{b}-(\boldsymbol{b}\cdot\boldsymbol{a})\boldsymbol{c}$ 与 $\boldsymbol{a}$ 垂直.

14. 已知 $\boldsymbol{a},\boldsymbol{b},\boldsymbol{c}$ 为单位向量,且满足 $\boldsymbol{a}+\boldsymbol{b}+\boldsymbol{c}=\boldsymbol{0}$,计算 $\boldsymbol{a}\cdot\boldsymbol{b}+\boldsymbol{b}\cdot\boldsymbol{c}+\boldsymbol{c}\cdot\boldsymbol{a}$.

15. 已知 $|\boldsymbol{\alpha}|=3$, $|\boldsymbol{\beta}|=5$. λ 为何值时,向量 $\boldsymbol{\alpha}+\lambda\boldsymbol{\beta}$ 与 $\boldsymbol{\alpha}-\lambda\boldsymbol{\beta}$ 互相垂直?

16. 设 $\boldsymbol{\alpha}\times\boldsymbol{\beta}=\boldsymbol{\gamma}\times\boldsymbol{\delta}$, $\boldsymbol{\alpha}\times\boldsymbol{\gamma}=\boldsymbol{\beta}\times\boldsymbol{\delta}$,证明: $\boldsymbol{\alpha}-\boldsymbol{\delta}$ 和 $\boldsymbol{\beta}-\boldsymbol{\gamma}$ 平行.

17. 已知空间三点 $A(1,0,-1)$, $B(1,-2,0)$, $C(1,1,1)$.

(1) 求以 OA, OB 为邻边的平行四边形的面积.

(2) 求以 O,A,B,C 为顶点的四面体的体积.

18. 已知 $\boldsymbol{a}=(a_x,a_y,a_z)$, $\boldsymbol{b}=(b_x,b_y,b_z)$, $\boldsymbol{c}=(c_x,c_y,c_z)$. 试证明:

$$(\boldsymbol{a}\times\boldsymbol{b})\cdot\boldsymbol{c}=(\boldsymbol{b}\times\boldsymbol{c})\cdot\boldsymbol{a}=(\boldsymbol{c}\times\boldsymbol{a})\cdot\boldsymbol{b}$$

19. 已知向量 $\boldsymbol{a}=\boldsymbol{i}$, $\boldsymbol{b}=\boldsymbol{j}-2\boldsymbol{k}$, $\boldsymbol{c}=2\boldsymbol{i}-2\boldsymbol{j}+\boldsymbol{k}$,求一单位向量 $\boldsymbol{d}$,使 $\boldsymbol{d}\perp\boldsymbol{c}$,且 $\boldsymbol{a},\boldsymbol{b},\boldsymbol{d}$ 共面.

20. 已知 $\boldsymbol{a}=\boldsymbol{i}+\boldsymbol{j}$, $\boldsymbol{b}=\boldsymbol{j}+\boldsymbol{k}$,且向量 $\boldsymbol{a},\boldsymbol{b},\boldsymbol{c}$ 的长度相等,两两之间夹角也相等,试求 $\boldsymbol{c}$.

21. 判断 $\boldsymbol{\alpha},\boldsymbol{\beta},\boldsymbol{\gamma}$ 是否共面.

(1) $\boldsymbol{\alpha}=(1,2,-1)$, $\boldsymbol{\beta}=(0,1,1)$, $\boldsymbol{\gamma}=(2,5,-1)$

(2) $\boldsymbol{\alpha}=(1,0,-2)$, $\boldsymbol{\beta}=(-2,1,2)$, $\boldsymbol{\gamma}=(0,0,5)$

22. 判断:四点 $A(1,0,1)$, $B(-4,4,6)$, $C(2,2,3)$, $D(-3,-2,-4)$是否共面.

23. 求下列平面的方程.

(1) 求过点$(5,1,7)$与 xOy 平面平行的平面方程.

(2) 已知平面过三点: $A(2,2,-1)$, $B(-3,2,1)$, $C(1,2,3)$,求此平面方程.

(3) 求过点$(5,-7,4)$且在 x,y,z 三坐标轴上截距相等的平面方程.

(4) 求过点$(5,1,7)$和$(4,0,-2)$且平行 x 轴的平面方程.

(5) 求过点$(1,2,1)$且通过 x 轴的平面方程.

24. 求过点(1, -1,1)且分别垂直于平面 $x-y+z-1=0$ 和 $2x+y+z+1=0$ 的平面方程.

25. 平面过 z 轴,且与平面 $2x+y-\sqrt{5}z=0$ 的夹角为$\dfrac{\pi}{3}$,求该平面方程.

26. 求点(1,2,1)到平面 $x+2y+2z-10=0$ 的距离.

27. 求与平面 $x+y+z+1=0$ 平行且距离为$\sqrt{3}$的平面的方程.

28. 求下列直线的方程.

(1) 求过点(5, -4,6)且和平面 $3x-y+2z+4=0$ 垂直的直线方程.

(2) 求过点(1, -2,0)且和 z 轴平行的直线方程.

29. 求过点(2, -1,3)且与平面 $\pi_1:2x-y+3z-1=0$ 和 $\pi_2:5x+4y-z-7=0$ 平行的直线方程.

30. 求过点(-1, -4,3)且与直线 $L_1:\begin{cases}2x-4y+z-1=0\\x+3y-5=0\end{cases}$ 及 $L_2:\begin{cases}x=2+4t\\y=-1-t\\z=-3+2t\end{cases}$ 垂直的直线方程.

31. 求过点(1,0, -1),垂直于直线$\dfrac{x-1}{4}=\dfrac{y}{5}=\dfrac{z}{6}$且平行于平面 $7x+8y+9z-1=0$ 的直线方程.

32. 求直线 $L:\dfrac{x-1}{1}=\dfrac{y}{1}=\dfrac{z-2}{2}$与平面 $\pi:2x-y+z=0$ 的夹角.

33. 求两条平行直线 $L_1:\dfrac{x-2}{3}=\dfrac{y+1}{4}=\dfrac{z}{2}$,$L_2:\begin{cases}x=7+3t\\y=1+4t\\z=3+2t\end{cases}$之间的距离.

34. 求直线 $L:\begin{cases}2x+3z-5=0\\x-2y-z+7=0\end{cases}$在 xOy 平面上的投影方程.

35. 求直线$\begin{cases}2x-4y+z=0\\3x-2y-9=0\end{cases}$在平面 $4x-y+z=1$ 上的投影的方程.

36. 已知两直线:$L_1:\begin{cases}x=1\\y-z=0\end{cases}$,$L_2:\begin{cases}z=-2\\x+2y=0\end{cases}$.

(1) 证明两直线异面;　　(2) 求 L_1 与 L_2 的距离;

(3) 求 L_1 与 L_2 的公垂线方程.

37. 已知二直线

$$L_1:\begin{cases}x=2t\\y=-3+3t,\\z=4t\end{cases}\qquad L_2:\frac{x-1}{1}=\frac{y+2}{1}=\frac{z-2}{2}$$

L_1 与 L_2 是否共面?是否相交?若相交,求其交点.

38. 设二直线

$$L_1:\begin{cases}x=-2-4t\\y=2+mt\\z=3+2t\end{cases},\qquad L_2:\frac{x-1}{2}=\frac{y+1}{-2}=\frac{z}{n}$$

(1) 求 m,n 使 $L_1 /\!/ L_2$.

(2) 求 m,n 使 $L_1 \perp L_2$. 这样的 m,n 是否唯一?

(3) 求 m,n 使 L_1 与 L_2 共面,这样的 m,n 是否唯一?

(4) 当 $m=-4,n=-1$ 时,求 L_1 与 L_2 的夹角.

39. 已知平面 $\pi: x-2y-2z+4=0$,直线 $L: \dfrac{x-1}{-1}=\dfrac{y}{2}=\dfrac{z+2}{n}$.

(1) 求 n 使 L 与 π 垂直.

(2) 求 n 使 $L /\!/ \pi$.

(3) 当 $n=-2$ 时,求 L 与 π 之间的夹角.

(4) 当 $n=-2$ 时,求 L 与 π 的交点.

40. 已知平面 $\pi_1: x-y-2z=2$, $\pi_2: x+2y+z=8$, $\pi_3: x+y+z=0$. 求过 π_1 与 π_2 的交线且与平面 π_3 垂直的平面的方程.

41. 求下列各平面的方程.

(1) 过点 $A(2,1,,1)$,且与直线 $L: \begin{cases} x+2y-z-1=0 \\ 2x+y-z=0 \end{cases}$ 垂直.

(2) 通过直线 $L: \dfrac{x-2}{5}=\dfrac{y+1}{2}=\dfrac{z-2}{4}$,且垂直于平面 $\pi: x+4y-3z+7=0$.

42. 求点 $A(2,4,3)$ 在直线 $x=y=z$ 上的投影点的坐标及点 A 到该直线的距离.

43. 求过点 $M(-4,-5,3)$,且与直线 $L_1: \dfrac{x+1}{3}=\dfrac{y+3}{-2}=\dfrac{z-2}{-1}$ 和 $L_2: \dfrac{x-2}{2}=\dfrac{y+1}{3}=\dfrac{z-1}{-5}$ 都相交的直线方程.

44. 一平面 π 垂直于平面 $z=0$,并通过由点 $M_0(1,-1,1)$ 到直线 $\begin{cases} y-z+1=0 \\ x=0 \end{cases}$ 的垂线,求平面 π 的方程.

45. 指出下列方程在空间中代表什么曲面.

(1) $x^2+y^2+z^2-2z=3$

(2) $x^2-y^2=0$

(3) $x^2=2z$

(4) $x^2+y^2+\dfrac{z^2}{4}=1$

(5) $\dfrac{x^2}{4}-\dfrac{y^2}{9}+\dfrac{z^2}{4}=0$

(6) $x^2+y^2=2z-1$

(7) $x^2-y^2-2z=0$

(8) $x^2-y^2-2z^2=0$

(9) $\dfrac{x^2}{4}-y^2-z^2=1$

(10) $\dfrac{x^2}{4}-y^2-z^2=-1$

(11) $\dfrac{x^2}{a^2}+\dfrac{y^2}{b^2}=1$

46. 将 xOy 坐标面上的双曲线 $4x^2-9y^2=36$ 分别绕 x 轴及 y 轴旋转一周,求所生成的两个旋转曲面的方程.

47. 求母线平行于 x 轴,且通过曲线$\begin{cases}2x^2+y^2+z^2=16\\x^2-y^2+z^2=0\end{cases}$的柱面方程.

48. 求球面 $x^2+y^2+z^2=9$ 与平面 $x+z=1$ 的交线在 xOy 面上的投影的方程.

49. 求$\begin{cases}2x^2+z^2+4y-4z=0\\x^2+3z^2-8y-12z=0\end{cases}$在 xOy 平面上的投影曲线的方程.

50. 将下列曲线的一般方程化为参数方程.

(1) $\begin{cases}x^2+y^2+z^2=9\\y=x\end{cases}$　　(2) $\begin{cases}(x-1)^2+y^2+(z+1)^2=4\\z=0\end{cases}$

51. 求螺旋线$\begin{cases}x=a\cos\theta\\y=a\sin\theta\\z=b\theta\end{cases}$在三个坐标面上的投影曲线的直角坐标方程.

52. 求旋转抛物面 $z=x^2+y^2(0\leqslant z\leqslant 4)$ 在三个坐标面上的投影.

53. 求直线 $L:\dfrac{x-1}{0}=\dfrac{y}{1}=\dfrac{z}{1}$绕 z 轴旋转所生成的旋转曲面的方程.

54. 指出$\dfrac{y^2}{2}+\dfrac{z^2}{2}-x=0$ 所表示的曲面是由 xOy 面上什么曲线绕什么轴旋转而成的.

第 2 章　n 阶行列式

由二阶、三阶行列式的定义发现，行列式的对元素数据的计算是按照确定的程序进行的. 这种确定的计算程序包括两个方面的约束：第一，规定参与乘积运算的元素；第二，规定符号的确定方法. 当元素的行数与列数增加时，行列式的计算又是怎样的呢，为此，本章介绍 n 阶行列式的定义、行列式的性质、典型的行列式的计算和 Cramer 法则.

2.1　n 阶行列式的定义

2.1.1　全排列的逆序数、对换

为了定义 n 阶行列式，需要介绍相关知识和概念.

全排列：将 n 个不同元素排成一排，叫做 n 个元素的全排列（简称排列）.

元素的逆序数：在一个全排列中，把某元素 p_i 的前面比 p_i 大的元素个数，称为 p_i 的逆序数.

排列的逆序数：在一个全排列中，把所有元素的逆序数之和称为这个排列的逆序数.

若排列"$p_1p_2\cdots p_n$"中的元素 p_i 的逆序数是 τ_i，$i=1,2,\cdots,n$，则排列的逆序数为

$$\tau_1+\tau_2+\cdots+\tau_n$$

记为 $\tau(p_1p_2\cdots p_n)$.

例如，"654321"中元素"3"的逆序数是 3，元素"6"的逆序数是 0，这个排列的逆序数是 $0+1+2+3+4+5=15$，是奇数；"154326"的逆序数是 $0+0+1+2+3+0=6$，是偶数.

奇排列：逆序数是奇数的排列是奇排列.

偶排列：逆序数是偶数的排列是偶排列.

对换：把排列中的两个元素的位置对调，称为对换. 若对换的两个元素是相邻的，叫相邻对换；元素是不相邻的叫不相邻对换.

定理 2.1　一个排列经过一次对换后，改变排列的奇偶性.

证　对于相邻对换，排列由 $p_1p_2\cdots p_ip_{i+1}\cdots p_n$ 变为 $p_1p_2\cdots p_{i+1}p_i\cdots p_n$，$i=1,2,\cdots,n-1$，当 $p_i<p_{i+1}$ 时，$\tau(p_1p_2\cdots p_{i+1}p_i\cdots p_n)=\tau(p_1p_2\cdots p_ip_{i+1}\cdots p_n)+1$；当 $p_i>p_{i+1}$ 时，$\tau(p_1p_2\cdots p_{i+1}p_i\cdots p_n)=\tau(p_1p_2\cdots p_ip_{i+1}\cdots p_n)-1$，均改变排列奇偶性.

对于不相邻对换，由 $p_1p_2\cdots p_i\cdots p_{i+r}\cdots p_n$ 变为 $p_1p_2\cdots p_{i+r}\cdots p_i\cdots p_n$，相当于进行

了 $2r-1$ 次的相邻对换,改变排列奇偶性. 故此,定理结论得证.

2.1.2 n 阶行列式定义

定义 2.1 设 n^2 个数,排成 n 行 n 列的数表

$$\begin{matrix} a_{11} & a_{12} & \cdots & a_{1n} \\ a_{21} & a_{22} & \cdots & a_{2n} \\ \vdots & \vdots & & \vdots \\ a_{n1} & a_{n2} & \cdots & a_{nn} \end{matrix} \tag{2.1}$$

其中,a_{ij}是第 i 行第 j 列的数(称为元素). 每取由 1 至 n 的一个排列 $p_1p_2\cdots p_n$,做 n 个元素 $a_{1p_1},a_{2p_2},\cdots,a_{np_n}$ 的乘积,并冠以符号 $(-1)^{\tau(p_1p_2\cdots p_n)}$,得

$$(-1)^{\tau(p_1p_2\cdots p_n)}a_{1p_1}a_{2p_2}\cdots a_{np_n}$$

其中,$\tau(p_1p_2\cdots p_n)$表示排列 $p_1p_2\cdots p_n$ 的逆序数. 这样的项共有 $n!$ 个,称这 $n!$ 项的和为与式(2.1)相对应的 n 阶行列式,记作

$$D=\begin{vmatrix} a_{11} & a_{12} & \cdots & a_{1n} \\ a_{21} & a_{22} & \cdots & a_{2n} \\ \vdots & \vdots & & \vdots \\ a_{n1} & a_{n2} & \cdots & a_{nn} \end{vmatrix}=\sum(-1)^{\tau(p_1p_2\cdots p_n)}a_{1p_1}a_{2p_2}\cdots a_{np_n} \tag{2.2}$$

n 阶行列式是所有的不同行不同列元素的乘积的和,每一个乘积项的符号由元素的行标序号排列及列标序号排列的逆序数之和确定. 例如,$a_{i_1j_1}a_{i_2j_2}\cdots a_{i_nj_n}$ 的符号为$(-1)^{\tau(i_1i_2\cdots i_n)+\tau(j_1j_2\cdots j_n)}$. 依据乘法交换律,可以将元素乘积按照行标序号或者列标序号的自然顺序排列,符号也相应变化,从而得到与行列式定义 2.1 等价的表达式:

$$\begin{aligned} D &= \sum(-1)^{\tau(p_1p_2\cdots p_n)}a_{1p_1}a_{2p_2}\cdots a_{np_n} \\ &= \sum(-1)^{\tau(p_1p_2\cdots p_n)}a_{p_11}a_{p_22}\cdots a_{p_nn} \\ &= \sum(-1)^{\tau(i_1i_2\cdots i_n)+\tau(j_1j_2\cdots j_n)}a_{i_1j_1}a_{i_2j_2}\cdots a_{i_nj_n} \end{aligned} \tag{2.3}$$

三角行列式:把形如

$$\begin{vmatrix} a_{11} & a_{12} & \cdots & a_{1n} \\ 0 & a_{22} & \cdots & a_{2n} \\ \vdots & \vdots & & \vdots \\ 0 & 0 & \cdots & a_{nn} \end{vmatrix} \text{和} \begin{vmatrix} a_{11} & 0 & \cdots & 0 \\ a_{21} & a_{22} & \cdots & 0 \\ \vdots & \vdots & & \vdots \\ a_{n1} & a_{n2} & \cdots & a_{nn} \end{vmatrix}$$

的行列式称为**上三角行列式**和**下三角行列式**,依据定义,三角行列式的值等于主对角元素的乘积.

例 2.1 （1）在五阶行列式中，项 $a_{12}a_{24}a_{35}a_{41}a_{53}$ 前面应冠以什么符号？

（2）写出在五阶行列式中，包含因子 a_{24}，a_{31} 与 a_{45} 且冠以负号的项.

解 （1）项 $a_{12}a_{24}a_{35}a_{41}a_{53}$ 中，行指标（第一下标）为自然顺序排列，列指标（第二下标）为 24513，其逆序数 $\tau(24513)=5$，故该项应冠以负号.

（2）由行列式的定义可知，五阶行列式中每项是由处在不同行不同列的 5 个元素相乘构成的，因此包含 a_{24}，a_{31}，a_{45} 因子的项只能是 $a_{12}a_{24}a_{31}a_{45}a_{53}$ 及 $a_{13}a_{24}a_{31}a_{45}a_{52}$. 它们的逆序数分别为 $\tau(24153)=4$，$\tau(34152)=5$. 因此，所求项应为 $-a_{13}a_{24}a_{31}a_{45}a_{52}$.

例 2.2 用定义计算下列两个行列式.

$$(1)\ D=\begin{vmatrix} 0 & \cdots & 0 & 1 & 0 \\ 0 & \cdots & 2 & 0 & 0 \\ \vdots & & \vdots & \vdots & \vdots \\ n-1 & \cdots & 0 & 0 & 0 \\ 0 & \cdots & 0 & 0 & n \end{vmatrix} \qquad (2)\ D=\begin{vmatrix} a_{11} & 0 & 0 & 0 \\ 0 & a_{22} & a_{23} & 0 \\ 0 & a_{32} & 0 & a_{34} \\ 0 & 0 & a_{43} & a_{44} \end{vmatrix}$$

解 （1）在已知行列式中只有 n 个元素不为零，且处于不同行不同列. 因此，这个行列式不为零的项只有一项：$1\cdot 2\cdot\cdots\cdot(n-1)\cdot n=n!$. 而这 n 个数在行列式中所处的位置为

$a_{1(n-1)}, a_{2(n-2)}, \cdots, a_{(n-1)1}, a_{nn}$，即 $j_1=n-1, j_2=n-2, \cdots, j_{n-1}=1, j_n=n$，因此，列指标排列的逆序为

$$\begin{aligned}\tau(j_1j_2\cdots j_{n-1}j_n)&=\tau[(n-1)(n-2)\cdots 21n]=1+2+\cdots+(n-2)\\&=\frac{1}{2}(n-2)(n-1)\end{aligned}$$

故

$$D=(-1)^{\frac{(n-2)(n-1)}{2}}n!$$

（2）考查四阶行列式 D 的元素构成的特点，第一行只有一个非零元素 a_{11}，当 a_{11} 取定后，第二行有两个非零元素 a_{22} 及 a_{23} 可取. 若第二行取定为 a_{22}，则第三行两个非零元素 a_{32}，a_{34} 中只能取 a_{34}，不能再取 a_{32} 了，同理，第四行只能取 a_{43}. 因此，$a_{11}a_{22}a_{34}a_{43}$ 为 D 中一项. 若第二行取定为 a_{23}，则第三行有 a_{32}，a_{34} 两个非零元素. 但若第三行取定为 a_{34}，则第四行只能取 $a_{42}=0$. 因此，当第二行取定为 a_{23}，第三行只有取 a_{32}，第四行才可取 a_{44}. 因此，$a_{11}a_{23}a_{32}a_{44}$ 也是该行列式中不为零的一项. 它们前面所冠的符号分别为 $(-1)^{\tau(1243)}=(-1)^1=-1$，$(-1)^{\tau(1324)}=(-1)^1=-1$. 故有

$$D=-a_{11}a_{22}a_{34}a_{43}-a_{11}a_{23}a_{32}a_{44}$$

例 2.3 用定义计算

$$D=\begin{vmatrix} a_{11} & a_{12} & a_{13} & a_{14} & a_{15} \\ a_{21} & a_{22} & a_{23} & a_{24} & a_{25} \\ 0 & 0 & 0 & a_{34} & a_{35} \\ 0 & 0 & 0 & a_{44} & a_{45} \\ 0 & 0 & 0 & a_{54} & a_{55} \end{vmatrix}$$

解 因为行列式的一般项为 $a_{1j_1}a_{2j_2}a_{3j_3}a_{4j_4}a_{5j_5}$，为了取出值不为零的元素，第三、四、五行可取的元素，其列指标分别为 $j_3=4,5$，$j_4=4,5$，$j_5=4,5$. 虽然有 $j_1=1,2,3,4,5$，$j_2=1,2,3,4,5$. 但这组数值不能构成一个值不为零的 5 级排列. 或反过来讲，为了能构成行列式中的一项，对于 $j_3=4,5$，$j_4=4,5$，$j_5=4,5$，当其中两行(如第三、四行)取不为零的元素时(如取 a_{34}，a_{45})，则剩下的一行只能取零元素($j_5=1$ 或 2 或 3，即取 a_{51} 或 a_{52} 或 a_{53}). 因此，本行列式没有不为零的项，故有 $D=0$.

2.2 *n* 阶行列式的性质

用定义计算行列式比较麻烦，为简化行列式的计算，需要研究行列式的性质.

转置行列式：设 $D=\begin{vmatrix} a_{11} & a_{12} & \cdots & a_{1n} \\ a_{21} & a_{22} & \cdots & a_{2n} \\ \vdots & \vdots & & \vdots \\ a_{n1} & a_{n2} & \cdots & a_{nn} \end{vmatrix}$，把 $\begin{vmatrix} a_{11} & a_{21} & \cdots & a_{n1} \\ a_{12} & a_{22} & \cdots & a_{n2} \\ \vdots & \vdots & & \vdots \\ a_{1n} & a_{2n} & \cdots & a_{nn} \end{vmatrix}$ 称为行列式 D 的转置行列式，记为 D^{T} 或者 D'.

性质 1 行列式与它的转置行列式相等.

证 由行列式的定义，列标序号按自然顺序排列

$$D=\begin{vmatrix} a_{11} & a_{12} & \cdots & a_{1n} \\ a_{21} & a_{22} & \cdots & a_{2n} \\ \vdots & \vdots & & \vdots \\ a_{n1} & a_{n2} & \cdots & a_{nn} \end{vmatrix}=\sum(-1)^{\tau(p_1p_2\cdots p_n)}a_{p_11}a_{p_22}\cdots a_{p_nn}$$

设 $b_{ij}=a_{ji}$，$i,j=1,2,\cdots,n$，有

$$D^{\mathrm{T}}=\begin{vmatrix} b_{11} & b_{12} & \cdots & b_{1n} \\ b_{21} & b_{22} & \cdots & b_{2n} \\ \vdots & \vdots & & \vdots \\ b_{n1} & b_{n2} & \cdots & b_{nn} \end{vmatrix}=\sum(-1)^{\tau(p_1p_2\cdots p_n)}b_{1p_1}b_{2p_2}\cdots b_{np_n}$$

$$=\sum(-1)^{\tau(p_1p_2\cdots p_n)}a_{p_11}a_{p_22}\cdots a_{p_nn}$$

$$=D$$

性质 1 得证.

由性质 1 可知一个 n 阶行列式对于"行"成立的性质对于"列"也成立,关于"列"成立的性质对于"行"也成立.

性质 2 交换行列式的两行(列),行列式变号.

证 由行列式的定义,设

$$D=\begin{vmatrix} a_{11} & a_{12} & \cdots & a_{1n} \\ \vdots & \vdots & & \vdots \\ a_{i1} & a_{i2} & \cdots & a_{in} \\ \vdots & \vdots & & \vdots \\ a_{j1} & a_{j2} & \cdots & a_{jn} \\ \vdots & \vdots & & \vdots \\ a_{n1} & a_{n2} & \cdots & a_{nn} \end{vmatrix}=\sum(-1)^{\tau(p_1p_2\cdots p_i\cdots p_j\cdots p_n)}a_{1p_1}a_{2p_2}\cdots a_{ip_i}\cdots a_{jp_j}\cdots a_{np_n}$$

D 交换第 i 行与第 j 行后得到 D_1,原有的 a_{ip_i} 换成 a_{jp_i},a_{jp_j} 换成 a_{ip_j},只有行标序号改变,列标序号不变,得到的行列式

$$\begin{aligned} D_1 &= \sum(-1)^{\tau(p_1p_2\cdots p_i\cdots p_j\cdots p_n)+\tau(12\cdots j\cdots i\cdots n)}a_{1p_1}a_{2p_2}\cdots a_{jp_i}\cdots a_{ip_j}\cdots a_{np_n} \\ &= -\sum(-1)^{\tau(p_1p_2\cdots p_i\cdots p_j\cdots p_n)}a_{1p_1}a_{2p_2}\cdots a_{ip_i}\cdots a_{jp_j}\cdots a_{np_n} = -D \end{aligned}$$

性质 2 得证.

推论 2.1 若行列式有两行(列)相同,则这个行列式的值是零.

性质 3 行列式的某一行(列)元素有公因子 k,则有

$$D_1=\begin{vmatrix} a_{11} & a_{12} & \cdots & a_{1n} \\ \vdots & \vdots & & \vdots \\ ka_{i1} & ka_{i2} & \cdots & ka_{in} \\ \vdots & \vdots & & \vdots \\ a_{n1} & a_{n2} & \cdots & a_{nn} \end{vmatrix}=k\begin{vmatrix} a_{11} & a_{12} & \cdots & a_{1n} \\ \vdots & \vdots & & \vdots \\ a_{i1} & a_{i2} & \cdots & a_{in} \\ \vdots & \vdots & & \vdots \\ a_{n1} & a_{n2} & \cdots & a_{nn} \end{vmatrix}=kD$$

证 由行列式定义

$$\begin{aligned} D_1 &= \sum(-1)^{\tau(p_1p_2\cdots p_n)}a_{1p_1}a_{2p_2}\cdots(ka_{ip_i})\cdots a_{np_n} \\ &= k\sum(-1)^{\tau(p_1p_2\cdots p_n)}a_{1p_1}a_{2p_2}\cdots a_{np_n} \\ &= kD \end{aligned}$$

性质 3 得证.

推论 2.2 若行列式中的某两行(列)元素成比例,则行列式的值为零.

性质 4 行列式的某一行(列)是两项的和,则行列式等于两个行列式的和,即

$$\begin{vmatrix} a_{11} & a_{12} & \cdots & a_{1n} \\ \vdots & \vdots & & \vdots \\ a_{i1}+b_{i1} & a_{i2}+b_{i2} & \cdots & a_{in}+b_{in} \\ \vdots & \vdots & & \vdots \\ a_{n1} & a_{n2} & \cdots & a_{nn} \end{vmatrix} = \begin{vmatrix} a_{11} & a_{12} & \cdots & a_{1n} \\ \vdots & \vdots & & \vdots \\ a_{i1} & a_{i2} & \cdots & a_{in} \\ \vdots & \vdots & & \vdots \\ a_{n1} & a_{n2} & \cdots & a_{nn} \end{vmatrix} + \begin{vmatrix} a_{11} & a_{12} & \cdots & a_{1n} \\ \vdots & \vdots & & \vdots \\ b_{i1} & b_{i2} & \cdots & b_{in} \\ \vdots & \vdots & & \vdots \\ a_{n1} & a_{n2} & \cdots & a_{nn} \end{vmatrix}$$

证 由行列式定义

$$\sum(-1)^{\tau(p_1p_2\cdots p_n)}a_{1p_1}a_{2p_2}\cdots(a_{ip_i}+b_{ip_i})\cdots a_{np_n}$$
$$=\sum(-1)^{\tau(p_1p_2\cdots p_n)}a_{1p_1}a_{2p_2}\cdots a_{ip_i}\cdots a_{np_n}+\sum(-1)^{\tau(p_1p_2\cdots p_n)}a_{1p_1}a_{2p_2}\cdots b_{ip_i}\cdots a_{np_n}$$

性质 4 得证.

性质 5 把行列式的某一行(列)元素乘以常数 k 加到另外的一行(列)对应元素上,行列式值不变.

证 设行列式

$$D=\begin{vmatrix} a_{11} & a_{12} & \cdots & a_{1n} \\ a_{21} & a_{22} & \cdots & a_{2n} \\ \vdots & \vdots & & \vdots \\ a_{i1} & a_{i2} & \cdots & a_{in} \\ \vdots & \vdots & & \vdots \\ a_{j1} & a_{j2} & \cdots & a_{jn} \\ \vdots & \vdots & & \vdots \\ a_{n1} & a_{n2} & \cdots & a_{nn} \end{vmatrix}$$

把 D 的第 j 行的元素乘以同一数 k 后,加到第 i 行($i\neq j$)的对应元素上,得到行列式

$$\overline{D}=\begin{vmatrix} a_{11} & a_{12} & \cdots & a_{1n} \\ \vdots & \vdots & & \vdots \\ a_{i1}+ka_{j1} & a_{i2}+ka_{j2} & \cdots & a_{in}+ka_{jn} \\ \vdots & \vdots & & \vdots \\ a_{j1} & a_{j2} & \cdots & a_{jn} \\ \vdots & \vdots & & \vdots \\ a_{n1} & a_{n2} & \cdots & a_{nn} \end{vmatrix}$$

由性质 4 得

$$\overline{D}=D+D_1$$

此处

$$D_1=\begin{vmatrix} a_{11} & a_{12} & \cdots & a_{1n} \\ \vdots & \vdots & & \vdots \\ ka_{j1} & ka_{j2} & \cdots & ka_{jn} \\ \vdots & \vdots & & \vdots \\ a_{j1} & a_{j2} & \cdots & a_{jn} \\ \vdots & \vdots & & \vdots \\ a_{n1} & a_{n2} & \cdots & a_{nn} \end{vmatrix}$$

D_1 的第 i 行与第 j 行成比例，得 $D_1=0$，所以 $\overline{D}=D$.

利用这些性质可以简化行列式的计算. 为清楚起见，交换行列式 i,j 两行（列），记作 $r_i \leftrightarrow r_j (c_i \leftrightarrow c_j)$；行列式第 i 行（列）乘以 k，记作 $r_i \times k (c_i \times k)$；行列式第 i 行（列）提出公因子 k，记作 $r_i \div k (c_i \div k)$；以数 k 乘行列式第 i 行（列）加到第 j 行（列）上，记作 $r_j + kr_i (c_j + kc_i)$.

例 2.4 计算

$$D=\begin{vmatrix} 1 & 2 & -3 & 4 \\ 2 & 3 & -4 & 7 \\ -1 & -2 & 5 & -8 \\ 1 & 3 & -5 & 10 \end{vmatrix}$$

解 $D \xlongequal{r_2+(-2)r_1} \begin{vmatrix} 1 & 2 & -3 & 4 \\ 0 & -1 & 2 & -1 \\ -1 & -2 & 5 & -8 \\ 1 & 3 & -5 & 10 \end{vmatrix} \xlongequal[r_3+1\cdot r_1]{r_4+(-1)r_1} \begin{vmatrix} 1 & 2 & -3 & 4 \\ 0 & -1 & 2 & -1 \\ 0 & 0 & 2 & -4 \\ 0 & 1 & -2 & 6 \end{vmatrix}$

$\xlongequal{r_4+1\cdot r_2} \begin{vmatrix} 1 & 2 & -3 & 4 \\ 0 & -1 & 2 & -1 \\ 0 & 0 & 2 & -4 \\ 0 & 0 & 0 & 5 \end{vmatrix}$

$=1\times(-1)\times 2\times 5=-10$

例 2.5 已知

$$\begin{vmatrix} a_1 & b_1 & c_1 \\ a_2 & b_2 & c_2 \\ a_3 & b_3 & c_3 \end{vmatrix}=a,\quad \begin{vmatrix} a_1' & c_1 & b_1 \\ a_2' & c_2 & b_2 \\ a_3' & c_3 & b_3 \end{vmatrix}=b$$

计算

$$D=\begin{vmatrix} a_1+2a_1' & a_2+2a_2' & a_3+2a_3' \\ b_1 & b_2 & b_3 \\ c_1+3b_1 & c_2+3b_2 & c_3+3b_3 \end{vmatrix}$$

解

$$D \xlongequal{\text{性质5}} \begin{vmatrix} a_1+2a_1' & a_2+2a_2' & a_3+2a_3' \\ b_1 & b_2 & b_3 \\ c_1 & c_2 & c_3 \end{vmatrix}$$

$$\xlongequal{\text{性质4}} \begin{vmatrix} a_1 & a_2 & a_3 \\ b_1 & b_2 & b_3 \\ c_1 & c_2 & c_3 \end{vmatrix} + \begin{vmatrix} 2a_1' & 2a_2' & 2a_3' \\ b_1 & b_2 & b_3 \\ c_1 & c_2 & c_3 \end{vmatrix}$$

$$\xlongequal{\text{性质3}} \begin{vmatrix} a_1 & a_2 & a_3 \\ b_1 & b_2 & b_3 \\ c_1 & c_2 & c_3 \end{vmatrix} +2 \begin{vmatrix} a_1' & a_2' & a_3' \\ b_1 & b_2 & b_3 \\ c_1 & c_2 & c_3 \end{vmatrix}$$

$$\xlongequal{\text{性质1}} \begin{vmatrix} a_1 & b_1 & c_1 \\ a_2 & b_2 & c_2 \\ a_3 & b_3 & c_3 \end{vmatrix} +2 \begin{vmatrix} a_1' & b_1 & c_1 \\ a_2' & b_2 & c_2 \\ a_3' & b_3 & c_3 \end{vmatrix}$$

$$\xlongequal{\text{性质2}} \begin{vmatrix} a_1 & b_1 & c_1 \\ a_2 & b_2 & c_2 \\ a_3 & b_3 & c_3 \end{vmatrix} -2 \begin{vmatrix} a_1' & c_1 & b_1 \\ a_2' & c_2 & b_2 \\ a_3' & c_3 & b_3 \end{vmatrix}$$

$$=a-2b$$

2.3 行列式的展开式

计算高阶的行列式的值的思路主要有两个,其一是通过化行列式为三角行列式,可以用性质 5 实现;其二是降低行列式的阶数. 本节介绍通过展开行列式,降低行列式阶数,从而计算行列式的值.

子式:在一个 n 阶行列式 D 中任意取定 k 行和 k 列. 位于这些行列相交处的元素所构成的 k 阶行列式叫做行列式 D 的一个 k 阶子式.

余子式:去掉 n 阶行列式某元素 a_{ij}所在的行、列,得到的 $n-1$ 阶行列式,称为 a_{ij}的余子式,记为 M_{ij}.

代数余子式:称$(-1)^{i+j}M_{ij}$为 a_{ij}的代数余子式,记为 A_{ij}.

引理 若 n 阶行列式 D 中的第 i 行(或列)除了 a_{ij}以外都是零,那么 $D=a_{ij}A_{ij}$.

证 (1) 当 D 中第 n 行元素除了 a_{nn}以外全是零时,根据行列式定义

$$D=\begin{vmatrix} a_{11} & a_{12} & \cdots & a_{1n} \\ a_{21} & a_{22} & \cdots & a_{2n} \\ \vdots & \vdots & & \vdots \\ a_{(n-1)1} & a_{(n-1)2} & \cdots & a_{(n-1)n} \\ 0 & 0 & \cdots & a_{nn} \end{vmatrix} = a_{nn}\sum(-1)^{\tau(p_1p_2\cdots p_{n-1})}a_{1p_1}a_{2p_2}\cdots a_{n-1p_{n-1}}$$

$$=a_{nn}M_{nn}=a_{nn}A_{nn}$$

(2) 当 D 中第 i 行元素除了 a_{ij} 以外全是零时,有

$$D=\begin{vmatrix} a_{11} & \cdots & a_{1j} & \cdots & a_{1n} \\ \vdots & & \vdots & & \vdots \\ a_{(i-1)1} & \cdots & a_{(i-1)j} & \cdots & a_{(i-1)n} \\ 0 & \cdots & a_{ij} & \cdots & 0 \\ a_{(i+1)1} & \cdots & a_{(i+1)j} & \cdots & a_{(i+1)n} \\ \vdots & & \vdots & & \vdots \\ a_{n1} & \cdots & a_{nj} & \cdots & a_{nn} \end{vmatrix}$$

$$=(-1)^{(n-i)+(n-j)}\begin{vmatrix} a_{11} & \cdots & a_{1(j-1)} & a_{1(j+1)} & \cdots & a_{1n} & a_{1j} \\ \vdots & & \vdots & \vdots & & \vdots & \vdots \\ a_{(i-1)1} & \cdots & a_{(i-1)(j-1)} & a_{(i+1)(j+1)} & \cdots & a_{(i-1)n} & a_{(i-1)j} \\ a_{(i+1)1} & \cdots & a_{(i+1)(j-1)} & a_{(i+1)(j+1)} & \cdots & a_{(i+1)n} & a_{(i+1)j} \\ \vdots & & \vdots & \vdots & & \vdots & \vdots \\ a_{n1} & \cdots & a_{n(j-1)} & a_{n(j+1)} & \cdots & a_{nn} & a_{nj} \\ 0 & \cdots & 0 & 0 & \cdots & 0 & a_{ij} \end{vmatrix}$$

$$=a_{ij}(-1)^{i+j}M_{ij}=a_{ij}A_{ij}$$

定理 2.2 行列式 D 等于它任意一行(列)的所有元素与它们相应的代数余子式的乘积的和.

换句话说,行列式有按行或列的展开式

$$D=a_{i1}A_{i1}+a_{i2}A_{i2}+\cdots+a_{in}A_{in}\quad(i=1,2,\cdots,n)\tag{2.4}$$

或

$$D=a_{1j}A_{1j}+a_{2j}A_{2j}+\cdots a_{nj}A_{nj}\quad(j=1,2,\cdots,n)\tag{2.5}$$

在证明这一定理之前,我们先注意以下事实:

设

$$D_1=\begin{vmatrix} a_{11} & a_{12} & \cdots & a_{1n} \\ \vdots & \vdots & & \vdots \\ a_{i1} & a_{i2} & \cdots & a_{in} \\ \vdots & \vdots & & \vdots \\ a_{n1} & a_{n2} & \cdots & a_{nn} \end{vmatrix},D_2=\begin{vmatrix} a_{11} & a_{12} & \cdots & a_{1n} \\ \vdots & \vdots & & \vdots \\ b_{i1} & b_{i2} & \cdots & b_{in} \\ \vdots & \vdots & & \vdots \\ a_{n1} & a_{n2} & \cdots & a_{nn} \end{vmatrix}$$

是两个 n 阶行列式,在这两个行列式中除去第 i 行外,其余的对应行都相同. 那么,D_1 的第 i 行的元素与 D_2 的第 i 行的对应元素有相同的代数余子式. 事实上,a_{ij}的余子式是划去 D_1 的第 i 行第 j 列后所得的 $n-1$ 阶行列式,b_{ij}的余子式是划去 D_2 的第 i 行第 j 列后所得的 $n-1$ 阶行列式. 由于 D_1 与 D_2 只有第 i 行不同,所以划去这两个行列式的第 i 行和第 j 列后,得到同一行列式. 因此,a_{ij}与 b_{ij}的余子式相同,它们的代数余子式也相同.

显然,对列来说也有同样的事实.

现在我们来证明定理 2. 2. 只对行来证明,即只证明式(2. 4). 式(2. 5)的证明是完全类似的.

先把行列式 D 写成以下形式:

$$D=\begin{vmatrix} a_{11} & a_{12} & \cdots & a_{1n} \\ \vdots & \vdots & & \vdots \\ a_{i1}+0+\cdots+0 & 0+a_{i2}+0+\cdots+0 & \cdots & 0+\cdots+0+a_{in} \\ \vdots & \vdots & & \vdots \\ a_{n1} & a_{n2} & \cdots & a_{nn} \end{vmatrix}$$

也就是说,把 D 的第 i 行的每一元素写成 n 项的和. 根据行列式的性质,D 等于 n 个行列式的和

$$D=\begin{vmatrix} a_{11} & a_{12} & \cdots & a_{1n} \\ \vdots & \vdots & & \vdots \\ a_{i1} & 0 & \cdots & 0 \\ \vdots & \vdots & & \vdots \\ a_{n1} & a_{n2} & \cdots & a_{nn} \end{vmatrix}+\begin{vmatrix} a_{11} & a_{12} & \cdots & a_{1n} \\ \vdots & \vdots & & \vdots \\ 0 & a_{i2} & \cdots & 0 \\ \vdots & \vdots & & \vdots \\ a_{n1} & a_{n2} & \cdots & a_{nn} \end{vmatrix}+\cdots+\begin{vmatrix} a_{11} & a_{12} & \cdots & a_{1n} \\ \vdots & \vdots & & \vdots \\ 0 & 0 & \cdots & a_{in} \\ \vdots & \vdots & & \vdots \\ a_{n1} & a_{n2} & \cdots & a_{nn} \end{vmatrix}$$

在这 n 个行列式中,除了第 i 行外,其余的行都与 D 的相应行相同. 因此,每一行列式的第 i 行的元素的代数余子式与 D 的第 i 行的对应元素的代数余子式相同. 这样,由引理,得

$$D=a_{i1}A_{i1}+a_{i2}A_{i2}+\cdots+a_{in}A_{in}$$

根据引理及定理 2. 2,可以简化一个行列式的计算.

例 2. 6　计算四阶行列式

$$D=\begin{vmatrix}3 & 1 & -1 & 2\\ -5 & 1 & 3 & -4\\ 2 & 0 & 1 & -1\\ 1 & -5 & 3 & -3\end{vmatrix}$$

解 在这个行列式里,第三行有一个元素是零. 按照定理 2.2 把 D 依第三行展开,得

$$D=2(-1)^{3+1}\begin{vmatrix}1 & -1 & 2\\ 1 & 3 & -4\\ -5 & 3 & -3\end{vmatrix}+1\times(-1)^{3+3}\begin{vmatrix}3 & 1 & 2\\ -5 & 1 & -4\\ 1 & -5 & -3\end{vmatrix}+$$

$$(-1)(-1)^{3+4}\begin{vmatrix}3 & 1 & -1\\ -5 & 1 & 3\\ 1 & -5 & 3\end{vmatrix}$$

得

$$D=2\times16-40+48=40$$

例 2.7 利用引理计算例 2.7 中的四阶行列式

$$D=\begin{vmatrix}3 & 1 & -1 & 2\\ -5 & 1 & 3 & -4\\ 2 & 0 & 1 & -1\\ 1 & -5 & 3 & -3\end{vmatrix}$$

解 先利用行列式的性质 5,在 D 的第三行中除去一个元素外,把其余的元素都变成零:由第一列减去第三列的二倍,再把第三列加到第四列上,得

$$D=\begin{vmatrix}5 & 1 & -1 & 1\\ -11 & 1 & 3 & -1\\ 0 & 0 & 1 & 0\\ -5 & -5 & 3 & 0\end{vmatrix}$$

根据引理,有

$$D=1\times(-1)^{3+3}\begin{vmatrix}5 & 1 & 1\\ -11 & 1 & -1\\ -5 & -5 & 0\end{vmatrix}=40$$

通过以上两个例子,我们看到,直接利用定理 2.2 来计算一个 n 阶行列式还是比较麻烦的,因为这时常常要计算许多 $n-1$ 阶行列式. 定理 2.2 的价值主要是在理论方面,实际计算时,常是先在行列式的某一行(列)中,除一个元素外,把其余的元素都化为零,然后利用引理来计算.

例 2.8 计算下列行列式.

(1)
$$D_n=\begin{vmatrix} x & y & 0 & \cdots & 0 & 0 \\ 0 & x & y & \cdots & 0 & 0 \\ \vdots & \vdots & \vdots & & \vdots & \vdots \\ 0 & 0 & 0 & \cdots & x & y \\ y & 0 & 0 & \cdots & 0 & x \end{vmatrix}$$

(2)
$$D_{2n}=\begin{vmatrix} a & & & & & & & b \\ & a & & & & & b & \\ & & \ddots & & & \cdot^{\cdot^{\cdot}} & & \\ & & & a & b & & & \\ & & & c & d & & & \\ & & \cdot^{\cdot^{\cdot}} & & & \ddots & & \\ & c & & & & & d & \\ c & & & & & & & d \end{vmatrix}$$

解 (1) 将 D_n 按第一列展开,得
$$D_n=x^n+(-1)^{n+1}y^n$$
(2) 按第一行展开,有
$$D_{2n}=a\begin{vmatrix} a & & & & & b & 0 \\ & \ddots & & & \cdot^{\cdot^{\cdot}} & & \\ & & a & b & & & \\ & & c & d & & & \vdots \\ & \cdot^{\cdot^{\cdot}} & & & \ddots & & \\ c & & & & & d & 0 \\ 0 & & & \cdots & & 0 & d \end{vmatrix}+$$
$$(-1)^{1+2n}b\begin{vmatrix} 0 & a & & & & & b \\ & & \ddots & & & \cdot^{\cdot^{\cdot}} & \\ & & & a & b & & \\ \vdots & & & c & d & & \\ & & \cdot^{\cdot^{\cdot}} & & & \ddots & \\ 0 & c & & & & & d \\ c & 0 & & & \cdots & & 0 \end{vmatrix}$$
$$=adD_{2(n-1)}+(-1)^{(1+2n)+(1+2n-1)}bcD_{2(n-1)}$$
$$=(ad-bc)D_{2(n-1)}$$

由此递推可得

$$\begin{aligned} D_{2n} &= (ad-bc)D_{2(n-1)} = (ad-bc)^2 D_{2(n-2)} \\ &= \cdots \\ &= (ad-bc)^{n-1}D_2 = (ad-bc)^{n-1}\begin{vmatrix} a & b \\ c & d \end{vmatrix} \\ &= (ad-bc)^n \end{aligned}$$

例 2.9 计算行列式

$$D_n = \begin{vmatrix} 1 & 1 & \cdots & 1 \\ a_1 & a_2 & \cdots & a_n \\ a_1^2 & a_2^2 & \cdots & a_n^2 \\ \vdots & \vdots & & \vdots \\ a_1^{n-1} & a_2^{n-1} & \cdots & a_n^{n-1} \end{vmatrix}$$

解 这个行列式称为 n 阶范德蒙(Vandermonde)行列式.

由最后一行开始,每一行减去它相邻的前一行乘以 a_1,得

$$D_n = \begin{vmatrix} 1 & 1 & 1 & \cdots & 1 \\ 0 & a_2-a_1 & a_3-a_1 & \cdots & a_n-a_1 \\ 0 & a_2(a_2-a_1) & a_3(a_3-a_1) & \cdots & a_n(a_n-a_1) \\ \vdots & \vdots & \vdots & & \vdots \\ 0 & a_2^{n-2}(a_2-a_1) & a_3^{n-2}(a_3-a_1) & \cdots & a_n^{n-2}(a_n-a_1) \end{vmatrix}$$

根据引理

$$D_n = \begin{vmatrix} a_2-a_1 & a_3-a_1 & \cdots & a_n-a_1 \\ a_2(a_2-a_1) & a_3(a_3-a_1) & \cdots & a_n(a_n-a_1) \\ \vdots & \vdots & & \vdots \\ a_2^{n-2}(a_2-a_1) & a_3^{n-2}(a_3-a_1) & \cdots & a_n^{n-2}(a_n-a_1) \end{vmatrix}$$

提出每一列的公因子后,得

$$D_n = (a_2-a_1)(a_3-a_1)\cdots(a_n-a_1)\begin{vmatrix} 1 & 1 & \cdots & 1 \\ a_2 & a_3 & \cdots & a_n \\ a_2^2 & a_3^2 & \cdots & a_n^2 \\ \vdots & \vdots & & \vdots \\ a_2^{n-2} & a_3^{n-2} & \cdots & a_n^{n-2} \end{vmatrix}$$

最后的因子是一个 $n-1$ 阶的范德蒙行列式,用 D_{n-1} 表示

$$D_n=(a_2-a_1)(a_3-a_1)\cdots(a_n-a_1)D_{n-1}$$

对 D_{n-1} 的行施以同样的变动，得

$$D_{n-1}=(a_3-a_2)(a_4-a_2)\cdots(a_n-a_2)D_{n-2}$$

此处 D_{n-2} 是一个 $n-2$ 阶的范德蒙行列式. 再对 D_{n-2} 施以同样变动，如此继续下去，最后得

$$\begin{aligned}D_n&=(a_2-a_1)(a_3-a_1)\cdots(a_n-a_1)\cdot(a_3-a_2)\cdots\\&\quad(a_n-a_2)\cdot\cdots\cdot(a_n-a_{n-1})\end{aligned}$$

下面，证明一个与行列式按行(列)展开有联系的定理，这个定理以后将要用到.

定理 2.3 行列式

$$D=\begin{vmatrix}a_{11}&a_{12}&\cdots&a_{1n}\\\vdots&\vdots&&\vdots\\a_{i1}&a_{i2}&\cdots&a_{in}\\\vdots&\vdots&&\vdots\\a_{j1}&a_{j2}&\cdots&a_{jn}\\\vdots&\vdots&&\vdots\\a_{n1}&a_{n2}&\cdots&a_{nn}\end{vmatrix}$$

的某一行(列)的元素与另一行(列)的对应元素的代数余子式的乘积的和等于零. 即

$$a_{i1}A_{j1}+a_{i2}A_{j2}+\cdots+a_{in}A_{jn}=0\quad(i\neq j)\tag{2.6}$$

$$a_{1s}A_{1t}+a_{2s}A_{2t}+\cdots+a_{ns}A_{nt}=0\quad(s\neq t)\tag{2.7}$$

证 只证明等式(2.6). 行列式

$$D_1=\begin{vmatrix}a_{11}&a_{12}&\cdots&a_{1n}\\\vdots&\vdots&&\vdots\\a_{i1}&a_{i2}&\cdots&a_{in}\\\vdots&\vdots&&\vdots\\a_{i1}&a_{i2}&\cdots&a_{in}\\\vdots&\vdots&&\vdots\\a_{n1}&a_{n2}&\cdots&a_{nn}\end{vmatrix}\begin{matrix}\\\\(i)\\\\(j)\\\\\\\end{matrix}$$

D_1 的第 i 行与第 j 行完全相同，所以 $D_1=0$. 另一方面，D_1 与 D 仅有第 j 行不同，因此 D_1 的第 j 行的元素的代数余子式与 D 的第 j 行的对应元素的代数余子式相同. 把 D_1 依第 j 行展开，得

$$D_1=a_{i1}A_{j1}+a_{i2}A_{j2}+\cdots+a_{in}A_{jn}$$

因而

$$a_{i1}A_{j1}+a_{i2}A_{j2}+\cdots+a_{in}A_{jn}=0$$

我们已经知道,行列式可以按行(列)展开,拉普拉斯定理给出行列式一个更一般的展开公式.

*定理 2.4 (拉普拉斯定理)设在 n 阶行列式 D 中,任意取出 $k(1\leqslant k\leqslant n-1)$ 行(列),由这 k 行(列)的元素所构成的一切 k 阶子式与它们的对应代数余子式的乘积的和等于行列式 D.

例如,在行列式

$$D=\begin{vmatrix}3&2&0&1\\-1&0&5&3\\3&-1&2&5\\1&-1&1&-1\end{vmatrix}$$

中,取定第一行与第二行,那么由这两行所构成的一切二阶子式一共有六个:

$$M_1=\begin{vmatrix}3&2\\-1&0\end{vmatrix},M_2=\begin{vmatrix}3&0\\-1&5\end{vmatrix},M_3=\begin{vmatrix}3&1\\-1&3\end{vmatrix}$$

$$M_4=\begin{vmatrix}2&0\\0&5\end{vmatrix},M_5=\begin{vmatrix}2&1\\0&3\end{vmatrix},M_6=\begin{vmatrix}0&1\\5&3\end{vmatrix}$$

与这些子式对应的代数余子式是

$$A_1=(-1)^{(1+2)+(1+2)}\begin{vmatrix}2&5\\1&-1\end{vmatrix},A_2=(-1)^{(1+2)+(1+3)}\begin{vmatrix}-1&5\\-1&-1\end{vmatrix}$$

$$A_3=(-1)^{(1+2)+(1+4)}\begin{vmatrix}-1&2\\-1&1\end{vmatrix},A_4=(-1)^{(1+2)+(2+3)}\begin{vmatrix}3&5\\1&-1\end{vmatrix}$$

$$A_5=(-1)^{(1+2)+(2+4)}\begin{vmatrix}3&2\\1&1\end{vmatrix},A_6=(-1)^{(1+2)+(3+4)}\begin{vmatrix}3&-1\\1&-1\end{vmatrix}$$

按照拉普拉斯定理

$$\begin{aligned}D&=M_1A_1+M_2A_2+M_3A_3+M_4A_4+M_5A_5+M_6A_6\\&=\begin{vmatrix}3&2\\-1&0\end{vmatrix}\begin{vmatrix}2&5\\1&-1\end{vmatrix}-\begin{vmatrix}3&0\\-1&5\end{vmatrix}\begin{vmatrix}-1&5\\-1&-1\end{vmatrix}+\\&\quad\begin{vmatrix}3&1\\-1&3\end{vmatrix}\begin{vmatrix}-1&2\\-1&1\end{vmatrix}+\begin{vmatrix}2&0\\0&5\end{vmatrix}\begin{vmatrix}3&5\\1&-1\end{vmatrix}-\\&\quad\begin{vmatrix}2&1\\0&3\end{vmatrix}\begin{vmatrix}3&2\\1&1\end{vmatrix}+\begin{vmatrix}0&1\\5&3\end{vmatrix}\begin{vmatrix}3&-1\\1&-1\end{vmatrix}\\&=2\times(-7)-15\times6+10\times1+10\times(-8)-6\times1+(-5)\times(-2)\\&=-170\end{aligned}$$

2.4 克莱姆(Cramer)法则

有了前一节的结果,不难证明,利用 n 阶行列式可以解含有 n 个未知量 n 个方程的线性方程组.

设给定了一个含有 n 个未知量 n 个方程的线性方程组

$$\begin{cases}a_{11}x_1+a_{12}x_2+\cdots+a_{1n}x_n=b_1\\a_{21}x_1+a_{22}x_2+\cdots+a_{2n}x_n=b_2\\\qquad\vdots\\a_{n1}x_1+a_{n2}x_2+\cdots+a_{nn}x_n=b_n\end{cases}\tag{2.8}$$

式(2.8)的系数可以构成一个 n 阶行列式

$$D=\begin{vmatrix}a_{11}&a_{12}&\cdots&a_{1n}\\a_{21}&a_{22}&\cdots&a_{2n}\\\vdots&\vdots&&\vdots\\a_{n1}&a_{n2}&\cdots&a_{nn}\end{vmatrix}$$

这个行列式叫做方程组(2.8)的行列式.

定理 2.5 （克莱姆法则）一个含有 n 个未知量 n 个方程的线性方程组(2.8)当它的行列式 $D\neq0$ 时有且仅有一个解

$$x_1=\frac{D_1}{D},x_2=\frac{D_2}{D},\cdots,x_n=\frac{D_n}{D}\tag{2.9}$$

此处 D_j 是把行列式 D 的第 j 列的元素换成方程组的常数项 $b_1,b_2,\cdots,b_n$ 而得到的 n 阶行列式.

证 令 j 是整数 $1,2,\cdots,n$ 中的任意一个. 分别以 $A_{1j},A_{2j},\cdots,A_{nj}$ 乘方程组(2.8)的第一,第二,…,第 n 个方程,然后再相加,得

$$\begin{aligned}&(a_{11}A_{1j}+a_{21}A_{2j}+\cdots+a_{n1}A_{nj})x_1+\cdots+\\&(a_{1j}A_{1j}+a_{2j}A_{2j}+\cdots+a_{nj}A_{nj})x_j+\cdots+\\&(a_{1n}A_{1j}+a_{2n}A_{2j}+\cdots+a_{nn}A_{nj})x_n\\=&\,b_1A_{1j}+b_2A_{2j}+\cdots+b_nA_{nj}\end{aligned}$$

由定理 2.2 及定理 2.3,x_j 的系数等于 D,而 $x_i(i\neq j)$ 的系数都是零,因此等式左端等于 $D\cdot x_j$,等式右端刚好是 n 阶行列式

$$D_j=\begin{vmatrix}a_{11}&\cdots&b_1&\cdots&a_{1n}\\a_{21}&\cdots&b_2&\cdots&a_{2n}\\\vdots&&\vdots&&\vdots\\a_{n1}&\cdots&b_n&\cdots&a_{nn}\end{vmatrix}$$

$$(j)$$

得到

$$Dx_j=D_j$$

当 $D\neq0$ 时

$$x_1=\frac{D_1}{D},x_2=\frac{D_2}{D},\cdots,x_n=\frac{D_n}{D} \tag{2.10}$$

因此,方程组(2.8)最多有一个解.

证明式(2.10)也是方程(2.8)的解.为此,把式(2.10)代入方程组(2.8),那么式(2.8)的第 $i(i=1,2,\cdots,n)$ 个方程的左端变为

$$a_{i1}\frac{D_1}{D}+a_{i2}\frac{D_2}{D}+\cdots+a_{in}\frac{D_n}{D}$$

而

$$D_j=b_1A_{1j}+b_2A_{2j}+\cdots+b_nA_{nj}(j=1,2,\cdots,n)$$

得

$$\begin{aligned}&a_{i1}(b_1A_{11}+\cdots+b_iA_{i1}+\cdots+b_nA_{n1})\frac{1}{D}+\\&a_{i2}(b_1A_{12}+\cdots+b_iA_{i2}+\cdots+b_nA_{n2})\frac{1}{D}+\cdots+\\&a_{in}(b_1A_{1n}+\cdots+b_iA_{in}+\cdots+b_nA_{nn})\frac{1}{D}\\=&b_1(a_{i1}A_{11}+a_{i2}A_{12}+\cdots+a_{in}A_{1n})\frac{1}{D}+\cdots+\\&b_n(a_{i1}A_{n1}+a_{i2}A_{n2}+\cdots+a_{in}A_{nn})\frac{1}{D}=b_i\end{aligned}$$

这里应用了定理2.2及定理2.3.这就是说,式(2.10)是方程组(2.8)的解.

因此,当 $D\neq0$ 时,方程组(2.8)有且仅有一个解,这个解由式(2.10)给出.

例2.10 解线性方程组

$$\begin{cases}2x_1+x_2-5x_3+x_4=8\\x_1-3x_2-6x_4=9\\2x_2-x_3+2x_4=-5\\x_1+4x_2-7x_3+6x_4=0\end{cases}$$

解 这个方程组的行列式

$$D=\begin{vmatrix}2&1&-5&1\\1&-3&0&-6\\0&2&-1&2\\1&4&-7&6\end{vmatrix}=27$$

因为 $D\neq0$,所以可应用克莱姆法则.再计算以下的行列式

$$D_1=\begin{vmatrix}8&1&-5&1\\9&-3&0&-6\\-5&2&-1&2\\0&4&-7&6\end{vmatrix}=81$$

$$D_2 = \begin{vmatrix} 2 & 8 & -5 & 1 \\ 1 & 9 & 0 & -6 \\ 0 & -5 & -1 & 2 \\ 1 & 0 & -7 & 6 \end{vmatrix} = -108$$

$$D_3 = \begin{vmatrix} 2 & 1 & 8 & 1 \\ 1 & -3 & 9 & -6 \\ 0 & 2 & -5 & 2 \\ 1 & 4 & 0 & 6 \end{vmatrix} = -27$$

$$D_4 = \begin{vmatrix} 2 & 1 & -5 & 8 \\ 1 & -3 & 0 & 9 \\ 0 & 2 & -1 & -5 \\ 1 & 4 & -7 & 0 \end{vmatrix} = 27$$

由克莱姆法则,得方程组的解为

$$x_1 = 3, x_2 = -4, x_3 = -1, x_4 = 1$$

2.5 计算行列式的几种方法

计算行列式有很多方法,计算行列式时要根据行列式的特征选择适当的计算方法. 对于适合用多种方法计算的问题,要选用相对简便的方法.

2.5.1 定义法

前面例 2.2、例 2.3 都是用 n 阶行列式的定义计算行列式的值,这种方法是定义法.

例 2.11 在一个五阶行列式中,若零元素个数多于 20 个,求这个行列式的值.

解 依据行列式的定义可知,五阶行列式中共有 25 个元素,若零元素个数多于 20 个,非零元素少于 $25-20=5$ 个,必有全是零元素的行,则这个行列式的值为零.

例 2.12 设 $f(x) = \begin{vmatrix} 3x-2 & 7 & 0 & 1 \\ -1 & 2x+1 & 1 & 2 \\ 1 & 2 & 4x+3 & 0 \\ 3 & 1 & -1 & 5x-2 \end{vmatrix}$,求 $f(x)$ 中的 x^3 的系数.

解 依据行列式定义,含 x^3 的项应当在 $(3x-2)$,$(2x+1)$,$(4x+3)$,$(5x-2)$ 相乘的项这中,系数是 22.

2.5.2 化三角行列式法

在计算行列式时,可以将一个行列式转化为三角行列式进行计算,这是计算行列式的基本方法.

例 2.13 计算 n 阶行列式 $D_n = \begin{vmatrix} 1 & 1 & 1 & \cdots & 1 \\ 1 & -1 & 1 & \cdots & 1 \\ 1 & 1 & -1 & \cdots & 1 \\ \vdots & \vdots & \vdots & & \vdots \\ 1 & 1 & 1 & \cdots & -1 \end{vmatrix}$

解
$$D_n = \begin{vmatrix} 1 & 1 & 1 & \cdots & 1 \\ 1 & -1 & 1 & \cdots & 1 \\ 1 & 1 & -1 & \cdots & 1 \\ \vdots & \vdots & \vdots & & \vdots \\ 1 & 1 & 1 & \cdots & -1 \end{vmatrix} = \begin{vmatrix} 1 & 1 & 1 & \cdots & 1 \\ 0 & -2 & 0 & \cdots & 0 \\ 0 & 0 & -2 & \cdots & 0 \\ \vdots & \vdots & \vdots & & \vdots \\ 0 & 0 & 0 & \cdots & -2 \end{vmatrix}$$
$$= (-2)^{n-1}$$

2.5.3 变阶法

变阶法是通过降低或者升高行列式的阶数来计算行列式值的方法.

1. 降阶法

例 2.14 计算 $\begin{vmatrix} 1 & 2 & 1 & 1 \\ 0 & 2 & 1 & 11 \\ -2 & -1 & 4 & 4 \\ -2 & -1 & 1 & 10 \end{vmatrix}$

解
$$\begin{vmatrix} 1 & 2 & 1 & 1 \\ 0 & 2 & 1 & 11 \\ -2 & -1 & 4 & 4 \\ -2 & -1 & 1 & 10 \end{vmatrix} = \begin{vmatrix} 1 & 2 & 1 & 1 \\ 0 & 2 & 1 & 11 \\ 0 & 3 & 6 & 6 \\ 0 & 3 & 3 & 12 \end{vmatrix} = \begin{vmatrix} 2 & 1 & 11 \\ 3 & 6 & 6 \\ 3 & 3 & 12 \end{vmatrix} = -9$$

2. 升阶法

这里介绍的升阶法是根据行列式的等值性,增加一行一列后与原行列式值保持相等来计算行列式的值,又叫加边法.

例 2.15 计算 $D_4 = \begin{vmatrix} a+1 & b & c & d \\ a & b+2 & c & d \\ a & b & c+3 & d \\ a & b & c & d+4 \end{vmatrix}$

解 $D_4=\begin{vmatrix}1 & a & b & c & d\\0 & a+1 & b & c & d\\0 & a & b+2 & c & d\\0 & a & b & c+3 & d\\0 & a & b & c & d+4\end{vmatrix}=\begin{vmatrix}1 & a & b & c & d\\-1 & 1 & 0 & 0 & 0\\-1 & 0 & 2 & 0 & 0\\-1 & 0 & 0 & 3 & 0\\-1 & 0 & 0 & 0 & 4\end{vmatrix}$

$$=\begin{vmatrix}1+\frac{a}{1}+\frac{b}{2}+\frac{c}{3}+\frac{d}{4} & a & b & c & d\\0 & 1 & 0 & 0 & 0\\0 & 0 & 2 & 0 & 0\\0 & 0 & 0 & 3 & 0\\0 & 0 & 0 & 0 & 4\end{vmatrix}=\left(1+\frac{a}{1}+\frac{b}{2}+\frac{c}{3}+\frac{d}{4}\right)4!$$

例 2.16 计算三阶行列式

$$D_3=\begin{vmatrix}a-x & a-y & a-z\\b-x & b-y & b-z\\c-x & c-y & c-z\end{vmatrix}$$

解 利用加边法计算上面的三阶行列式，首先引进一个四阶行列式

$$D_4=\begin{vmatrix}1 & x & y & z\\0 & a-x & a-y & a-z\\0 & b-x & b-y & b-z\\0 & c-x & c-y & c-z\end{vmatrix}$$

显然
$$D_4=D_3$$
于是

$$D_4\xlongequal[\substack{r_3+r_1\\r_4+r_1}]{r_2+r_1}\begin{vmatrix}1 & x & y & z\\1 & a & a & a\\1 & b & b & b\\1 & c & c & c\end{vmatrix}\xlongequal[c_4-c_2]{c_3-c_2}\begin{vmatrix}1 & x & y-x & z-x\\1 & a & 0 & 0\\1 & b & 0 & 0\\1 & c & 0 & 0\end{vmatrix}$$

$$\xlongequal{c_2-cc_1}\begin{vmatrix}1 & x-c & y-x & z-x\\1 & a-c & 0 & 0\\1 & b-c & 0 & 0\\1 & 0 & 0 & 0\end{vmatrix}=0$$

2.5.4 递推法

递推法是通过对 n 阶行列式 D_n 的分析、推理，寻找 n 阶行列式与 $n-1$ 阶、$n-2$ 阶行列式的递推关系式 $D_n=aD_{n-1}+bD_{n-2}$，利用这个递推公式计算行列式的方法.

例 2.17 计算 $n+1$ 阶行列式

$$D_{n+1}=\begin{vmatrix}1&0&\cdots&0&0&\beta_1\\0&1&\cdots&0&0&\beta_2\\\vdots&\vdots&&\vdots&\vdots&\vdots\\0&0&\cdots&1&0&\beta_{n-1}\\0&0&\cdots&0&1&\beta_n\\\alpha_1&\alpha_2&\cdots&\alpha_{n-1}&\alpha_n&0\end{vmatrix}$$

解 将 D_{n+1} 按第 n 列展开

$$D_{n+l}=(-1)^{n+n}\cdot 1\cdot\begin{vmatrix}1&0&\cdots&0&\beta_1\\0&1&\cdots&0&\beta_2\\\vdots&\vdots&&\vdots&\vdots\\0&0&\cdots&1&\beta_{n-1}\\\alpha_1&\alpha_2&\cdots&\alpha_{n-1}&0\end{vmatrix}$$

$$+(-1)^{(n+1)+n}\alpha_n\begin{vmatrix}1&0&\cdots&0&\beta_1\\0&1&\cdots&0&\beta_2\\\vdots&\vdots&&\vdots&\vdots\\0&0&\cdots&1&\beta_{n-1}\\0&0&\cdots&0&\beta_n\end{vmatrix}$$

$$=D_n-\alpha_n\beta_n=D_{n-1}-\alpha_{n-1}\beta_{n-1}-\alpha_n\beta_n$$

$$=\cdots=-(\alpha_1\beta_1+\alpha_2\beta_2+\cdots+\alpha_n\beta_n)$$

例 2.18 计算 n 阶行列式

$$D_n=\begin{vmatrix}2&1&0&\cdots&0&0&0\\1&2&1&\cdots&0&0&0\\\vdots&\vdots&\vdots&&\vdots&\vdots&\vdots\\0&0&0&\cdots&1&2&1\\0&0&0&\cdots&0&1&2\end{vmatrix}$$

解 注意到 $a_{11}=2$ 的代数余子式为 D_{n-1}，故对第一行展开(对第一列展开也可)

$$D_n=2D_{n-1}-\begin{vmatrix}1&1&0&0&\cdots&0&0&0\\0&2&1&0&\cdots&0&0&0\\0&1&2&1&\cdots&0&0&0\\\vdots&\vdots&\vdots&\vdots&&\vdots&\vdots&\vdots\\0&0&0&0&\cdots&1&2&1\\0&0&0&0&\cdots&0&1&2\end{vmatrix}_{(n-1)}$$

将上式右边的行列式按第一列展开，即得

$$D_n=2D_{n-1}-D_{n-2}=2(2D_{n-2}-D_{n-3})-D_{n-2}=3D_{n-2}-2D_{n-3}=4D_{n-3}-3D_{n-4}$$

$$=\cdots=(n-1)D_2-(n-2)D_1=(n-1)\times 3-(n-2)\times 2=(n+1)$$

2.5.5 数学归纳法

例 2.19 试证：n 阶三对角行列式

$$D_n=\begin{vmatrix}\alpha+\beta & \alpha\beta & \cdots & 0 & 0\\ 1 & \alpha+\beta & \cdots & 0 & 0\\ 0 & 1 & \cdots & 0 & 0\\ \vdots & \vdots & & \vdots & \vdots\\ 0 & 0 & \cdots & \alpha+\beta & \alpha\beta\\ 0 & 0 & \cdots & 1 & \alpha+\beta\end{vmatrix}=\frac{\alpha^{n+1}-\beta^{n+1}}{\alpha-\beta}(\alpha\neq\beta)$$

证 构成本行列式元素的特点是：主对角线全为$(\alpha+\beta)$，与主对角线平行的上一斜行与下一斜行元素分别为$(\alpha\beta)$及 1，其余元素均为零，用数学归纳法证明.

(1) 验证：当 $n=1$ 时，左 $=|\alpha+\beta|=(\alpha+\beta)$，右 $=\dfrac{\alpha^2-\beta^2}{\alpha-\beta}=\alpha+\beta=$ 左.

当 $n=2$ 时，左 $=\begin{vmatrix}\alpha+\beta & \alpha\beta\\ 1 & \alpha+\beta\end{vmatrix}=(\alpha+\beta)^2-\alpha\beta=\alpha^2+\alpha\beta+\beta^2$，右 $=\dfrac{\alpha^3-\beta^3}{\alpha-\beta}=\alpha^2+\alpha\beta+\beta^2=$ 左.

(2) 设 $n=k-1, k-2$ 时结论成立，则当 $n=k$ 时，

$$D_k=\begin{vmatrix}\alpha+\beta & \alpha\beta & 0 & \cdots & 0 & 0\\ 1 & \alpha+\beta & \alpha\beta & \cdots & 0 & 0\\ 0 & 1 & \alpha+\beta & \cdots & 0 & 0\\ \vdots & \vdots & \vdots & & \vdots & \vdots\\ 0 & 0 & 0 & \cdots & \alpha+\beta & \alpha\beta\\ 0 & 0 & 0 & \cdots & 1 & \alpha+\beta\end{vmatrix}\text{（按第一列展开）}$$

$$=(\alpha+\beta)D_{k-1}+1\cdot(-1)^{2+1}\begin{vmatrix}\alpha\beta & 0 & \cdots & 0\\ 1 & \alpha+\beta & \cdots & 0\\ \vdots & \vdots & & \vdots\\ 0 & 0 & \cdots & \alpha\beta\\ 0 & 0 & \cdots & \alpha+\beta\end{vmatrix}\text{（按第一行展开）}$$

$$=(\alpha+\beta)D_{k-1}-\alpha\beta\cdot(-1)^{1+1}\cdot D_{k-2}$$

$$=(\alpha+\beta)\frac{\alpha^k-\beta^k}{\alpha-\beta}-\alpha\beta\frac{\alpha^{k-1}-\beta^{k-1}}{\alpha-\beta}$$

$$=\frac{\alpha^{k+1}+\beta\alpha^k-\alpha\beta^k-\beta^{k+1}}{\alpha-\beta}-\frac{\beta\alpha^k-\alpha\beta^k}{\alpha-\beta}$$

$$=\frac{\alpha^{k+1}-\beta^{k+1}}{\alpha-\beta}=\text{右}$$

2.5.6 构造法

构造法是指通过构造新的行列式来计算某行列式的值或者计算与行列式相关的表达式的值的方法。

例 2.20 设四阶行列式

$$D=\begin{vmatrix} 1 & 0 & -1 & 2 \\ 1 & 1 & 2 & 1 \\ -2 & 1 & 0 & 2 \\ 1 & -1 & 1 & 1 \end{vmatrix}$$

求 $S=2A_{11}+A_{21}+A_{31}+2A_{41}$(不计算 A_{i1} 求 S).

解 构造一个新行列式 D_1,使得

$D_1=a_{11}A_{11}+a_{21}A_{21}+a_{31}A_{31}+a_{41}A_{41}=2A_{11}+A_{21}+A_{31}+2A_{41}=S$,即

$$D_1=\begin{vmatrix} 2 & 0 & -1 & 2 \\ 1 & 1 & 2 & 1 \\ 1 & 1 & 0 & 2 \\ 2 & -1 & 1 & 1 \end{vmatrix}=\begin{vmatrix} 2 & 0 & -1 & 2 \\ 3 & 0 & 3 & 2 \\ 3 & 0 & 1 & 3 \\ 2 & -1 & 1 & 1 \end{vmatrix}=(-1)(-1)^{4+2}\begin{vmatrix} 2 & -1 & 2 \\ 3 & 3 & 2 \\ 3 & 1 & 3 \end{vmatrix}$$

$$=-\begin{vmatrix} 0 & -1 & 0 \\ 9 & 3 & 8 \\ 5 & 1 & 5 \end{vmatrix}=-(-1)\times(-1)^{1+2}\begin{vmatrix} 9 & 8 \\ 5 & 5 \end{vmatrix}=-5$$

故

$$S=-5$$

例 2.21 已知五阶行列式

$$D_5=\begin{vmatrix} 1 & 2 & 1 & 2 & 3 \\ 2 & 2 & 2 & 1 & 1 \\ 3 & 1 & 2 & 4 & 5 \\ 1 & 1 & 1 & 2 & 2 \\ 2 & 3 & 1 & 0 & 1 \end{vmatrix}=-9$$

求 $S_1=A_{41}+A_{42}+A_{43}$ 及 $S_2=A_{44}+A_{45}$.

分析 本题所求的 S_1 或 S_2 并不是 D_5 中某一行的代数余子式. 仔细观察 D_5 中元素,$a_{41}=a_{42}=a_{43}=1$,$a_{44}=a_{45}=2$. 因此,可有

$$\begin{aligned}&1A_{41}+1A_{42}+1A_{43}+2A_{44}+2A_{45}\\&=(A_{41}+A_{42}+A_{43})+2(A_{44}+A_{45})\\&=S_1+2S_2=D_5\end{aligned}$$

因此,如果能再找出一个有关 S_1,S_2 的方程,就可求出 S_1 与 S_2.

再分析 D_5 中元素:第二行元素有 $a_{21}=a_{22}=a_{23}=2$,$a_{24}=a_{25}=1$.

故应有

$$a_{21}A_{41}+a_{22}A_{42}+a_{23}A_{43}+a_{24}A_{44}+a_{25}A_{45}$$
$$=2(A_{41}+A_{42}+A_{43})+(A_{44}+A_{45})$$
$$=2S_1+S_2=0$$

解 首先有

$$\begin{cases}S_1+2S_2=-9\\2S_1+S_2=0\end{cases}$$

解得 $S_1=3, S_2=-6$

故 $$A_{41}+A_{42}+A_{43}=3, A_{44}+A_{45}=-6$$

Vandermonde 行列式:称形如

$$D=\begin{vmatrix}1 & 1 & 1 & \cdots & 1\\ x_1 & x_2 & x_3 & \cdots & x_n\\ x_1^2 & x_2^2 & x_3^2 & \cdots & x_n^2\\ \vdots & \vdots & \vdots & & \vdots\\ x_1^{n-1} & x_2^{n-1} & x_3^{n-1} & \cdots & x_n^{n-1}\end{vmatrix}$$

的 n 阶行列式为 Vandermonde 行列式. Vandermonde 行列式的值为

$$D=\prod_{1\leqslant j<i\leqslant n}(x_i-x_j)$$

例 2.22 计算下列行列式的值.

$$D_4=\begin{vmatrix}1 & 1 & 1 & 1\\ x_1 & x_2 & x_3 & x_4\\ x_1^2 & x_2^2 & x_3^2 & x_4^2\\ x_1^4 & x_2^4 & x_3^4 & x_4^4\end{vmatrix}$$

解 本行列式与标准的 Vandermonde 行列式十分接近,如果在第三,第四行之间插入一行,其元素为 x_i^3,再加上适当的一列就可构成一个标准的五阶 Vandermonde 行列式了.

记

$$f(y)=\begin{vmatrix}1 & 1 & 1 & 1 & 1\\ x_1 & x_2 & x_3 & x_4 & y\\ x_1^2 & x_2^2 & x_3^2 & x_4^2 & y^2\\ x_1^3 & x_2^3 & x_3^3 & x_4^3 & y^3\\ x_1^4 & x_2^4 & x_3^4 & x_4^4 & y^4\end{vmatrix}$$

由五阶 Vandermonde 行列式结合 $f(y)$ 的变量记号,有

$$f(y) = (y - x_1)(y - x_2)(y - x_3)(y - x_4)\prod_{1\leqslant j<i\leqslant 4}(x_i - x_j) \qquad (2.11)$$

另一方面,对比$f(y)$与行列式D_4的构造形式,可知D_4就是$f(y)$中元素$a_{45}=y^3$的余子式M_{45}. $A_{45}=(-1)^{4+5}M_{45}$,A_{45}是$f(y)$中元素$a_{45}=y^3$的代数余子式.若将$f(y)$按第五列展开,则

$$f(y) = a_{15}A_{15} + a_{25}A_{25} + a_{35}A_{35} + a_{45}A_{45} + a_{55}A_{55}$$

现$a_{45}=y^3$,而$a_{15},a_{25},a_{35},a_{55}$及$A_{15},A_{25},A_{35},A_{45},A_{55}$中都没有$y^3$项,故式(2.11)中$y^3$的系数必是$A_{45}$.由式(2.11)可知$y^3$的系数应为

$$-(x_1 + x_2 + x_3 + x_4)\prod_{1\leqslant j<i\leqslant 4}(x_i - x_j).$$

因此

$$A_{45} = -(x_1 + x_2 + x_3 + x_4)\prod_{1\leqslant j<i\leqslant 4}(x_i - x_j)$$

所以有

$$D_4 = M_{45} = -A_{45} = (x_1 + x_2 + x_3 + x_4)\prod_{1\leqslant j<i\leqslant n}(x_i - x_j)$$

习 题 2

1. 接自然数从小到大的自然次序,求解下列各题.

(1) 求1至6的全排列241356的逆序数.

(2) 求1至$2n$的全排列$13\cdots(2n-1)24\cdots(2n)$的逆序数.

(3) 选择i与j,使由1至9的排列$91274i56j$成偶排列.

2. 计算下列行列式.

(1) $\begin{vmatrix} 1 & x & x \\ x & 2 & x \\ x & x & 3 \end{vmatrix}$ (2) $\begin{vmatrix} 0 & 0 & 0 & 4 \\ 0 & 0 & 4 & 3 \\ 0 & 4 & 3 & 2 \\ 4 & 3 & 2 & 1 \end{vmatrix}$

(3) $\begin{vmatrix} 0 & 0 & \cdots & 0 & 1 & 0 \\ 0 & 0 & \cdots & 2 & 0 & 0 \\ \vdots & \vdots & & \vdots & \vdots & \vdots \\ 0 & 8 & \cdots & 0 & 0 & 0 \\ 9 & 0 & \cdots & 0 & 0 & 0 \\ 0 & 0 & \cdots & 0 & 0 & 10 \end{vmatrix}$ (4) 设$f(x) = \begin{vmatrix} x & 1 & 1 & -1 \\ 1 & x & 2 & 1 \\ 1 & 2 & x & x \\ -1 & 3 & 2 & x \end{vmatrix}$

求x^3项的系数.

3. 计算下列行列式的值.

(1) $\begin{vmatrix} 1 & 1 & 1 & 1 \\ 1 & -1 & 1 & 1 \\ 1 & 1 & -1 & 1 \\ 1 & 1 & 1 & -1 \end{vmatrix}$ (2) $\begin{vmatrix} 1 & 2 & 3 & 4 \\ 2 & 3 & 4 & 1 \\ 3 & 4 & 1 & 2 \\ 4 & 1 & 2 & 3 \end{vmatrix}$

(3) $\begin{vmatrix} 1 & 2 & 0 & 0 \\ 3 & 4 & 0 & 0 \\ 0 & 0 & -1 & 3 \\ 0 & 0 & 5 & 1 \end{vmatrix}$　　(4) $\begin{vmatrix} 0 & 0 & 1 & -1 & 2 \\ 0 & 0 & 3 & 0 & 2 \\ 0 & 0 & 2 & 4 & 0 \\ 1 & 2 & 4 & 0 & -1 \\ 3 & 1 & 2 & 5 & 8 \end{vmatrix}$

4. 证明下列恒等式.

(1) $\begin{vmatrix} a_1+b_1x & a_1x+b_1 & c_1 \\ a_2+b_2x & a_2x+b_2 & c_2 \\ a_3+b_3x & a_3x+b_3 & c_3 \end{vmatrix} = (1-x^2)\begin{vmatrix} a_1 & b_1 & c_1 \\ a_2 & b_2 & c_2 \\ a_3 & b_3 & c_3 \end{vmatrix}$

(2) $\begin{vmatrix} 1+x & 1 & 1 & 1 \\ 1 & 1-x & 1 & 1 \\ 1 & 1 & 1+y & 1 \\ 1 & 1 & 1 & 1-y \end{vmatrix} = x^2y^2$

(3) $\begin{vmatrix} 1 & 1 & 1 \\ a & b & c \\ a^3 & b^3 & c^3 \end{vmatrix} = (a+b+c)(b-a)(c-a)(c-b)$

5. 求下列行列式.

(1) 已知 $\begin{vmatrix} x & y & z \\ 3 & 0 & 2 \\ 1 & 1 & 1 \end{vmatrix} = 1$,求 $\begin{vmatrix} x & y & z \\ 3x+3 & 3y & 3z+2 \\ x+2 & y+2 & z+2 \end{vmatrix}$

(2) $\begin{vmatrix} a^2 & (a+1)^2 & (a+2)^2 & (a+3)^2 \\ b^2 & (b+1)^2 & (b+2)^2 & (b+3)^2 \\ c^2 & (c+1)^2 & (c+2)^2 & (c+3)^2 \\ d^2 & (d+1)^2 & (d+2)^2 & (d+3)^2 \end{vmatrix}$

6. 计算下列 n 阶行列式.

(1) $D = \begin{vmatrix} 1 & 2 & 3 & \cdots & n \\ -1 & 0 & 3 & \cdots & n \\ -1 & -2 & 0 & \cdots & n \\ \vdots & \vdots & \vdots & & \vdots \\ -1 & -2 & -3 & \cdots & 0 \end{vmatrix}$　　(2) $D = \begin{vmatrix} 1 & 2 & 3 & \cdots & n \\ -1 & 1 & & & \\ 0 & -1 & 1 & & \\ & & \ddots & \ddots & \\ & & & -1 & 1 \end{vmatrix}$

7. 用 Cramer 法则解线性方程组

$$\begin{cases} 2x_1 - x_2 + 3x_3 - 2x_4 = -6 \\ x_1 + 7x_2 + x_3 - x_4 = 5 \\ 3x_1 + 5x_2 - 5x_3 + 3x_4 = 19 \\ x_1 - x_2 - 2x_3 + x_4 = 4 \end{cases}$$

8. 求二次多项式 $f(x)$,使得 $f(1)=0$, $f(2)=3$, $f(-3)=28$

9. 计算下列行列式的值.

(1) $D=\begin{vmatrix} 2 & -5 & 1 & 2 \\ -3 & 7 & -1 & 4 \\ 5 & -9 & 2 & 7 \\ 4 & -6 & 1 & 2 \end{vmatrix}$　　(2) $D=\begin{vmatrix} 0 & a & b & a \\ a & 0 & a & b \\ b & a & 0 & a \\ a & b & a & 0 \end{vmatrix}$

(3) $D=\begin{vmatrix} a & b & b & b \\ b & a & b & b \\ b & b & a & b \\ b & b & b & a \end{vmatrix}$　　(4) $D=\begin{vmatrix} 1 & 2 & 2 & \cdots & 2 \\ 2 & 2 & 2 & \cdots & 2 \\ 2 & 2 & 3 & \cdots & 2 \\ \vdots & \vdots & \vdots & & \vdots \\ 2 & 2 & 2 & \cdots & n \end{vmatrix}$

(5) $D_n=\begin{vmatrix} 0 & 1 & \cdots & 1 & 1 \\ 1 & 0 & \cdots & 1 & 1 \\ \vdots & \vdots & & \vdots & \vdots \\ 1 & 1 & \cdots & 0 & 1 \\ 1 & 1 & \cdots & 1 & 0 \end{vmatrix}$　　(6) $D=\begin{vmatrix} 1-a & a & 0 & 0 & 0 \\ -1 & 1-a & a & 0 & 0 \\ 0 & -1 & 1-a & a & 0 \\ 0 & 0 & -1 & 1-a & a \\ 0 & 0 & 0 & -1 & 1-a \end{vmatrix}$

(7) $D_n=\begin{vmatrix} a-x & a & \cdots & a \\ a & a-x & \cdots & a \\ \vdots & \vdots & & \vdots \\ a & a & \cdots & a-x \end{vmatrix}$

(8) $D=\begin{vmatrix} 1 & 2 & 3 & \cdots & n \\ 2 & 3 & 4 & \cdots & n+1 \\ 3 & 4 & 5 & \cdots & n+2 \\ \vdots & \vdots & \vdots & & \vdots \\ n & n+1 & n+2 & \cdots & 2n+1 \end{vmatrix}$

(9) $D=\begin{vmatrix} x_1 & a_{12} & a_{13} & \cdots & a_{1n} \\ x_1 & x_2 & a_{23} & \cdots & a_{2n} \\ x_1 & x_2 & x_3 & \cdots & a_{3n} \\ \vdots & \vdots & \vdots & & \vdots \\ x_1 & x_2 & x_3 & \cdots & x_n \end{vmatrix}$　　(10) $D=\begin{vmatrix} 1 & 1 & 1 & 1 \\ a & b & c & d \\ a^2 & b^2 & c^2 & d^2 \\ a^3 & b^3 & c^3 & d^3 \end{vmatrix}$

(11) $D_{n+1}=\begin{vmatrix} a^n & (a-1)^n & \cdots & (a-n)^n \\ a^{n-1} & (a-1)^{n-1} & \cdots & (a-n)^{n-1} \\ \vdots & \vdots & & \vdots \\ a & a-1 & \cdots & a-n \\ 1 & 1 & \cdots & 1 \end{vmatrix}$

10. 已知 222,407,185 三个数都可以被 37 整除,不求行列式的值,证明:

$$\begin{vmatrix} 2 & 2 & 2 \\ 4 & 0 & 7 \\ 1 & 8 & 5 \end{vmatrix}$$

也可以被 37 整除.

11. 计算行列式

$$D=\begin{vmatrix} * & * & * & * & * & 1 & 0 & 0 \\ * & * & * & * & * & 1 & 2 & 0 \\ * & * & * & * & * & 1 & 2 & 3 \\ 0 & 0 & 0 & 0 & -1 & 0 & 0 & 0 \\ 0 & 0 & 0 & -2 & 0 & 0 & 0 & 0 \\ 0 & 0 & -3 & 0 & 0 & 0 & 0 & 0 \\ 0 & -4 & 0 & 0 & 0 & 0 & 0 & 0 \\ -5 & 0 & 0 & 0 & 0 & 0 & 0 & 0 \end{vmatrix}$$

12. 证明：

$$\begin{vmatrix} 1+a_1 & 1 & 1 & \cdots & 1 \\ 1 & 1+a_2 & 1 & \cdots & 1 \\ \vdots & \vdots & \vdots & & \vdots \\ 1 & 1 & 1 & \cdots & 1+a_n \end{vmatrix} = \prod_{i=1}^{n} a_i\left(1+\sum_{i=1}^{n}\frac{1}{a_i}\right)(a_i \neq 0, i=1,2,\cdots,n)$$

13. 利用递推公式,证明：

(1) $$\begin{vmatrix} x & -1 & & & \\ 0 & x & -1 & & \\ \vdots & \ddots & \ddots & \ddots & \\ 0 & & 0 & x & -1 \\ a_n & a_{n-1} & \cdots & a_2 & x+a_1 \end{vmatrix} = x^n + \sum_{k=1}^{n} a_k x^{n-k}$$

(2) $$\begin{vmatrix} a_1 & -1 & 0 & \cdots & 0 & 0 \\ a_2 & x & -1 & \cdots & 0 & 0 \\ a_3 & 0 & x & \cdots & 0 & 0 \\ \vdots & \vdots & \vdots & & \vdots & \vdots \\ a_{n-1} & 0 & 0 & \cdots & x & -1 \\ a_n & 0 & 0 & \cdots & 0 & x \end{vmatrix} = \sum_{k=1}^{n} a_k x^{n-k}$$

(3) $$\begin{vmatrix} \cos\theta & 1 & & & \\ 1 & 2\cos\theta & 1 & & \\ & \ddots & \ddots & \ddots & \\ & & 1 & 2\cos\theta & 1 \\ & & & 1 & 2\cos\theta \end{vmatrix} = \cos n\theta$$

14. 计算下列行列式.

(1) $$\begin{vmatrix} 1 & 1 & \cdots & 1 & -n \\ 1 & 1 & \cdots & -n & 1 \\ \vdots & \vdots & & \vdots & \vdots \\ 1 & -n & \cdots & 1 & 1 \\ -n & 1 & \cdots & 1 & 1 \end{vmatrix}$$

(2) $\begin{vmatrix} a_1+\lambda_1 & a_2 & a_3 & \cdots & a_n \\ a_1 & a_2+\lambda_2 & a_3 & \cdots & a_n \\ a_1 & a_2 & a_3+\lambda_3 & \cdots & a_n \\ \vdots & \vdots & \vdots & & \vdots \\ a_1 & a_2 & a_3 & \cdots & a_n+\lambda_n \end{vmatrix}$

(3) $\begin{vmatrix} 1 & 2 & 3 & \cdots & n-1 & n \\ 2 & 3 & 4 & \cdots & n & 1 \\ 3 & 4 & 5 & \cdots & 1 & 2 \\ \vdots & \vdots & \vdots & & \vdots & \vdots \\ n & 1 & 2 & \cdots & n-2 & n-1 \end{vmatrix}$

(4) 证明：

$$\begin{vmatrix} 1 & 1 & 1 & \cdots & 1 \\ x_1 & x_2 & x_3 & \cdots & x_n \\ x_1^2 & x_2^2 & x_3^2 & \cdots & x_n^2 \\ \vdots & \vdots & \vdots & & \vdots \\ x_1^{n-2} & x_2^{n-2} & x_3^{n-2} & \cdots & x_n^{n-2} \\ x_1^n & x_2^n & x_3^n & \cdots & x_n^n \end{vmatrix} = \left(\sum_{i=1}^{n} x_i\right) \prod_{1 \leqslant j < i \leqslant n} (x_i - x_j)$$

15. 若使齐次线性方程组.

$$\begin{cases} x_1 + x_2 + x_3 + ax_4 = 0 \\ x_1 + 2x_2 + x_3 + ax_4 = 0 \\ x_1 + x_2 - 3x_3 + ax_4 = 0 \\ x_1 + x_2 + ax_3 + bx_4 = 0 \end{cases}$$

有非零解，a,b 必须满足什么条件?

16. 求三次多项式 $f(x) = a_0 + a_1x + a_2x^2 + a_3x^3$，使得

$$f(-1) = 0, f(1) = 4, f(2) = 3, f(3) = 16$$

17. 设 $f(x)$ 是一个次数不大于 $n-1$ 的一元多项式，如果存在 n 个互不相同的数 $a_1, a_2, \cdots, a_n$ 使

$$f(a_i) = 0 (i = 1, 2, \cdots, n)$$

试证：$f(x) = 0$.

18. 计算 $D_n = \begin{vmatrix} 2a & 1 & & & \\ a^2 & 2a & 1 & & \\ & a^2 & \ddots & \ddots & \\ & & \ddots & \ddots & 1 \\ & & & a^2 & 2a \end{vmatrix}$

第3章 矩　　阵

3.1 矩阵的概念

空间与时间上的许多自然界现象、物理现象和技术现象常常表现为下述特点：对每个单独因素作用的结果都与它的量成比例，作用的总结果等于对单独因素作用结果的总和. 这些现象在数学上用线性函数（仅依赖于自变量的一次幂的函数）与它的集合来描述.

称函数 $l(x)=ax+b$ 为一元线性函数，其图像是平面上的一条直线. 它有这样的基本性质：

线性函数增量与自变量增量成比例，即

$$\Delta l(x)=a\Delta x\ (a\text{ 为常数})$$

称函数

$$y=a_1x_1+a_2x_2+\cdots+a_nx_n+b$$

为多元线性函数，其中，$a_k=$ 常数$(k=1,2,\cdots,n)$，$b=$ 常数.

如果 $b=0$，称线性函数为齐次线性函数或线性齐式.

多元线性函数有如下的基本性质：

假设只改变一个自变量，则由此得到的线性函数 y 的增量，与这个自变量的增量成比例.

$$\Delta_{x_k}y=a_k\Delta x_k\quad(k=1,2,3,\cdots,n)$$

若假设改变所有的自变量，则由此得到的线性函数 y 的增量等于这些变量增量的线性组合，并且若

$$y=\sum_{k=1}^{n}a_kx_k$$

则

$$\Delta y=\sum_{k=1}^{n}a_k\Delta x_k$$

将线性齐式集合（组）

$$\begin{aligned}y_1&=a_{11}x_1+a_{12}x_2+\cdots+a_{1n}x_n\\y_2&=a_{21}x_1+a_{22}x_2+\cdots+a_{2n}x_n\\&\vdots\end{aligned}$$

$$y_m = a_{m1}x_1 + a_{m2}x_2 + \cdots + a_{mn}x_n$$

称为从变量 $x_i(i=1,2,\cdots,n)$ 到变量 $y_k(k=1,2,\cdots,m)$ 的线性变换.

线性变换(除去与变量符号的联系之外)的特征完全由其系数确定,通常把它们写成一个矩形表记入括号内,

$$\begin{pmatrix} a_{11} & a_{12} & \cdots & a_{1n} \\ \vdots & \vdots & & \vdots \\ a_{m1} & a_{m2} & \cdots & a_{mn} \end{pmatrix}$$

称这个表为线性变换的矩阵. 在线性变换矩阵里,线性齐式的系数应按它们在线性变换中的位置进行排列. 研究线性变换总是要研究线性变换矩阵. 对于线性齐式和线性变换的各种不同的数学运算,计算量很大且很繁. 为简化运算步骤,采用线性变换的数学形式——矩阵,矩阵里不含变量. 引入矩阵之后,有关线性齐式和线性变换的运算就可代入较简单的对应矩阵的运算,这样便产生了矩阵代数. 在这里,恰似线性变换的运算结果仍为线性变换一样,矩阵的运算结果还是矩阵.

3.1.1 基本定义

如果数集 F 包含 0 和 1,并且 F 中任何两个数的和、差、积、商(除数不为零)仍在 F 中,则称 F 是一个数域.

有理数集 Q、实数集 R、复数集 C 都是数域,分别称为有理数域、实数域、复数域,这是三个最常用的数域.

定义 3.1 由数域 F 上 $m\times n$ 个数组成的 m 行 n 列的矩形数表称为一个 $m\times n$ 矩阵. 组成矩阵的数称为矩阵的元素. 元素的水平排列称为矩阵的行,而元素的竖直排列称为矩阵的列.

通常,矩阵的每一个元素都用一个带有两个下标的字母来表示. 第一个下标表明它所在的行数(由上至下),第二个下标表明它所在的列数(从左至右),即矩阵元素位于行与列的交叉处. 譬如,矩阵的元素 a_{ik} 位于矩阵的第 i 行第 k 列.

在简化矩阵的写法时,常用一个大写字母来表示,如矩阵 $\boldsymbol{A}$,或在圆括号内写一个表示矩阵元素的小写字母,如 (a_{ij}) 或 $(a_{ij})_{m\times n}$,其中圆括号的下标表示矩阵的类型. 这样,有

$$\begin{pmatrix} a_{11} & \cdots & a_{1n} \\ \vdots & & \vdots \\ a_{m1} & \cdots & a_{mn} \end{pmatrix} = \boldsymbol{A} = (a_{ij})_{m\times n} = (a_{ij})$$

3.1.2 一些特殊类型的矩阵

在线性代数中,下述特殊类型的矩阵占有重要地位:

行矩阵——仅由一行元素组成的矩阵($1\times n$ 矩阵).

$$\boldsymbol{A} = (a_1 a_2 \cdots a_n)$$

列矩阵——仅由一列元素组成的矩阵($m \times 1$ 矩阵).

$$\boldsymbol{B} = \begin{pmatrix} b_1 \\ b_2 \\ \vdots \\ b_m \end{pmatrix}$$

由一个元素组成的矩阵和这个元素本身同等看待.

方阵——行数等于列数的矩阵,称这个数为方阵的阶. 要注意,不应把方阵同行列式混为一谈,方阵是一个有序的数表,而行列式是按某种法则计算得到的数. 通常把方阵记为

$$\begin{pmatrix} a_{11} & \cdots & a_{1n} \\ \vdots & & \vdots \\ a_{n1} & \cdots & a_{nn} \end{pmatrix} = (a_{ij})_{n \times n}$$

由方阵的元素组成的行列式通常与方阵相联系且取同一阶数,称其为方阵 $\boldsymbol{A}$ 的行列式,并记为 $\det \boldsymbol{A}$ 或 Δ(有时记为 $\Delta_{\boldsymbol{A}}$).

如果

$$\boldsymbol{A} = \begin{pmatrix} a_{11} & \cdots & a_{1n} \\ \vdots & & \vdots \\ a_{n1} & \cdots & a_{nn} \end{pmatrix}$$

那么

$$\det\boldsymbol{A} = \begin{vmatrix} a_{11} & \cdots & a_{1n} \\ \vdots & & \vdots \\ a_{n1} & \cdots & a_{nn} \end{vmatrix} = \Delta_{\boldsymbol{A}}$$

如果方阵 $\boldsymbol{A}$ 的行列式不等于零,即 $\det\boldsymbol{A} \neq 0$,则称 $\boldsymbol{A}$ 是非退化的(非奇异的)矩阵. 否则,称 $\boldsymbol{A}$ 是退化的(奇异的)矩阵.

一个矩阵,假定它的第一行含有一个非零元素,从第二行开始每行中第一个非零元素总是位于前一行第一个非零元素的右侧,则称这个矩阵是行阶梯形矩阵.

称 $\boldsymbol{A}$ 为行最简形矩阵,如果:

(1) $\boldsymbol{A}$ 是行阶梯形矩阵;

(2) $\boldsymbol{A}$ 的非零行的左起第一个非零元都是1,且这些1 分别是它们所在列的唯一的非零元.

对于方阵$(a_{ij})_{n \times n}$,称元素 $a_{11}, a_{22}, \cdots, a_{nn}$所在的对角线为 $\boldsymbol{A}$ 的主对角线.

主对角线以下(以上)的元素全为零的 n 阶方陈,称为上(下)三角形矩阵.

而对角矩阵是三角形矩阵的特殊情形,对角矩阵是一个除了主对角线上的元

素之外,其他所有元素都为零的方阵.

$$A=\begin{pmatrix} a_1 & 0 & 0 & \cdots & 0 \\ 0 & a_2 & 0 & \cdots & 0 \\ \vdots & \vdots & \vdots & & \vdots \\ 0 & 0 & 0 & & a_n \end{pmatrix}=\mathrm{diag}(a_i)$$

如果 $a_1=a_2=\cdots=a_n=a$,则称对角矩阵为数量矩阵.

$$A=\begin{pmatrix} a & 0 & \cdots & 0 \\ 0 & a & \cdots & 0 \\ \vdots & \vdots & & \vdots \\ 0 & 0 & \cdots & a \end{pmatrix}=\mathrm{diag}(a)$$

特别地,当所有 $a_i=1(i=1,2,\cdots,n)$时,称数量矩阵为单位阵,且记为

$$E=\begin{pmatrix} 1 & 0 & \cdots & 0 \\ 0 & 1 & \cdots & 0 \\ \vdots & \vdots & & \vdots \\ 0 & 0 & \cdots & 1 \end{pmatrix}$$

数量矩阵总是对应成比例的变换

$$\begin{aligned} y_1 &= ax_1 \\ y_2 &= \quad ax_2 \\ y_3 &= \qquad ax_3 \\ &\vdots \\ y_n &= \qquad\quad ax_n \end{aligned}$$

所有元素都为零的矩阵称为零矩阵,记为 O(或 $O_{m\times n}$).

$$O=\begin{pmatrix} 0 & \cdots & 0 \\ \vdots & & \vdots \\ 0 & \cdots & 0 \end{pmatrix}$$

1. 两个矩阵相等

对于两个矩阵 A 和 B 的行数与列数分别相等,称这两个矩阵为同型矩阵.

定义 3.2 如果两个同型矩阵 $A=(a_{ij})$ 与 $B=(b_{ij})$ 的对应元素相等,即

$$a_{ij}=b_{ij}(i=1,2,\cdots,m;j=1,2,\cdots,n)$$

则称矩阵 A 与 B 相等. 记作 $A=B$.

2. 转置矩阵

如果把一个矩阵行列互换而不改变它们的序数,则称所得到的矩阵为原矩阵的转置矩阵. 若原来的矩阵

$$\boldsymbol{A}=\begin{pmatrix} a_{11} & \cdots & a_{1n} \\ \vdots & & \vdots \\ a_{m1} & \cdots & a_{mn} \end{pmatrix}$$

则 $\boldsymbol{A}$ 的转置矩阵记为 $\boldsymbol{A}^{\mathrm{T}}$，

$$\boldsymbol{A}^{\mathrm{T}}=\begin{pmatrix} a_{11} & \cdots & a_{m1} \\ \vdots & & \vdots \\ a_{1n} & \cdots & a_{mn} \end{pmatrix}$$

显然有

（1）矩阵转置两次仍得原矩阵：$(\boldsymbol{A}^{\mathrm{T}})^{\mathrm{T}}=\boldsymbol{A}$.

（2）如果矩阵 $\boldsymbol{A}$ 是方阵，则 $\det\boldsymbol{A}^{\mathrm{T}}=\det\boldsymbol{A}$.

3.2 矩阵的运算

在矩阵代数中最重要的矩阵运算有：数量乘法、加法、减法、矩阵乘法以及对非退化方阵求逆矩阵.

我们曾根据线性变换引入矩阵，与此相联系，要根据线性变换的运算来定义矩阵的运算.

1. 数量乘法

若用数乘某个线性齐式，则这个线性齐式的每项都要乘以这个数. 如果数乘线性变换，那么线性变换中的每个线性齐式都要乘这个数，即它们的各项都乘以这个数. 所以数与矩阵的数量乘积等于所给矩阵的每个元素都乘以这个数，

$$\lambda\boldsymbol{A}=\lambda\begin{pmatrix} a_{11} & \cdots & a_{1n} \\ \vdots & & \vdots \\ a_{m1} & \cdots & a_{mn} \end{pmatrix}=\begin{pmatrix} \lambda a_{11} & \cdots & \lambda a_{1n} \\ \vdots & & \vdots \\ \lambda a_{m1} & \cdots & \lambda a_{mn} \end{pmatrix}$$

特别地，由此可得出

$$\mathrm{diag}(a)=a\boldsymbol{E}$$

以及每个矩阵 $\boldsymbol{A}$ 都存在负矩阵，

$$-\boldsymbol{A}=(-1)\cdot\boldsymbol{A}$$

2. 矩阵的加法

假设给定两个线性变换

$$\begin{gathered} y_1=a_{11}x_1+a_{12}x_2+\cdots+a_{1n}x_n \\ \vdots \\ y_m=a_{m1}x_1+a_{m2}x_2+\cdots+a_{mn}x_n \end{gathered}$$

和

$$z_1 = b_{11}x_1 + b_{12}x_2 + \cdots + b_{1n}x_n$$
$$\vdots$$
$$z_m = b_{m1}x_1 + b_{m2}x_2 + \cdots + b_{mn}x_n$$

相对应的矩阵分别为

$$A = \begin{pmatrix} a_{11} & \cdots & a_{1n} \\ \vdots & & \vdots \\ a_{m1} & \cdots & a_{mn} \end{pmatrix}, \quad B = \begin{pmatrix} b_{11} & \cdots & b_{1n} \\ \vdots & & \vdots \\ b_{m1} & \cdots & b_{mn} \end{pmatrix}$$

假若一个线性变换,它的每个线性齐式,都是上述两个线性变换的对应线性齐式之和,则称这个变换为已知两个线性变换之和,即

$$w_1 = y_1 + z_1 = (a_{11} + b_{11})x_1 + \cdots + (a_{1n} + b_{1n})x_n$$
$$\vdots$$
$$w_m = y_m + z_m = (a_{m1} + b_{m1})x_1 + \cdots + (a_{mn} + b_{mn})x_n$$

显然,矩阵

$$C = \begin{pmatrix} a_{11} + b_{11} & \cdots & a_{1n} + b_{1n} \\ \vdots & & \vdots \\ a_{m1} + b_{m1} & \cdots & a_{mn} + b_{mn} \end{pmatrix}$$

是这个变换的矩阵.

称矩阵 $\boldsymbol{C}$ 为矩阵 $\boldsymbol{A}$ 与矩阵 $\boldsymbol{B}$ 的和,记为

$$\boldsymbol{C} = \boldsymbol{A} + \boldsymbol{B}$$

因此,若一个矩阵的每一个元素,都等于另外两个矩阵对应元素之和,则称它为这两个矩阵的和.

由定义可得出,只有同型的两个矩阵才能相加.

例 3.1 设

$$\boldsymbol{A} = \begin{pmatrix} 2 & 4 & 5 \\ 1 & 0 & 3 \end{pmatrix}, \quad \boldsymbol{B} = \begin{pmatrix} 1 & 4 & 1 \\ -2 & 3 & -1 \end{pmatrix}$$

求 $\boldsymbol{A} + \boldsymbol{B}$.

解

$$\boldsymbol{A} + \boldsymbol{B} = \begin{pmatrix} 2+1 & 4+4 & 5+1 \\ 1-2 & 0+3 & 3-1 \end{pmatrix} = \begin{pmatrix} 3 & 8 & 6 \\ -1 & 3 & 2 \end{pmatrix}$$

矩阵的加法运算具有如下基本性质:

(1) 矩阵加法服从交换律

$$\boldsymbol{A}+\boldsymbol{B}=\boldsymbol{B}+\boldsymbol{A}$$

（2）矩阵加法服从结合律

$$(\boldsymbol{A}+\boldsymbol{B})+\boldsymbol{C}=\boldsymbol{A}+(\boldsymbol{B}+\boldsymbol{C})$$

（3）对于任意两个同型矩阵 $\boldsymbol{A}$ 和 $\boldsymbol{B}$,存在一个且仅有一个同型矩阵 $\boldsymbol{M}$,使得 $\boldsymbol{B}+\boldsymbol{M}=\boldsymbol{A}$,即满足逆运算——减法

$$\boldsymbol{M}=\boldsymbol{A}-\boldsymbol{B}=\boldsymbol{A}+(-\boldsymbol{B})$$

（4）对于任意两个同型矩阵 $\boldsymbol{A}$ 和 $\boldsymbol{B}$ 及任意数 λ,有

$$\lambda(\boldsymbol{A}+\boldsymbol{B})=\lambda\boldsymbol{A}+\lambda\boldsymbol{B}$$

（5）对于任意数 μ 和 λ 及矩阵 $\boldsymbol{A}$,有

$$(\mu+\lambda)\boldsymbol{A}=\mu\boldsymbol{A}+\lambda\boldsymbol{A}$$

（6）$(\boldsymbol{A}+\boldsymbol{B})^{\mathrm{T}}=\boldsymbol{A}^{\mathrm{T}}+\boldsymbol{B}^{\mathrm{T}}$,即两个矩阵和的转置矩阵等于对应的转置矩阵的和.

3. 矩阵的乘法

数域 F 上从变量 $y_1,y_2,\cdots,y_p$ 到变量 $x_1,x_2,\cdots,x_m$ 的线性变换

$$\begin{aligned}x_1&=a_{11}y_1+a_{12}y_2+\cdots+a_{1p}y_p\\x_2&=a_{21}y_1+a_{22}y_2+\cdots+a_{2p}y_p\\&\vdots\\x_m&=a_{m1}y_1+a_{m2}y_2+\cdots+a_{mp}y_p\end{aligned}\tag{3.1}$$

它的系数矩阵是

$$\boldsymbol{A}=\begin{pmatrix}a_{11}&a_{12}&\cdots&a_{1p}\\a_{21}&a_{22}&\cdots&a_{2p}\\\vdots&\vdots&&\vdots\\a_{m1}&a_{m2}&\cdots&a_{mp}\end{pmatrix}$$

我们看连续施行两个线性变换的情形．设继线性变换(3.1,之后又施行从变量 $z_1,z_2,\cdots,z_n$ 到变量 $y_1,y_2,\cdots,y_p$ 的线性变换:

$$\begin{aligned}y_1&=b_{11}z_1+b_{12}z_2+\cdots+b_{1n}z_n\\y_2&=b_{21}z_1+b_{22}z_2+\cdots+b_{2n}z_n\\&\vdots\\y_p&=b_{p1}z_1+b_{p2}z_2+\cdots+b_{pn}z_n\end{aligned}\tag{3.2}$$

它的系数矩阵是

$$\boldsymbol{B}=\begin{pmatrix}b_{11}&b_{12}&\cdots&b_{1n}\\b_{21}&b_{22}&\cdots&b_{2n}\\\vdots&\vdots&&\vdots\\b_{p1}&b_{p2}&\cdots&b_{pn}\end{pmatrix}$$

把式(3.2)中 $y_1,y_2,\cdots,y_p$ 的表示式代入式(3.1),得

$$\begin{aligned}x_i &= a_{i1}(b_{11}z_1+b_{12}z_2+\cdots+b_{1n}z_n)+a_{i2}(b_{21}z_1+b_{22}z_2+\cdots+b_{2n}z_n)+\cdots+\\&\quad a_{ip}(b_{p1}z_1+b_{p2}z_2+\cdots+b_{pn}z_n)\\&=(a_{i1}b_{11}+a_{i2}b_{21}+\cdots+a_{ip}b_{p1})z_1+(a_{i1}b_{12}+a_{i2}b_{22}+\cdots+a_{ip}b_{p2})z_2+\cdots+\\&\quad(a_{i1}b_{1n}+a_{i2}b_{2n}+\cdots+a_{ip}b_{pn})z_n\\&=c_{i1}z_1+c_{i2}z_2+\cdots+c_{in}z_n\end{aligned}$$

这样,连续施行线性变换(3.1)、(3.2)相当于施行线性变换:

$$\begin{aligned}x_1&=c_{11}z_1+c_{12}z_2+\cdots+c_{1n}z_n\\x_2&=c_{21}z_1+c_{22}z_2+\cdots+c_{2n}z_n\\&\vdots\\x_m&=c_{m1}z_1+c_{m2}z_2+\cdots+c_{mn}z_n\end{aligned}$$

并且,这一线性变换的系数矩阵

$$\boldsymbol{C}=\begin{pmatrix}c_{11}&c_{12}&\cdots&c_{1n}\\c_{21}&c_{22}&\cdots&c_{2n}\\\vdots&\vdots&&\vdots\\c_{m1}&c_{m2}&\cdots&c_{mn}\end{pmatrix}$$

的每一元素 c_{ij} 都可由矩阵 $\boldsymbol{A}$ 和 $\boldsymbol{B}$ 的元素表出:

$$\begin{aligned}c_{ij}&=a_{i1}b_{1j}+a_{i2}b_{2j}+\cdots+a_{ip}b_{pj}\\&=\sum_{k=1}^{p}a_{ik}b_{kj}\quad(i=1,2,\cdots,m;j=1,2,\cdots,n)\end{aligned}\tag{3.3}$$

式(3.3)给出一种方法,由两个矩阵 $\boldsymbol{A}$ 和 $\boldsymbol{B}$ 算出一个唯一确定的矩阵 $\boldsymbol{C}$ 来.矩阵的乘法就是由式(3.3)抽象出来的.

定义 3.3 设矩阵 $\boldsymbol{A}=(a_{ij})_{m\times p}$,$\boldsymbol{B}=(b_{ij})_{p\times n}$,则称矩阵 $\boldsymbol{C}=(c_{ij})_{m\times n}$ 为矩阵 $\boldsymbol{A}$ 与 $\boldsymbol{B}$ 的乘积,其中

$$\begin{aligned}c_{ij}&=a_{i1}b_{1j}+a_{i2}b_{2j}+\cdots+a_{ip}b_{pj}\\&=\sum_{k=1}^{p}a_{ik}b_{kj}\quad(i=1,2,\cdots,m;j=1,2,\cdots,n)\end{aligned}$$

记作 $\boldsymbol{C}=\boldsymbol{AB}$.

这样定义的乘法与线性变换间显然有以下的关系:

连续施行系数矩阵为 $\boldsymbol{A}$ 和 $\boldsymbol{B}$ 的两个线性变换的结果,是以 $\boldsymbol{AB}$ 为系数矩阵的线性变换.

例 3.2 求连续施行线性变换

$$\begin{aligned}x_1&=5y_1-y_2+3y_3\\x_2&=y_1-2y_2\\x_3&=\qquad 7y_2-y_3\end{aligned}$$

与

$$\begin{aligned} y_1 &= 2z_1 \quad + z_3 \\ y_2 &= \quad z_2 - 5z_3 \\ y_3 &= \quad 2z_2 \end{aligned}$$

的结果.

解 求出这两个线性变换的系数方阵的乘积,得

$$\begin{pmatrix} 5 & -1 & 3 \\ 1 & -2 & 0 \\ 0 & 7 & -1 \end{pmatrix}\begin{pmatrix} 2 & 0 & 1 \\ 0 & 1 & -5 \\ 0 & 2 & 0 \end{pmatrix} = \begin{pmatrix} 10 & 5 & 10 \\ 2 & -2 & 11 \\ 0 & 5 & -35 \end{pmatrix}$$

所以,所求的线性变换为

$$\begin{aligned} x_1 &= 10z_1 + 5z_2 + 10z_3 \\ x_2 &= 2z_1 - 2z_2 + 11z_3 \\ x_3 &= 5z_2 - 35z_3 \end{aligned}$$

由上述定义可得矩阵乘法的基本性质:

(1) 两个矩阵相乘只有在左矩阵的列数等于右矩阵的行数的情况下才能进行(称这些矩阵为保形的),同时乘积矩阵的行数等于左矩阵的行数,而列数等于右矩阵的列数.

(2) 在一般情况下,两个矩阵相乘不可交换位置,即 $\boldsymbol{AB} \neq \boldsymbol{BA}$. 相乘时可交换位置的矩阵是一类特殊的可交换阵,称 $\boldsymbol{A}$ 与 $\boldsymbol{B}$ 乘积可换.

(3) 矩阵的乘法适合结合律

$$(\boldsymbol{AB})\boldsymbol{C} = \boldsymbol{A}(\boldsymbol{BC}),\lambda(\boldsymbol{AB}) = (\lambda\boldsymbol{A})\boldsymbol{B} = \boldsymbol{A}(\lambda\boldsymbol{B})$$

式中,λ 是一个数.

(4) 矩阵的乘法适合对于加法(或减法)的左(或右)分配律. 如左分配律可表示为

$$\boldsymbol{A}(\boldsymbol{B}+\boldsymbol{C}) = \boldsymbol{AB}+\boldsymbol{AC} \text{ 或 } \boldsymbol{A}(\boldsymbol{B}-\boldsymbol{C}) = \boldsymbol{AB}-\boldsymbol{AC}$$

(5) 乘积的转置矩阵等于转置矩阵因子依反序的乘积:$(\boldsymbol{AB})^{\mathrm{T}} = \boldsymbol{B}^{\mathrm{T}}\boldsymbol{A}^{\mathrm{T}}$.

事实上,矩阵$(\boldsymbol{AB})^{\mathrm{T}}$ 中的第 i 行第 j 列元素等于矩阵 $\boldsymbol{AB}$ 中的第 j 行第 i 列元素,即为

$$\sum_{k=1}^{n} a_{jk} b_{ki}$$

这个表达式正是矩阵 $\boldsymbol{B}^{\mathrm{T}}$ 的第 i 行元素与矩阵 $\boldsymbol{A}^{\mathrm{T}}$ 的第 j 列对应元素积之和,即为矩阵 $\boldsymbol{B}^{\mathrm{T}}\boldsymbol{A}^{\mathrm{T}}$ 的一般项.

例 3.3

$$\boldsymbol{A}\boldsymbol{A}^{\mathrm{T}}=\begin{pmatrix}1&4\\2&5\\3&6\end{pmatrix}\begin{pmatrix}1&2&3\\4&5&6\end{pmatrix}$$

$$=\begin{pmatrix}1\times1+4\times4&1\times2+4\times5&1\times3+4\times6\\2\times1+5\times4&2\times2+5\times5&2\times3+5\times6\\3\times1+6\times4&3\times2+6\times5&3\times3+6\times6\end{pmatrix}$$

$$=\begin{pmatrix}17&22&27\\22&29&36\\27&36&45\end{pmatrix}$$

(6) 矩阵中有零因子,即存在成对的非零矩阵,它们的乘积等于零矩阵.

例 3.4

$$\boldsymbol{A}=\begin{pmatrix}4&-8\\-2&4\end{pmatrix},\quad \boldsymbol{B}=\begin{pmatrix}3&6\\-6&-12\end{pmatrix}$$

但

$$\boldsymbol{B}\boldsymbol{A}=\begin{pmatrix}3&6\\-6&-12\end{pmatrix}\begin{pmatrix}4&-8\\-2&4\end{pmatrix}=\begin{pmatrix}3\times4-6\times2&3\times(-8)+6\times4\\-6\times4+12\times2&6\times8-12\times4\end{pmatrix}$$

$$=\begin{pmatrix}0&0\\0&0\end{pmatrix}=\boldsymbol{0}$$

不难看出,两个非零方阵乘积等于零的必要条件,是相乘的两个方阵都是退化的矩阵. 但这个条件对于得到零乘积矩阵不是充分的. 事实上,在例 3.4 中,$\boldsymbol{BA}=\boldsymbol{O}$,然而同样的矩阵依反序相乘,得

$$\boldsymbol{A}\boldsymbol{B}=\begin{pmatrix}4&-8\\-2&4\end{pmatrix}\begin{pmatrix}3&6\\-6&-12\end{pmatrix}=\begin{pmatrix}60&120\\-30&-60\end{pmatrix}\neq\boldsymbol{O}$$

由此可见,矩阵的乘积一般是与因子次序有关的,即矩阵的乘法不满足交换律. 但它满足结合律.

下面证明

$$(\boldsymbol{AB})\boldsymbol{C}=\boldsymbol{A}(\boldsymbol{BC})$$

设

$$\boldsymbol{A}=(a_{ij})_{m\times k},\boldsymbol{B}=(b_{ij})_{k\times s},\boldsymbol{C}=(c_{ij})_{s\times n},$$
$$\boldsymbol{AB}=\boldsymbol{U}=(u_{ij})_{m\times s},\boldsymbol{BC}=\boldsymbol{V}=(v_{ij})_{k\times n}.$$

由矩阵的乘法知

$$u_{il}=\sum_{t=1}^{k}a_{it}b_{kl},v_{tj}=\sum_{l=1}^{s}b_{tl}c_{lj}$$

因此,$(\boldsymbol{AB})\boldsymbol{C}=\boldsymbol{UC}$ 的第 i 行第 j 列的元素是

$$\sum_{l=1}^{s} u_{il}c_{lj} = \sum_{l=1}^{s}\left(\sum_{t=1}^{k} a_{it}b_{tl}\right)c_{lj} = \sum_{l=1}^{s}\sum_{t=1}^{k} a_{it}b_{tl}c_{lj} \tag{3.4}$$

而 $\boldsymbol{A}(\boldsymbol{BC})=\boldsymbol{AV}$ 的第 i 行第 j 列的元素是

$$\sum_{t=1}^{k} a_{it}v_{tj} = \sum_{t=1}^{k} a_{it}\left(\sum_{l=1}^{s} b_{tl}c_{lj}\right) = \sum_{t=1}^{k}\sum_{l=1}^{s} a_{it}b_{tl}c_{lj} \tag{3.5}$$

显然,式(3.4)与式(3.5)两式的右端相等,所以矩阵$(\boldsymbol{AB})\boldsymbol{C}$ 与矩阵 $\boldsymbol{A}(\boldsymbol{BC})$的第 i 行第 j 列的元素($i=1,2,\cdots,m;j=1,2,\cdots,n$)完全相同,即$(\boldsymbol{AB})\boldsymbol{C}=\boldsymbol{A}(\boldsymbol{BC})$.

由于矩阵的乘法满足结合律,当我们计算任意有限个矩阵的乘积 $\boldsymbol{A}_1\boldsymbol{A}_2\cdots\boldsymbol{A}_m$ 时,可以把因子任意结合(但由于矩阵的乘法不满足交换律,因子的次序一般不能改变).

$$(b_1\cdots b_n)\begin{pmatrix} a_1 \\ \vdots \\ a_n \end{pmatrix} = (b_1a_1+\cdots+b_na_n)$$

$$\begin{pmatrix} a_1 \\ \vdots \\ a_n \end{pmatrix}(b_1\cdots b_n) = \begin{pmatrix} a_1b_1 & \cdots & a_1b_n \\ \vdots & & \vdots \\ a_nb_1 & \cdots & a_nb_n \end{pmatrix}$$

$$(b_1\cdots b_m)\begin{pmatrix} a_{11} & \cdots & a_{1n} \\ \vdots & & \vdots \\ a_{m1} & \cdots & a_{mn} \end{pmatrix} = (a_{11}b_1+\cdots+a_{m1}b_m,\cdots,a_{1n}b_1+\cdots+a_{mn}b_m)$$

$$\begin{pmatrix} a_{11} & \cdots & a_{1n} \\ \vdots & & \vdots \\ a_{m1} & \cdots & a_{mn} \end{pmatrix}\begin{pmatrix} b_1 \\ \vdots \\ b_n \end{pmatrix} = \begin{pmatrix} a_{11}b_1+\cdots+a_{1n}b_n \\ \vdots \\ a_{m1}b_1+\cdots+a_{mn}b_n \end{pmatrix}$$

引用矩阵,可以简化很多问题.譬如,线性方程组

$$\begin{cases} a_{11}x_1+\cdots+a_{1n}x_n=b_1 \\ \qquad\vdots \\ a_{m1}x_1+\cdots+a_{mn}x_n=b_m \end{cases}$$

就可以简写成矩阵方程

$$\boldsymbol{AX}=\boldsymbol{B}$$

这里

$$\boldsymbol{A}=\begin{pmatrix} a_{11} & \cdots & a_{1n} \\ \vdots & & \vdots \\ a_{m1} & \cdots & a_{mn} \end{pmatrix},\quad \boldsymbol{X}=\begin{pmatrix} x_1 \\ \vdots \\ x_n \end{pmatrix},\boldsymbol{B}=\begin{pmatrix} b_1 \\ \vdots \\ b_m \end{pmatrix}$$

于是,解线性方程组的问题就成为求矩阵 $\boldsymbol{X}$ 的问题.

例 3.5 假设

$$D=\begin{vmatrix} a & b & c & d \\ -b & a & d & -c \\ -c & -d & a & b \\ -d & c & -b & a \end{vmatrix}$$

试计算 D^2,从而求出 D.

解

$$D^2=D\cdot D=D\cdot D^{\mathrm{T}}$$

$$=\begin{vmatrix} a & b & c & d \\ -b & a & d & -c \\ -c & -d & a & b \\ -d & c & -b & a \end{vmatrix}\cdot\begin{vmatrix} a & -b & -c & -d \\ b & a & -d & c \\ c & d & a & -b \\ d & -c & b & a \end{vmatrix}$$

$$=\begin{vmatrix} a^2+b^2+c^2+d^2 & 0 & 0 & 0 \\ 0 & a^2+b^2+c^2+d^2 & 0 & 0 \\ 0 & 0 & a^2+b^2+c^2+d^2 & 0 \\ 0 & 0 & 0 & a^2+b^2+c^2+d^2 \end{vmatrix}$$

$$=(a^2+b^2+c^2+d^2)^4$$

所以
$$D=\pm(a^2+b^2+c^2+d^2)^2$$

但在 D 中主对角线上元素都是 a,按行列式定义,a^4 项的符号为 +,因此

$$D=(a^2+b^2+c^2+d^2)^2$$

4. 方阵的幂和方阵的多项式

定义 3.4 设 $\boldsymbol{A}$ 是 n 阶矩阵,k 个 $\boldsymbol{A}$ 的连乘积称为 $\boldsymbol{A}$ 的 k 次幂,记作 $\boldsymbol{A}^k$,即

$$\boldsymbol{A}^k=\underbrace{\boldsymbol{A}\boldsymbol{A}\cdots\boldsymbol{A}}_{k}$$

由定义可以证明,当 m,k 为正整数时,

$$\boldsymbol{A}^m\boldsymbol{A}^k=\boldsymbol{A}^{m+k} \tag{3.6}$$

$$(\boldsymbol{A}^m)^k=\boldsymbol{A}^{mk} \tag{3.7}$$

注意 当 $\boldsymbol{AB}$ 不可交换时,

$$(\boldsymbol{AB})^k\neq\boldsymbol{A}^k\boldsymbol{B}^k$$

定义 3.5 设 $f(x)=a_kx^k+a_{k-1}x^{k-1}+\cdots+a_1x+a_0$ 是 x 的 k 次多项式,$\boldsymbol{A}$ 是 n 阶矩阵,则

$$f(\boldsymbol{A})=a_k\boldsymbol{A}^k+a_{k-1}\boldsymbol{A}^{k-1}+\cdots+a_1\boldsymbol{A}+a_0\boldsymbol{E}_n$$

称为矩阵 $\boldsymbol{A}$ 的 k 次多项式(注意常数项应变为 $a_0\boldsymbol{E}_n$).

由定义容易证明:若$f(x)$,$g(x)$为多项式,$\boldsymbol{A}$,$\boldsymbol{B}$皆是n阶矩阵,则

$$f(\boldsymbol{A})g(\boldsymbol{A})=g(\boldsymbol{A})f(\boldsymbol{A})$$

但一般情况下,$f(\boldsymbol{A})g(\boldsymbol{B})\neq g(\boldsymbol{B})f(\boldsymbol{A})$. 例如,当$\boldsymbol{AB}$不可交换时,

$$(\boldsymbol{A}+\boldsymbol{B})^2\neq\boldsymbol{A}^2+2\boldsymbol{AB}+\boldsymbol{B}^2$$

$$(\boldsymbol{A}+\boldsymbol{B})(\boldsymbol{A}-\boldsymbol{B})\neq(\boldsymbol{A}-\boldsymbol{B})(\boldsymbol{A}+\boldsymbol{B})\neq\boldsymbol{A}^2-\boldsymbol{B}^2$$

例 3.6 $\boldsymbol{A}=(a_1a_2\cdots a_n)$,$\boldsymbol{B}=(b_1b_2\cdots b_n)$. 求(1) $\boldsymbol{AB}^{\mathrm{T}}$,$\boldsymbol{A}^{\mathrm{T}}\boldsymbol{B}$;(2)令$\boldsymbol{C}=\boldsymbol{A}^{\mathrm{T}}\boldsymbol{B}$,求$\boldsymbol{C}^k$.

解 (1) $\boldsymbol{AB}^{\mathrm{T}}=(a_1a_2\cdots a_n)\begin{pmatrix}b_1\\b_2\\\vdots\\b_n\end{pmatrix}=a_1b_1+a_2b_2+\cdots+a_nb_n$

$$\boldsymbol{A}^{\mathrm{T}}\boldsymbol{B}=\begin{pmatrix}a_1\\a_2\\\vdots\\a_n\end{pmatrix}(b_1b_2\cdots b_n)=\begin{pmatrix}a_1b_1&a_1b_2&\cdots&a_1b_n\\a_2b_1&a_2b_2&\cdots&a_2b_n\\\vdots&\vdots&&\vdots\\a_nb_1&a_nb_2&\cdots&a_nb_n\end{pmatrix}$$

(2)

$$\begin{aligned}\boldsymbol{C}^k&=(\boldsymbol{A}^{\mathrm{T}}\boldsymbol{B})(\boldsymbol{A}^{\mathrm{T}}\boldsymbol{B})\cdots(\boldsymbol{A}^{\mathrm{T}}\boldsymbol{B})\\&=\boldsymbol{A}^{\mathrm{T}}(\boldsymbol{BA}^{\mathrm{T}})(\boldsymbol{BA}^{\mathrm{T}})\cdots(\boldsymbol{BA}^{\mathrm{T}})\boldsymbol{B}\\&=\boldsymbol{A}^{\mathrm{T}}\left(\sum_{i=1}^n a_ib_i\right)^{k-1}\boldsymbol{B}\\&=\left(\sum_{i=1}^n a_ib_i\right)^{k-1}\boldsymbol{A}^{\mathrm{T}}\boldsymbol{B}\\&=\left(\sum_{i=1}^n a_ib_i\right)^{k-1}\boldsymbol{C}\end{aligned}$$

例 3.7 已知$\boldsymbol{A}=\begin{pmatrix}\lambda&1&0\\0&\lambda&1\\0&0&\lambda\end{pmatrix}$,求$\boldsymbol{A}^n$.

解法1 设$\boldsymbol{A}=\lambda\boldsymbol{E}_3+\begin{pmatrix}0&1&0\\0&0&1\\0&0&0\end{pmatrix}=\lambda\boldsymbol{E}_3+\boldsymbol{B}$

$$B^2=\begin{pmatrix}0&1&0\\0&0&1\\0&0&0\end{pmatrix}\begin{pmatrix}0&1&0\\0&0&1\\0&0&0\end{pmatrix}=\begin{pmatrix}0&0&1\\0&0&0\\0&0&0\end{pmatrix},B^3=O,\text{则 }B^k=O(k>3).$$

则

$$\begin{aligned}A^n&=(\lambda E_3+B)^n=\lambda^nE_3+C_n^1\lambda^{n-1}B+C_n^2\lambda^{n-2}B^2\\&=\begin{pmatrix}\lambda^n&C_n^1\lambda^{n-1}&C_n^2\lambda^{n-2}\\0&\lambda^n&C_n^1\lambda^{n-1}\\0&0&\lambda^n\end{pmatrix}\end{aligned}$$

解法 2 用数学归纳法

$$A=\begin{pmatrix}\lambda&1&0\\0&\lambda&1\\0&0&\lambda\end{pmatrix},A^2=\begin{pmatrix}\lambda^2&2\lambda&1\\0&\lambda^2&2\lambda\\0&0&\lambda^2\end{pmatrix},A^3=\begin{pmatrix}\lambda^3&3\lambda^2&3\lambda\\0&\lambda^3&3\lambda^2\\0&0&\lambda^3\end{pmatrix}$$

设

$$A^{n-1}=\begin{pmatrix}\lambda^{n-1}&C_{n-1}^1\lambda^{n-2}&C_{n-1}^2\lambda^{n-3}\\0&\lambda^{n-1}&C_{n-1}^1\lambda^{n-2}\\0&0&\lambda^{n-1}\end{pmatrix}$$

则

$$\begin{aligned}A^n=A^{n-1}A&=\begin{pmatrix}\lambda^{n-1}&C_{n-1}^1\lambda^{n-2}&C_{n-1}^2\lambda^{n-3}\\0&\lambda^{n-1}&C_{n-1}^1\lambda^{n-2}\\0&0&\lambda^{n-1}\end{pmatrix}\begin{pmatrix}\lambda&1&0\\0&\lambda&1\\0&0&\lambda\end{pmatrix}\\&=\begin{pmatrix}\lambda^n&C_n^1\lambda^{n-1}&C_n^2\lambda^{n-2}\\0&\lambda^n&C_n^1\lambda^{n-1}\\0&0&\lambda^n\end{pmatrix}\end{aligned}$$

例 3.8 已知 A,B 均为 n 阶方阵，且 $A^2=A,B^2=B,(A+B)^2=A+B$. 证明：$AB=O$.

分析 欲证 $AB=O$，显然可由 $(A+B)^2=A+B$ 入手，把左边展开. 利用已知条件,$\boldsymbol{A}^2=\boldsymbol{A},\boldsymbol{B}^2=\boldsymbol{B}$ 得 $\boldsymbol{AB}+\boldsymbol{BA}=\boldsymbol{O}$. 进一步,若能推出 $\boldsymbol{AB}=\boldsymbol{BA}$,即可得证. 对于 $\boldsymbol{AB}+\boldsymbol{BA}=\boldsymbol{O}$,对它分别左乘 $\boldsymbol{A}$、右乘 $\boldsymbol{A}$ 即可.

证 由已知 $(\boldsymbol{A}+\boldsymbol{B})^2=\boldsymbol{A}^2+\boldsymbol{AB}+\boldsymbol{BA}+\boldsymbol{B}^2=\boldsymbol{A}+\boldsymbol{AB}+\boldsymbol{BA}+\boldsymbol{B}=\boldsymbol{A}+\boldsymbol{B}$
得

$$\boldsymbol{AB}+\boldsymbol{BA}=\boldsymbol{O} \tag{3.8}$$

式(3.8)左乘 $\boldsymbol{A}$,得

$$\boldsymbol{A}^2\boldsymbol{B}+\boldsymbol{ABA}=\boldsymbol{AB}+\boldsymbol{ABA}=\boldsymbol{O} \tag{3.9}$$

式(3.8)右乘 $\boldsymbol{A}$,得

$$\boldsymbol{ABA}+\boldsymbol{BA}^2=\boldsymbol{ABA}+\boldsymbol{BA}=\boldsymbol{O} \tag{3.10}$$

式(3.9)-式(3.10),得

$$\boldsymbol{AB}-\boldsymbol{BA}=\boldsymbol{O},\text{即 }\boldsymbol{AB}=\boldsymbol{BA}$$

代入式(3.8),得

$$\boldsymbol{AB}+\boldsymbol{BA}=2\boldsymbol{AB}=\boldsymbol{O}$$

故

$$\boldsymbol{AB}=\boldsymbol{O}$$

5. 对称矩阵

定义 3.6 设

$$\boldsymbol{A}=\begin{pmatrix} a_{11} & a_{12} & \cdots & a_{1n} \\ a_{21} & a_{22} & \cdots & a_{2n} \\ \vdots & \vdots & & \vdots \\ a_{n1} & a_{n2} & \cdots & a_{nn} \end{pmatrix}$$

是一个 n 阶矩阵,若 $\boldsymbol{A}^{\mathrm{T}}=\boldsymbol{A}$,即 $a_{ij}=a_{ji}(i,j=1,2,\cdots,n)$,则称 $\boldsymbol{A}$ 为对称矩阵;若 $\boldsymbol{A}^{\mathrm{T}}=-\boldsymbol{A}$,即 $a_{ij}=-a_{ji}(i,j=1,2,\cdots,n)$,则称 $\boldsymbol{A}$ 为反对称矩阵.

对于反对称矩阵 $\boldsymbol{A}$,由于 $a_{ii}=-a_{ii}(i=1,2,\cdots,n)$,所以其主对角元素 a_{ii} 全为零.

显然,对于 $m\times n$ 矩阵 $\boldsymbol{A}$,$\boldsymbol{AA}^{\mathrm{T}}$ 与 $\boldsymbol{A}^{\mathrm{T}}\boldsymbol{A}$ 都是对称矩阵. 事实上,

$$\boldsymbol{C}^{\mathrm{T}}=(\boldsymbol{AA}^{\mathrm{T}})^{\mathrm{T}}=(\boldsymbol{A}^{\mathrm{T}})^{\mathrm{T}}\boldsymbol{A}^{\mathrm{T}}=\boldsymbol{AA}^{\mathrm{T}}=\boldsymbol{C}$$

例 3.9 设 $\boldsymbol{A}$ 是 n 阶反对称矩阵,$\boldsymbol{B}$ 是 n 阶对称矩阵,则 $\boldsymbol{AB}+\boldsymbol{BA}$ 是 n 阶反对称矩阵.

这是因为

$$\begin{aligned}(\boldsymbol{AB}+\boldsymbol{BA})^{\mathrm{T}}&=(\boldsymbol{AB})^{\mathrm{T}}+(\boldsymbol{BA})^{\mathrm{T}}=\boldsymbol{B}^{\mathrm{T}}\boldsymbol{A}^{\mathrm{T}}+\boldsymbol{A}^{\mathrm{T}}\boldsymbol{B}^{\mathrm{T}}\\&=\boldsymbol{B}(-\boldsymbol{A})+(-\boldsymbol{A})\boldsymbol{B}\\&=-(\boldsymbol{AB}+\boldsymbol{BA})\end{aligned}$$

必须注意,对称矩阵的乘积不一定是对称矩阵.

例 3.10 证明:任何一个 n 阶方阵都可表示为一对称矩阵与一反对称矩阵之和.

证 设 $\boldsymbol{A}=\boldsymbol{B}+\boldsymbol{C}$,其中 $\boldsymbol{B}$ 为对称矩阵,即 $\boldsymbol{B}^{\mathrm{T}}=\boldsymbol{B}$,$\boldsymbol{C}$ 为反对称矩阵,即 $\boldsymbol{C}^{\mathrm{T}}=-\boldsymbol{C}$.

对 $\boldsymbol{A}=\boldsymbol{B}+\boldsymbol{C}$,两边取转置运算,有

$$\boldsymbol{A}^{\mathrm{T}}=(\boldsymbol{B}+\boldsymbol{C})^{\mathrm{T}}=\boldsymbol{B}^{\mathrm{T}}+\boldsymbol{C}^{\mathrm{T}}=\boldsymbol{B}-\boldsymbol{C}$$

得矩阵方程组

$$\begin{cases}\boldsymbol{A}=\boldsymbol{B}+\boldsymbol{C}\\ \boldsymbol{A}^{\mathrm{T}}=\boldsymbol{B}-\boldsymbol{C}\end{cases}$$

解得

$$\boldsymbol{B}=\frac{\boldsymbol{A}+\boldsymbol{A}^{\mathrm{T}}}{2},\quad \boldsymbol{C}=\frac{\boldsymbol{A}-\boldsymbol{A}^{\mathrm{T}}}{2}$$

$\boldsymbol{B}$ 为对称矩阵,因 $\boldsymbol{B}^{\mathrm{T}}=\left(\dfrac{\boldsymbol{A}+\boldsymbol{A}^{\mathrm{T}}}{2}\right)^{\mathrm{T}}=\dfrac{\boldsymbol{A}^{\mathrm{T}}+\boldsymbol{A}}{2}=\boldsymbol{B}$

$\boldsymbol{C}$ 为反对称矩阵,因 $\boldsymbol{C}^{\mathrm{T}}=\left(\dfrac{\boldsymbol{A}-\boldsymbol{A}^{\mathrm{T}}}{2}\right)^{\mathrm{T}}=\dfrac{\boldsymbol{A}^{\mathrm{T}}-\boldsymbol{A}}{2}=-\boldsymbol{C}$

即任意 n 阶方阵 $\boldsymbol{A}$ 可表示为一对称矩阵与一反对称矩阵之和.

例 3.11 设 $\boldsymbol{A}$ 为 n 阶方阵,如果对于任意 $n\times 1$ 矩阵 $\boldsymbol{\alpha}$,都有 $\boldsymbol{\alpha}^{\mathrm{T}}\boldsymbol{A}\boldsymbol{\alpha}=0$,则 $\boldsymbol{A}$ 是反对称矩阵.

证 取 $\boldsymbol{\alpha}=(0,\cdots,0,1,0,\cdots,0)^{\mathrm{T}}$ 代入

$$\boldsymbol{\alpha}^{\mathrm{T}}\boldsymbol{A}\boldsymbol{\alpha}=(0,\cdots,0,1,0,\cdots,0)\begin{pmatrix}a_{11}&a_{12}&\cdots&a_{1n}\\ \vdots&\vdots&&\vdots\\ a_{i1}&a_{i2}&\cdots&a_{in}\\ \vdots&\vdots&&\vdots\\ a_{n1}&a_{n2}&\cdots&a_{nn}\end{pmatrix}\begin{pmatrix}0\\ \vdots\\ 0\\ 1\\ 0\\ \vdots\\ 0\end{pmatrix}$$

$$=(a_{i1},a_{i2},\cdots,a_{ii},\cdots,a_{in})\begin{pmatrix}0\\ \vdots\\ 0\\ 1\\ 0\\ \vdots\\ 0\end{pmatrix}=a_{ii}=0$$

考虑到 i 的任意性:$i=1,2,\cdots,n$,故 $\boldsymbol{A}$ 的对角元素 $a_{11}=a_{22}=\cdots=a_{nn}=0$.

再取$\boldsymbol{\alpha}=(0,\cdots,0,\underset{i}{1},0,\cdots,0,\underset{j}{1},0,\cdots,0)^{\mathrm{T}}$代入

$$\boldsymbol{\alpha}^{\mathrm{T}}\boldsymbol{A}\boldsymbol{\alpha}=(0,\cdots,0,1,0,\cdots,0,1,0,\cdots,0)\begin{pmatrix}a_{11}&a_{12}&\cdots&a_{1n}\\ \vdots&\vdots&&\vdots\\ a_{i1}&a_{i2}&\cdots&a_{in}\\ \vdots&\vdots&&\vdots\\ a_{j1}&a_{j2}&\cdots&a_{jn}\\ \vdots&\vdots&&\vdots\\ a_{n1}&a_{n2}&\cdots&a_{nn}\end{pmatrix}\begin{pmatrix}0\\ \vdots\\ 0\\ 1\\ 0\\ \vdots\\ 0\\ 1\\ 0\\ \vdots\\ 0\end{pmatrix}$$

$$=(a_{i1}+a_{j1},\cdots,a_{ii}+a_{ji},\cdots,a_{ij}+a_{jj},\cdots,a_{in}+a_{jn})\begin{pmatrix}0\\ \vdots\\ 1\\ \vdots\\ 1\\ \vdots\\ 0\end{pmatrix}$$

$$=a_{ii}+a_{ji}+a_{ij}+a_{jj}=0$$

因 $a_{ii}=a_{jj}=0$，故 $a_{ij}+a_{ji}=0$，即 $a_{ij}=-a_{ji}(i,j=1,2,\cdots,n)$，所以 $\boldsymbol{A}^{\mathrm{T}}=-\boldsymbol{A}$，即 $\boldsymbol{A}$ 为反对称矩阵.

3.3 矩阵的秩

在引入秩的概念之前，先指出矩阵子式的概念. 由位于矩阵的任意 k 行和 k 列相交处的元素所组成的 k 阶行列式称为矩阵的 k 阶子式（矩阵可为任意 $m\times n$ 矩阵）.

例如，矩阵

$$\boldsymbol{A}=\begin{pmatrix}3&4&2&-1\\ 5&3&4&2\\ 1&7&-3&9\end{pmatrix}$$

有4个三阶子式

$$\Delta_1=\begin{vmatrix}3&4&2\\5&3&4\\1&7&-3\end{vmatrix},\Delta_2=\begin{vmatrix}3&4&-1\\5&3&2\\1&7&9\end{vmatrix},\Delta_3=\begin{vmatrix}3&2&-1\\5&4&2\\1&-3&9\end{vmatrix},\Delta_4=\begin{vmatrix}4&2&-1\\3&4&2\\7&-3&9\end{vmatrix}$$

和18个二阶子式

$$\begin{vmatrix}3&4\\5&3\end{vmatrix},\begin{vmatrix}3&2\\5&4\end{vmatrix},\begin{vmatrix}4&2\\3&4\end{vmatrix},\begin{vmatrix}3&4\\1&7\end{vmatrix},\begin{vmatrix}2&-1\\-3&9\end{vmatrix}$$

等.

一阶子式是由矩阵的一个元素构成的. 在矩阵的所有子式中,可能有的等于零而有的不等于零.

定义 3.7 若矩阵的所有 $k\geqslant r+1$ 阶子式等于零,而在 $k\leqslant r$ 的各阶子式中都有非零子式,则称数 r 为矩阵的秩(也可以这样说,矩阵中不为零的子式的最高阶数称为矩阵的秩).

显然,若 $\boldsymbol{A}$ 是 $m\times n$ 矩阵,则

(1) $0\leqslant r(\boldsymbol{A})\leqslant\min\{m,n\}$

(2) $r(\boldsymbol{A}^{\mathrm{T}})=r(\boldsymbol{A})$

(3) $r(k\boldsymbol{A})=\begin{cases}0 & k=0\\ r(\boldsymbol{A}) & k\neq 0\end{cases}$

(4) $r(\boldsymbol{A}_1)\leqslant r(\boldsymbol{A})$,其中 $\boldsymbol{A}_1$ 为 $\boldsymbol{A}$ 的任意一个子矩阵.

矩阵的秩在整个的矩阵代数应用中起着非常重要的作用.

计算矩阵秩的方法:初等变换法求矩阵的秩.

首先指出,阶梯形矩阵的秩数 l 等于它的非零行的行数. 事实上,在这样的矩阵中可找到一个 l 阶的三角形子式,其值等于位于主对角线的元素的乘积,即不等于零.

借助于初等变换,可不改变矩阵的秩,而把任意非零矩阵化为阶梯形矩阵. 这些初等变换叙述如下:

(1) 互换矩阵的任意两行(或两列),如 $r_i\leftrightarrow r_j$(或 $c_i\leftrightarrow c_j$).

(2) 矩阵任意一行(列)的所有元素同乘以一个不等于零的数,如 $k\times r_i$($k\times c_i$).

(3) 把矩阵的某行(列)乘一个不等于零的数再加到另一行(列)上,如 r_i+kr_j(c_i+kc_j).

为了证明这些变换不改变矩阵的秩,我们指出,如果在行列式上完成上述初等变换,那么它的绝对值或保持不变,或增大到 C 倍($C\neq 0$). 非零行列式在这样的变换下总不为零,而零行列式也不能变为非零行列式,所以,矩阵的所有非零子式在

初等变换下仍为非零子式,零子式仍为零子式. 这意味着,非零子式的最高阶数保持不变,即矩阵的秩保持不变.

在这里,着重指出矩阵转置并不改变矩阵的秩.

初等变换改变了矩阵的元素,得到一个新的矩阵,这个变化用水平箭头来表示. 由上述可得,每一个矩阵的秩都等于对它进行初等变换后得到的阶梯形矩阵的秩.

例 3.12 已知

$$\boldsymbol{A}=\begin{pmatrix}2&1&0&1\\3&-1&-2&3\\4&3&1&-2\\9&3&-1&2\\1&3&2&-1\end{pmatrix}$$

试将其化为阶梯形矩阵并确定它的秩.

解 由于已知矩阵的行数大于列数,所以将原矩阵转置并确定它的秩.

$$\boldsymbol{A}^{\mathrm{T}}=\begin{pmatrix}2&3&4&9&1\\1&-1&3&3&3\\0&-2&1&-1&2\\1&3&-2&2&-1\end{pmatrix}\to\left(\begin{array}{l}2,4\text{ 行各乘以 }2,\\ \text{再分别减去第 1 行}\end{array}\right)\xrightarrow{2\times r_2,2\times r_4}$$

$$\begin{pmatrix}2&3&4&9&1\\2&-2&6&6&6\\0&-2&1&-1&2\\2&6&-4&4&-2\end{pmatrix}\xrightarrow[r_4+(-1)\times r_1]{r_2+(-1)\times r_1}$$

$$\begin{pmatrix}2&3&4&9&1\\0&-5&2&-3&5\\0&-2&1&-1&2\\0&3&-8&-5&-3\end{pmatrix}\to\left(\begin{array}{l}\text{第 3,4 行各乘以 5,}\\ \text{并从第 3 行减去第}\\ \text{2 行的 2 倍,把第 2}\\ \text{行的 3 倍加到第 4 行}\end{array}\right)\xrightarrow{5\times r_3,5\times r_4}$$

$$\begin{pmatrix}2&3&4&9&1\\0&-5&2&-3&5\\0&-10&5&-5&10\\0&15&-40&-25&-15\end{pmatrix}\xrightarrow[r_4+3\times r_2]{r_3+(-2)r_2,}$$

$$\begin{pmatrix}2&3&4&9&1\\0&-5&2&-3&5\\0&0&1&1&0\\0&0&-34&-34&0\end{pmatrix}\to\left(\begin{array}{l}\text{第 3 行乘以 34}\\ \text{再加到第 4 行}\end{array}\right)\xrightarrow{r_4+34\times r_3}$$

$$\begin{pmatrix} 2 & 3 & 4 & 9 & 1 \\ 0 & -5 & 2 & -3 & 5 \\ 0 & 0 & 1 & 1 & 0 \\ 0 & 0 & 0 & 0 & 0 \end{pmatrix} \xrightarrow{\text{互换列的位置}} \begin{pmatrix} 2 & 1 & 3 & 4 & 9 \\ 0 & 5 & -5 & 2 & -3 \\ 0 & 0 & 0 & 1 & 1 \\ 0 & 0 & 0 & 0 & 0 \end{pmatrix}$$

在所得到的阶梯形矩阵中,非零行的个数等于3,因而原矩阵的秩 $r=3$.

如果不把矩阵 $\boldsymbol{A}$ 转置,则仍有同样的结论.

3.4 逆矩阵

设给定线性变换

$$\begin{aligned} y_1 &= a_{11}x_1 + a_{12}x_2 + \cdots + a_{1n}x_n \\ y_2 &= a_{21}x_1 + a_{22}x_2 + \cdots + a_{2n}x_n \\ &\vdots \\ y_n &= a_{n1}x_1 + a_{n2}x_2 + \cdots + a_{nn}x_n \end{aligned} \tag{3.11}$$

它的系数矩阵是一个 n 阶方阵 $\boldsymbol{A}$. 若记

$$\boldsymbol{X} = \begin{pmatrix} x_1 \\ x_2 \\ \vdots \\ x_n \end{pmatrix}, \quad \boldsymbol{Y} = \begin{pmatrix} y_1 \\ y_2 \\ \vdots \\ y_n \end{pmatrix}$$

则线性变换式(3.11)可记作

$$\boldsymbol{Y} = \boldsymbol{A}\boldsymbol{X} \tag{3.12}$$

按克莱姆法则,若 $|\boldsymbol{A}| \neq 0$,则由式(3.11)可解出

$$x_i = \frac{1}{|\boldsymbol{A}|}(A_{1i}y_1 + A_{2i}y_2 + \cdots + A_{ni}y_n)$$

即 $x_1, x_2, \cdots, x_n$ 可用 $y_1, y_2, \cdots, y_n$ 线性表示为

$$\begin{aligned} x_1 &= b_{11}y_1 + b_{12}y_2 + \cdots + b_{1n}y_n \\ x_2 &= b_{21}y_1 + b_{22}y_2 + \cdots + b_{2n}y_n \\ &\vdots \\ x_n &= b_{n1}y_1 + b_{n2}y_2 + \cdots + b_{nn}y_n \end{aligned} \tag{3.13}$$

式中,$b_{ij} = \frac{1}{|\boldsymbol{A}|}A_{ji}$. 这个表示式是唯一的. 式(3.13)是一个从 $y_1, y_2, \cdots, y_n$ 到 $x_1, x_2, \cdots, x_n$ 的线性变换,称为线性变换式(3.11)的逆变换.

若把式(3.13)的系数矩阵记作 $\boldsymbol{B}$,则式(3.13)也可记作

$$\boldsymbol{X} = \boldsymbol{B}\boldsymbol{Y} \tag{3.14}$$

下面从式(3.12)、式(3.14)分析变换所对应的方阵 $\boldsymbol{A}$ 与逆变换所对应的方阵

B 之间的关系. 把式(3.14)代入式(3.12),可得

$$Y = A(BY) = (AB)Y$$

可见 AB 为恒等变换所对应的矩阵,故 $AB = E$. 把式(3.12)代入式(3.14)得

$$X = B(AX) = (BA)X$$

知有 $BA = E$. 于是有

$$AB = BA = E$$

由此引入逆矩阵的定义.

定义 3.8 对于 n 阶方阵 A,如果有一个 n 阶方阵 B,使 $AB = BA = E$,则说方阵 A 是可逆的,并把方阵 B 称为 A 的逆矩阵.

如果方阵 A 是可逆的,那么 A 的逆矩阵是唯一的. 这是因为,设 B,C 都是 A 的逆矩阵,则有

$$B = BE = B(AC) = (BA)C = EC = C$$

所以 A 的逆矩阵是唯一的.

A 的逆矩阵记作 A^{-1}. 即若 $AB = BA = E$,则 $B = A^{-1}$.

定义 3.9 设 $A = (a_{ij})_{n\times n}$,矩阵

$$A^* = \begin{pmatrix} A_{11} & A_{21} & \cdots & A_{n1} \\ A_{12} & A_{22} & \cdots & A_{n2} \\ \vdots & \vdots & & \vdots \\ A_{1n} & A_{2n} & \cdots & A_{nn} \end{pmatrix}$$

称作矩阵 A 的伴随矩阵. 其中 A_{ij} 是行列式 $|A|$ 中元素 a_{ij} 的代数余子式(注意出现在 A^* 的第 i 行第 j 列的是 $|A|$ 的第 j 行第 i 列的元素的代数余子式).

引理 设 A 是数域 F 上的 n 阶方阵,则

$$AA^* = A^*A = |A|E_n$$

证 由第 2 章定理 2.2 和定理 2.3 得

$$AA^* = \begin{pmatrix} a_{11} & a_{12} & \cdots & a_{1n} \\ a_{21} & a_{22} & \cdots & a_{2n} \\ \vdots & \vdots & & \vdots \\ a_{n1} & a_{n2} & \cdots & a_{nn} \end{pmatrix}\begin{pmatrix} A_{11} & A_{21} & \cdots & A_{n1} \\ A_{12} & A_{22} & \cdots & A_{n2} \\ \vdots & \vdots & & \vdots \\ A_{1n} & A_{2n} & \cdots & A_{nn} \end{pmatrix}$$

$$= \begin{pmatrix} |A| & 0 & \cdots & 0 \\ 0 & |A| & \cdots & 0 \\ \vdots & \vdots & & \vdots \\ 0 & 0 & \cdots & |A| \end{pmatrix} = |A|E_n$$

类似地,可得 $A^*A = |A|E_n$

定理3.1 n阶方阵$\boldsymbol{A}$可逆的充要条件是$|\boldsymbol{A}|\neq 0$,且在A可逆时,$\boldsymbol{A}^{-1}=\dfrac{1}{|\boldsymbol{A}|}\boldsymbol{A}^*$.

证 必要性 设$\boldsymbol{A}$是n阶可逆矩阵,则$\boldsymbol{A}\boldsymbol{A}^{-1}=\boldsymbol{E}$. 由行列式乘法公式得

$$|\boldsymbol{A}||\boldsymbol{A}^{-1}|=|\boldsymbol{E}|=1$$

从而$|\boldsymbol{A}|\neq 0$.

充分性 设$|\boldsymbol{A}|\neq 0$,则由$\boldsymbol{A}\boldsymbol{A}^*=\boldsymbol{A}^*\boldsymbol{A}=|\boldsymbol{A}|\boldsymbol{E}_n$得

$$\boldsymbol{A}\left(\frac{1}{|\boldsymbol{A}|}\boldsymbol{A}^*\right)=\left(\frac{1}{|\boldsymbol{A}|}\boldsymbol{A}^*\right)\boldsymbol{A}=\boldsymbol{E}$$

从而$\boldsymbol{A}$可逆，且$\boldsymbol{A}^{-1}=\dfrac{1}{|\boldsymbol{A}|}\boldsymbol{A}^*$.

这一定理同时告诉我们逆方阵的求法.

一个方阵$\boldsymbol{A}$的逆方阵$\boldsymbol{A}^{-1}$显然有逆方阵，就是$\boldsymbol{A}$. 因此，根据上面的推理，$\boldsymbol{A}^{-1}$是非退化的.

推论3.1 设$\boldsymbol{A}$、$\boldsymbol{B}$都是n阶方阵，若$\boldsymbol{AB}=\boldsymbol{E}$，则$\boldsymbol{A}$、$\boldsymbol{B}$均可逆，且

$$\boldsymbol{A}^{-1}=\boldsymbol{B},\ \boldsymbol{B}^{-1}=\boldsymbol{A}.$$

证 由$\boldsymbol{AB}=\boldsymbol{E}$，得$|\boldsymbol{A}|\,|\boldsymbol{B}|=1$，故$|\boldsymbol{A}|\neq 0$，$|\boldsymbol{B}|\neq 0$，根据定理3.1，$\boldsymbol{A}$、$\boldsymbol{B}$均可逆. 在等式$\boldsymbol{AB}=\boldsymbol{E}$两端分别左乘$\boldsymbol{A}^{-1}$，右乘$\boldsymbol{B}^{-1}$，则可得

$$\boldsymbol{A}^{-1}=\boldsymbol{B},\ \boldsymbol{B}^{-1}=\boldsymbol{A}.$$

例3.13 求方阵

$$\boldsymbol{A}=\begin{pmatrix}1&2&-1\\3&1&0\\-1&0&-2\end{pmatrix}$$

的逆方阵.

解 方阵$\boldsymbol{A}$的行列式

$$|\boldsymbol{A}|=\begin{vmatrix}1&2&-1\\3&1&0\\-1&0&-2\end{vmatrix}=9$$

所以方阵$\boldsymbol{A}$是非退化的,因而有逆方阵.

$|\boldsymbol{A}|$中元素的代数余子式为

$$A_{11}=-2,A_{21}=4,A_{31}=1$$

$$A_{12}=6,A_{22}=-3,A_{32}=-3$$

$$A_{13}=1,A_{23}=-2,A_{33}=-5$$

所以

$$A^{-1}=\begin{pmatrix}-\frac{2}{9} & \frac{4}{9} & \frac{1}{9}\\ \frac{2}{3} & -\frac{1}{3} & -\frac{1}{3}\\ \frac{1}{9} & -\frac{2}{9} & -\frac{5}{9}\end{pmatrix}$$

例 3.14 平面上点的坐标的变换

$$\begin{aligned} x &= x'\cos\alpha - y'\sin\alpha \\ y &= x'\sin\alpha + y'\cos\alpha \end{aligned} \tag{3.15}$$

可以看做实数域上两个变量的一个线性变换，它的系数方阵是

$$A=\begin{pmatrix}\cos\alpha & -\sin\alpha\\ \sin\alpha & \cos\alpha\end{pmatrix}$$

由于$|A|=1$，所以方阵A是非退化的. 容易算出，A的逆方阵是

$$B=\begin{pmatrix}\cos\alpha & \sin\alpha\\ -\sin\alpha & \cos\alpha\end{pmatrix}=\begin{pmatrix}\cos(-\alpha) & -\sin(-\alpha)\\ \sin(-\alpha) & \cos(-\alpha)\end{pmatrix}$$

因而线性变换(3.15)的逆变换为

$$\begin{aligned} x' &= x\cos(-\alpha) - y\sin(-\alpha) \\ y' &= x\sin(-\alpha) + y\cos(-\alpha) \end{aligned} \tag{3.16}$$

就几何意义来说，线性变换(3.15)相当于把坐标轴(笛卡儿坐标系)旋转角度α，它的逆变换(3.16)相当于把坐标轴旋转角度$-\alpha$. 连续施行这样的两个变换，点的坐标显然不会改变.

例 3.15 设

$$A=\begin{pmatrix}a_{11} & a_{12}\\ a_{21} & a_{22}\end{pmatrix}$$

的行列式$\det A=a_{11}a_{22}-a_{12}a_{21}=d\neq0$，则其逆矩阵

$$A^{-1}=\frac{1}{d}A^*=\frac{1}{d}\begin{pmatrix}a_{22} & -a_{12}\\ -a_{21} & a_{11}\end{pmatrix}$$

例 3.16 设方阵满足方程$A^2-3A-10E=O$. 证明：A，$A-4E$都可逆，并求它们的逆矩阵.

证 由$A^2-3A-10E=O$得$A(A-3E)=10E$，即

$$A\left[\frac{1}{10}(A-3E)\right]=E$$

故A可逆，且$A^{-1}=\frac{1}{10}(A-3E)$. 再由$A^2-3A-10E=O$得

$$(A+E)(A-4E)=6E$$

即
$$\frac{1}{6}(A+E)(A-4E)=E$$

故 $A-4E$ 可逆,且 $(A-4E)^{-1}=\frac{1}{6}(A+E)$.

例 3.17 求满足矩阵方程 $AX=B$ 的矩阵 X,其中

$$A=\begin{pmatrix}1&2&2\\2&1&-2\\2&-2&1\end{pmatrix},\quad B=\begin{pmatrix}8&3\\-5&9\\2&15\end{pmatrix}$$

解 由于

$$|A|=\begin{vmatrix}1&2&2\\2&1&-2\\2&-2&1\end{vmatrix}=-27\neq 0$$

所以 A 可逆,且

$$A^{-1}=\frac{1}{|A|}A^{*}=\frac{1}{-27}\begin{pmatrix}-3&-6&-6\\-6&-3&6\\-6&6&-3\end{pmatrix}=\frac{1}{9}\begin{pmatrix}1&2&2\\2&1&-2\\2&-2&1\end{pmatrix}$$

用 A^{-1} 左乘方程 $AX=B$ 两边,得

$$X=A^{-1}B=\frac{1}{9}\begin{pmatrix}1&2&2\\2&1&-2\\2&-2&1\end{pmatrix}\begin{pmatrix}8&3\\-5&9\\2&15\end{pmatrix}=\begin{pmatrix}\frac{2}{9}&\frac{17}{3}\\\frac{7}{9}&-\frac{5}{3}\\\frac{28}{9}&\frac{1}{3}\end{pmatrix}$$

下面是逆矩阵的基本性质:

(1)由 A 可逆,则
$$|A^{-1}|=|A|^{-1}$$

(2)若 A 可逆,则 A^{-1} 也可逆,且
$$(A^{-1})^{-1}=A$$

(3)若 A 可逆,数 $k\neq 0$,则 kA 也可逆,且
$$(kA)^{-1}=\frac{1}{k}A^{-1}$$

特别地,$(-A)^{-1}=-A^{-1}$

(4)若 A 可逆,则 A^{T} 也可逆,且
$$(A^{T})^{-1}=(A^{-1})^{T}$$

(5)若 A,B 是同阶可逆方阵,则 AB 也可逆,且
$$(AB)^{-1}=B^{-1}A^{-1}$$

像中学代数中幂指数的情况一样，假如 $\boldsymbol{A}$ 是 n 阶矩阵，用 $\boldsymbol{A}^m$ 表示 m 个 $\boldsymbol{A}$ 的乘积，$\boldsymbol{A}^{-m}$表示 m 个 $\boldsymbol{A}^{-1}$的乘积，即

$$\boldsymbol{A}^0=\boldsymbol{E},\boldsymbol{A}^m=\underbrace{\boldsymbol{A}\cdots\boldsymbol{A}}_{m\text{个}},\boldsymbol{A}^{-m}=\underbrace{\boldsymbol{A}^{-1}\cdots\boldsymbol{A}^{-1}}_{m\text{个}}$$

显然，$\boldsymbol{A}^{-n}$是 $\boldsymbol{A}^n$的逆，因此

$$\boldsymbol{A}^{-n}=(\boldsymbol{A}^n)^{-1}$$

假如 $\boldsymbol{A}$ 是对称矩阵，如果它有逆矩阵，那么它的逆矩阵 $\boldsymbol{A}^{-1}$ 也是对称矩阵. 这就是说，对称矩阵的逆矩阵是对称矩阵.

例 3.18 已知 $\boldsymbol{E}+\boldsymbol{AB}$ 可逆，证明：$\boldsymbol{E}+\boldsymbol{BA}$ 也可逆，且$(\boldsymbol{E}+\boldsymbol{BA})^{-1}=\boldsymbol{E}-\boldsymbol{B}(\boldsymbol{E}+\boldsymbol{AB})^{-1}\boldsymbol{A}$.

证 本题只需检验$(\boldsymbol{E}+\boldsymbol{BA})[\boldsymbol{E}-\boldsymbol{B}(\boldsymbol{E}+\boldsymbol{AB})^{-1}\boldsymbol{A}]=\boldsymbol{E}$ 即可.

因

$$\begin{aligned}&(\boldsymbol{E}+\boldsymbol{BA})[\boldsymbol{E}-\boldsymbol{B}(\boldsymbol{E}+\boldsymbol{AB})^{-1}\boldsymbol{A}]\\ =&\boldsymbol{E}+\boldsymbol{BA}-\boldsymbol{B}(\boldsymbol{E}+\boldsymbol{AB})^{-1}\boldsymbol{A}-\boldsymbol{BAB}(\boldsymbol{E}+\boldsymbol{AB})^{-1}\boldsymbol{A}\\ =&\boldsymbol{E}+\boldsymbol{BA}-\boldsymbol{B}(\boldsymbol{E}+\boldsymbol{AB})(\boldsymbol{E}+\boldsymbol{AB})^{-1}\boldsymbol{A}\\ =&\boldsymbol{E}+\boldsymbol{BA}-\boldsymbol{BA}\\ =&\boldsymbol{E}\end{aligned}$$

故$(\boldsymbol{E}+\boldsymbol{AB})$可逆，且

$$(\boldsymbol{E}+\boldsymbol{BA})^{-1}=\boldsymbol{E}-\boldsymbol{B}(\boldsymbol{E}+\boldsymbol{AB})^{-1}\boldsymbol{A}$$

例 3.19 设 $\boldsymbol{A}$ 为 n 阶方阵，且满足 $\boldsymbol{A}^2=\boldsymbol{O}$，求证：$\boldsymbol{A}+\boldsymbol{E}$ 可逆，并求$(\boldsymbol{A}+\boldsymbol{E})^{-1}$.

证 因 $\boldsymbol{A}^2=\boldsymbol{O}$，故 $\boldsymbol{A}^2-\boldsymbol{E}=-\boldsymbol{E}$，即

$$(\boldsymbol{A}-\boldsymbol{E})(\boldsymbol{A}+\boldsymbol{E})=-\boldsymbol{E},\ (\boldsymbol{E}-\boldsymbol{A})(\boldsymbol{A}+\boldsymbol{E})=\boldsymbol{E}$$

故 $\boldsymbol{A}+\boldsymbol{E}$ 可逆，且$(\boldsymbol{A}+\boldsymbol{E})^{-1}=\boldsymbol{E}-\boldsymbol{A}$.

例 3.20 设 $\boldsymbol{A}$，$\boldsymbol{B}$ 均为 n 阶方阵，且 $\boldsymbol{A}$，$\boldsymbol{B}$，$\boldsymbol{A}+\boldsymbol{B}$ 均可逆.（1）证明 $\boldsymbol{A}^{-1}+\boldsymbol{B}^{-1}$可逆，并求 $\boldsymbol{A}^{-1}+\boldsymbol{B}^{-1}$的逆矩阵.（2）设 $\boldsymbol{A}$、$\boldsymbol{B}$ 均为对称阵，当 $\boldsymbol{E}+\boldsymbol{AB}$ 可逆时，证明$(\boldsymbol{E}+\boldsymbol{AB})^{-1}\boldsymbol{A}$ 为对称矩阵.

证 （1）$\boldsymbol{A}^{-1}+\boldsymbol{B}^{-1}=\boldsymbol{A}^{-1}(\boldsymbol{E}+\boldsymbol{AB}^{-1})=\boldsymbol{A}^{-1}(\boldsymbol{B}+\boldsymbol{A})\boldsymbol{B}^{-1}$. 因已知 $\boldsymbol{A}$，$\boldsymbol{B}$，$\boldsymbol{A}+\boldsymbol{B}$ 均可逆，故$|\boldsymbol{A}|\neq0$，$|\boldsymbol{B}|\neq0$，$|\boldsymbol{A}+\boldsymbol{B}|\neq0$，因此$|\boldsymbol{A}^{-1}+\boldsymbol{B}^{-1}|=|\boldsymbol{A}^{-1}||\boldsymbol{B}+\boldsymbol{A}||\boldsymbol{B}^{-1}|\neq0$，故 $\boldsymbol{A}^{-1}+\boldsymbol{B}^{-1}$可逆. 并且

$$(\boldsymbol{A}^{-1}+\boldsymbol{B}^{-1})^{-1}=[\boldsymbol{A}^{-1}(\boldsymbol{B}+\boldsymbol{A})\boldsymbol{B}^{-1}]^{-1}=\boldsymbol{B}(\boldsymbol{A}+\boldsymbol{B})^{-1}\boldsymbol{A}$$

（2）**证法 1**

$$\begin{aligned}[(\boldsymbol{E}+\boldsymbol{AB})^{-1}\boldsymbol{A}]^{\mathrm{T}}&=\boldsymbol{A}^{\mathrm{T}}[(\boldsymbol{E}+\boldsymbol{AB})^{\mathrm{T}}]^{-1}=\boldsymbol{A}(\boldsymbol{E}+\boldsymbol{B}^{\mathrm{T}}\boldsymbol{A}^{\mathrm{T}})^{-1}\\ &=\boldsymbol{A}(\boldsymbol{E}+\boldsymbol{BA})^{-1}=(\boldsymbol{A}^{-1})^{-1}(\boldsymbol{E}+\boldsymbol{BA})^{-1}\\ &=[(\boldsymbol{E}+\boldsymbol{BA})\boldsymbol{A}^{-1}]^{-1}=(\boldsymbol{A}^{-1}+\boldsymbol{B})^{-1}\\ &=[\boldsymbol{A}^{-1}(\boldsymbol{E}+\boldsymbol{AB})]^{-1}=(\boldsymbol{E}+\boldsymbol{AB})^{-1}\boldsymbol{A}\end{aligned}$$

所以，$(\boldsymbol{E}+\boldsymbol{AB})^{-1}\boldsymbol{A}$ 为对称矩阵.

证法 2
$$
\begin{aligned}
[(\boldsymbol{E}+\boldsymbol{AB})^{-1}\boldsymbol{A}]^{\mathrm{T}} &= [(\boldsymbol{E}+\boldsymbol{AB})^{-1}(\boldsymbol{A}^{-1})^{-1}]^{\mathrm{T}} \\
&= \{[\boldsymbol{A}^{-1}(\boldsymbol{E}+\boldsymbol{AB})]^{-1}\}^{\mathrm{T}} \\
&= [(\boldsymbol{A}^{-1}+\boldsymbol{B})^{\mathrm{T}}]^{-1} = [(\boldsymbol{A}^{\mathrm{T}})^{-1}+\boldsymbol{B}^{\mathrm{T}}]^{-1} \\
&= (\boldsymbol{A}^{-1}+\boldsymbol{B})^{-1} = [\boldsymbol{A}^{-1}(\boldsymbol{E}+\boldsymbol{AB})]^{-1} \\
&= (\boldsymbol{E}+\boldsymbol{AB})^{-1}\boldsymbol{A}
\end{aligned}
$$

所以，$(\boldsymbol{E}+\boldsymbol{AB})^{-1}\boldsymbol{A}$ 为对称矩阵.

证法 3 由于可逆对称矩阵的逆矩阵仍为对称矩阵（设 $\boldsymbol{A}^{\mathrm{T}}=\boldsymbol{A}$，$\boldsymbol{A}^{-1}$存在，则 $(\boldsymbol{A}^{-1})^{\mathrm{T}}=(\boldsymbol{A}^{\mathrm{T}})^{-1}=\boldsymbol{A}^{-1}$，所以 $\boldsymbol{A}^{-1}$对称），因此只需证明$[(\boldsymbol{E}+\boldsymbol{AB})^{-1}\boldsymbol{A}]^{-1}$为对称矩阵即可. 而

$$[(\boldsymbol{E}+\boldsymbol{AB})^{-1}\boldsymbol{A}]^{-1}=\boldsymbol{A}^{-1}(\boldsymbol{E}+\boldsymbol{AB})=\boldsymbol{A}^{-1}+\boldsymbol{B}$$

因 $\boldsymbol{A}$ 为对称矩阵，故 $\boldsymbol{A}^{-1}$为对称矩阵. 又 $\boldsymbol{B}$ 为对称矩阵，故 $\boldsymbol{A}^{-1}+\boldsymbol{B}$ 为对称矩阵，即$[(\boldsymbol{E}+\boldsymbol{AB})^{-1}\boldsymbol{A}]^{-1}$为对称矩阵，所以$(\boldsymbol{E}+\boldsymbol{AB})^{-1}\boldsymbol{A}$ 为对称矩阵.

3.5 初等矩阵

前面已介绍了矩阵的初等变换，这一节将建立初等变换与矩阵乘法的联系，并给出用初等变换求可逆矩阵的逆矩阵的方法.

3.5.1 初等矩阵的概念

定义 3.10 由单位矩阵经一次初等变换得到的方阵称为初等(矩)阵.

初等阵共有三类.

(1) 把单位阵中第 i,j 两行(列)对调，得到初等阵.

$$
\boldsymbol{E}(i,j)=\begin{pmatrix}
1 &&&&&&&&& \\
& \ddots &&&&&&&& \\
&& 1 &&&&&&& \\
&&& 0 & & \cdots & & 1 &&& \\
&&&& 1 &&&&& \\
&&& \vdots && \ddots && \vdots && \\
&&&&&& 1 &&& \\
&&& 1 && \cdots && 0 && \\
&&&&&&&& 1 & \\
&&&&&&&&& \ddots \\
&&&&&&&&&& 1
\end{pmatrix}
\begin{matrix} \\ \\ \\ \leftarrow 第\, i\, 行 \\ \\ \\ \\ \leftarrow 第\, j\, 行 \\ \\ \\ \\ \end{matrix}
$$

(2) 以数 $k(\neq 0)$乘单位阵的某行(列)，得到初等阵.

$$E[i(k)]=\begin{pmatrix}1&&&&&&\\&\ddots&&&&&\\&&1&&&&\\&&&k&&&\\&&&&1&&\\&&&&&\ddots&\\&&&&&&1\end{pmatrix}\begin{matrix}\\\\\\\leftarrow\text{第 }i\text{ 行}\\\\\\\\\end{matrix}$$

(3) 以数 k 乘单位阵的某一行(列)加到另一行(列)，得到初等阵.

$$E[i,j(k)]=\begin{pmatrix}1&&&&&\\&\ddots&&&&\\&&1&\cdots&k&&\\&&&\ddots&\vdots&&\\&&&&1&&\\&&&&&\ddots&\\&&&&&&1\end{pmatrix}\begin{matrix}\\\\\leftarrow\text{第 }i\text{ 行}\\\\\leftarrow\text{第 }j\text{ 行}\\\\\\\end{matrix}$$

3.5.2 初等阵的性质

初等阵满足下列性质：

(1) 初等阵都是可逆阵，并且初等阵的逆矩阵还是初等阵. 事实上，

$$E^{-1}(i,j)=E(i,j)$$

$$E^{-1}[i(k)]=E\left[i\left(\frac{1}{k}\right)\right](k\neq 0)$$

$$E^{-1}[i,j(k)]=E[i,j(-k)]$$

(2) 初等阵的转置矩阵还是初等阵. 事实上，

$$E^{\mathrm{T}}(i,j)=E(i,j)$$

$$E^{\mathrm{T}}[i(k)]=E[i(k)]$$

$$E^{\mathrm{T}}[i,j(k)]=E[j,i(k)]$$

(3) 设 A 是 $m\times n$ 矩阵，对 A 施行一次初等行变换，其结果等于用一个相应的初等阵左乘 A；对 A 施行一次初等列变换，其结果等于用一个相应的初等阵右乘 A.

例 3.21 设 A 是三阶方阵，将 A 的第一列与第二列交换得 B，再把 B 的第二列加到第三列得 C，则满足 $AQ=C$ 的可逆矩阵 Q 为(　　).

(A) $\begin{pmatrix}0&1&0\\1&0&0\\1&0&1\end{pmatrix}$　(B) $\begin{pmatrix}0&1&0\\1&0&1\\0&0&1\end{pmatrix}$　(C) $\begin{pmatrix}0&1&0\\1&0&0\\0&1&1\end{pmatrix}$　(D) $\begin{pmatrix}0&1&1\\1&0&0\\0&0&1\end{pmatrix}$

解 由题设，有

$$A\begin{pmatrix}0&1&0\\1&0&0\\0&0&1\end{pmatrix}=B,\ B\begin{pmatrix}1&0&0\\0&1&1\\0&0&1\end{pmatrix}=C$$

于是，
$$A\begin{pmatrix}0&1&0\\1&0&0\\0&0&1\end{pmatrix}\begin{pmatrix}1&0&0\\0&1&1\\0&0&1\end{pmatrix}=A\begin{pmatrix}0&1&1\\1&0&0\\0&0&1\end{pmatrix}=C$$

可见，应选(D).

例 3.22 设 $\boldsymbol{A}$ 为 $n(n\geqslant 2)$ 阶可逆矩阵，交换 $\boldsymbol{A}$ 的第一行与第二行得矩阵 $\boldsymbol{B}$，$\boldsymbol{A}^*$，$\boldsymbol{B}^*$ 分别为 $\boldsymbol{A}$，$\boldsymbol{B}$ 的伴随矩阵，则下面正确的是(　　).

(A) 交换 $\boldsymbol{A}^*$ 的第一列与第二列得 $\boldsymbol{B}^*$

(B) 交换 $\boldsymbol{A}^*$ 的第一行与第二行得 $\boldsymbol{B}^*$

(C) 交换 $\boldsymbol{A}^*$ 的第一列与第二列得 $-\boldsymbol{B}^*$

(D) 交换 $\boldsymbol{A}^*$ 的第一行与第二行得 $-\boldsymbol{B}^*$

解 由题设，存在初等矩阵 $\boldsymbol{E}_{12}$(交换 n 阶单位矩阵的第一行与第二行所得)，使得 $\boldsymbol{E}_{12}\boldsymbol{A}=\boldsymbol{B}$，于是

$$\boldsymbol{B}^*=(\boldsymbol{E}_{12}\boldsymbol{A})^*=\boldsymbol{A}^*\boldsymbol{E}_{12}^*=\boldsymbol{A}^*|\boldsymbol{E}_{12}|\cdot\boldsymbol{E}_{12}^{-1}=-\boldsymbol{A}^*\boldsymbol{E}_{12}$$

即

$$\boldsymbol{A}^*\boldsymbol{E}_{12}=-\boldsymbol{B}^*$$

可见，应选(C).

3.5.3 矩阵等价的充要条件

矩阵 $\boldsymbol{A}$ 经有限次初等变换化成矩阵 $\boldsymbol{B}$，则称矩阵 $\boldsymbol{A}$ 与矩阵 $\boldsymbol{B}$ 等价.

首先，利用初等阵描述一下可逆阵.

定理 3.2 矩阵 $\boldsymbol{A}$ 可逆的充要条件是，存在有限个初等阵 $\boldsymbol{P}_1$，$\boldsymbol{P}_2$，…，$\boldsymbol{P}_k$，使

$$\boldsymbol{A}=\boldsymbol{P}_1\boldsymbol{P}_2\cdots\boldsymbol{P}_k$$

证 充分性 设有初等阵 $\boldsymbol{P}_1$，$\boldsymbol{P}_2$，…，$\boldsymbol{P}_k$，使

$$\boldsymbol{A}=\boldsymbol{P}_1\boldsymbol{P}_2\cdots\boldsymbol{P}_k$$

因初等阵是可逆阵，且可逆阵之积还是可逆阵，所以 $\boldsymbol{A}$ 可逆.

必要性 设 $\boldsymbol{A}$ 是可逆阵，所以 $r(\boldsymbol{A})=n$. $\boldsymbol{A}$ 经初等变换可以化成 $\boldsymbol{E}$，从而经有限次初等变换可以将 $\boldsymbol{E}$ 化成 $\boldsymbol{A}$. 也就是说，存在有限个初等阵 $\boldsymbol{P}_1$，$\boldsymbol{P}_2$，…，$\boldsymbol{P}_l$，$\boldsymbol{P}_{l+1}$，…，$\boldsymbol{P}_k$，使

$$\boldsymbol{P}_1\boldsymbol{P}_2\cdots\boldsymbol{P}_l\boldsymbol{E}\boldsymbol{P}_{l+1}\cdots\boldsymbol{P}_k=\boldsymbol{A}$$

即

$$\boldsymbol{A}=\boldsymbol{P}_1\boldsymbol{P}_2\cdots\boldsymbol{P}_k$$

推论 3.2 两个 $m\times n$ 矩阵 $\boldsymbol{A}$，$\boldsymbol{B}$ 等价的充要条件是，存在 m 阶可逆阵 $\boldsymbol{P}$ 及 n 阶可逆阵 $\boldsymbol{Q}$，使 $\boldsymbol{PAQ}=\boldsymbol{B}$.

证 必要性 由 $\boldsymbol{A}$ 与 $\boldsymbol{B}$ 等价的定义知，存在有限个 m 阶初等阵 $\boldsymbol{P}_1$，$\boldsymbol{P}_2$，…，

P_s 及有限个 n 阶初等阵 Q_1，Q_2，…，Q_t，使

$$P_1P_2\cdots P_s AQ_1Q_2\cdots Q_t = B$$

令

$$P = P_1 P_2\cdots P_s,\ Q = Q_1Q_2\cdots Q_t$$

由定理 3.2 知，P 是 m 阶可逆阵，Q 是 n 阶可逆阵，且 $PAQ = B$.

充分性　因 P，Q 可逆，由定理 3.2 知，存在有限个初等阵 P_1，P_2，…，P_s，Q_1，Q_2，…，Q_t，使

$$P = P_1P_2\cdots P_s,\quad Q = Q_1Q_2\cdots Q_t$$

从而，由 $PAQ = B$ 知，

$$P_1P_2\cdots P_s AQ_1Q_2\cdots Q_t = B$$

这表明，A 可经初等变换化成 B.

由推论 3.2 的证明可以看出，矩阵 A 经初等行变换化成 B 的充要条件是，存在可逆阵 P 使 $PA = B$；矩阵 A 经初等列变换化成 B 的充要条件是，存在可逆阵 Q 使 $AQ = B$.

推论 3.3　设 A 是 $m\times n$ 矩阵，P 是 m 阶可逆阵，Q 是 n 阶可逆阵，则矩阵 PA，AQ，PAQ 的秩都等于 A 的秩，即

$$r(PA) = r(AQ) = r(PAQ) = r(A)$$

推论 3.4　设 A 是可逆阵，则可以只经过初等行变换将 A 化成单位阵 E.

证　因 A 可逆，所以 A^{-1} 可逆. 由定理 3.2 知，存在初等阵 P_1，P_2，…，P_s，使 $A^{-1} = P_1P_2\cdots P_s$，于是

$$A^{-1}A = P_1P_2\cdots P_s A = E$$

这表明，只经过初等行变换便可将 A 化成 E.

3.5.4　求逆矩阵的另一方法

设 A 是 n 阶可逆阵，于是存在初等阵 P_1，P_2，…，P_s，使

$$P_1P_2\cdots P_s A = E \tag{3.17}$$

故

$$P_1P_2\cdots P_s E = A^{-1} \tag{3.18}$$

式(3.17)和式(3.18)表明，若经过一系列初等行变换可将 A 化成 E，则施行同样的一系列初等行变换将把 E 化成 A^{-1}. 于是，对矩阵$(A \mid E)$(它是在 A 的右边添写一个 n 阶单位阵得到 $n\times 2n$ 阶矩阵)施行初等行变换，当其中的 A 化成 E 时，E 就化成了 A^{-1}.

例 3.23　设 $A = \begin{pmatrix} 0 & 2 & -1 \\ 1 & 1 & 2 \\ -1 & -1 & -1 \end{pmatrix}$，问 A 可逆否. 若可逆，求 A^{-1}.

解　$|A| = \begin{vmatrix} 0 & 2 & -1 \\ 1 & 1 & 2 \\ -1 & -1 & -1 \end{vmatrix} = \begin{vmatrix} 0 & 2 & -1 \\ 0 & 0 & 1 \\ -1 & -1 & -1 \end{vmatrix} = (-1)\times 2 = -2\neq 0$

$$
(\boldsymbol{A} \vdots \boldsymbol{E}) = \left(\begin{array}{ccc:ccc} 0 & 2 & -1 & 1 & 0 & 0 \\ 1 & 1 & 2 & 0 & 1 & 0 \\ -1 & -1 & -1 & 0 & 0 & 1 \end{array}\right) \xrightarrow{r_1 \leftrightarrow r_2}
$$

$$
\begin{pmatrix} 1 & 1 & 2 & 0 & 1 & 0 \\ 0 & 2 & -1 & 1 & 0 & 0 \\ -1 & -1 & -1 & 0 & 0 & 1 \end{pmatrix} \xrightarrow{r_3 + r_1}
$$

$$
\left(\begin{array}{ccc:ccc} 1 & 1 & 2 & 0 & 1 & 0 \\ 0 & 2 & -1 & 1 & 0 & 0 \\ 0 & 0 & 1 & 0 & 1 & 1 \end{array}\right) \xrightarrow{r_1 + (-2) r_3}
$$

$$
\left(\begin{array}{ccc:ccc} 1 & 1 & 0 & 0 & -1 & -2 \\ 0 & 2 & -1 & 1 & 0 & 0 \\ 0 & 0 & 1 & 0 & 1 & 1 \end{array}\right) \xrightarrow{r_2 + r_3}
$$

$$
\left(\begin{array}{ccc:ccc} 1 & 1 & 0 & 0 & -1 & -2 \\ 0 & 2 & 0 & 1 & 1 & 1 \\ 0 & 0 & 1 & 0 & 1 & 1 \end{array}\right) \xrightarrow{r_1 + \left(-\frac{1}{2}\right) r_2}
$$

$$
\left(\begin{array}{ccc:ccc} 1 & 0 & 0 & -\frac{1}{2} & -\frac{3}{2} & -\frac{5}{2} \\ 0 & 2 & 0 & 1 & 1 & 1 \\ 0 & 0 & 1 & 0 & 1 & 1 \end{array}\right) \xrightarrow{\frac{1}{2} r_2}
$$

$$
\left(\begin{array}{ccc:ccc} 1 & 0 & 0 & -\frac{1}{2} & -\frac{3}{2} & -\frac{5}{2} \\ 0 & 1 & 0 & \frac{1}{2} & \frac{1}{2} & \frac{1}{2} \\ 0 & 0 & 1 & 0 & 1 & 1 \end{array}\right)
$$

所以

$$
\boldsymbol{A}^{-1} = \begin{pmatrix} -\frac{1}{2} & -\frac{3}{2} & -\frac{5}{2} \\ \frac{1}{2} & \frac{1}{2} & \frac{1}{2} \\ 0 & 1 & 1 \end{pmatrix}
$$

3.6 分块矩阵

3.6.1 分块矩阵及其运算

把一个大型矩阵分成若干小块，构成一个分块矩阵，这是矩阵运算中的一个重要技巧. 把大型矩阵的运算化为若干小型矩阵的运算，可以使运算更为简明. 下面通过例子说明如何分块及分块矩阵的运算方法.

把一个五阶矩阵

$$\boldsymbol{A}=\left(\begin{array}{cc:ccc}2&1&1&0&-1\\1&2&2&-3&0\\ \hdashline 0&0&1&0&0\\0&0&0&1&0\\0&0&0&0&1\end{array}\right)$$

用水平和垂直的虚线分成4块，如果记

$$\begin{pmatrix}2&1\\1&2\end{pmatrix}=\boldsymbol{A}_1,\quad \begin{pmatrix}1&0&-1\\2&-3&0\end{pmatrix}=\boldsymbol{A}_2$$

$$\begin{pmatrix}0&0\\0&0\\0&0\end{pmatrix}=\boldsymbol{O},\quad \begin{pmatrix}1&0&0\\0&1&0\\0&0&1\end{pmatrix}=\boldsymbol{E}_3$$

就可以把$\boldsymbol{A}$看成由上面4个小矩阵所组成，写作

$$\boldsymbol{A}=\begin{pmatrix}\boldsymbol{A}_1&\boldsymbol{A}_2\\\boldsymbol{O}&\boldsymbol{E}_3\end{pmatrix}$$

并称它是$\boldsymbol{A}$的一个2×2分块矩阵，其中的每一个小矩阵称为$\boldsymbol{A}$的一个子块.

把一个$m\times n$矩阵$\boldsymbol{A}$，在行的方向分成s块，在列的方向分成t块，称为$\boldsymbol{A}$的$s\times t$分块矩阵，记作$\boldsymbol{A}=(\boldsymbol{A}_{kl})_{s\times t}$，其中$\boldsymbol{A}_{kl}(k=1,2,\cdots,s;l=1,2,\cdots,t)$称为$\boldsymbol{A}$的子块，它们是各种类型的小矩阵.

常用的分块矩阵，还有以下几种形式：

按行分块

$$\boldsymbol{A}=\begin{pmatrix}a_{11}&a_{12}&\cdots&a_{1n}\\a_{21}&a_{22}&\cdots&a_{2n}\\\vdots&\vdots&&\vdots\\a_{m1}&a_{m2}&\cdots&a_{mn}\end{pmatrix}=\begin{pmatrix}\boldsymbol{A}_1\\\boldsymbol{A}_2\\\vdots\\\boldsymbol{A}_m\end{pmatrix}$$

其中，$\boldsymbol{A}_i=(a_{i1}\ a_{i2}\cdots\ a_{in})$，$i=1,2,\cdots,m$.

按列分块

$$\boldsymbol{B}=\begin{pmatrix}b_{11}&b_{12}&\cdots&b_{1s}\\b_{21}&b_{22}&\cdots&b_{2s}\\\vdots&\vdots&&\vdots\\b_{n1}&b_{n2}&\cdots&b_{ns}\end{pmatrix}=(\boldsymbol{B}_1,\ \boldsymbol{B}_2,\ \cdots,\ \boldsymbol{B}_s)$$

其中，$\boldsymbol{B}_j=\begin{pmatrix} b_{1j} \\ b_{2j} \\ \vdots \\ b_{nj} \end{pmatrix}$，$j=1,2,\cdots,s$.

如果 n 阶矩阵 $\boldsymbol{D}$ 中非零元素都集中在主对角线附近，有时也可以分块成**对角块矩阵**（又称**准对角矩阵**）

$$\boldsymbol{D}=\begin{pmatrix} \boldsymbol{C}_1 & & & \\ & \boldsymbol{C}_2 & & \\ & & \ddots & \\ & & & \boldsymbol{C}_m \end{pmatrix}$$

其中，$\boldsymbol{C}_i$ 是 r_i 阶方阵 $\left(i=1,2,\cdots,m;\ \sum_{i=1}^{m} r_i = n \right)$.

下面讨论分块矩阵的运算.

1. 分块矩阵的加法

设分块矩阵 $\boldsymbol{A}=(\boldsymbol{A}_{kl})_{s\times t}$，$\boldsymbol{B}=(\boldsymbol{B}_{kl})_{s\times t}$，如果 $\boldsymbol{A}$ 与 $\boldsymbol{B}$ 对应的子块 $\boldsymbol{A}_{kl}$ 和 $\boldsymbol{B}_{kl}$ 都是同型矩阵，则

$$\boldsymbol{A}+\boldsymbol{B}=(\boldsymbol{A}_{kl}+\boldsymbol{B}_{kl})_{s\times t}$$

例如，$\begin{pmatrix} \boldsymbol{A}_{11} & \boldsymbol{A}_{12} \\ \boldsymbol{A}_{21} & \boldsymbol{A}_{22} \end{pmatrix}+\begin{pmatrix} \boldsymbol{B}_{11} & \boldsymbol{B}_{12} \\ \boldsymbol{B}_{21} & \boldsymbol{B}_{22} \end{pmatrix}=\begin{pmatrix} \boldsymbol{A}_{11}+\boldsymbol{B}_{11} & \boldsymbol{A}_{12}+\boldsymbol{B}_{12} \\ \boldsymbol{A}_{21}+\boldsymbol{B}_{21} & \boldsymbol{A}_{22}+\boldsymbol{B}_{22} \end{pmatrix}$

其中，$\boldsymbol{A}_{11}$ 与 $\boldsymbol{B}_{11}$，$\boldsymbol{A}_{12}$ 与 $\boldsymbol{B}_{12}$，$\boldsymbol{A}_{21}$ 与 $\boldsymbol{B}_{21}$，$\boldsymbol{A}_{22}$ 与 $\boldsymbol{B}_{22}$ 分别都是同型小矩阵（子块）.

2. 分块矩阵的数量乘法

设分块矩阵 $\boldsymbol{A}=(\boldsymbol{A}_{kl})_{s\times t}$，$h$ 是一个数，则

$$h\boldsymbol{A}=(h\boldsymbol{A}_{kl})_{s\times t}$$

3. 分块矩阵的乘法

设 $\boldsymbol{A}$ 是 $m\times n$ 矩阵，$\boldsymbol{B}$ 是 $n\times p$ 矩阵，如果 $\boldsymbol{A}$ 分块为 $r\times s$ 分块矩阵 $(\boldsymbol{A}_{kl})_{r\times s}$，$\boldsymbol{B}$ 分块为 $s\times t$ 分块矩阵 $(\boldsymbol{B}_{kl})_{s\times t}$，且 $\boldsymbol{A}$ 的列的分块法和 $\boldsymbol{B}$ 的行的分块法完全相同，则

$$\boldsymbol{AB}=\overset{\quad j_1\text{列}\quad j_2\text{列}\quad\cdots\quad j_s\text{列}}{\begin{pmatrix} \boldsymbol{A}_{11} & \boldsymbol{A}_{12} & \cdots & \boldsymbol{A}_{1s} \\ \boldsymbol{A}_{21} & \boldsymbol{A}_{22} & \cdots & \boldsymbol{A}_{2s} \\ \vdots & \vdots & & \vdots \\ \boldsymbol{A}_{r1} & \boldsymbol{A}_{r2} & \cdots & \boldsymbol{A}_{rs} \end{pmatrix}}\begin{pmatrix} \boldsymbol{B}_{11} & \boldsymbol{B}_{12} & \cdots & \boldsymbol{B}_{1t} \\ \boldsymbol{B}_{21} & \boldsymbol{B}_{22} & \cdots & \boldsymbol{B}_{2t} \\ \vdots & \vdots & & \vdots \\ \boldsymbol{B}_{s1} & \boldsymbol{B}_{s2} & \cdots & \boldsymbol{B}_{st} \end{pmatrix}\begin{matrix} j_1\text{行} \\ j_2\text{行} \\ \vdots \\ j_s\text{行} \end{matrix}=\boldsymbol{C}\xlongequal{\text{记作}}(\boldsymbol{C}_{kl})_{r\times t}$$

其中，$\boldsymbol{C}$ 是 $r\times t$ 分块矩阵，且

$$\boldsymbol{C}_{kl}=\sum_{i=1}^{s}\boldsymbol{A}_{ki}\boldsymbol{B}_{il}\quad(k=1,2,\cdots,r;\ l=1,2,\cdots,t)$$

可以证明，用分块乘法求得的 $\boldsymbol{AB}$ 与不分块作乘法求得的 $\boldsymbol{AB}$ 是相等的.

4. 分块矩阵的转置

分块矩阵 $\boldsymbol{A}=(\boldsymbol{A}_{kl})_{s\times t}$ 的转置矩阵为

$$\boldsymbol{A}^{\mathrm{T}}=(\boldsymbol{B}_{lk})_{t\times s}$$

其中，$\boldsymbol{B}_{lk}=\boldsymbol{A}_{kl}^{\mathrm{T}}$，$l=1,2,\cdots,t$；$k=1,2,\cdots,s$.

例如，
$$\boldsymbol{A}=\begin{pmatrix}\boldsymbol{A}_{11}&\boldsymbol{A}_{12}&\boldsymbol{A}_{13}\\\boldsymbol{A}_{21}&\boldsymbol{A}_{22}&\boldsymbol{A}_{23}\end{pmatrix},\ 则\ \boldsymbol{A}^{\mathrm{T}}=\begin{pmatrix}\boldsymbol{A}_{11}^{\mathrm{T}}&\boldsymbol{A}_{21}^{\mathrm{T}}\\\boldsymbol{A}_{12}^{\mathrm{T}}&\boldsymbol{A}_{22}^{\mathrm{T}}\\\boldsymbol{A}_{13}^{\mathrm{T}}&\boldsymbol{A}_{23}^{\mathrm{T}}\end{pmatrix}$$

$$\boldsymbol{B}\xlongequal{按行分块}\begin{pmatrix}\boldsymbol{B}_1\\\boldsymbol{B}_2\\\vdots\\\boldsymbol{B}_m\end{pmatrix},\ 则\ \boldsymbol{B}^{\mathrm{T}}=(\boldsymbol{B}_1^{\mathrm{T}},\ \boldsymbol{B}_2^{\mathrm{T}},\ \cdots,\ \boldsymbol{B}_m^{\mathrm{T}})$$

5. 可逆分块矩阵的逆矩阵

对角块矩阵(准对角矩阵)

$$\boldsymbol{A}=\begin{pmatrix}\boldsymbol{A}_1&&&\\&\boldsymbol{A}_2&&\\&&\ddots&\\&&&\boldsymbol{A}_m\end{pmatrix}$$

的行列式为 $|\boldsymbol{A}|=|\boldsymbol{A}_1||\boldsymbol{A}_2|\cdots|\boldsymbol{A}_m|$，因此，对角块矩阵 $\boldsymbol{A}$ 可逆的充要条件为

$$|\boldsymbol{A}_i|\neq 0\quad(i=1,2,\cdots,m)$$

根据对角块矩阵的乘法，容易求得它的逆矩阵

$$\boldsymbol{A}^{-1}=\begin{pmatrix}\boldsymbol{A}_1^{-1}&&&\\&\boldsymbol{A}_2^{-1}&&\\&&\ddots&\\&&&\boldsymbol{A}_m^{-1}\end{pmatrix}$$

用分块矩阵求逆矩阵，可以将高阶矩阵的求逆转化为低阶矩阵的求逆. 一个分块矩阵求逆，可以根据逆矩阵的定义，用解矩阵方程的办法解得.

例 3.24 设 $\boldsymbol{A}=\begin{pmatrix}\boldsymbol{B}&\boldsymbol{O}\\\boldsymbol{C}&\boldsymbol{D}\end{pmatrix}$，其中 $\boldsymbol{B}$，$\boldsymbol{D}$ 皆为可逆方阵，证明：$\boldsymbol{A}$ 可逆，并求

A^{-1}.

解 $|A| = |B||D| \neq 0$, 故 A 可逆. 设 $A^{-1} = \begin{pmatrix} X & Y \\ Z & T \end{pmatrix}$, 其中 X 与 B, T 与 D 分别是同阶方阵，于是由

$$\begin{pmatrix} B & O \\ C & D \end{pmatrix}\begin{pmatrix} X & Y \\ Z & T \end{pmatrix} = \begin{pmatrix} BX & BY \\ CX+DZ & CY+DT \end{pmatrix} = \begin{pmatrix} E & O \\ O & E \end{pmatrix}$$

得 $BX = E$, 故 $X = B^{-1}$; $BY = O$, 故 $Y = B^{-1}O = O$; $CX + DZ = O$, 故 $DZ = -CX = -CB^{-1}$, $Z = -D^{-1}CB^{-1}$; $CY + DT = E$, 故 $DT = E$, $T = D^{-1}$.

所以

$$A^{-1} = \begin{pmatrix} B^{-1} & O \\ -D^{-1}CB^{-1} & D^{-1} \end{pmatrix}$$

6. 分块矩阵的初等变换与分块初等矩阵

这里仅以 2×2 分块矩阵为例来讨论. 对于分块矩阵

$$A = \begin{pmatrix} A_{11} & A_{12} \\ A_{21} & A_{22} \end{pmatrix}$$

可以同样地定义它的三类初等行变换和列变换，并相应地定义三类分块初等矩阵.

分块矩阵的初等变换是指对分块矩阵施行的以下三种变换：

(1) 交换分块矩阵的某两行(列)；

(2) 用某一可逆矩阵 P 在左边(右边)乘分块矩阵的某一行(列)；

(3) 用某一矩阵 K 在左边(右边)去乘分块矩阵的某一行(列)加到另一行(列)上去.

这里的分块运算假设都是可行的.

对分块单位矩阵施行一次分块矩阵的初等变换得到的矩阵称为分块初等矩阵.

例如,对

$$E = \begin{pmatrix} E_m & O \\ O & E_n \end{pmatrix}$$

施行一次分块矩阵的初等变换得到：

(1) 分块对换阵

$$\begin{pmatrix} O & E_n \\ E_m & O \end{pmatrix} \text{或} \begin{pmatrix} O & E_m \\ E_n & O \end{pmatrix}$$

（2）分块倍乘阵（C_1，C_2 是可逆阵）

$$\begin{pmatrix} C_1 & O \\ O & E_n \end{pmatrix} \text{或} \begin{pmatrix} E_m & O \\ O & C_2 \end{pmatrix}$$

（3）分块倍加阵

$$\begin{pmatrix} E_m & O \\ C_3 & E_n \end{pmatrix} \text{或} \begin{pmatrix} E_m & C_4 \\ O & E_n \end{pmatrix}$$

分块初等矩阵自然是方阵，它们左乘(或右乘)分块矩阵 A(不一定是方阵)，在保证可乘的情况下，其作用与前述初等矩阵左乘(或右乘)矩阵的作用是相同的.

例 3.25 设 $Q = \begin{pmatrix} A & B \\ C & D \end{pmatrix}$，且 A 可逆. 证明：$\det Q = |A||D - CA^{-1}B|$.

证 由分块矩阵的初等变换，得

$$\begin{pmatrix} A & B \\ C & D \end{pmatrix} \xrightarrow{r_2 + (-CA^{-1})r_1} \begin{pmatrix} A & B \\ O & D - CA^{-1}B \end{pmatrix}$$

又对分块矩阵进行第三类初等变换不改变方阵的行列式，所以

$$\begin{vmatrix} A & B \\ C & D \end{vmatrix} = \begin{vmatrix} A & B \\ O & D - CA^{-1}B \end{vmatrix} = |A||D - CA^{-1}B|$$

例 3.26 试证行列式乘法公式

$$|AB| = |A||B|$$

其中 A，B 都是 n 阶方阵.

证 由于对分块矩阵进行第三类初等变换不改变方阵的行列式，于是

$$|AB| = \begin{vmatrix} AB & O \\ B & E_n \end{vmatrix} = \begin{vmatrix} O & -A \\ B & E_n \end{vmatrix} = (-1)^{n^2} \begin{vmatrix} B & E_n \\ O & -A \end{vmatrix}$$

$$= (-1)^{n^2+n} \begin{vmatrix} B & E_n \\ O & A \end{vmatrix} = |A||B|$$

例 3.27 设 A 是 $m \times n$ 矩阵，B 是 $n \times m$ 矩阵，证明

$$|E_m - AB| = |E_n - BA| \tag{3.19}$$

证 $|E_m - AB| = \begin{vmatrix} E_m - AB & O \\ B & E_n \end{vmatrix} = \begin{vmatrix} E_m & A \\ B & E_n \end{vmatrix}$

$$=\begin{vmatrix} E_m & A \\ O & E_n - BA \end{vmatrix} = |E_n - BA|$$

由式（3.19）知，可以把 m 阶行列式 $|E_m - AB|$ 转化为 n 阶行列式 $|E_n - BA|$ 来计算. 特别地，当 $n=1$ 时，可以由式（3.19）直接计算 $|E_m - AB|$.

例如，设 $A=\begin{pmatrix}1\\2\\1\end{pmatrix}$，$B=(3\quad -1\quad 1)$，则

$$|E_3 - AB| = |E_1 - BA| = 1-2=-1$$

如果 A，B 为方阵，且

$$\left(\begin{array}{cc:cc} A & C & E_m & O \\ D & B & O & E_n \end{array}\right) \xrightarrow{\text{行}} \left(\begin{array}{cc:cc} E_m & O & A_1 & C_1 \\ O & E_n & D_1 & B_1 \end{array}\right)$$

则

$$\begin{pmatrix} A & C \\ D & B \end{pmatrix}^{-1} = \begin{pmatrix} A_1 & C_1 \\ D_1 & B_1 \end{pmatrix}$$

例 3.28 设 A 是 m 阶可逆矩阵，B 是 n 阶可逆矩阵，C 是 $m\times n$ 矩阵，试证

$$\begin{pmatrix} A & C \\ O & B \end{pmatrix}^{-1} = \begin{pmatrix} A^{-1} & -A^{-1}CB^{-1} \\ O & B^{-1} \end{pmatrix}$$

证 因为

$$\left(\begin{array}{cc:cc} A & C & E_m & O \\ O & B & O & E_n \end{array}\right) \xrightarrow[(B^{-1})r_2]{(A^{-1})r_1}$$

$$\left(\begin{array}{cc:cc} E_m & A^{-1}C & A^{-1} & O \\ O & E_n & O & B^{-1} \end{array}\right) \xrightarrow{r_1+(-A^{-1}C)r_2}$$

$$\left(\begin{array}{cc:cc} E_m & O & A^{-1} & -A^{-1}CB^{-1} \\ O & E_n & O & B^{-1} \end{array}\right)$$

所以

$$\begin{pmatrix} A & C \\ O & B \end{pmatrix}^{-1} = \begin{pmatrix} A^{-1} & -A^{-1}CB^{-1} \\ O & B^{-1} \end{pmatrix}$$

3.6.2 利用分块阵的初等变换计算矩阵的秩

前面介绍了矩阵秩的部分性质，下面利用分块阵的初等变换，再给出矩阵秩

的几条性质.

（1）$r\begin{pmatrix}\boldsymbol{A} & \boldsymbol{O}\\ \boldsymbol{O} & \boldsymbol{B}\end{pmatrix}=r(\boldsymbol{A})+r(\boldsymbol{B})$

（2）$r\begin{pmatrix}\boldsymbol{A} & \boldsymbol{C}\\ \boldsymbol{O} & \boldsymbol{B}\end{pmatrix}\geqslant r(\boldsymbol{A})+r(\boldsymbol{B})$

（3）$r(\boldsymbol{A}\quad \boldsymbol{B})\leqslant r(\boldsymbol{A})+r(\boldsymbol{B})$

（4）$r(\boldsymbol{A}+\boldsymbol{B})\leqslant r(\boldsymbol{A})+r(\boldsymbol{B})$

（5）$r(\boldsymbol{AB})\leqslant \min\{r(\boldsymbol{A}),\ r(\boldsymbol{B})\}$

（6）设$\boldsymbol{A}$为$m\times n$矩阵，$\boldsymbol{B}$为$n\times p$矩阵，则

$$r(\boldsymbol{AB})\geqslant r(\boldsymbol{A})+r(\boldsymbol{B})-n$$

特别地，当$\boldsymbol{AB}=\boldsymbol{O}$时，$r(\boldsymbol{A})+r(\boldsymbol{B})\leqslant n$.

证　（1）设$r(\boldsymbol{A})=r_1, r(\boldsymbol{B})=r_2$，则存在可逆阵$\boldsymbol{P}_1$，$\boldsymbol{Q}_1$，$\boldsymbol{P}_2$，$\boldsymbol{Q}_2$，使

$$\boldsymbol{P}_1\boldsymbol{A}\boldsymbol{Q}_1=\begin{pmatrix}\boldsymbol{E}_{r_1} & \boldsymbol{O}\\ \boldsymbol{O} & \boldsymbol{O}\end{pmatrix},\ \boldsymbol{P}_2\boldsymbol{B}\boldsymbol{Q}_2=\begin{pmatrix}\boldsymbol{E}_{r_2} & \boldsymbol{O}\\ \boldsymbol{O} & \boldsymbol{O}\end{pmatrix}$$

$$\begin{pmatrix}\boldsymbol{A} & \boldsymbol{O}\\ \boldsymbol{O} & \boldsymbol{B}\end{pmatrix}\xrightarrow[\substack{c_1(\boldsymbol{Q}_1)\\ c_2(\boldsymbol{Q}_2)}]{\substack{(\boldsymbol{P}_1)r_1\\ (\boldsymbol{P}_2)r_2}}\begin{pmatrix}\boldsymbol{E}_{r_1} & \boldsymbol{O} & \boldsymbol{O} & \boldsymbol{O}\\ \boldsymbol{O} & \boldsymbol{O} & \boldsymbol{O} & \boldsymbol{O}\\ \boldsymbol{O} & \boldsymbol{O} & \boldsymbol{E}_{r_2} & \boldsymbol{O}\\ \boldsymbol{O} & \boldsymbol{O} & \boldsymbol{O} & \boldsymbol{O}\end{pmatrix}$$

其中，$(\boldsymbol{P}_i)r_i$表示用$\boldsymbol{P}_i$左乘i行，$c_j(\boldsymbol{Q}_j)$表示用$\boldsymbol{Q}_j$右乘j列，$i,j=1,2$.
所以

$$r\begin{pmatrix}\boldsymbol{A} & \boldsymbol{O}\\ \boldsymbol{O} & \boldsymbol{B}\end{pmatrix}=r_1+r_2=r(\boldsymbol{A})+r(\boldsymbol{B})$$

类似地，可以证明(2)和(3)，请读者自己证明.

（4）由$\begin{pmatrix}\boldsymbol{A} & \boldsymbol{O}\\ \boldsymbol{O} & \boldsymbol{B}\end{pmatrix}\xrightarrow[c_2+c_1]{r_1+r_2}\begin{pmatrix}\boldsymbol{A} & \boldsymbol{A}+\boldsymbol{B}\\ \boldsymbol{O} & \boldsymbol{B}\end{pmatrix}$得

$$r(\boldsymbol{A})+r(\boldsymbol{B})=r\begin{pmatrix}\boldsymbol{A} & \boldsymbol{O}\\ \boldsymbol{O} & \boldsymbol{B}\end{pmatrix}=r\begin{pmatrix}\boldsymbol{A} & \boldsymbol{A}+\boldsymbol{B}\\ \boldsymbol{O} & \boldsymbol{B}\end{pmatrix}\geqslant r(\boldsymbol{A}+\boldsymbol{B})$$

（5）设$\boldsymbol{A}$是$m\times n$矩阵，$\boldsymbol{B}$是$n\times p$矩阵，有

$$(\boldsymbol{A},\ \boldsymbol{O}_{m\times p})\xrightarrow{c_2+c_1(\boldsymbol{B})}(\boldsymbol{A},\ \boldsymbol{AB}),\qquad \begin{pmatrix}\boldsymbol{B}\\ \boldsymbol{O}_{m\times p}\end{pmatrix}\xrightarrow{r_2+(\boldsymbol{A})r_1}\begin{pmatrix}\boldsymbol{B}\\ \boldsymbol{AB}\end{pmatrix}$$

其中，$c_2+c_1(\boldsymbol{B})$表示用$\boldsymbol{B}$右乘第一列再加到第二列，$r_2+(\boldsymbol{A})r_1$表示用$\boldsymbol{A}$左乘第一行再加到第二行.

由于
$$r(\boldsymbol{A})=r(\boldsymbol{A},\ \boldsymbol{O}_{m\times p})=r(\boldsymbol{A},\boldsymbol{AB})\geqslant r(\boldsymbol{AB})$$
$$r(\boldsymbol{B})=r\begin{pmatrix}\boldsymbol{B}\\ \boldsymbol{O}_{m\times p}\end{pmatrix}=r\begin{pmatrix}\boldsymbol{B}\\ \boldsymbol{AB}\end{pmatrix}\geqslant r(\boldsymbol{AB})$$
所以
$$r(\boldsymbol{AB})\leqslant\min\{r(\boldsymbol{A}),r(\boldsymbol{B})\}$$

(6) 设$\boldsymbol{A}$是$m\times n$矩阵，$\boldsymbol{B}$是$n\times p$矩阵，由
$$\begin{pmatrix}\boldsymbol{A}&\boldsymbol{O}\\ \boldsymbol{E}_n&\boldsymbol{B}\end{pmatrix}\to\begin{pmatrix}\boldsymbol{O}&-\boldsymbol{AB}\\ \boldsymbol{E}_n&\boldsymbol{B}\end{pmatrix}\to\begin{pmatrix}\boldsymbol{O}&-\boldsymbol{AB}\\ \boldsymbol{E}_n&\boldsymbol{O}\end{pmatrix}\to\begin{pmatrix}\boldsymbol{E}_n&\boldsymbol{O}\\ \boldsymbol{O}&\boldsymbol{AB}\end{pmatrix}$$
知
$$r(\boldsymbol{A})+r(\boldsymbol{B})\leqslant r\begin{pmatrix}\boldsymbol{A}&\boldsymbol{O}\\ \boldsymbol{E}_n&\boldsymbol{B}\end{pmatrix}=r\begin{pmatrix}\boldsymbol{E}_n&\boldsymbol{O}\\ \boldsymbol{O}&\boldsymbol{AB}\end{pmatrix}=r(\boldsymbol{E}_n)+r(\boldsymbol{AB})=n+r(\boldsymbol{AB})$$
即
$$r(\boldsymbol{AB})\geqslant r(\boldsymbol{A})+r(\boldsymbol{B})-n$$

例 3.29 设$\boldsymbol{A}$为n阶方阵，且$3\boldsymbol{E}_n+4\boldsymbol{A}-4\boldsymbol{A}^2=\boldsymbol{O}$，则
$$r(\boldsymbol{E}_n+2\boldsymbol{A})+r(3\boldsymbol{E}_n-2\boldsymbol{A})=n$$

证 由$3\boldsymbol{E}_n+4\boldsymbol{A}-4\boldsymbol{A}^2=\boldsymbol{O}$得$(\boldsymbol{E}_n+2\boldsymbol{A})(3\boldsymbol{E}_n-2\boldsymbol{A})=\boldsymbol{O}$，由性质(6)知
$$r(\boldsymbol{E}_n+2\boldsymbol{A})+r(3\boldsymbol{E}_n-2\boldsymbol{A})\leqslant n$$
由$(\boldsymbol{E}_n+2\boldsymbol{A})+(3\boldsymbol{E}_n-2\boldsymbol{A})=4\boldsymbol{E}_n$，及性质(4)得
$$r(\boldsymbol{E}_n+2\boldsymbol{A})+r(3\boldsymbol{E}_n-2\boldsymbol{A})\geqslant r(4\boldsymbol{E}_n)=r(\boldsymbol{E}_n)=n$$
综合得
$$r(\boldsymbol{E}_n+2\boldsymbol{A})+r(3\boldsymbol{E}_n-2\boldsymbol{A})=n$$

习 题 3

1. 设$\boldsymbol{A}=\begin{pmatrix}3&1&1\\2&1&2\\1&1&3\end{pmatrix}$，$\boldsymbol{B}=\begin{pmatrix}1&1&1\\2&-1&0\\1&0&1\end{pmatrix}$. 计算$2\boldsymbol{A}$，$\boldsymbol{A}+\boldsymbol{B}$，$2\boldsymbol{A}-3\boldsymbol{B}$，$\boldsymbol{AB}-\boldsymbol{BA}$，$(\boldsymbol{AB})^2$，$\boldsymbol{BA}^{\mathrm{T}}$.

2. 计算下列矩阵乘积，并总结规律.

(1) $\begin{pmatrix}3&-2\\0&1\\2&4\\-1&0\end{pmatrix}\begin{pmatrix}2&1&-1\\0&-1&0\end{pmatrix}$

(2) $\begin{pmatrix}1&2&-1\\-2&1&0\\1&0&3\end{pmatrix}\begin{pmatrix}2&3\\1&-1\\2&4\end{pmatrix}$

(3) $(1\quad -1\quad 2)\begin{pmatrix}2&-1&0\\1&1&3\\4&2&1\end{pmatrix}$

(4) $(x_1,x_2,\cdots,x_n)\begin{pmatrix} a_{11} & a_{12} & \cdots & a_{1n} \\ a_{21} & a_{22} & \cdots & a_{2n} \\ \vdots & \vdots & & \vdots \\ a_{n1} & a_{n2} & \cdots & a_{nn} \end{pmatrix}$

(5) $(x_1,x_2,x_3)\begin{pmatrix} a_{11} & a_{12} & a_{13} \\ a_{21} & a_{22} & a_{23} \\ a_{31} & a_{32} & a_{33} \end{pmatrix}\begin{pmatrix} x_1 \\ x_2 \\ x_3 \end{pmatrix}$

(6) $\begin{pmatrix} 1 & & & & & \\ & 2 & & & & \\ & & 3 & & & \\ & & & 0 & & \\ & & & & \ddots & \\ & & & & & 0 \end{pmatrix}\begin{pmatrix} a_{11} & a_{12} & \cdots & a_{1n} \\ a_{21} & a_{22} & \cdots & a_{2n} \\ \vdots & \vdots & & \vdots \\ a_{n1} & a_{n2} & \cdots & a_{nn} \end{pmatrix}$

(7) $\begin{pmatrix} a_{11} & a_{12} & \cdots & a_{1n} \\ a_{21} & a_{22} & \cdots & a_{2n} \\ \vdots & \vdots & & \vdots \\ a_{n1} & a_{n2} & \cdots & a_{nn} \end{pmatrix}\begin{pmatrix} 1 & & & & & \\ & 2 & & & & \\ & & 3 & & & \\ & & & 0 & & \\ & & & & \ddots & \\ & & & & & 0 \end{pmatrix}$

(8) $(a_1,a_2,\cdots,a_n)\begin{pmatrix} b_1 \\ b_2 \\ \vdots \\ b_n \end{pmatrix}$, $\begin{pmatrix} a_1 \\ a_2 \\ \vdots \\ a_n \end{pmatrix}(b_1,b_2,\cdots,b_n)$

(9) $\begin{pmatrix} 0 & 0 & 1 \\ 0 & 1 & 0 \\ 1 & 0 & 0 \end{pmatrix}\begin{pmatrix} a_1 & a_2 & a_3 \\ b_1 & b_2 & b_3 \\ c_1 & c_2 & c_3 \end{pmatrix}$, $\begin{pmatrix} a_1 & a_2 & a_3 \\ b_1 & b_2 & b_3 \\ c_1 & c_2 & c_3 \end{pmatrix}\begin{pmatrix} 0 & 0 & 1 \\ 1 & 0 & 0 \\ 0 & 1 & 0 \end{pmatrix}$

(10) $\begin{pmatrix} 1 & 0 & 0 \\ -2 & 1 & 0 \\ 0 & 1 & 0 \end{pmatrix}\begin{pmatrix} a_1 & a_2 & a_3 \\ b_1 & b_2 & b_3 \\ c_1 & c_2 & c_3 \end{pmatrix}$, $\begin{pmatrix} a_1 & a_2 & a_3 \\ b_1 & b_2 & b_3 \\ c_1 & c_2 & c_3 \end{pmatrix}\begin{pmatrix} 1 & -2 & 0 \\ 0 & 1 & 1 \\ 0 & 0 & 0 \end{pmatrix}$

3. 设矩阵 $\boldsymbol{A}=\begin{pmatrix} 2 & 1 \\ -1 & 2 \end{pmatrix}$，$\boldsymbol{E}$ 为二阶单位矩阵，矩阵 $\boldsymbol{B}$ 满足 $\boldsymbol{BA}=\boldsymbol{B}+2\boldsymbol{E}$，则 $|\boldsymbol{B}|=$____.

4. 设 α 为 3×1 矩阵，α^{T} 是 α 的转置，若 $\alpha\alpha^{\mathrm{T}}=\begin{pmatrix} 1 & -1 & 1 \\ -1 & 1 & -1 \\ 1 & -1 & 1 \end{pmatrix}$，则 $\alpha^{\mathrm{T}}\alpha=$____.

5. 计算(1) $\begin{pmatrix} 1 & 1 \\ 0 & 1 \end{pmatrix}^n$ (2) $\begin{pmatrix} 3 & 3 \\ 0 & 3 \end{pmatrix}^n$

6. 设$A=\begin{pmatrix}2&2\\3&-1\end{pmatrix}$, $f(x)=x^2-x-8, g(x)=x^3-3x^2-2x+4$, 求$f(A)$, $g(A)$.

7. 已知$f(A)=3E+2A^2-A^4+A^6$, $A=\begin{pmatrix}1&1\\0&1\end{pmatrix}$, 计算$f(A)$.

8. $A=\begin{pmatrix}0&1\\3&-2\end{pmatrix}$, $f(x)=\begin{vmatrix}x-1&x&0\\0&x-1&-3\\1&1&1\end{vmatrix}$, 求$f(A)$.

9. (1)求$\begin{pmatrix}a_1&&&\\&a_2&&\\&&\ddots&\\&&&a_n\end{pmatrix}^n$. (2) 求$\begin{pmatrix}0&1&0&0\\0&0&1&0\\0&0&0&1\\0&0&0&0\end{pmatrix}^k$ $(k=2,3,4,5)$.

10. 求与A可交换的所有矩阵.

(1) $A=\begin{pmatrix}1&0\\1&1\end{pmatrix}$ (2) $A=\begin{pmatrix}0&1&0\\0&0&1\\0&0&0\end{pmatrix}$

11. 下列命题正确吗？为什么？

(1) $(A+B)^3=A^3+3A^2B+3AB^2+B^3$

(2) $(A+B)(A-B)=A^2-B^2$

(3) $(A+E)(A-E)=A^2-E$

(4) $(AB)^2=A^2B^2$

(5) 若$A\neq O$, 则$|A|\neq 0$; 若$|A|\neq 0$, 则$A\neq O$.

(6) $|A+B|=|A|+|B|$

(7) $|kA|=k|A|$

(8) $(AB)^{\mathrm{T}}=A^{\mathrm{T}}B^{\mathrm{T}}$

(9) $|AB|=|BA|$, A, B为n阶方阵.

(10) $|E-A|=|E-A^{\mathrm{T}}|$

12. 设A是n阶非零对称阵. 证明:存在n元列矩阵a, 使得$a^{\mathrm{T}}Aa\neq 0$.

13. 设A为$m\times n$矩阵, 证明:$A=O\Leftrightarrow A^{\mathrm{T}}A=O$.

14. 若$AB=BA$, $AC=CA$, 证明:A, B, C都是同阶矩阵, 而且$A(B+C)=(B+C)A$, $A(BC)=(BC)A$.

15. 设A为n阶方阵, 证明:$A+A^{\mathrm{T}}$, AA^{T}均为对称矩阵.

16. 已知A是一个n阶对称阵, B是一个n阶反对称阵. 问A^k, B^k是否为对称阵或反对称阵.

17. 若对于任意的n阶矩阵B, 均有$AB=B$, 求证$A=E_n$.

18. 求下列矩阵的秩.

$$A=\begin{pmatrix}1&2&-1&0\\1&1&1&1\\1&2&1&2\end{pmatrix},\ B=\begin{pmatrix}1&3&2&1\\1&2&1&1\\2&5&3&2\end{pmatrix}$$

$$C=\begin{pmatrix}1&2&3\\x&4&6\\3&y&9\end{pmatrix},\ D=\begin{pmatrix}1&-1&0&a\\0&1&-1&b\\-1&0&1&c\end{pmatrix}$$

19. 设矩阵 $A=\begin{pmatrix}0&1&0&0\\0&0&1&0\\0&0&0&1\\0&0&0&0\end{pmatrix}$，求 A^3 的秩.

20. 设 A, B 都为 n 阶方阵，且可逆，满足 $(AB)^2=E$. 判断下列各式是否正确.

(A) $A=B^{-1}$　　(B) $ABA=B^{-1}$

(C) $BAB=A^{-1}$　　(D) $(BA)^2=E$

21. 设 A, B, C 都为 n 阶方阵，且满足 $ABC=E$，判断下列各式是否正确.

(A) $ACB=E$　　(B) $BCA=E$

(C) $CBA=E$　　(D) $CAB=E$

22. 求下列矩阵的逆矩阵.

(1) $\begin{pmatrix}8&-4\\-5&3\end{pmatrix}$　　(2) $\begin{pmatrix}\cos\theta&-\sin\theta\\\sin\theta&\cos\theta\end{pmatrix}$

(3) $\begin{pmatrix}1&2&1\\-3&0&2\\-1&1&1\end{pmatrix}$　　(4) $\begin{pmatrix}1&0&0&0\\1&1&0&0\\1&1&1&0\\1&1&1&1\end{pmatrix}$

(5) $\begin{pmatrix}0&a_1&0&\cdots&0\\0&0&a_2&\cdots&0\\\vdots&\vdots&\vdots&&\vdots\\0&0&0&\cdots&a_{n-1}\\a_n&0&0&\cdots&0\end{pmatrix}$　$(a_i\neq0)$

23. 已知 $A=\begin{pmatrix}0&1&1\\1&0&1\\1&1&0\end{pmatrix}$, $B=\begin{pmatrix}1&2&0\\2&5&0\\0&0&3\end{pmatrix}$. 计算 $(AB)^{-1}$.

24. 已知 $\begin{pmatrix}2&5\\1&3\end{pmatrix}X=\begin{pmatrix}1&1\\-1&0\end{pmatrix}$，求 X.

25. 设 $A=\begin{pmatrix}1&2&-1\\3&x&-2\\5&-4&1\end{pmatrix}$ 是可逆矩阵，求 x.

26. 设 $A=\begin{pmatrix}1&0&1\\0&2&0\\1&0&1\end{pmatrix}$，且 $AX+E=A^2+X$，求 X.

27. $\boldsymbol{A}=\begin{pmatrix}\frac{1}{3} & 0 & 0\\ 0 & \frac{1}{4} & 0\\ 0 & 0 & \frac{1}{7}\end{pmatrix}$，并且 $\boldsymbol{A}^{-1}\boldsymbol{B}\boldsymbol{A}=6\boldsymbol{A}+\boldsymbol{B}\boldsymbol{A}$，求 $\boldsymbol{B}$.

28. 设 $\boldsymbol{A}$ 为 n 阶方阵，满足 $\boldsymbol{A}^2+3\boldsymbol{A}-2\boldsymbol{E}=\boldsymbol{O}$，则 $\boldsymbol{A}$ 可逆，并求 $\boldsymbol{A}^{-1}$.

29. 设 $\boldsymbol{A}$ 为 n 阶方阵，满足 $\boldsymbol{A}^2-2\boldsymbol{A}-4\boldsymbol{E}=\boldsymbol{O}$. 证明:$\boldsymbol{A}+\boldsymbol{E},\boldsymbol{A}-3\boldsymbol{E}$ 均可逆.

30. 已知 $\boldsymbol{A}^k=\boldsymbol{O}$($k\geqslant 2$ 为正整数). 证明:$\boldsymbol{A}-\boldsymbol{E}$ 可逆,并求$(\boldsymbol{A}-\boldsymbol{E})^{-1}$.

31. 证明:对称矩阵的逆矩阵仍然是对称矩阵. 反对称矩阵的逆矩阵也是反对称矩阵.

32. 设 $\boldsymbol{A},\boldsymbol{B}$ 都为 n 阶方阵，并且 $|\boldsymbol{B}|\neq 0$，$\boldsymbol{A}-\boldsymbol{E}$ 可逆，且 $(\boldsymbol{A}-\boldsymbol{E})^{-1}=(\boldsymbol{B}-\boldsymbol{E})^{\mathrm{T}}$. 求证:$\boldsymbol{A}$ 可逆.

33. 设 $\boldsymbol{A}=\begin{pmatrix}a_{11} & a_{12} & a_{13}\\ a_{21} & a_{22} & a_{23}\\ a_{31} & a_{32} & a_{33}\end{pmatrix}$，$\boldsymbol{A}_1=\begin{pmatrix}0 & ka_{12} & la_{13}\\ 0 & ka_{22} & la_{23}\\ 0 & ka_{32} & la_{33}\end{pmatrix}$，$\boldsymbol{A}$ 为实对称可逆矩阵.

(1) 证明:$\boldsymbol{A}$ 的伴随矩阵 $\boldsymbol{A}^*$ 为实对称可逆矩阵.

(2) 计算 $\boldsymbol{A}^*\boldsymbol{A}_1$.

34. 满足 $\boldsymbol{A}\boldsymbol{A}^{\mathrm{T}}=\boldsymbol{E}$ 的矩阵 $\boldsymbol{A}$ 称为正交阵,证明:

(1) 正交阵 $\boldsymbol{A}$ 的行列式 $|\boldsymbol{A}|=\pm 1$.

(2) 若正交阵 $|\boldsymbol{A}|=1$，则当 n 为奇数时，$\boldsymbol{E}-\boldsymbol{A}$ 不可逆.

(3) 若正交阵 $|\boldsymbol{A}|=-1$，则 $\boldsymbol{E}+\boldsymbol{A}$ 不可逆.

35. 设 $\boldsymbol{A}$ 为三阶方阵，$\boldsymbol{B}$ 为二阶方阵，且 $|\boldsymbol{A}|=5$，$|\boldsymbol{B}|=-2$，求

(1) $\begin{vmatrix}\boldsymbol{O} & \boldsymbol{A}^*\\ (3\boldsymbol{B})^{-1} & \boldsymbol{O}\end{vmatrix}$　　(2) $\begin{vmatrix}-\boldsymbol{A}^{-1} & \boldsymbol{O}\\ \boldsymbol{O} & (4\boldsymbol{B})^{-1}\end{vmatrix}$

36. 设 $\boldsymbol{A}$ 为三阶方阵，且 $|\boldsymbol{A}|=\frac{1}{2}$，求 $|(3\boldsymbol{A})^{-1}-2\boldsymbol{A}^*|$.

37. 若 $\boldsymbol{A}$ 是 n 阶可逆矩阵，证明:$|(\boldsymbol{A}^*)^*|=|\boldsymbol{A}|^{(n-1)^2}$.

38. 设矩阵 $\boldsymbol{A}=\begin{pmatrix}2 & 1 & 0\\ 1 & 2 & 0\\ 0 & 0 & 1\end{pmatrix}$，矩阵 $\boldsymbol{B}$ 满足 $\boldsymbol{A}\boldsymbol{B}\boldsymbol{A}^*=2\boldsymbol{B}\boldsymbol{A}^*+\boldsymbol{E}$，其中 $\boldsymbol{A}^*$ 为 $\boldsymbol{A}$ 的伴随矩阵，求 $|\boldsymbol{B}|$.

39. 用初等变换法求下列矩阵的逆矩阵.

(1) $\begin{pmatrix}1 & 2 & 2\\ 2 & 1 & -2\\ 2 & -2 & 1\end{pmatrix}$　　(2) $\begin{pmatrix}1 & 2 & 3 & 4\\ 2 & 3 & 1 & 2\\ 1 & 1 & 1 & -1\\ 1 & 0 & -2 & -6\end{pmatrix}$

(3) $\begin{pmatrix} 1 & a & a^2 & a^3 \\ 0 & 1 & a & a^2 \\ 0 & 0 & 1 & a \\ 0 & 0 & 0 & 1 \end{pmatrix}$,其中，$a_i \neq 0$，$i=1,2,\cdots,n$.

40. 解下列矩阵方程.

(1) $X\begin{pmatrix} 1 & 2 & -3 \\ 3 & 2 & -4 \\ 2 & -1 & 0 \end{pmatrix}=\begin{pmatrix} 1 & -3 & 0 \\ 10 & 2 & 7 \\ 10 & 7 & 8 \end{pmatrix}$

(2) $\begin{pmatrix} 1 & 1 & 1 & \cdots & 1 \\ 0 & 1 & 1 & \cdots & 1 \\ 0 & 0 & 1 & \cdots & 1 \\ \vdots & \vdots & \vdots & & \vdots \\ 0 & 0 & 0 & \cdots & 1 \end{pmatrix} X=\begin{pmatrix} 1 & 2 & 3 & \cdots & n \\ 0 & 1 & 2 & \cdots & n-1 \\ 0 & 0 & 1 & \cdots & n-2 \\ \vdots & \vdots & \vdots & & \vdots \\ 0 & 0 & 0 & \cdots & 1 \end{pmatrix}$

41. 已知 $A=\begin{pmatrix} a_{11} & a_{12} & a_{13} \\ a_{21} & a_{22} & a_{23} \\ a_{31} & a_{32} & a_{33} \end{pmatrix}$, $P_1=\begin{pmatrix} 1 & 0 & 0 \\ 1 & 1 & 0 \\ 0 & 0 & 1 \end{pmatrix}$, $P_2=\begin{pmatrix} 1 & 0 & 0 \\ 0 & 1 & 0 \\ 0 & 0 & 1 \end{pmatrix}$, $P_3=\begin{pmatrix} 0 & 0 & 1 \\ 0 & 1 & 0 \\ 1 & 0 & 0 \end{pmatrix}$. 求

(1) P_1AP_2　　(2) AP_1P_3　　(3) P_3AP_2　　(4) $P_1P_2P_3A$

42. (1) 设 n 阶矩阵 A 与 B 等价，则必有(　　).

(A) 当 $|A|=a(a\neq 0)$ 时，$|B|=a$　　(B) 当 $|A|=a(a\neq 0)$ 时，$|B|=-a$

(C) 当 $|A|\neq 0$ 时，$|B|=0$　　(D) 当 $|A|=0$ 时，$|B|=0$

(2) 设 A 为三阶矩阵，将 A 的第二行加到第一行得 B，再将 B 的第一列的 -1 倍加到第二列得 C，记 $P=\begin{pmatrix} 1 & 1 & 0 \\ 0 & 1 & 0 \\ 0 & 0 & 1 \end{pmatrix}$，则(　　).

(A) $C=P^{-1}AP$　　(B) $C=PAP^{-1}$

(C) $C=P^{\mathrm{T}}AP$　　(D) $C=PAP^{\mathrm{T}}$

43. 用分块矩阵的乘法，计算下列矩阵的乘积.

(1) $A=\begin{pmatrix} 1 & 3 & 0 & 0 & 0 \\ 2 & 8 & 0 & 0 & 0 \\ 0 & 0 & 1 & 0 & 1 \\ 0 & 0 & 2 & 3 & 2 \\ 0 & 0 & 3 & 1 & 1 \end{pmatrix}$, $B=\begin{pmatrix} 1 & 3 & 0 & 0 & 0 \\ 2 & 8 & 0 & 0 & 0 \\ 1 & 0 & 1 & 0 & 1 \\ 0 & 1 & 2 & 3 & 2 \\ 2 & 3 & 3 & 1 & 1 \end{pmatrix}$

求 AB.

(2) $A=\begin{pmatrix} 1 & 0 & 1 & 0 & 0 \\ 0 & 2 & -1 & 0 & 0 \\ 3 & 1 & 0 & 0 & 0 \\ 0 & 0 & 0 & -2 & 0 \\ 0 & 0 & 0 & 0 & -2 \end{pmatrix}$, $B=\begin{pmatrix} 1 & 0 & 1 & 0 & 0 \\ 0 & 2 & 0 & 0 & 0 \\ 0 & 0 & 3 & 0 & 0 \\ 0 & 0 & 0 & -1 & 3 \\ 0 & 0 & 0 & 4 & 2 \end{pmatrix}$

求 $\boldsymbol{AB}$.

44. 用矩阵分块的方法，证明下列矩阵可逆，并求其逆矩阵.

(1) $\begin{pmatrix} 1 & 2 & 0 & 0 & 0 \\ 2 & 5 & 0 & 0 & 0 \\ 0 & 0 & 3 & 0 & 0 \\ 0 & 0 & 0 & 1 & 0 \\ 0 & 0 & 0 & 0 & 1 \end{pmatrix}$　(2) $\begin{pmatrix} 0 & 0 & 0 & 4 & 4 \\ 0 & 0 & 0 & 7 & 8 \\ 1 & 1 & 1 & 0 & 0 \\ 0 & 1 & 1 & 0 & 0 \\ 0 & 0 & 1 & 0 & 0 \end{pmatrix}$

(3) $\begin{pmatrix} 0 & a_1 & 0 & \cdots & 0 \\ 0 & 0 & a_2 & \cdots & 0 \\ \vdots & \vdots & \vdots & & \vdots \\ 0 & 0 & 0 & \cdots & a_{n-1} \\ a_n & 0 & 0 & \cdots & 0 \end{pmatrix}$　(4) $\begin{pmatrix} 2 & 0 & 1 & 0 & 2 \\ 0 & 2 & 0 & 1 & 3 \\ 0 & 0 & 1 & 0 & 0 \\ 0 & 0 & 0 & 1 & 0 \\ 0 & 0 & 0 & 0 & 1 \end{pmatrix}$

45. 设 $\boldsymbol{A}$ 是 $m\times n$ 矩阵，若对任意 $n\times 1$ 矩阵 $\boldsymbol{X}$ 都有 $\boldsymbol{AX}=\boldsymbol{O}_{m\times 1}$，试证:$\boldsymbol{A}=\boldsymbol{O}$.

46. 设 $\boldsymbol{A}$ 是 n 阶实对称阵，且 $\boldsymbol{A}^2=\boldsymbol{O}$，证明:$\boldsymbol{A}=\boldsymbol{O}$.

47. 设 $\boldsymbol{A}^2=\boldsymbol{E}_n$，证明:$r(\boldsymbol{A}+\boldsymbol{E}_n)+r(\boldsymbol{A}-\boldsymbol{E}_n)=n$.

48. 设 $\boldsymbol{A}$ 是 $m\times n$ 矩阵，$\boldsymbol{B}$ 是 $n\times p$ 矩阵，$r(\boldsymbol{A})=n$，试证:$r(\boldsymbol{AB})=r(\boldsymbol{B})$.

49. 设 $\boldsymbol{A}$, $\boldsymbol{B}$ 都是 $m\times n$ 矩阵，$\boldsymbol{A}$ 经初等行变换可化成 $\boldsymbol{B}$，若记

$$\boldsymbol{A}=(\boldsymbol{\alpha}_1,\boldsymbol{\alpha}_2,\cdots,\boldsymbol{\alpha}_n),\quad \boldsymbol{B}=(\boldsymbol{\beta}_1,\boldsymbol{\beta}_2,\cdots,\boldsymbol{\beta}_n)$$

则当 $\boldsymbol{\beta}_i=\sum\limits_{\substack{j=1\\j\neq i}}^{n}k_j\boldsymbol{\beta}_j$ 时，$\boldsymbol{\alpha}_i=\sum\limits_{\substack{j=1\\j\neq i}}^{n}k_j\boldsymbol{\alpha}_j$.

50. (1) 求 $\begin{pmatrix} 1 & -\tan\dfrac{\pi}{3} \\ \sqrt{3} & 1 \end{pmatrix}^n$，其中 n 为自然数.

(2) 求 $\begin{pmatrix} 3 & 4 & 0 & 0 \\ 4 & -3 & 0 & 0 \\ 0 & 0 & -1 & 1 \\ 0 & 0 & 0 & 2 \end{pmatrix}^{2n}$

51. 设 $\boldsymbol{A}$ 为 n 阶方阵，则 $r(\boldsymbol{A})\leqslant 1$ 的充要条件是存在两个 $n\times 1$ 矩阵 $\boldsymbol{U}$, $\boldsymbol{V}$，使 $\boldsymbol{A}=\boldsymbol{UV}^{\mathrm{T}}$.

52. 设 $\boldsymbol{A}$ 为 n 阶可逆方阵，$\boldsymbol{A}^*$ 为 $\boldsymbol{A}$ 的伴随阵，证明：

(1) $\boldsymbol{A}^*=|\boldsymbol{A}|\boldsymbol{A}^{-1}$　(2) $(\boldsymbol{A}^*)^{-1}=\dfrac{1}{|\boldsymbol{A}|}\boldsymbol{A}=(\boldsymbol{A}^{-1})^*$

(3) $(-\boldsymbol{A})^*=(-1)^{n-1}\boldsymbol{A}^*$　(4) $|\boldsymbol{A}^*|=|\boldsymbol{A}|^{n-1}$

53. 设三阶方阵 $\boldsymbol{A}$ 的行列式 $|\boldsymbol{A}|=4$，求

(1) $|\boldsymbol{A}^*|$　(2) $|(-\boldsymbol{A})^*|$

(3) $\left|\left(\dfrac{1}{4}\boldsymbol{A}\right)^{-1}-\dfrac{1}{2}\boldsymbol{A}^*\right|$　(4) $|(\boldsymbol{A}^*)^{-1}|$

54. 设四阶方阵 $\boldsymbol{A}=(\boldsymbol{\alpha}, \boldsymbol{X}, \boldsymbol{Y}, \boldsymbol{Z})$，$\boldsymbol{B}=(\boldsymbol{\beta}, \boldsymbol{X}, \boldsymbol{Y}, \boldsymbol{Z})$，$|\boldsymbol{A}|=4$，$|\boldsymbol{B}|=1$. 求 $|\boldsymbol{A}+\boldsymbol{B}|$.

55. 设 $\boldsymbol{A}$ 为 n 阶方阵，若对任意 $n\times 1$ 矩阵 $\boldsymbol{B}$，$\boldsymbol{AX}=\boldsymbol{B}$ 都有解，则 $\boldsymbol{A}$ 是可逆阵，证明之.

56. 设 $\boldsymbol{A}=(\boldsymbol{\alpha}_1, \boldsymbol{\alpha}_2, \cdots, \boldsymbol{\alpha}_{n+1}, \cdots, \boldsymbol{\alpha}_{n+m})$ 是 $n+m$ 阶方阵，$|\boldsymbol{A}|=\alpha$，求 $|\boldsymbol{\alpha}_{n+1}, \boldsymbol{\alpha}_{n+2}, \cdots, \boldsymbol{\alpha}_{n+m}, \boldsymbol{\alpha}_1, \boldsymbol{\alpha}_2, \cdots, \boldsymbol{\alpha}_n|$.

57. 设 $\boldsymbol{A}, \boldsymbol{B}, \boldsymbol{C}, \boldsymbol{D}$ 都是 n 阶方阵，$\boldsymbol{A}$ 可逆，且 $\boldsymbol{AC}=\boldsymbol{CA}$，试证：$\begin{vmatrix} \boldsymbol{A} & \boldsymbol{B} \\ \boldsymbol{C} & \boldsymbol{D} \end{vmatrix}=|\boldsymbol{AD}-\boldsymbol{CB}|$.

58. 设 $\boldsymbol{A}, \boldsymbol{B}$ 都是 $m\times n$ 矩阵，证明：$\boldsymbol{A}$ 经初等变换可以化成 $\boldsymbol{B}$ 的充要条件是 $r(\boldsymbol{A})=r(\boldsymbol{B})$.

59. 设 $\boldsymbol{A}$ 是 n 阶非奇异矩阵，$\boldsymbol{B}$ 是 $n\times 1$ 矩阵，b 是常数，记

$$\boldsymbol{Q}=\begin{pmatrix} \boldsymbol{A} & \boldsymbol{B} \\ \boldsymbol{B}^{\mathrm{T}} & b \end{pmatrix}$$

试证：$\boldsymbol{Q}$ 可逆的充要条件是 $\boldsymbol{B}^{\mathrm{T}}\boldsymbol{A}^{-1}\boldsymbol{B}\neq b$.

60. 设 $\boldsymbol{A}$ 是 n 阶方阵，$\boldsymbol{A}^*$ 为 $\boldsymbol{A}$ 的伴随阵，试证：

$$r(\boldsymbol{A}^*)=\begin{cases} n & \text{当 } r(\boldsymbol{A})=n \text{ 时} \\ 1 & \text{当 } r(\boldsymbol{A})=n-1 \text{ 时} \\ 0 & \text{当 } r(\boldsymbol{A})<n-1 \text{ 时} \end{cases}$$

61. 设 $\boldsymbol{A}=(a_{ij})$ 是 $n\times n$ 矩阵，称

$$\mathrm{tr}\boldsymbol{A}=\sum_{i=1}^{n} a_{ii}$$

为 $\boldsymbol{A}$ 的迹. 设 $\boldsymbol{A}, \boldsymbol{B}$ 都是 $n\times n$ 矩阵，证明：

(1) $\mathrm{tr}(\boldsymbol{A}+\boldsymbol{B})=\mathrm{tr}\boldsymbol{A}+\mathrm{tr}\boldsymbol{B}$　　(2) $\mathrm{tr}(k\boldsymbol{A})=k\mathrm{tr}(\boldsymbol{A})$

(3) $\mathrm{tr}(\boldsymbol{AB})=\mathrm{tr}(\boldsymbol{BA})$　　(4) $\boldsymbol{AB}-\boldsymbol{BA}\neq \boldsymbol{E}_n$

(5) 若 $\boldsymbol{A}$ 还是可逆阵，则 $\mathrm{tr}(\boldsymbol{ABA}^{-1})=\mathrm{tr}\boldsymbol{B}$.

62. 设 $\boldsymbol{A}, \boldsymbol{B}$ 为三阶矩阵，且 $|\boldsymbol{A}|=3$，$|\boldsymbol{B}|=2$，$|\boldsymbol{A}^{-1}+\boldsymbol{B}|=2$，求 $|\boldsymbol{A}+\boldsymbol{B}^{-1}|$.

63. (1) 设 $\boldsymbol{A}=\begin{pmatrix} 1 & 0 & 0 & 0 \\ -2 & 3 & 0 & 0 \\ 0 & -4 & 5 & 0 \\ 0 & 0 & -6 & 7 \end{pmatrix}$，$\boldsymbol{E}$ 为四阶单位矩阵，且 $\boldsymbol{B}=(\boldsymbol{E}+\boldsymbol{A})^{-1}(\boldsymbol{E}-\boldsymbol{A})$，则 $(\boldsymbol{B}+\boldsymbol{E})^{-1}=$____.

(2) 设 $\boldsymbol{A}=(\alpha_1, \alpha_2, \alpha_3)$ 是三阶方阵，$\boldsymbol{B}=(\alpha_1+\alpha_2+\alpha_3,\ \alpha_1+2\alpha_2+4\alpha_3, \alpha_1+3\alpha_2+9\alpha_3)$，若 $|\boldsymbol{A}|=1$，则 $|\boldsymbol{B}|=$____.

(3) 设矩阵 $\boldsymbol{A}=\begin{pmatrix} k & 1 & 1 & 1 \\ 1 & k & 1 & 1 \\ 1 & 1 & k & 1 \\ 1 & 1 & 1 & k \end{pmatrix}$，且 $r(\boldsymbol{A})=3$，则 $k=$____.

64. (1) 设 $\boldsymbol{A}=\begin{pmatrix} a_{11} & a_{12} & a_{13} & a_{14} \\ a_{21} & a_{22} & a_{23} & a_{24} \\ a_{31} & a_{32} & a_{33} & a_{34} \\ a_{41} & a_{42} & a_{43} & a_{44} \end{pmatrix}$，$\boldsymbol{B}=\begin{pmatrix} a_{14} & a_{13} & a_{12} & a_{11} \\ a_{24} & a_{23} & a_{22} & a_{21} \\ a_{34} & a_{33} & a_{32} & a_{31} \\ a_{44} & a_{43} & a_{42} & a_{41} \end{pmatrix}$，$\boldsymbol{P}_1=\begin{pmatrix} 0 & 0 & 0 & 1 \\ 0 & 1 & 0 & 0 \\ 0 & 0 & 1 & 0 \\ 1 & 0 & 0 & 0 \end{pmatrix}$，$\boldsymbol{P}_2=$

$\begin{pmatrix}1&0&0&0\\0&0&1&0\\0&1&0&0\\0&0&0&1\end{pmatrix}$, 其中 $\boldsymbol{A}$ 可逆, 则 $\boldsymbol{B}^{-1}$ 等于(　　).

(A) $\boldsymbol{A}^{-1}\boldsymbol{P}_1\boldsymbol{P}_2$　　(B) $\boldsymbol{P}_1\boldsymbol{A}^{-1}\boldsymbol{P}_2$　　(C) $\boldsymbol{P}_1\boldsymbol{P}_2\boldsymbol{A}^{-1}$　　(D) $\boldsymbol{P}_2\boldsymbol{A}^{-1}\boldsymbol{P}_1$

(2) 设矩阵 $\boldsymbol{A}=(a_{ij})_{3\times3}$ 满足 $\boldsymbol{A}^*=\boldsymbol{A}^{\mathrm{T}}$, 其中 $\boldsymbol{A}^*$ 是 $\boldsymbol{A}$ 的伴随矩阵, $\boldsymbol{A}^{\mathrm{T}}$ 为 $\boldsymbol{A}$ 的转置矩阵. 若 a_{11},a_{12},a_{13} 为三个相等的正数, 则 a_{11} 为(　　).

(A) $\frac{\sqrt{3}}{3}$　　(B) 3　　(C) $\frac{1}{3}$　　(D) $\sqrt{3}$

(3) 设三阶矩阵 $\boldsymbol{A}=\begin{pmatrix}a&b&b\\b&a&b\\b&b&a\end{pmatrix}$, 若 $\boldsymbol{A}$ 的伴随矩阵的秩为 1,则必有(　　).

(A) $a=b$ 或 $a+2b=0$　　(B) $a=b$ 或 $a+2b\neq0$

(C) $a\neq b$ 且 $a+2b=0$　　(D) $a\neq b$ 且 $a+2b\neq0$

(4) 设 $\boldsymbol{A}$ 是 $m\times n$ 矩阵, $\boldsymbol{B}$ 是 $n\times m$ 矩阵, 且 $\boldsymbol{AB}=\boldsymbol{E}$, 其中 $\boldsymbol{E}$ 为 m 阶单位矩阵, 则(　　).

(A) $r(\boldsymbol{A})=r(\boldsymbol{B})=m$　　(B) $r(\boldsymbol{A})=m$, $r(\boldsymbol{B})=n$

(C) $r(\boldsymbol{A})=n$, $r(\boldsymbol{B})=m$　　(D) $r(\boldsymbol{A})=r(\boldsymbol{B})=n$

(5) 设 $\boldsymbol{A}$, $\boldsymbol{B}$ 均为二阶矩阵, $\boldsymbol{A}^*$, $\boldsymbol{B}^*$ 分别为 $\boldsymbol{A}$, $\boldsymbol{B}$ 的伴随矩阵, 若 $|\boldsymbol{A}|=2$, $|\boldsymbol{B}|=3$, 则分块矩阵 $\begin{pmatrix}\boldsymbol{O}&\boldsymbol{A}\\\boldsymbol{B}&\boldsymbol{O}\end{pmatrix}$ 的伴随矩阵为(　　).

(A) $\begin{pmatrix}\boldsymbol{O}&3\boldsymbol{B}^*\\2\boldsymbol{A}^*&\boldsymbol{O}\end{pmatrix}$　　(B) $\begin{pmatrix}\boldsymbol{O}&2\boldsymbol{B}^*\\3\boldsymbol{A}^*&\boldsymbol{O}\end{pmatrix}$　　(C) $\begin{pmatrix}\boldsymbol{O}&3\boldsymbol{A}^*\\2\boldsymbol{B}^*&\boldsymbol{O}\end{pmatrix}$　　(D) $\begin{pmatrix}\boldsymbol{O}&2\boldsymbol{A}^*\\3\boldsymbol{B}^*&\boldsymbol{O}\end{pmatrix}$

65. 已知 $\boldsymbol{A}$, $\boldsymbol{B}$ 为三阶矩阵, 且满足 $2\boldsymbol{A}^{-1}\boldsymbol{B}=\boldsymbol{B}-4\boldsymbol{E}$, 其中 $\boldsymbol{E}$ 是三阶单位矩阵.

(1) 证明:矩阵 $\boldsymbol{A}-2\boldsymbol{E}$ 可逆.

(2) 若 $\boldsymbol{B}=\begin{pmatrix}1&-2&0\\1&2&0\\0&0&2\end{pmatrix}$, 求矩阵 $\boldsymbol{A}$.

66. 已知矩阵 $\boldsymbol{A}=\begin{pmatrix}1&0&0\\1&1&0\\1&1&1\end{pmatrix}$, $\boldsymbol{B}=\begin{pmatrix}0&1&1\\1&0&1\\1&1&0\end{pmatrix}$, 且矩阵 $\boldsymbol{X}$ 满足 $\boldsymbol{AXA}+\boldsymbol{BXB}=\boldsymbol{AXB}+\boldsymbol{BXA}+\boldsymbol{E}$, 其中 $\boldsymbol{E}$ 是三阶单位矩阵, 求 $\boldsymbol{X}$.

第 4 章　线性方程组

这一章的中心问题是讨论线性方程组的解的基本理论，也就是非齐次线性方程组有解和齐次线性方程组有非零解的充分必要条件以及它们的解的结构.

为了探讨这些问题，并给出明确的结论，需要引入 n 维向量的概念，定义它的线性运算，研究向量的线性相关性，进而引出向量组的秩的概念.

4.1　n 维向量空间

在几何空间中,我们接触过几何向量，在给定坐标系下它和有序实数组(a_x, a_y, a_z)一一对应，从而可记为(a_x, a_y, a_z). 而在许多实际问题中，我们所研究的对象需要用多个数构成的有序数组来描述. 因此，有必要将几何向量推广到 n 维向量.

现在，先引入 n 维向量的概念，定义它的线性运算.

定义 4.1　数域 F 上的 n 个数 $a_1, a_2, \cdots, a_n$ 构成的有序数组，称为数域 F 上的一个 n 元向量(以后常称 n 维向量)，记作

$$\boldsymbol{\alpha}=(a_1, a_2, \cdots, a_n) \tag{4.1}$$

其中，a_i 称为 $\boldsymbol{\alpha}$ 的第 i 个分量.

向量写作式(4.1)的形式，称为行向量;向量写作列的形式(也可用矩阵的转置记号表示)

$$\boldsymbol{\alpha}=(a_1, a_2, \cdots, a_n)^{\mathrm{T}} \tag{4.2}$$

称为列向量.

数域 F 上全体 n 元向量组成的集合，记作 F^n.

定义 4.2　设 $\boldsymbol{\alpha}=(a_1, a_2, \cdots, a_n)$，$\boldsymbol{\beta}=(b_1, b_2, \cdots, b_n)\in F^n$，$k\in F$，定义

(1) $\boldsymbol{\alpha}=\boldsymbol{\beta}$，当且仅当 $a_i=b_i(i=1, \cdots, n)$.

(2) 向量加法(或 $\boldsymbol{\alpha}$ 与 $\boldsymbol{\beta}$ 之和)为

$$\boldsymbol{\alpha}+\boldsymbol{\beta}=(a_1+b_1, a_2+b_2, \cdots, a_n+b_n)$$

(3) 向量的数量乘法(简称数乘)为

$$k\boldsymbol{\alpha}=(ka_1, ka_2, \cdots, ka_n)$$

其中，$k\boldsymbol{\alpha}$ 称为向量 $\boldsymbol{\alpha}$ 与数 k 的数量乘积.

在定义 4.2 的(3)中，取 $k=-1$，得

$$(-1)\boldsymbol{\alpha}=(-a_1, -a_2, \cdots, -a_n) \tag{4.3}$$

式(4.3)右端的向量称为 $\boldsymbol{\alpha}$ 的负向量，记作 $-\boldsymbol{\alpha}$. 向量的减法定义为

$$\boldsymbol{\beta}-\boldsymbol{\alpha}=\boldsymbol{\beta}+(-\boldsymbol{\alpha})$$

分量全为零的 n 维向量 $(0, 0, \cdots, 0)$ 称为 n 维零向量，记作 $\mathbf{0}_n$，或简记为 $\mathbf{0}$.

上述在 F^n 中定义的向量加法和数乘运算称为向量的线性运算，用定义容易验证它们满足下列八条运算规则：

(1) $\boldsymbol{\alpha}+\boldsymbol{\beta}=\boldsymbol{\beta}+\boldsymbol{\alpha}$(加法交换律)

(2) $(\boldsymbol{\alpha}+\boldsymbol{\beta})+\boldsymbol{\gamma}=\boldsymbol{\alpha}+(\boldsymbol{\beta}+\boldsymbol{\gamma})$(加法结合律)

(3) 对任一个向量 $\boldsymbol{\alpha}$，有 $\boldsymbol{\alpha}+\mathbf{0}=\boldsymbol{\alpha}$.

(4) 对任一个向量 $\boldsymbol{\alpha}$，存在负向量 $-\boldsymbol{\alpha}$，使 $\boldsymbol{\alpha}+(-\boldsymbol{\alpha})=\mathbf{0}_n$.

(5) $1\boldsymbol{\alpha}=\boldsymbol{\alpha}$

(6) $k(l\boldsymbol{\alpha})=(kl)\boldsymbol{\alpha}$(数乘结合律)

(7) $k(\boldsymbol{\alpha}+\boldsymbol{\beta})=k\boldsymbol{\alpha}+k\boldsymbol{\beta}$(数乘分配律)

(8) $(k+l)\boldsymbol{\alpha}=k\boldsymbol{\alpha}+l\boldsymbol{\alpha}$(数乘分配律)

其中，$\boldsymbol{\alpha}, \boldsymbol{\beta}, \boldsymbol{\gamma}\in F^n$；$1, k, l\in F$；$\mathbf{0}_n$ 为零向量.

通常，称集合 F^n 为 n 维向量空间. 当 $F=\mathbf{R}$ 时，称 $\mathbf{R}^n$ 为 n 维实向量空间.

4.2 向量组的线性相关与线性无关

向量的线性相关性是向量在线性运算下的一种性质，它是线性代数中极重要的基本概念. 为了更好地理解这个概念，先讲一下它在三维实向量的某些几何背景，然后给以一般定义.

若两个非零向量 $\boldsymbol{\alpha}_1$ 和 $\boldsymbol{\alpha}_2$ 共线，则 $\boldsymbol{\alpha}_2=l\boldsymbol{\alpha}_1(l\in \boldsymbol{R})$，这等价于：存在不全为零的数 k_1, k_2，使 $k_1\boldsymbol{\alpha}_1+k_2\boldsymbol{\alpha}_2=\mathbf{0}$；若 $\boldsymbol{\alpha}_1$ 和 $\boldsymbol{\alpha}_2$ 不共线，则 $\forall l\in\mathbf{R}$，有 $\boldsymbol{\alpha}_2\neq l\boldsymbol{\alpha}_1$，它等价于：只有当 k_1, k_2 全为 0 时，才有 $k_1\boldsymbol{\alpha}_1+k_2\boldsymbol{\alpha}_2=\mathbf{0}$.

若三个非零向量 $\boldsymbol{\alpha}_1, \boldsymbol{\alpha}_2, \boldsymbol{\alpha}_3$ 共面，则其中至少有一个向量可由另两个向量线性表示，如 $\boldsymbol{\alpha}_3=l_1\boldsymbol{\alpha}_1+l_2\boldsymbol{\alpha}_2$，$\boldsymbol{\alpha}_1=0\boldsymbol{\alpha}_2+l_3\boldsymbol{\alpha}_3$，二者都等价于：存在不全为0的数 k_1, k_2, k_3，使 $k_1\boldsymbol{\alpha}_1+k_2\boldsymbol{\alpha}_2+k_3\boldsymbol{\alpha}_3=\mathbf{0}$；若 $\boldsymbol{\alpha}_1, \boldsymbol{\alpha}_2, \boldsymbol{\alpha}_3$ 不共面，则任一个向量都不能由另两个向量线性表示，只有当 k_1, k_2, k_3 全为 0 时，才有 $k_1\boldsymbol{\alpha}_1+k_2\boldsymbol{\alpha}_2+k_3\boldsymbol{\alpha}_3=\mathbf{0}$.

上述三维向量在线性运算下的性质(即一组向量中是否存在一个向量可由其余向量线性表示，或是否有不全为 0 的系数使向量的线性组合为零向量)，就是向量的线性相关性.

定义 4.3 对于 n 维向量 $\boldsymbol{\beta}, \boldsymbol{\alpha}_1, \boldsymbol{\alpha}_2, \cdots, \boldsymbol{\alpha}_m$，如果有一组数 $k_1, k_2, \cdots, k_m$，使

$$\boldsymbol{\beta}=k_1\boldsymbol{\alpha}_1+k_2\boldsymbol{\alpha}_2+\cdots+k_m\boldsymbol{\alpha}_m$$

则说向量 $\boldsymbol{\beta}$ 是 $\boldsymbol{\alpha}_1, \boldsymbol{\alpha}_2, \cdots, \boldsymbol{\alpha}_m$ 的线性组合，或说 $\boldsymbol{\beta}$ 可由 $\boldsymbol{\alpha}_1, \boldsymbol{\alpha}_2, \cdots, \boldsymbol{\alpha}_m$ 线性表

示. 此时称 k_1, k_2, …, k_m 为组合系数或表示系数.

定义 4.4 设有 n 维向量组 $\boldsymbol{\alpha}_1$, $\boldsymbol{\alpha}_2$, …, $\boldsymbol{\alpha}_m$, 如果存在一组不全为零的数 k_1, k_2, …, k_m, 使

$$k_1\boldsymbol{\alpha}_1+k_2\boldsymbol{\alpha}_2+\cdots+k_m\boldsymbol{\alpha}_m=\mathbf{0}$$

则称向量组 $\boldsymbol{\alpha}_1$, $\boldsymbol{\alpha}_2$, …, $\boldsymbol{\alpha}_m$ 线性相关. 否则, 称这个向量组线性无关.

例 4.1 证明:若向量组 $\boldsymbol{\alpha}_1$, $\boldsymbol{\alpha}_2$, …, $\boldsymbol{\alpha}_s$ 中有一部分向量线性相关, 则该向量组线性相关.

证 不妨设 $\boldsymbol{\alpha}_1$, $\boldsymbol{\alpha}_2$, …, $\boldsymbol{\alpha}_r$ 线性相关($r<s$), 于是有不全为零的数 k_1, k_2, …, k_r, 使

$$k_1\boldsymbol{\alpha}_1+k_2\boldsymbol{\alpha}_2+\cdots+k_r\boldsymbol{\alpha}_r=\mathbf{0}$$

从而有

$$k_1\boldsymbol{\alpha}_1+k_2\boldsymbol{\alpha}_2+\cdots+k_r\boldsymbol{\alpha}_r+0\boldsymbol{\alpha}_{r+1}+\cdots+0\boldsymbol{\alpha}_s=\mathbf{0}$$

这就证明了 $\boldsymbol{\alpha}_1$, $\boldsymbol{\alpha}_2$, …, $\boldsymbol{\alpha}_s$ 线性相关.

例 4.1 的等价命题是:若向量组 $\boldsymbol{\alpha}_1$, $\boldsymbol{\alpha}_2$, …, $\boldsymbol{\alpha}_s$ 线性无关, 则其任一部分组都是线性无关的.

例 4.1 表明, 对一个向量组来说, 如果部分线性相关, 则整体必线性相关;如果整体线性无关, 则任一部分必线性无关.

例 4.2 设向量组 $\boldsymbol{\alpha}_1$, $\boldsymbol{\alpha}_2$, $\boldsymbol{\alpha}_3$ 线性无关, 又 $\boldsymbol{\beta}_1=\boldsymbol{\alpha}_1+\boldsymbol{\alpha}_2+2\boldsymbol{\alpha}_3$, $\boldsymbol{\beta}_2=\boldsymbol{\alpha}_1-\boldsymbol{\alpha}_2$, $\boldsymbol{\beta}_3=\boldsymbol{\alpha}_1+\boldsymbol{\alpha}_3$. 证明:$\boldsymbol{\beta}_1$, $\boldsymbol{\beta}_2$, $\boldsymbol{\beta}_3$ 线性相关.

证 思路是, 由 $x_1\boldsymbol{\beta}_1+x_2\boldsymbol{\beta}_2+x_3\boldsymbol{\beta}_3=\mathbf{0}$推出 x_1, x_2, x_3 不全为零.
设

$$x_1\boldsymbol{\beta}_1+x_2\boldsymbol{\beta}_2+x_3\boldsymbol{\beta}_3=\mathbf{0} \tag{4.4}$$

即

$$x_1(\boldsymbol{\alpha}_1+\boldsymbol{\alpha}_2+2\boldsymbol{\alpha}_3)+x_2(\boldsymbol{\alpha}_1-\boldsymbol{\alpha}_2)+x_3(\boldsymbol{\alpha}_1+\boldsymbol{\alpha}_3)=\mathbf{0}$$
$$(x_1+x_2+x_3)\boldsymbol{\alpha}_1+(x_1-x_2)\boldsymbol{\alpha}_2+(2x_1+x_3)\boldsymbol{\alpha}_3=\mathbf{0}$$

由于 $\boldsymbol{\alpha}_1$, $\boldsymbol{\alpha}_2$, $\boldsymbol{\alpha}_3$ 线性无关, 上式系数必须全为零, 于是得

$$\begin{cases}x_1+x_2+x_3=0\\x_1-x_2=0\\2x_1+x_3=0\end{cases}$$

容易解得此方程组有非零解(-1, -1, 2). 因此, 有不全为零的数 x_1, x_2, x_3 使式(4.4)成立, 故 $\boldsymbol{\beta}_1$, $\boldsymbol{\beta}_2$, $\boldsymbol{\beta}_3$ 线性相关.

例 4.3 设 n 维向量 $\boldsymbol{\varepsilon}_i=(0, \cdots, 0, 1, 0, \cdots, 0)$, 其中第 i 个分量为 1, 其余分量为 0, 则 $\boldsymbol{\varepsilon}_1$, $\boldsymbol{\varepsilon}_2$, …, $\boldsymbol{\varepsilon}_n$ 是线性无关的.

证 设存在 n 个数 k_1, k_2, …, k_n, 使

$$k_1\boldsymbol{\varepsilon}_1+k_2\boldsymbol{\varepsilon}_2+\cdots+k_n\boldsymbol{\varepsilon}_n=\mathbf{0}$$

即

$$(k_1,\ k_2,\ \cdots,\ k_n)=\mathbf{0}$$

则必须 $k_1=k_2=\cdots=k_n=0$，故 $\boldsymbol{\varepsilon}_1$，$\boldsymbol{\varepsilon}_2$，…，$\boldsymbol{\varepsilon}_n$ 线性无关.

以后，把 $\boldsymbol{\varepsilon}_1$，$\boldsymbol{\varepsilon}_2$，…，$\boldsymbol{\varepsilon}_n$ 称为基本向量.

定理 4.1 向量组 $\boldsymbol{\alpha}_1$，$\boldsymbol{\alpha}_2$，…，$\boldsymbol{\alpha}_m$（$m\geqslant 2$）线性相关的充分必要条件是，$\boldsymbol{\alpha}_1$，$\boldsymbol{\alpha}_2$，…，$\boldsymbol{\alpha}_m$ 中至少有一个向量可由其余 $m-1$ 个向量线性表示.

证 设 $\boldsymbol{\alpha}_1$，$\boldsymbol{\alpha}_2$，…，$\boldsymbol{\alpha}_m$ 线性相关，则存在 m 个不全为 0 的数 k_1，k_2，…，k_m，使

$$k_1\boldsymbol{\alpha}_1+k_2\boldsymbol{\alpha}_2+\cdots+k_m\boldsymbol{\alpha}_m=\mathbf{0}$$

不妨设 $k_1\neq 0$，于是由向量的线性运算性质得

$$\boldsymbol{\alpha}_1=-\frac{k_2}{k_1}\boldsymbol{\alpha}_2-\frac{k_3}{k_1}\boldsymbol{\alpha}_3-\cdots-\frac{k_m}{k_1}\boldsymbol{\alpha}_m$$

必要性得证.

再证充分性，不妨设 $\boldsymbol{\alpha}_1$ 可用 $\boldsymbol{\alpha}_2$，$\boldsymbol{\alpha}_3$，…，$\boldsymbol{\alpha}_m$ 线性表示，即

$$\boldsymbol{\alpha}_1=l_1\boldsymbol{\alpha}_2+l_3\boldsymbol{\alpha}_3+\cdots+l_m\boldsymbol{\alpha}_m$$

于是有

$$1\boldsymbol{\alpha}_1-l_2\boldsymbol{\alpha}_2-\cdots-l_m\boldsymbol{\alpha}_m=\mathbf{0}$$

显然 1，$-l_2$，$-l_3$，…，$-l_m$ 不全为 0，故 $\boldsymbol{\alpha}_1$，$\boldsymbol{\alpha}_2$，$\boldsymbol{\alpha}_3$，…，$\boldsymbol{\alpha}_m$ 线性相关.

例 4.4 设 n 维向量 $\boldsymbol{\alpha}=(a_1,\ a_2,\ \cdots,\ a_n)$，$\boldsymbol{\varepsilon}_1$，$\boldsymbol{\varepsilon}_2$，…，$\boldsymbol{\varepsilon}_n$ 为基本向量，则向量组 $\boldsymbol{\alpha}$，$\boldsymbol{\varepsilon}_1$，$\boldsymbol{\varepsilon}_2$，…，$\boldsymbol{\varepsilon}_n$ 是线性相关的.

证 由于

$$\boldsymbol{\alpha}=(a_1,\ a_2,\ \cdots,\ a_n)=a_1\boldsymbol{\varepsilon}_1+a_2\boldsymbol{\varepsilon}_2+\cdots+a_n\boldsymbol{\varepsilon}_n$$

根据定理 4.1，向量组 $\boldsymbol{\alpha}$，$\boldsymbol{\varepsilon}_1$，$\boldsymbol{\varepsilon}_2$，…，$\boldsymbol{\varepsilon}_n$ 线性相关.

定理 4.1 的等价命题（逆否命题）是，向量组 $\boldsymbol{\alpha}_1$，$\boldsymbol{\alpha}_2$，$\boldsymbol{\alpha}_3$，…，$\boldsymbol{\alpha}_m$（$m\geqslant 2$）线性无关的充分必要条件是其中任一个向量都不能由其余向量线性表示.

定理 4.2 设 $\boldsymbol{\alpha}_1$，$\boldsymbol{\alpha}_2$，…，$\boldsymbol{\alpha}_r\in F^n$，其中

$\boldsymbol{\alpha}_1=(a_{11},\ a_{21},\ \cdots,\ a_{n1})^{\mathrm{T}}$，$\boldsymbol{\alpha}_2=(a_{12},\ a_{22},\ \cdots,\ a_{n2})^{\mathrm{T}}$，…，$\boldsymbol{\alpha}_r=(a_{1r},\ a_{2r},\ \cdots,\ a_{nr})^{\mathrm{T}}$

向量组 $\boldsymbol{\alpha}_1$，$\boldsymbol{\alpha}_2$，…，$\boldsymbol{\alpha}_r$ 线性相关的充分必要条件是齐次线性方程组

$$\boldsymbol{AX}=\mathbf{0} \tag{4.5}$$

有非零解，其中

$$\boldsymbol{A}=(\boldsymbol{\alpha}_1,\ \boldsymbol{\alpha}_2,\ \cdots,\ \boldsymbol{\alpha}_r)=\begin{pmatrix}a_{11} & a_{12} & \cdots & a_{1r}\\ a_{21} & a_{22} & \cdots & a_{2r}\\ \vdots & \vdots & & \vdots\\ a_{n1} & a_{n2} & \cdots & a_{nr}\end{pmatrix},\quad \boldsymbol{X}=\begin{pmatrix}x_1\\ x_2\\ \vdots\\ x_r\end{pmatrix}$$

证 设

$$x_1\boldsymbol{\alpha}_1+x_2\boldsymbol{\alpha}_2+\cdots+x_r\boldsymbol{\alpha}_r=\mathbf{0} \tag{4.6}$$

即

$$x_1\begin{pmatrix}a_{11}\\a_{21}\\\vdots\\a_{n1}\end{pmatrix}+x_2\begin{pmatrix}a_{12}\\a_{22}\\\vdots\\a_{n2}\end{pmatrix}+\cdots+x_r\begin{pmatrix}a_{1r}\\a_{2r}\\\vdots\\a_{nr}\end{pmatrix}=\begin{pmatrix}0\\0\\\vdots\\0\end{pmatrix} \tag{4.7}$$

将式(4.7)左端作线性运算，再与其右端相等，即得方程组(4.5).

因此，如果$\boldsymbol{\alpha}_1,\boldsymbol{\alpha}_2,\cdots,\boldsymbol{\alpha}_r$线性相关，就必有不全为零的数$x_1,x_2,\cdots,x_r$使式(4.6)成立，即齐次线性方程组(4.5)有非零解；反之，如果方程组(4.5)有非零解，也就是有不全为零的数$x_1,x_2,\cdots,x_r$使式(4.6)成立，故$\boldsymbol{\alpha}_1,\boldsymbol{\alpha}_2,\cdots,\boldsymbol{\alpha}_r$线性相关. 定理得证.

定理4.2的等价命题是，$\boldsymbol{\alpha}_1,\boldsymbol{\alpha}_2,\cdots,\boldsymbol{\alpha}_r$线性无关的充分必要条件是齐次线性方程组(4.5)只有零解.

定理4.3 若向量组$\boldsymbol{\alpha}_1,\boldsymbol{\alpha}_2,\cdots,\boldsymbol{\alpha}_r$线性无关，而$\boldsymbol{\beta},\boldsymbol{\alpha}_1,\boldsymbol{\alpha}_2,\cdots,\boldsymbol{\alpha}_r$线性相关，则$\boldsymbol{\beta}$可由$\boldsymbol{\alpha}_1,\boldsymbol{\alpha}_2,\cdots,\boldsymbol{\alpha}_r$线性表示，且表示法唯一.

证 因为$\boldsymbol{\beta},\boldsymbol{\alpha}_1,\boldsymbol{\alpha}_2,\cdots,\boldsymbol{\alpha}_r$线性相关，所以存在不全为零的数$k,k_1,k_2,\cdots,k_r$，使得

$$k\boldsymbol{\beta}+k_1\boldsymbol{\alpha}_1+k_2\boldsymbol{\alpha}_2+\cdots+k_r\boldsymbol{\alpha}_r=\mathbf{0} \tag{4.8}$$

其中，$k\neq0$(如果$k=0$，则由$\boldsymbol{\alpha}_1,\boldsymbol{\alpha}_2,\cdots,\boldsymbol{\alpha}_r$线性无关又得$k_1,k_2,\cdots,k_r$全为零，这与$k,k_1,k_2,\cdots,k_r$不全为零矛盾)，于是$\boldsymbol{\beta}$可由$\boldsymbol{\alpha}_1,\boldsymbol{\alpha}_2,\cdots,\boldsymbol{\alpha}_r$线性表示为

$$\boldsymbol{\beta}=-\frac{k_1}{k}\boldsymbol{\alpha}_1-\frac{k_2}{k}\boldsymbol{\alpha}_2-\cdots-\frac{k_r}{k}\boldsymbol{\alpha}_r$$

再证表示法唯一. 设有

$$\begin{aligned}\boldsymbol{\beta}&=l_1\boldsymbol{\alpha}_1+l_2\boldsymbol{\alpha}_2+\cdots+l_r\boldsymbol{\alpha}_r\\&=h_1\boldsymbol{\alpha}_1+h_2\boldsymbol{\alpha}_2+\cdots+h_r\boldsymbol{\alpha}_r\end{aligned}$$

两种表示法，于是

$$(l_1-h_1)\boldsymbol{\alpha}_1+(l_2-h_2)\boldsymbol{\alpha}_2+\cdots+(l_r-h_r)\boldsymbol{\alpha}_r=\mathbf{0}$$

由于$\boldsymbol{\alpha}_1,\boldsymbol{\alpha}_2,\cdots,\boldsymbol{\alpha}_r$线性无关，所以必有

$$l_i-h_i=0,\ 即\ l_i=h_i(i=1,2,\cdots,r)$$

故$\boldsymbol{\beta}$由$\boldsymbol{\alpha}_1,\boldsymbol{\alpha}_2,\cdots,\boldsymbol{\alpha}_r$线性表示的表示法唯一.

由定理4.2和定理4.3，立即可得下面的推论.

推论4.1 如果F^n中的n个向量$\boldsymbol{\alpha}_1,\boldsymbol{\alpha}_2,\cdots,\boldsymbol{\alpha}_n$线性无关，则$\boldsymbol{F}^n$中的任一向量$\boldsymbol{\alpha}$可由$\boldsymbol{\alpha}_1,\boldsymbol{\alpha}_2,\cdots,\boldsymbol{\alpha}_n$线性表示，且表示法唯一.

定理4.4 假设有$n\times m$矩阵

$$\boldsymbol{A}=(\boldsymbol{\alpha}_1,\boldsymbol{\alpha}_2,\cdots,\boldsymbol{\alpha}_m)=\begin{pmatrix}a_{11}&a_{12}&\cdots&a_{1m}\\a_{21}&a_{22}&\cdots&a_{2m}\\\vdots&\vdots&&\vdots\\a_{n1}&a_{n2}&\cdots&a_{nm}\end{pmatrix}$$

则 $\boldsymbol{A}$ 的 m 个列向量 $\boldsymbol{\alpha}_1,\boldsymbol{\alpha}_2,\cdots,\boldsymbol{\alpha}_m$ 线性相关的充要条件是 $r(\boldsymbol{A})<m$.

证 必要性 若 $\boldsymbol{\alpha}_1,\boldsymbol{\alpha}_2,\cdots,\boldsymbol{\alpha}_m$ 线性相关，则存在不全为零的数 $k_1,k_2,\cdots,k_m$ 使

$$k_1\boldsymbol{\alpha}_1+k_2\boldsymbol{\alpha}_2+\cdots+k_m\boldsymbol{\alpha}_m=(\boldsymbol{\alpha}_1,\boldsymbol{\alpha}_2,\cdots,\boldsymbol{\alpha}_m)\begin{pmatrix}k_1\\k_2\\\vdots\\k_m\end{pmatrix}=\boldsymbol{A}\begin{pmatrix}k_1\\k_2\\\vdots\\k_m\end{pmatrix}=\boldsymbol{0}$$

则

$$r(\boldsymbol{A})+r\begin{pmatrix}k_1\\k_2\\\vdots\\k_m\end{pmatrix}=r(\boldsymbol{A})+1\leqslant m$$

即 $r(\boldsymbol{A})<m$.

充分性 若 $r(\boldsymbol{A})<m$，则存在可逆矩阵 $\boldsymbol{P},\boldsymbol{Q}$，使

$$\boldsymbol{PAQ}=\begin{pmatrix}\boldsymbol{E}_r&\boldsymbol{0}\\\boldsymbol{0}&\boldsymbol{0}\end{pmatrix}_{n\times m}$$

取 $(k_1,k_2,\cdots,k_m)^{\mathrm{T}}=\boldsymbol{Q}(0,0,\cdots,0,1)^{\mathrm{T}}$，则

$$k_1\boldsymbol{\alpha}_1+k_2\boldsymbol{\alpha}_2+\cdots+k_m\boldsymbol{\alpha}_m=(\boldsymbol{\alpha}_1,\boldsymbol{\alpha}_2,\cdots,\boldsymbol{\alpha}_m)\begin{pmatrix}k_1\\k_2\\\vdots\\k_m\end{pmatrix}=\boldsymbol{AQ}\begin{pmatrix}0\\0\\\vdots\\0\\1\end{pmatrix}$$

$$=\boldsymbol{P}^{-1}\begin{pmatrix}\boldsymbol{E}_r&\boldsymbol{0}\\\boldsymbol{0}&\boldsymbol{0}\end{pmatrix}\begin{pmatrix}0\\0\\\vdots\\0\\1\end{pmatrix}=\boldsymbol{0}$$

由 $\boldsymbol{Q}$ 可逆知 $k_1,k_2,\cdots,k_m$ 不全为零，即 $\boldsymbol{\alpha}_1,\boldsymbol{\alpha}_2,\cdots,\boldsymbol{\alpha}_m$ 是线性相关的.

定理 4.4 的等价命题为，$\boldsymbol{A}$ 的列向量线性无关$\Leftrightarrow r(\boldsymbol{A})=m$

同理可证，$\boldsymbol{A}$ 的行向量线性无关$\Leftrightarrow r(\boldsymbol{A})=n$

例 4.5 设 $\boldsymbol{\alpha}_1, \boldsymbol{\alpha}_2, \cdots, \boldsymbol{\alpha}_m$ 是 m 个 n 维向量，如果 $m>n$，则 $\boldsymbol{\alpha}_1, \boldsymbol{\alpha}_2, \cdots, \boldsymbol{\alpha}_m$ 线性相关.

证 设 $\boldsymbol{A}=(\boldsymbol{\alpha}_1, \boldsymbol{\alpha}_2, \cdots, \boldsymbol{\alpha}_m)$ 是以 $\boldsymbol{\alpha}_1, \boldsymbol{\alpha}_2, \cdots, \boldsymbol{\alpha}_m$ 为列的矩阵，可见 $\boldsymbol{A}$ 是 $n\times m$ 矩阵，则 $r(\boldsymbol{A})\leqslant n<m$，由定理 4.4 知 $\boldsymbol{\alpha}_1, \boldsymbol{\alpha}_2, \cdots, \boldsymbol{\alpha}_m$ 线性相关.

例 4.6 设 $\boldsymbol{\alpha}_i=(\alpha_{1i}, \alpha_{2i}, \cdots, \alpha_{ni})^{\mathrm{T}}$, $\boldsymbol{\beta}_i=(\alpha_{1i}, \alpha_{2i}, \cdots, \alpha_{ni}, \alpha_{(n+1)i}, \cdots, \alpha_{(n+m)i})^{\mathrm{T}}$, $i=1, 2, \cdots, s$. 若 n 维向量 $\boldsymbol{\alpha}_1, \boldsymbol{\alpha}_2, \cdots, \boldsymbol{\alpha}_s$ 线性无关，则 $n+m$ 维向量 $\boldsymbol{\beta}_1, \boldsymbol{\beta}_2, \cdots, \boldsymbol{\beta}_s$ 线性无关.

证 令

$$\boldsymbol{A}=(\boldsymbol{\alpha}_1, \boldsymbol{\alpha}_2, \cdots, \boldsymbol{\alpha}_s)=\begin{pmatrix} \alpha_{11} & \alpha_{12} & \cdots & \alpha_{1s} \\ \alpha_{21} & \alpha_{22} & \cdots & \alpha_{2s} \\ \vdots & \vdots & & \vdots \\ \alpha_{n1} & \alpha_{n2} & \cdots & \alpha_{ns} \end{pmatrix}$$

$$\boldsymbol{B}=(\boldsymbol{\beta}_1, \boldsymbol{\beta}_2, \cdots, \boldsymbol{\beta}_s)=\begin{pmatrix} \alpha_{11} & \alpha_{12} & \cdots & \alpha_{1s} \\ \alpha_{21} & \alpha_{22} & \cdots & \alpha_{2s} \\ \vdots & \vdots & & \vdots \\ \alpha_{n1} & \alpha_{n2} & \cdots & \alpha_{ns} \\ \alpha_{(n+1)1} & \alpha_{(n+1)2} & \cdots & \alpha_{(n+1)s} \\ \vdots & \vdots & & \vdots \\ \alpha_{(n+m)1} & \alpha_{(n+m)2} & \cdots & \alpha_{(n+m)s} \end{pmatrix}$$

因 $\boldsymbol{\alpha}_1, \boldsymbol{\alpha}_2, \cdots, \boldsymbol{\alpha}_s$ 线性无关，故 $r(\boldsymbol{A})=s$，所以

$$s\geqslant r(\boldsymbol{B})\geqslant r(\boldsymbol{A})=s$$

即 $r(\boldsymbol{B})=s$，由定理 4.4 知 $\boldsymbol{\beta}_1, \boldsymbol{\beta}_2, \cdots, \boldsymbol{\beta}_s$ 线性无关.

例 4.6 告诉我们，如果一组 n 维向量 $\boldsymbol{\alpha}_1, \boldsymbol{\alpha}_2, \cdots, \boldsymbol{\alpha}_s$ 线性无关，那么把这些向量各任意添加 m 个分量所得到的新向量组也是线性无关的；如果 $\boldsymbol{\alpha}_1, \boldsymbol{\alpha}_2, \cdots, \boldsymbol{\alpha}_s$ 线性相关，那么它们各去掉第 i 个分量所得到的新向量组也是线性相关的.

4.3 向量组的秩

4.3.1 极大无关组

设有两个向量组：(1) $\boldsymbol{\alpha}_1, \boldsymbol{\alpha}_2, \cdots, \boldsymbol{\alpha}_s$；(2) $\boldsymbol{\beta}_1, \boldsymbol{\beta}_2, \cdots, \boldsymbol{\beta}_t$.

定义 4.5 如果向量组(1)中的每个向量，都可由向量组(2)线性表示，则称向量组(1)可由向量组(2)线性表示. 如果向量组(1)和向量组(2)可以互相线性表示，则称向量组(1)与向量组(2)等价.

设有三个向量组(1)、(2)、(3)，容易看出，如果向量组(1)可由向量组(2)线

性表示，且向量组(2)可由向量组(3)线性表示，则向量组(1)可由向量组(3)线性表示. 因此，向量组的等价具有传递性. 即如果向量组(1)与向量组(2)等价，且向量组(2)与向量组(3)等价，则向量组(1)与向量组(3)也等价.

定义 4.6 设 $\boldsymbol{S}$ 是 n 维向量构成的向量组. 在 $\boldsymbol{S}$ 中选取 r 个向量 $\boldsymbol{\alpha}_1, \boldsymbol{\alpha}_2, \cdots, \boldsymbol{\alpha}_r$，如果满足：

(1) $\boldsymbol{\alpha}_1, \boldsymbol{\alpha}_2, \cdots, \boldsymbol{\alpha}_r$ 线性无关.

(2) 任取 $\boldsymbol{\alpha} \in \boldsymbol{S}$，总有 $\boldsymbol{\alpha}_1, \boldsymbol{\alpha}_2, \cdots, \boldsymbol{\alpha}_r, \boldsymbol{\alpha}$ 线性相关.

则称向量组 $\boldsymbol{\alpha}_1, \boldsymbol{\alpha}_2, \cdots, \boldsymbol{\alpha}_r$ 为向量组 $\boldsymbol{S}$ 的一个极大线性无关向量组(简称极大无关组).

容易看出，若向量 $\boldsymbol{\alpha}_1, \boldsymbol{\alpha}_2, \cdots, \boldsymbol{\alpha}_m$ 线性无关，则 $\boldsymbol{\alpha}_1, \boldsymbol{\alpha}_2, \cdots, \boldsymbol{\alpha}_m$ 是自己的极大无关组.

定理 4.5 如果向量组 $\boldsymbol{\beta}_1, \boldsymbol{\beta}_2, \cdots, \boldsymbol{\beta}_t$ 可由向量组 $\boldsymbol{\alpha}_1, \boldsymbol{\alpha}_2, \cdots, \boldsymbol{\alpha}_s$ 线性表示，且 $t > s$，则 $\boldsymbol{\beta}_1, \boldsymbol{\beta}_2, \cdots, \boldsymbol{\beta}_t$ 线性相关.

证 设 $\boldsymbol{\beta}_j = \sum_{i=1}^{s} k_{ij}\boldsymbol{\alpha}_i \qquad (j = 1, 2, \cdots, t)$

即

$$(\boldsymbol{\beta}_1, \boldsymbol{\beta}_2, \cdots, \boldsymbol{\beta}_t) = (\boldsymbol{\alpha}_1, \boldsymbol{\alpha}_2, \cdots, \boldsymbol{\alpha}_s)\begin{pmatrix} k_{11} & k_{12} & \cdots & k_{1t} \\ k_{21} & k_{22} & \cdots & k_{2t} \\ \vdots & \vdots & & \vdots \\ k_{s1} & k_{s2} & \cdots & k_{st} \end{pmatrix}$$

则

$$r(\boldsymbol{\beta}_1, \boldsymbol{\beta}_2, \cdots, \boldsymbol{\beta}_t) \leqslant r\begin{pmatrix} k_{11} & k_{12} & \cdots & k_{1t} \\ k_{21} & k_{22} & \cdots & k_{2t} \\ \vdots & \vdots & & \vdots \\ k_{s1} & k_{s2} & \cdots & k_{st} \end{pmatrix} \leqslant s < t$$

由定理 4.4 知 $\boldsymbol{\beta}_1, \boldsymbol{\beta}_2, \cdots, \boldsymbol{\beta}_t$ 线性相关.

把定理 4.5 的等价命题写作推论 4.2.

推论 4.2 如果向量组 $\boldsymbol{\beta}_1, \boldsymbol{\beta}_2, \cdots, \boldsymbol{\beta}_t$ 可由向量组 $\boldsymbol{\alpha}_1, \boldsymbol{\alpha}_2, \cdots, \boldsymbol{\alpha}_s$ 线性表示，且 $\boldsymbol{\beta}_1, \boldsymbol{\beta}_2, \cdots, \boldsymbol{\beta}_t$ 线性无关，则 $t \leqslant s$.

推论 4.3 若(定义 4.5 中)向量组(1)和向量组(2)都线性无关，且向量组(1)与向量组(2)等价，则 $s = t$. 进而，同一个向量组的任意两个极大无关组等价，且含有的向量个数相同.

虽然一个向量组的极大无关组一般说是不唯一的，但推论 4.3 指出，同一个向量组的任意两个极大无关组都是等价的，并且一个向量组的极大无关组所含向量的个数由这个向量组唯一确定.

定义 4.7 向量组的极大无关组所含向量的个数称为这个向量组的秩.

由向量组的秩的定义可知，向量组 $\boldsymbol{\alpha}_1$, $\boldsymbol{\alpha}_2$, …, $\boldsymbol{\alpha}_m$ 线性无关的充要条件是这个向量组的秩等于它所含向量的个数 m.

推论 4.4 设向量组(1)的秩为 r_1，向量组(2)的秩为 r_2，若向量组(1)能由向量组(2)线性表示，则 $r_1 \leqslant r_2$. 进而，等价的向量组有相同的秩.

证 设向量组(1′)：$\boldsymbol{\alpha}_1$, $\boldsymbol{\alpha}_2$, …, $\boldsymbol{\alpha}_{r_1}$是向量组(1)的极大无关组，向量组(2′)：$\boldsymbol{\beta}_1$, $\boldsymbol{\beta}_2$, …, $\boldsymbol{\beta}_{r_2}$是向量组(2)的极大无关组. 由于向量组(1′)可由向量组(1)线性表示，向量组(1)可由向量组(2)线性表示，向量组(2)可由向量组(2′)线性表示，所以向量组(1′)可由向量组(2′)线性表示. 因为向量组(1′)线性无关，由推论4.4有 $r_1 \leqslant r_2$.

定理 4.6 设 $\boldsymbol{A}$ 是 $n \times m$ 矩阵，则 $\boldsymbol{A}$ 的列向量组 $\boldsymbol{\alpha}_1$, $\boldsymbol{\alpha}_2$, …, $\boldsymbol{\alpha}_m$ 的秩等于矩阵 $\boldsymbol{A}$ 的秩.

证 设 $r(\boldsymbol{A}) = r$，则 $\boldsymbol{A}$ 中至少存在一个 r 阶非零子式 D_r，不失一般性，假设 D_r 位于 $\boldsymbol{A}$ 的左上角. 取 $\boldsymbol{A}_1 = (\boldsymbol{\alpha}_1, \boldsymbol{\alpha}_2, \cdots, \boldsymbol{\alpha}_r)$，可见 $\boldsymbol{A}_1$ 列满秩，由定理4.4知 $\boldsymbol{\alpha}_1$, $\boldsymbol{\alpha}_2$,…, $\boldsymbol{\alpha}_r$ 线性无关.

设 $\boldsymbol{\alpha}_j$ 是 $\boldsymbol{A}$ 的任意列向量，若 $1 \leqslant j \leqslant r$，则显然 $\boldsymbol{\alpha}_j$, $\boldsymbol{\alpha}_1$, $\boldsymbol{\alpha}_2$, …, $\boldsymbol{\alpha}_r$ 线性相关. 否则，取 $\boldsymbol{A}_2 = (\boldsymbol{\alpha}_1, \boldsymbol{\alpha}_2, \cdots, \boldsymbol{\alpha}_r, \boldsymbol{\alpha}_j)$，则 $r(\boldsymbol{A}_2) \leqslant r(\boldsymbol{A}) = r < r+1$，由定理4.4知 $\boldsymbol{\alpha}_j$, $\boldsymbol{\alpha}_1$, $\boldsymbol{\alpha}_2$,…, $\boldsymbol{\alpha}_r$ 线性相关.

于是，$\boldsymbol{\alpha}_1$, $\boldsymbol{\alpha}_2$, …, $\boldsymbol{\alpha}_r$ 是 $\boldsymbol{\alpha}_1$, $\boldsymbol{\alpha}_2$, …, $\boldsymbol{\alpha}_m$ 的极大无关组，故其秩也为 r.

注意 由于 $r(\boldsymbol{A}) = r(\boldsymbol{A}^{\mathrm{T}})$，而 $\boldsymbol{A}$ 的行向量组的秩就是 $\boldsymbol{A}^{\mathrm{T}}$ 的列向量组的秩，故也等于 $\boldsymbol{A}$ 的秩. 所以

$$r(\boldsymbol{A}) = \boldsymbol{A}\text{ 的行向量组的秩} = \boldsymbol{A}\text{ 的列向量组的秩}$$

由定理4.6的证明可知，若 $r(\boldsymbol{A}) = r$，D_r 是 $\boldsymbol{A}$ 的一个 r 阶非零子式，则 D_r 所在的 r 个列(行)向量就是 $\boldsymbol{A}$ 的列(行)向量组的一个极大无关组.

4.3.2 极大无关组的求法

把向量组按列构成某矩阵的列向量组，即 $\boldsymbol{A} = (\boldsymbol{\alpha}_1, \boldsymbol{\alpha}_2, \cdots, \boldsymbol{\alpha}_m)$，用初等行变换把 $\boldsymbol{A}$ 化成阶梯形矩阵. 因行变换不改变矩阵列向量组之间对应的线性关系，故阶梯形矩阵主元所在的列向量构成了极大线性无关组. 若进一步把阶梯形矩阵用行变换化为简化的阶梯形矩阵(主元为1，主元所在列的其余元素消为0)，又因为矩阵的行初等变换不改变矩阵列向量组之间的关系，所以其余向量与极大线性无关组之间的表出关系可以通过简化的阶梯形矩阵中的列向量之间的线性关系得到.

例 4.7 设向量组

$$\boldsymbol{\alpha}_1 = (-1, -1, 0, 0)^{\mathrm{T}}, \boldsymbol{\alpha}_2 = (1, 2, 1, -1)^{\mathrm{T}}, \boldsymbol{\alpha}_3 = (0, 1, 1, -1)^{\mathrm{T}}$$

$$\boldsymbol{\alpha}_4=(1,3,2,1)^{\mathrm{T}},\ \boldsymbol{\alpha}_5=(2,6,4,-1)^{\mathrm{T}}$$

求向量组的秩及它的一个极大线性无关组，并将其余向量用这个极大线性无关组线性表示.

解 以向量组为列向量组构成矩阵进行矩阵的行初等变换.

$$\boldsymbol{A}=(\boldsymbol{\alpha}_1,\boldsymbol{\alpha}_2,\boldsymbol{\alpha}_3,\boldsymbol{\alpha}_4,\boldsymbol{\alpha}_5)=\begin{pmatrix}-1&1&0&1&2\\-1&2&1&3&6\\0&1&1&2&4\\0&-1&-1&1&-1\end{pmatrix}\xrightarrow{(-1)\times r_1+r_2}$$

$$\begin{pmatrix}-1&1&0&1&2\\0&1&1&2&4\\0&1&1&2&4\\0&-1&-1&1&-1\end{pmatrix}\xrightarrow[r_4+r_2]{r_3+(-1)\times r_2}\begin{pmatrix}-1&1&0&1&2\\0&1&1&2&4\\0&0&0&0&0\\0&0&0&3&3\end{pmatrix}\xrightarrow[\frac{1}{3}\times r_4]{(-1)\times r_1}$$

$$\begin{pmatrix}1&-1&0&-1&-2\\0&1&1&2&4\\0&0&0&0&0\\0&0&0&1&1\end{pmatrix}\xrightarrow{r_1+r_2}\begin{pmatrix}1&0&1&1&2\\0&1&1&2&4\\0&0&0&0&0\\0&0&0&1&1\end{pmatrix}\xrightarrow{\substack{r_1+(-1)\times r_4\\ r_2+(-2)\times r_4}}$$

$$\begin{pmatrix}1&0&1&0&1\\0&1&1&0&2\\0&0&0&0&0\\0&0&0&1&1\end{pmatrix}=\boldsymbol{B}=(\boldsymbol{\beta}_1,\boldsymbol{\beta}_2,\boldsymbol{\beta}_3,\boldsymbol{\beta}_4,\boldsymbol{\beta}_5)$$

矩阵$\boldsymbol{B}$为简化的阶梯形矩阵. 主元所在的列$\boldsymbol{\beta}_1,\boldsymbol{\beta}_2,\boldsymbol{\beta}_4$线性无关，且$\boldsymbol{\beta}_3=\boldsymbol{\beta}_2+\boldsymbol{\beta}_1$，$\boldsymbol{\beta}_5=\boldsymbol{\beta}_4+2\boldsymbol{\beta}_2+\boldsymbol{\beta}_1$. 由于矩阵$\boldsymbol{A}$的列向量组$\boldsymbol{\alpha}_1,\boldsymbol{\alpha}_2,\boldsymbol{\alpha}_3,\boldsymbol{\alpha}_4,\boldsymbol{\alpha}_5$与矩阵$\boldsymbol{B}$的列向量组$\boldsymbol{\beta}_1,\boldsymbol{\beta}_2,\boldsymbol{\beta}_3,\boldsymbol{\beta}_4,\boldsymbol{\beta}_5$具有相对应的相同的线性关系，故$\boldsymbol{\alpha}_1,\boldsymbol{\alpha}_2,\boldsymbol{\alpha}_4$构成向量组的一个极大线性无关组$r(\boldsymbol{\alpha}_1,\boldsymbol{\alpha}_2,\boldsymbol{\alpha}_3,\boldsymbol{\alpha}_4,\boldsymbol{\alpha}_5)=3$，且$\boldsymbol{\alpha}_3=\boldsymbol{\alpha}_2+\boldsymbol{\alpha}_1$，$\boldsymbol{\alpha}_5=\boldsymbol{\alpha}_1+2\boldsymbol{\alpha}_2+\boldsymbol{\alpha}_4$.

定义 4.8 设V是数域F上的n维向量构成的集合，如果满足：

(1) 若$\boldsymbol{\alpha}\in V$, $\boldsymbol{\beta}\in V$, 则$\boldsymbol{\alpha}+\boldsymbol{\beta}\in V$

(2) 若$\boldsymbol{\alpha}\in V$, $k\in F$, 则$k\boldsymbol{\alpha}\in V$

则称集合V为数域F上的**向量空间**.

定义 4.9 设V为向量空间，称V的极大无关组为向量空间V的基. V的基所含的向量的个数称为V的维数. 若V的维数是r，则称V为r维向量空间.

规定向量空间$\{\boldsymbol{0}\}$的维数是0，r维与0维的向量空间统称为有限维向量空间. 本书只讨论有限维向量空间.

n个n维向量构成的向量组$\boldsymbol{\alpha}_1,\boldsymbol{\alpha}_2,\cdots,\boldsymbol{\alpha}_n$是$\mathbf{R}^n$的基，当且仅当向量组$\boldsymbol{\alpha}_1,\boldsymbol{\alpha}_2,\cdots,\boldsymbol{\alpha}_n$线性无关.

例 4.8 n 维标准单位向量组

$$\boldsymbol{\varepsilon}_1=(1,0,\cdots,0),\ \boldsymbol{\varepsilon}_2=(0,1,0,\cdots,0),\ \cdots,\ \boldsymbol{\varepsilon}_n=(0,0,\cdots,1)$$

是 $\mathbf{R}^n$ 的极大无关组，所以 $\boldsymbol{\varepsilon}_1,\boldsymbol{\varepsilon}_2,\cdots,\boldsymbol{\varepsilon}_n$ 是 $\mathbf{R}^n$ 的一个基，并且 $\mathbf{R}^n$ 的维数是 n，称 $\mathbf{R}^n$ 的这个基为自然基.

4.4 齐次线性方程组

4.4.1 线性方程组的基本概念

假设有线性方程组

$$\begin{cases} a_{11}x_1+a_{12}x_2+\cdots+a_{1n}x_n=b_1 \\ a_{21}x_1+a_{22}x_2+\cdots+a_{2n}x_n=b_2 \\ \qquad\qquad\vdots \\ a_{m1}x_1+a_{m2}x_2+\cdots+a_{mn}x_n=b_m \end{cases}$$

记

$$\boldsymbol{A}=\begin{pmatrix} a_{11} & a_{12} & \cdots & a_{1n} \\ a_{21} & a_{22} & \cdots & a_{2n} \\ \vdots & \vdots & & \vdots \\ a_{m1} & a_{m2} & \cdots & a_{mn} \end{pmatrix},\ \boldsymbol{\beta}=\begin{pmatrix} b_1 \\ b_2 \\ \vdots \\ b_m \end{pmatrix},\ \boldsymbol{X}=\begin{pmatrix} x_1 \\ x_2 \\ \vdots \\ x_n \end{pmatrix},\ \boldsymbol{B}=\begin{pmatrix} a_{11} & a_{12} & \cdots & a_{1n} & b_1 \\ a_{21} & a_{22} & \cdots & a_{2n} & b_2 \\ \vdots & \vdots & & \vdots & \vdots \\ a_{m1} & a_{m2} & \cdots & a_{mn} & b_m \end{pmatrix}$$

称 $\boldsymbol{A}$ 为该线性方程组的**系数矩阵**，$\boldsymbol{B}$ 为**增广矩阵**.

若方程组有解，则称这个方程组是**相容的**；否则，称方程组**不相容**.

若 $b_1,b_2,\cdots,b_m$ 全为零，则称方程组为**齐次线性方程组**；否则，称其为**非齐次线性方程组**.

4.4.2 齐次线性方程组解的结构

设齐次线性方程组

$$\begin{cases} a_{11}x_1+a_{12}x_2+\cdots+a_{1n}x_n=0 \\ a_{21}x_1+a_{22}x_2+\cdots+a_{2n}x_n=0 \\ \qquad\qquad\vdots \\ a_{m1}x_1+a_{m2}x_2+\cdots+a_{mn}x_n=0 \end{cases} \tag{4.9}$$

写成矩阵形式为

$$\boldsymbol{AX}=\boldsymbol{0} \tag{4.10}$$

写成向量形式为

$$x_1\boldsymbol{\alpha}_1+x_2\boldsymbol{\alpha}_2+\cdots+x_n\boldsymbol{\alpha}_n=\boldsymbol{0} \tag{4.11}$$

记 $N(\boldsymbol{A})$ 为齐次线性方程组(4.10)的全体解向量所构成的(解)集合. 不难验证 $N(\boldsymbol{A})$ 是向量空间，因而又称 $N(\boldsymbol{A})$ 为方程组(4.10)的解空间.

定理 4.7 齐次线性方程组(4.9)的解集合 $N(\boldsymbol{A})$ 的维数是 $n-r(\boldsymbol{A})$.

证 设 $r(\boldsymbol{A})=r$.

若 $r=n$，则 $\boldsymbol{\alpha}_1, \boldsymbol{\alpha}_2, \cdots, \boldsymbol{\alpha}_n$ 线性无关，故式(4.11)只有唯一的零解. 于是，$N(\boldsymbol{A})=\{\mathbf{0}\}$，$N(\boldsymbol{A})$ 的维数 $=0=n-r$.

若 $r<n$，不妨设 $\boldsymbol{A}$ 的左上角的 r 阶子式

$$\begin{vmatrix} a_{11} & \cdots & a_{1r} \\ \vdots & & \vdots \\ a_{r1} & \cdots & a_{rr} \end{vmatrix} \neq 0$$

则 $\boldsymbol{A}$ 的前 r 个行向量是 $\boldsymbol{A}$ 的行向量组的极大无关组，所以方程组(4.9)的后 $m-r$ 个方程可由前 r 个方程线性表示. 这样，方程组(4.9)与下面的方程组

$$\begin{cases} a_{11}x_1+\cdots+a_{1r}x_r=-a_{1(r+1)}x_{r+1}-\cdots-a_{1n}x_{1n} \\ \qquad\vdots \\ a_{r1}x_1+\cdots+a_{rr}x_r=-a_{r(r+1)}x_{r+1}-\cdots-a_{rn}x_n \end{cases} \tag{4.12}$$

同解.

任给 $x_{r+1}, \cdots, x_n$ 一组值，则式(4.12)右端成为已知常数，应用克莱姆(Cramer)法则，可知唯一地确定了 $x_1, x_2, \cdots, x_r$ 的值，也就唯一地确定了式(4.10)的一个解

$$(x_1, x_2, \cdots, x_r, x_{r+1}, \cdots, x_n)^{\mathrm{T}}$$

通常称 $x_{r+1}, x_{r+2}, \cdots, x_n$ 为一组**自由未知量**，而 $x_1, x_2, \cdots, x_r$ 为**基本未知量**.

下面对自由未知量赋 $n-r$ 组值

$$\begin{gathered} x_{r+1}=1,\ x_{r+2}=0,\ \cdots,\ x_n=0 \\ x_{r+1}=0,\ x_{r+2}=1,\ \cdots,\ x_n=0 \\ \vdots \\ x_{r+1}=0,\ x_{r+2}=0,\ \cdots,\ x_n=1 \end{gathered}$$

可得 $n-r$ 个解向量

$$\boldsymbol{\xi}_1=\begin{pmatrix} d_{11} \\ d_{21} \\ \vdots \\ d_{r1} \\ 1 \\ 0 \\ \vdots \\ 0 \end{pmatrix}, \boldsymbol{\xi}_2=\begin{pmatrix} d_{12} \\ d_{22} \\ \vdots \\ d_{r2} \\ 0 \\ 1 \\ \vdots \\ 0 \end{pmatrix}, \cdots, \boldsymbol{\xi}_{n-r}=\begin{pmatrix} d_{1(n-r)} \\ d_{2(n-r)} \\ \vdots \\ d_{r(n-r)} \\ 0 \\ 0 \\ \vdots \\ 1 \end{pmatrix}$$

因向量组$\begin{pmatrix}1\\0\\\vdots\\0\end{pmatrix}$，$\begin{pmatrix}0\\1\\\vdots\\0\end{pmatrix}$，…，$\begin{pmatrix}0\\0\\\vdots\\1\end{pmatrix}$线性无关，由第4章例4.6知，向量组$\boldsymbol{\xi}_1$，$\boldsymbol{\xi}_2$，…，$\boldsymbol{\xi}_{n-r}$线性无关.

设$\boldsymbol{\xi}$是式(4.12)的任一解向量. 令$\boldsymbol{B}=(\boldsymbol{\xi}_1, \boldsymbol{\xi}_2, \cdots, \boldsymbol{\xi}_{n-r}, \boldsymbol{\xi})$，则$\boldsymbol{AB}=(\boldsymbol{A\xi}_1, \boldsymbol{A\xi}_2, \cdots, \boldsymbol{A\xi}_{n-r}, \boldsymbol{A\xi})=\boldsymbol{0}$，由$r(\boldsymbol{B})\leqslant n-r(\boldsymbol{A})<n-r+1$知，$\boldsymbol{\xi}_1, \boldsymbol{\xi}_2, \cdots, \boldsymbol{\xi}_{n-r}, \boldsymbol{\xi}$线性相关.

所以$\boldsymbol{\xi}_1, \boldsymbol{\xi}_2, \cdots, \boldsymbol{\xi}_{n-r}$是$N(\boldsymbol{A})$的基，因此，式(4.10)的解空间$N(\boldsymbol{A})$的维数是$n-r$.

推论4.5 设$\boldsymbol{A}$是$m\times n$矩阵，$\boldsymbol{X}=(x_1, x_2, \cdots, x_n)^{\mathrm{T}}$，则

(1) $\boldsymbol{AX}=\boldsymbol{0}$有唯一解(只有零解)$\Leftrightarrow r(\boldsymbol{A})$等于未知数的个数$n\Leftrightarrow\boldsymbol{A}$为列满秩矩阵

(2) $\boldsymbol{AX}=\boldsymbol{0}$有无穷多解(有非零解)$\Leftrightarrow r(\boldsymbol{A})$小于未知数的个数$n$

(3) 当$r=r(\boldsymbol{A})<n$时，设$\boldsymbol{\xi}_1, \boldsymbol{\xi}_2, \cdots, \boldsymbol{\xi}_{n-r}$是$N(\boldsymbol{A})$的基，则$\boldsymbol{AX}=\boldsymbol{0}$的解空间可表示为

$$N(\boldsymbol{A})=\{\boldsymbol{X}\mid\boldsymbol{X}=k_1\boldsymbol{\xi}_1+k_2\boldsymbol{\xi}_2+\cdots+k_{n-r}\boldsymbol{\xi}_{n-r}\}$$

称$N(\boldsymbol{A})$的基$\boldsymbol{\xi}_1, \boldsymbol{\xi}_2, \cdots, \boldsymbol{\xi}_{n-r}$为方程组(4.9)的基础解系. 方程组(4.9)的通解可以表示成

$$\boldsymbol{X}=k_1\boldsymbol{\xi}_1+k_2\boldsymbol{\xi}_2+\cdots+k_{n-r}\boldsymbol{\xi}_{n-r}$$

其中，$k_1, k_2, \cdots, k_{n-r}$为任意常数.

当$r(\boldsymbol{A})=n$时，方程组(4.9)只有零解，$N(A)=\{\boldsymbol{0}\}$. 此时，方程组(4.9)没有基础解系.

当$r(\boldsymbol{A})<n$时，$\boldsymbol{\beta}_1, \boldsymbol{\beta}_2, \cdots, \boldsymbol{\beta}_s$为$\boldsymbol{AX}=\boldsymbol{0}$的基础解系的充要条件是，$\boldsymbol{\beta}_1, \boldsymbol{\beta}_2, \cdots, \boldsymbol{\beta}_s$为$\boldsymbol{AX}=\boldsymbol{0}$的$n-r(\boldsymbol{A})$个解向量构成的线性无关向量组.

推论4.6 n个未知数n个方程的齐次线性方程组

$$\begin{cases}a_{11}x_1+\cdots+a_{1n}x_n=0\\a_{21}x_1+\cdots+a_{2n}x_n=0\\\quad\vdots\\a_{n1}x_1+\cdots+a_{nn}x_n=0\end{cases}$$

有非零解的充要条件是它的系数行列式$|\boldsymbol{A}|=0$.

例4.9 求解齐次线性方程组

$$\begin{cases} x_1 + 2x_2 + x_3 + x_4 + x_5 = 0 \\ 2x_1 + 4x_2 + 3x_3 + x_4 + x_5 = 0 \\ -x_1 - 2x_2 + x_3 + 3x_4 - 3x_5 = 0 \\ 2x_3 + 5x_4 - 2x_5 = 0 \end{cases}$$

分析 本题可用消去法来求解，消去法的基本思想是利用下列初等变换：

(1) 互换其中两个方程的位置.

(2) 用一个不为零的数乘其中一个方程.

(3) 用一个数乘一个方程加到另一个方程上.

将一般线性方程组化成系数矩阵是阶梯形矩阵的方程组来解. 对方程组用初等变换作消元时，只是对未知元的系数和常数项进行运算，因此，为了简便，只需对方程组的增广矩阵作初等行变换，化成阶梯形矩阵.

因为本题为齐次线性方程组，则对系数矩阵进行初等行变换即可.

解 对系数矩阵 $\boldsymbol{A}$ 进行初等行变换

$$\boldsymbol{A} = \begin{pmatrix} 1 & 2 & 1 & 1 & 1 \\ 2 & 4 & 3 & 1 & 1 \\ -1 & -2 & 1 & 3 & -3 \\ 0 & 0 & 2 & 5 & -2 \end{pmatrix} \xrightarrow[r_1 + r_3]{r_2 + (-2) \times r_1} \begin{pmatrix} 1 & 2 & 1 & 1 & 1 \\ 0 & 0 & 1 & -1 & -1 \\ 0 & 0 & 2 & 4 & -2 \\ 0 & 0 & 2 & 5 & -2 \end{pmatrix} \xrightarrow{\substack{r_3 + (-2) \times r_2 \\ r_4 + (-2) \times r_2}}$$

$$\begin{pmatrix} 1 & 2 & 1 & 1 & 1 \\ 0 & 0 & 1 & -1 & -1 \\ 0 & 0 & 0 & 6 & 0 \\ 0 & 0 & 0 & 7 & 0 \end{pmatrix} \xrightarrow[r_4 + (-7) \times r_3]{\frac{1}{6} \times r_3} \begin{pmatrix} 1 & 2 & 1 & 1 & 1 \\ 0 & 0 & 1 & -1 & -1 \\ 0 & 0 & 0 & 1 & 0 \\ 0 & 0 & 0 & 0 & 0 \end{pmatrix} = \boldsymbol{U}$$

得到同解方程组的系数矩阵为 $\boldsymbol{U}$.

$$r(\boldsymbol{A}) = r(\boldsymbol{U}) = 3,\ n = 5,\ n - r(\boldsymbol{A}) = 2$$

故有两个自由未知量. 选主元所在的列的未知量为独立未知量，即 x_1，x_3，x_4 为独立未知量，则 x_2，x_5 为自由未知量，得到同解方程组

$$\begin{cases} x_1 + x_3 + x_4 = -2x_2 - x_5 \\ x_3 - x_4 = 0x_2 + x_5 \\ x_4 = 0 \end{cases}$$

取 $x_1 = 1$，$x_5 = 0$ 和 $x_2 = 0$，$x_5 = 1$ 得基础解系

$$\boldsymbol{X}_1 = (-2, 1, 0, 0, 0)^{\mathrm{T}},\ \boldsymbol{X}_2 = (-2, 0, 1, 0, 1)^{\mathrm{T}}$$

于是，$\boldsymbol{AX} = \boldsymbol{0}$的一般解为

$$\boldsymbol{X} = k_1\boldsymbol{X}_1 + k_2\boldsymbol{X}_2$$

即

$$X=\begin{pmatrix}x_1\\x_2\\x_3\\x_4\\x_5\end{pmatrix}=k_1\begin{pmatrix}-2\\1\\0\\0\\0\end{pmatrix}+k_2\begin{pmatrix}-2\\0\\1\\0\\1\end{pmatrix}\ (k_1,\ k_2\ 为任意常数)$$

例 4.10 已知 $\boldsymbol{\alpha}_1, \boldsymbol{\alpha}_2, \boldsymbol{\alpha}_3, \boldsymbol{\alpha}_4$ 是线性方程组 $\boldsymbol{AX}=\boldsymbol{0}$ 的一个基础解系，若 $\boldsymbol{\beta}_1=\boldsymbol{\alpha}_1+t\boldsymbol{\alpha}_2, \boldsymbol{\beta}_2=\boldsymbol{\alpha}_2+t\boldsymbol{\alpha}_3, \boldsymbol{\beta}_3=\boldsymbol{\alpha}_3+t\boldsymbol{\alpha}_4, \boldsymbol{\beta}_4=\boldsymbol{\alpha}_4+t\boldsymbol{\alpha}_1$. 讨论实数 t 满足什么关系时，$\boldsymbol{\beta}_1, \boldsymbol{\beta}_2, \boldsymbol{\beta}_3, \boldsymbol{\beta}_4$ 也是 $\boldsymbol{AX}=\boldsymbol{0}$ 的一个基础解系.

解 由于齐次线性方程组解的线性组合仍是该方程组的解，$\boldsymbol{\beta}_1, \boldsymbol{\beta}_2, \boldsymbol{\beta}_3, \boldsymbol{\beta}_4$ 均为方程组 $\boldsymbol{AX}=\boldsymbol{0}$ 的解 $\boldsymbol{\alpha}_1, \boldsymbol{\alpha}_2, \boldsymbol{\alpha}_3, \boldsymbol{\alpha}_4$ 的线性组合，故 $\boldsymbol{\beta}_1, \boldsymbol{\beta}_2, \boldsymbol{\beta}_3, \boldsymbol{\beta}_4$ 均为 $\boldsymbol{AX}=\boldsymbol{0}$ 的解. 又由 $\boldsymbol{\alpha}_1, \boldsymbol{\alpha}_2, \boldsymbol{\alpha}_3, \boldsymbol{\alpha}_4$ 为 $\boldsymbol{AX}=\boldsymbol{0}$ 的基础解系，得 $n-r(\boldsymbol{A})=4$，这样，只要 $\boldsymbol{\beta}_1, \boldsymbol{\beta}_2, \boldsymbol{\beta}_3, \boldsymbol{\beta}_4$ 线性无关，$\boldsymbol{\beta}_1, \boldsymbol{\beta}_2, \boldsymbol{\beta}_3, \boldsymbol{\beta}_4$ 即为 $\boldsymbol{AX}=\boldsymbol{0}$ 的基础解系.

由已知，得

$$(\boldsymbol{\beta}_1, \boldsymbol{\beta}_2, \boldsymbol{\beta}_3, \boldsymbol{\beta}_4)=(\boldsymbol{\alpha}_1, \boldsymbol{\alpha}_2, \boldsymbol{\alpha}_3, \boldsymbol{\alpha}_4)\begin{pmatrix}1&0&0&t\\t&1&0&0\\0&t&1&0\\0&0&t&1\end{pmatrix}$$

而 $\boldsymbol{\alpha}_1, \boldsymbol{\alpha}_2, \boldsymbol{\alpha}_3, \boldsymbol{\alpha}_4$ 线性无关，可见，$r(\boldsymbol{\beta}_1,\boldsymbol{\beta}_2,\boldsymbol{\beta}_3,\boldsymbol{\beta}_4)=r\begin{pmatrix}1&0&0&t\\t&1&0&0\\0&t&1&0\\0&0&t&1\end{pmatrix}$，故 $\boldsymbol{\beta}_1, \boldsymbol{\beta}_2, \boldsymbol{\beta}_3, \boldsymbol{\beta}_4$ 线性无关当且仅当

$$\det\begin{pmatrix}1&0&0&t\\t&1&0&0\\0&t&1&0\\0&0&t&1\end{pmatrix}\neq 0$$

展开上面行列式，得 $t^4-1\neq 0$，即 $t\neq\pm 1$. 所以 $t\neq\pm 1$ 时，$\boldsymbol{\beta}_1, \boldsymbol{\beta}_2, \boldsymbol{\beta}_3, \boldsymbol{\beta}_4$ 是 $\boldsymbol{AX}=\boldsymbol{0}$ 的基础解系.

例 4.11 已知 $\boldsymbol{Q}=\begin{pmatrix}1&2&3\\2&4&t\\3&6&9\end{pmatrix}$，$\boldsymbol{P}$ 为非零的三阶矩阵，且 $\boldsymbol{PQ}=\boldsymbol{O}$，则

(A) 当 $t=6$ 时，$r(\boldsymbol{P})=1$　　(B) 当 $t=6$ 时，$r(\boldsymbol{P})=2$

(C) 当 $t\neq 6$ 时，$r(\boldsymbol{P})=1$　　(D) 当 $t\neq 6$ 时，$r(\boldsymbol{P})=2$

选择正确的答案. 为什么?

解 当 $t=6$ 时，$r(\boldsymbol{Q})=1$. 此时 $\boldsymbol{PX}=\boldsymbol{0}$的基础解系至少含一个非零向量. 所以 $3-r(\boldsymbol{P})\geqslant 1$，即 $r(\boldsymbol{P})\leqslant 2$，考虑到 $\boldsymbol{P}$ 为非零矩阵，则 $r(\boldsymbol{P})=1$ 或 $r(\boldsymbol{P})=2$. 这两种情况都有可能，故(A)、(B)都不正确.

当 $t\neq 6$ 时，$r(\boldsymbol{Q})=2$，说明 $\boldsymbol{PX}=\boldsymbol{0}$的基础解系至少包括了两个线性无关解，故 $3-r(\boldsymbol{P})\geqslant 2$；考虑到 $\boldsymbol{P}$ 为非零矩阵，则 $r(\boldsymbol{P})=1$. 故(C)正确，(D)不正确.

本题也可由 $\boldsymbol{PQ}=\boldsymbol{O}$，得 $r(\boldsymbol{P})+r(\boldsymbol{Q})\leqslant 3$，由此出发分析 $r(\boldsymbol{P})$ 和 $r(\boldsymbol{Q})$ 与参数 t 的关系：当 $t\neq 6$ 时，$r(\boldsymbol{Q})=2$，则 $r(\boldsymbol{P})\leqslant 1$；$\boldsymbol{P}\neq\boldsymbol{O}$，$r(\boldsymbol{P})\geqslant 1$，故 $r(\boldsymbol{P})=1$. (C)正确.

例 4.12 已知 $\boldsymbol{A}\in M_{m,n}$的实数矩阵，求证：方程组 $\boldsymbol{AX}=\boldsymbol{0}$与方程组 $\boldsymbol{A}^{\mathrm{T}}\boldsymbol{AX}=\boldsymbol{0}$同解.

证 设 $\boldsymbol{AX}=\boldsymbol{0}$，两边左乘 $\boldsymbol{A}^{\mathrm{T}}$，得 $\boldsymbol{A}^{\mathrm{T}}\boldsymbol{AX}=\boldsymbol{A}^{\mathrm{T}}\boldsymbol{0}=\boldsymbol{0}$，说明满足 $\boldsymbol{AX}=\boldsymbol{0}$的解 $\boldsymbol{X}$ 均满足 $\boldsymbol{A}^{\mathrm{T}}\boldsymbol{AX}=\boldsymbol{0}$. 故设

$$\boldsymbol{X}_1=\{\boldsymbol{X}\mid\boldsymbol{AX}=\boldsymbol{0},\ \boldsymbol{A}\in M_{m,n},\ \boldsymbol{X}\in\mathbf{R}^n\}$$
$$\boldsymbol{X}_2=\{\boldsymbol{X}\mid\boldsymbol{A}^{\mathrm{T}}\boldsymbol{AX}=\boldsymbol{0},\ \boldsymbol{A}\in M_{m,n},\ \boldsymbol{X}\in\mathbf{R}^n\}$$

则 $\boldsymbol{X}_1\subseteq\boldsymbol{X}_2$.

反之，设 $\boldsymbol{A}^{\mathrm{T}}\boldsymbol{AX}=\boldsymbol{0}$. 两边左乘 $\boldsymbol{X}^{\mathrm{T}}$，得 $\boldsymbol{X}^{\mathrm{T}}\boldsymbol{A}^{\mathrm{T}}\boldsymbol{AX}=\boldsymbol{X}^{\mathrm{T}}\boldsymbol{0}=\boldsymbol{0}$，即 $(\boldsymbol{AX})^{\mathrm{T}}(\boldsymbol{AX})=\boldsymbol{0}$. 设 $\boldsymbol{AX}=(a_1,a_2,\cdots,a_m)^{\mathrm{T}}$，则

$$(\boldsymbol{AX})^{\mathrm{T}}(\boldsymbol{AX})=(a_1,a_2,\cdots,a_m)\begin{pmatrix}a_1\\a_2\\\vdots\\a_m\end{pmatrix}=a_1^2+a_2^2+\cdots+a_m^2=0.$$

故得 $a_1=a_2=\cdots=a_m=0$. 即 $\boldsymbol{AX}=\boldsymbol{0}$与方程组 $\boldsymbol{A}^{\mathrm{T}}\boldsymbol{AX}=\boldsymbol{0}$同解.

本题进一步可得出 $r(\boldsymbol{A})=r(\boldsymbol{A}^{\mathrm{T}}\boldsymbol{A})$. 因 $\boldsymbol{AX}=\boldsymbol{0}$与 $\boldsymbol{A}^{\mathrm{T}}\boldsymbol{AX}=\boldsymbol{0}$同解，故基础解系相同，即基础解系所含无关的解向量个数相同. 故 $n-r(\boldsymbol{A})=n-r(\boldsymbol{A}^{\mathrm{T}}\boldsymbol{A})$，从而 $r(\boldsymbol{A})=r(\boldsymbol{A}^{\mathrm{T}}\boldsymbol{A})$.

例 4.13 设 $\boldsymbol{A}\in M_{m,n}$，$\boldsymbol{B}\in M_{n,s}$，证明：

$$(\boldsymbol{AB})\boldsymbol{X}=\boldsymbol{0}\text{与 }\boldsymbol{BX}=\boldsymbol{0}\text{同解}\Leftrightarrow r(\boldsymbol{AB})=r(\boldsymbol{B})$$

证 "$\Rightarrow$"：已知 $\boldsymbol{ABX}=\boldsymbol{0}$与 $\boldsymbol{BX}=\boldsymbol{0}$同解，故这两个齐次线性方程组的基础解系相同，基础解系所含无关的解向量个数相同. 即 $s-r(\boldsymbol{AB})=s-r(\boldsymbol{B})$，故 $r(\boldsymbol{AB})=r(\boldsymbol{B})$.（又 $\boldsymbol{ABX}=\boldsymbol{0}$与 $\boldsymbol{BX}=\boldsymbol{0}$只有零解，则 $r(\boldsymbol{AB})=s=r(\boldsymbol{B})$.）

"$\Leftarrow$"：已知 $r(\boldsymbol{AB})=r(\boldsymbol{B})$. 求证 $(\boldsymbol{AB})\boldsymbol{X}=\boldsymbol{0}$与 $\boldsymbol{BX}=\boldsymbol{0}$同解.

设 $\boldsymbol{BX}=\boldsymbol{0}$，两边左乘 $\boldsymbol{A}$，得 $\boldsymbol{ABX}=\boldsymbol{0}$，故

$$\boldsymbol{X}_1=\{\boldsymbol{X}\mid\boldsymbol{BX}=\boldsymbol{0},\ \boldsymbol{B}\in M_{n,s},\ \boldsymbol{X}\in\mathbf{R}^s\}\subseteq\boldsymbol{X}_2=\{\boldsymbol{X}\mid\boldsymbol{ABX}=\boldsymbol{0},\ \boldsymbol{AB}\in M_{m,s},\ \boldsymbol{X}\in\mathbf{R}^s\}$$

又因 $r(\boldsymbol{AB})=r(\boldsymbol{B})$，故 $s-r(\boldsymbol{AB})=s-r(\boldsymbol{B})$，即 $\boldsymbol{BX}=\boldsymbol{0}$的基础解系所含无关解向量的个数与 $\boldsymbol{ABX}=\boldsymbol{0}$的基础解系所含无关解向量的个数相同. $\boldsymbol{X}_1\subseteq\boldsymbol{X}_2$，说明 $\boldsymbol{BX}=\boldsymbol{0}$的基础解系也是 $\boldsymbol{ABX}=\boldsymbol{0}$的基础解系，所以它们的解集相同.（又若 $r(\boldsymbol{AB})=r(\boldsymbol{B})=s$，则 $\boldsymbol{BX}=\boldsymbol{0}$与 $\boldsymbol{ABX}=\boldsymbol{0}$都只有零解.）

例 4.14 设 $\boldsymbol{A}=(a_{ij})_{n\times n}$ 且 $\sum_{j=1}^{n}a_{ij}=0, i=1,2,\cdots,n.$ 求证:

(1) $\boldsymbol{A}$ 的伴随矩阵 $\boldsymbol{A}^*$ 的秩 $r(\boldsymbol{A}^*)\leqslant 1$.

(2) $\boldsymbol{A}^*=\begin{pmatrix} k_1 & \cdots & k_j & \cdots & k_n \\ k_1 & \cdots & k_j & \cdots & k_n \\ \vdots & & \vdots & & \vdots \\ k_1 & \cdots & k_j & \cdots & k_n \end{pmatrix}$(其中,$k_j$ 为常数,$j=1,2,\cdots,n$)

证 (1) $|\boldsymbol{A}|=\begin{vmatrix} a_{11} & a_{12} & \cdots & a_{1n} \\ a_{21} & a_{22} & \cdots & a_{2n} \\ \vdots & \vdots & & \vdots \\ a_{n1} & a_{n2} & \cdots & a_{nn} \end{vmatrix}=\begin{vmatrix} 0 & a_{12} & \cdots & a_{1n} \\ 0 & a_{22} & \cdots & a_{2n} \\ \vdots & \vdots & & \vdots \\ 0 & a_{n2} & \cdots & a_{nn} \end{vmatrix}=0$

故 $r(\boldsymbol{A})\leqslant n-1$.

又 $\boldsymbol{AA}^*=|\boldsymbol{A}|\boldsymbol{E}_n=\boldsymbol{O}$,故 $\boldsymbol{A}^*$ 的各列均为 $\boldsymbol{AX}=\boldsymbol{0}$ 的解向量,并且 $r(\boldsymbol{A})+r(\boldsymbol{A}^*)\leqslant n$.

若 $r(\boldsymbol{A})=n-1$,$\boldsymbol{A}$ 中至少有一个 $n-1$ 阶子式不为 0,即存在 $A_{ij}\neq 0$,即 $\boldsymbol{A}^*$ 中有元素不为 0,此时 $r(\boldsymbol{A}^*)=1$.

若 $r(\boldsymbol{A})<n-1$,则 $\boldsymbol{A}$ 中所有 $n-1$ 阶子式全为 0,故 $r(\boldsymbol{A}^*)=0$.

综上,$r(\boldsymbol{A}^*)\leqslant 1$.

(2) 若 $r(\boldsymbol{A})=n-1$,方程组 $\boldsymbol{AX}=\boldsymbol{0}$ 有非零解,且其基础解系只包括一个非零解向量. 已知 $\sum_{j=1}^{n}a_{ij}=0$,即 $a_{i1}\cdot 1+a_{i2}\cdot 1+\cdots+a_{in}\cdot 1=0(i=1,2,\cdots,n)$,故 $\boldsymbol{X}=(1,1,\cdots,1)^{\mathrm{T}}$ 为 $\boldsymbol{AX}=\boldsymbol{0}$ 的基础解系.

此时 $\boldsymbol{AA}^*=|\boldsymbol{A}|\boldsymbol{E}_n=\boldsymbol{O}$,则 $\boldsymbol{A}^*$ 的各列均为 $\boldsymbol{AX}=\boldsymbol{0}$ 的解向量,故均可被基础解系 $\boldsymbol{X}=(1,1,\cdots,1)^{\mathrm{T}}$ 线性表示,即 $\boldsymbol{A}^*$ 的各列均为 $\boldsymbol{X}=(1,1,\cdots,1)^{\mathrm{T}}$ 的倍数,即

$$\boldsymbol{A}^*=\begin{pmatrix} k_1 & k_2 & \cdots & k_j & \cdots & k_n \\ k_1 & k_2 & \cdots & k_j & \cdots & k_n \\ \vdots & \vdots & & \vdots & & \vdots \\ k_1 & k_2 & \cdots & k_j & \cdots & k_n \end{pmatrix}$$

若 $r(\boldsymbol{A})<n-1$,$r(\boldsymbol{A}^*)=0$,$\boldsymbol{A}^*=\boldsymbol{0}$,即 $k_j=0(j=1,2,\cdots,n)$,结论也成立.

4.5 非齐次线性方程组

设有线性方程组

$$\begin{cases} a_{11}x_1 + a_{12}x_2 + \cdots + a_{1n}x_n = b_1 \\ a_{21}x_1 + a_{22}x_2 + \cdots + a_{2n}x_n = b_2 \\ \quad \vdots \\ a_{m1}x_1 + a_{m2}x_2 + \cdots + a_{mn}x_n = b_m \end{cases} \tag{4.13}$$

记

$$\boldsymbol{A} = \begin{pmatrix} a_{11} & a_{12} & \cdots & a_{1n} \\ a_{21} & a_{22} & \cdots & a_{2n} \\ \vdots & \vdots & & \vdots \\ a_{m1} & a_{m2} & \cdots & a_{mn} \end{pmatrix}, \boldsymbol{\beta} = \begin{pmatrix} b_1 \\ b_2 \\ \vdots \\ b_m \end{pmatrix}, \boldsymbol{X} = \begin{pmatrix} x_1 \\ x_2 \\ \vdots \\ x_n \end{pmatrix}$$

则式(4.13)可写成矩阵形式

$$\boldsymbol{AX} = \boldsymbol{\beta} \tag{4.14}$$

记

$$\boldsymbol{\alpha}_1 = \begin{pmatrix} a_{11} \\ a_{21} \\ \vdots \\ a_{m1} \end{pmatrix}, \boldsymbol{\alpha}_2 = \begin{pmatrix} a_{12} \\ a_{22} \\ \vdots \\ a_{m2} \end{pmatrix}, \cdots, \boldsymbol{\alpha}_n = \begin{pmatrix} a_{1n} \\ a_{2n} \\ \vdots \\ a_{mn} \end{pmatrix}$$

则式(4.14)可写成向量形式

$$x_1\boldsymbol{\alpha}_1 + x_2\boldsymbol{\alpha}_2 + \cdots + x_n\boldsymbol{\alpha}_n = \boldsymbol{\beta} \tag{4.15}$$

4.5.1 非齐次线性方程组有解的充要条件

由式(4.15)可知,方程组(4.13)的解就是向量$\boldsymbol{\beta}$用向量组$\boldsymbol{\alpha}_1,\boldsymbol{\alpha}_2,\cdots,\boldsymbol{\alpha}_n$线性表示的系数. 因此,下面三种提法等价:

(1) 方程组(4.13)有解.

(2) 向量$\boldsymbol{\beta}$可由向量组$\boldsymbol{\alpha}_1,\boldsymbol{\alpha}_2,\cdots,\boldsymbol{\alpha}_n$线性表示.

(3) 向量组$\boldsymbol{\alpha}_1,\boldsymbol{\alpha}_2,\cdots,\boldsymbol{\alpha}_n$与向量组$\boldsymbol{\alpha}_1,\boldsymbol{\alpha}_2,\cdots,\boldsymbol{\alpha}_n,\boldsymbol{\beta}$等价.

定理4.8给出了判定非齐次线性方程组是否有解的一种有效的方法.

定理4.8 非齐次线性方程组(4.13)有解的充要条件是它的系数矩阵的秩等于其增广矩阵的秩,即

$$r(\boldsymbol{A}) = r(\boldsymbol{B})$$

证 必要性 因方程组(4.13)有解,所以向量组$\boldsymbol{\alpha}_1,\boldsymbol{\alpha}_2,\cdots,\boldsymbol{\alpha}_n$与向量组$\boldsymbol{\alpha}_1,\boldsymbol{\alpha}_2,\cdots,\boldsymbol{\alpha}_n,\boldsymbol{\beta}$等价,于是

$r(\boldsymbol{A})$ = 向量组$\{\boldsymbol{\alpha}_1,\boldsymbol{\alpha}_2,\cdots,\boldsymbol{\alpha}_n\}$的秩 = 向量组$\{\boldsymbol{\alpha}_1,\boldsymbol{\alpha}_2,\cdots,\boldsymbol{\alpha}_n,\boldsymbol{\beta}\}$的秩 $= r(\boldsymbol{B})$

充分性 $r(\boldsymbol{A}) = r(\boldsymbol{B}) = r$. 不妨设$\boldsymbol{\alpha}_1,\boldsymbol{\alpha}_2,\cdots,\boldsymbol{\alpha}_r$是向量组$\boldsymbol{\alpha}_1,\boldsymbol{\alpha}_2,\cdots,\boldsymbol{\alpha}_n$的一个极大无关组. 由$r(\boldsymbol{B}) = r$知,$\boldsymbol{\alpha}_1,\boldsymbol{\alpha}_2,\cdots,\boldsymbol{\alpha}_r$也是$\boldsymbol{\alpha}_1,\boldsymbol{\alpha}_2,\cdots,\boldsymbol{\alpha}_n,\boldsymbol{\beta}$的一个极大无关

组. 于是$\boldsymbol{\beta}$可由$\boldsymbol{\alpha}_1,\boldsymbol{\alpha}_2,\cdots,\boldsymbol{\alpha}_r$线性表示,当然$\boldsymbol{\beta}$也就可以由$\boldsymbol{\alpha}_1,\boldsymbol{\alpha}_2,\cdots,\boldsymbol{\alpha}_r,\boldsymbol{\alpha}_{r+1},\cdots,\boldsymbol{\alpha}_n$线性表示. 故式(4.13)有解.

4.5.2 非齐次线性方程组解的结构

设有非齐次线性方程组

$$\begin{cases} a_{11}x_1+a_{12}x_2+\cdots+a_{1n}x_n=b_1 \\ a_{21}x_1+a_{22}x_2+\cdots+a_{2n}x_n=b_2 \\ \qquad\qquad\vdots \\ a_{m1}x_1+a_{m2}x_2+\cdots+a_{mn}x_n=b_m \end{cases} \tag{4.16}$$

称齐次线性方程组

$$\begin{cases} a_{11}x_1+a_{12}x_2+\cdots+a_{1n}x_n=0 \\ a_{21}x_1+a_{22}x_2+\cdots+a_{2n}x_n=0 \\ \qquad\qquad\vdots \\ a_{m1}x_1+a_{m2}x_2+\cdots+a_{mn}x_n=0 \end{cases} \tag{4.17}$$

为非齐次线性方程组(4.16)的导出组,或称方程组(4.17)为与方程组(4.16)对应的齐次线性方程组. 为方便起见,分别将式(4.16)和式(4.17)写成矩阵形式$\boldsymbol{AX}=\boldsymbol{\beta}$和$\boldsymbol{AX}=\mathbf{0}$.

定理 4.9 方程组(4.16)与方程组(4.17)的解向量满足:

(1) 若$\boldsymbol{\eta}_1,\boldsymbol{\eta}_2$都是式(4.16)的解,则$\boldsymbol{\eta}_1-\boldsymbol{\eta}_2$是式(4.17)的解.

(2) 若$\boldsymbol{\eta}$是式(4.16)的解,$\boldsymbol{\xi}$是式(4.17)的解,则$\boldsymbol{\xi}+\boldsymbol{\eta}$也是式(4.16)的解.

证 (1) $\boldsymbol{A}(\boldsymbol{\eta}_1-\boldsymbol{\eta}_2)=\boldsymbol{A\eta}_1-\boldsymbol{A\eta}_2=\boldsymbol{\beta}-\boldsymbol{\beta}=\mathbf{0}$,即$\boldsymbol{\eta}_1-\boldsymbol{\eta}_2$是式(4.17)的解.

(2) $\boldsymbol{A}(\boldsymbol{\xi}+\boldsymbol{\eta})=\boldsymbol{A\xi}+\boldsymbol{A\eta}=\mathbf{0}+\boldsymbol{\beta}=\boldsymbol{\beta}$,即$\boldsymbol{\xi}+\boldsymbol{\eta}$是式(4.16)的解.

推论 4.7 设$\boldsymbol{A}$是方程组(4.16)的系数矩阵,$\boldsymbol{B}$是方程组(4.16)的增广矩阵,n是方程组(4.16)的未知数个数,则

(1) 方程组(4.16)有唯一解$\Leftrightarrow r(\boldsymbol{A})=r(\boldsymbol{B})=n$

(2) 方程组(4.16)有无穷多解$\Leftrightarrow r(\boldsymbol{A})=r(\boldsymbol{B})<n$

证 (1) 必要性 因方程组(4.16)有解,所以$r(\boldsymbol{A})=r(\boldsymbol{B})$. 因方程组(4.16)的解唯一,由定理4.9的(2)知,方程组(4.17)的解唯一,于是由推论4.5知$r(\boldsymbol{A})=n$.

充分性 因$r(\boldsymbol{A})=r(\boldsymbol{B})$,所以方程组(4.16)有解. 若方程组(4.16)有两个以上不同的解,由定理4.9的(1)知,方程组(4.17)有非零解,这与$r(\boldsymbol{A})=n$矛盾. 故方程组(4.16)有唯一解.

(2) 必要性 因方程组(4.16)有解,所以$r(\boldsymbol{A})=r(\boldsymbol{B})$. 因方程组(4.16)有无穷多解,由定理4.9的(1)知,方程组(4.17)有非零解. 于是由推论4.5知,$r(\boldsymbol{A})<n$.

充分性　因 $r(\boldsymbol{A})=r(\boldsymbol{B})$,所以方程组(4.16)有解. 因 $r(\boldsymbol{A})<n$,由推论 4.5 知,方程组(4.16)有无穷多解. 于是由定理 4.9 的(2)知,方程组(4.16)有无穷多解.

当 $r=r(\boldsymbol{A})=r(\boldsymbol{B})<n$($n$ 为未知数个数)时,设 $\boldsymbol{\xi}_1,\boldsymbol{\xi}_2,\cdots,\boldsymbol{\xi}_{n-r}$ 是方程组(4.17)的一个基础解系,$\boldsymbol{\eta}^*$ 是方程组(4.16)的一个特解,则方程组(4.16)的通解可表示为

$$\boldsymbol{X}=\boldsymbol{\eta}^*+k_1\boldsymbol{\xi}_1+k_2\boldsymbol{\xi}_2+\cdots+k_{n-r}\boldsymbol{\xi}_{n-r} \tag{4.18}$$

其中,$k_1,k_2,\cdots,k_{n-r}$ 为任意常数.

事实上,由定理 4.9 的(2)及 $k_1\boldsymbol{\xi}_1+k_2\boldsymbol{\xi}_2+\cdots+k_{n-r}\boldsymbol{\xi}_{n-r}$ 是式(4.17)的解知,式(4.18)是方程组(4.16)的解. 反之,设 $\boldsymbol{\eta}$ 是方程组(4.16)的任意一个解,由定理 4.9 的(1)知,$\boldsymbol{\eta}-\boldsymbol{\eta}^*$ 是方程组(4.17)的解. $\boldsymbol{\eta}-\boldsymbol{\eta}^*$ 可由 $\boldsymbol{\xi}_1,\boldsymbol{\xi}_2,\cdots,\boldsymbol{\xi}_{n-r}$ 线性表示,即存在数 $k_1,k_2,\cdots,k_{n-r}$,使

$$\boldsymbol{\eta}=\boldsymbol{\eta}^*+k_1\boldsymbol{\xi}_1+k_2\boldsymbol{\xi}_2+\cdots+k_{n-r}\boldsymbol{\xi}_{n-r}$$

例 4.15　求解线性方程组

$$\begin{cases} x_1+x_2+x_3=0 \\ x_1+x_2-x_3-x_4-2x_5=1 \\ 2x_1+2x_2-x_4-2x_5=1 \\ 5x_1+5x_2-3x_3-4x_4-8x_5=4 \end{cases}$$

解　$$(\boldsymbol{A},\boldsymbol{\beta})=\begin{pmatrix} 1 & 1 & 1 & 0 & 0 & 0 \\ 1 & 1 & -1 & -1 & -2 & 1 \\ 2 & 2 & 0 & -1 & -2 & 1 \\ 5 & 5 & -3 & -4 & -8 & 4 \end{pmatrix}\to\begin{pmatrix} 1 & 1 & 1 & 0 & 0 & 0 \\ 0 & 0 & -2 & -1 & -2 & 1 \\ 0 & 0 & 0 & 0 & 0 & 0 \\ 0 & 0 & 0 & 0 & 0 & 0 \end{pmatrix}=(\boldsymbol{C},\boldsymbol{d})$$

因 $r(\boldsymbol{A})=r(\boldsymbol{A},\boldsymbol{\beta})=2$,故方程组有无穷多解.

对应的齐次线性方程组 $\boldsymbol{AX}=\boldsymbol{0}$ 的同解方程组为 $\boldsymbol{CX}=\boldsymbol{0}$,即

$$\begin{cases} x_1+x_2+x_3=0 \\ -2x_3-x_4-2x_5=0 \end{cases}$$

取 x_2,x_4,x_5 为自由未知量,得 $\begin{cases} x_1+x_3=-x_2 \\ -2x_3=x_4+2x_5 \end{cases}$,得基础解系

$$\boldsymbol{\xi}_1=(-1,1,0,0,0)^{\mathrm{T}}$$

$$\boldsymbol{\xi}_2=\left(\frac{1}{2},0,-\frac{1}{2},1,0\right)^{\mathrm{T}}\ （可取\ \boldsymbol{\xi}_2^*=(1,0,-1,2,0)^{\mathrm{T}}）$$

$$\boldsymbol{\xi}_3=(1,0,-1,0,1)^{\mathrm{T}}$$

故 $\boldsymbol{X}=k_1\boldsymbol{\xi}_1+k_2\boldsymbol{\xi}_2+k_3\boldsymbol{\xi}_3$.

对应的非齐次线性方程组的同解方程组为 $\boldsymbol{CX}=\boldsymbol{d}$,即

$$\begin{cases}x_1+x_2+x_3=0\\-2x_3-x_4-2x_5=1\end{cases},\text{即}\begin{cases}x_1+x_3=-x_2\\-2x_3=1+x_4+2x_5\end{cases}$$

设自由未知量 $x_2=x_4=x_5=0$,得 $x_3=-\frac{1}{2}$,$x_1=\frac{1}{2}$,即

$$\boldsymbol{X}_0=\left(\frac{1}{2},0,-\frac{1}{2},0,0\right)^{\mathrm{T}}$$

于是 $\boldsymbol{AX}=\boldsymbol{\beta}$ 的一般解为

$$\boldsymbol{X}=\boldsymbol{X}_0+k_1\boldsymbol{\xi}_1+k_2\boldsymbol{\xi}_2^*+k_3\boldsymbol{\xi}_3$$

$$=\begin{pmatrix}\frac{1}{2}\\0\\-\frac{1}{2}\\0\\0\end{pmatrix}+k_1\begin{pmatrix}-1\\1\\0\\0\\0\end{pmatrix}+k_2\begin{pmatrix}1\\0\\-1\\2\\0\end{pmatrix}+k_3\begin{pmatrix}1\\0\\-1\\0\\1\end{pmatrix}$$

其中,k_1,k_2,k_3 为任意常数.

例 4.16 判断下列命题是否正确.

设 $\boldsymbol{A}\in M_{m,n}$,$\boldsymbol{b}\in\mathbf{R}^m$,$\boldsymbol{AX}=\boldsymbol{0}$是 $\boldsymbol{AX}=\boldsymbol{\beta}$ 的导出组,则

(1) 如果 $\boldsymbol{AX}=\boldsymbol{0}$只有零解,则 $\boldsymbol{AX}=\boldsymbol{\beta}$ 必有唯一解.

(2) 如果 $\boldsymbol{AX}=\boldsymbol{0}$有非零解,则 $\boldsymbol{AX}=\boldsymbol{\beta}$ 必有无穷多解.

(3) 如果 $\boldsymbol{AX}=\boldsymbol{\beta}$ 有两个不同的解,则 $\boldsymbol{AX}=\boldsymbol{0}$必有非零解.

(4) 如果 $\boldsymbol{AX}=\boldsymbol{0}$有非零解,则 $\boldsymbol{A}^{\mathrm{T}}\boldsymbol{X}=\boldsymbol{0}$也有非零解.

(5) 如果 $r(\boldsymbol{A})=r=m$,则 $\boldsymbol{AX}=\boldsymbol{\beta}$ 必有解.

(6) 如果 $r(\boldsymbol{A})=r=n$,则 $\boldsymbol{AX}=\boldsymbol{\beta}$ 必有唯一解.

(7) 如果 $m=n$,则方程组 $\boldsymbol{AX}=\boldsymbol{\beta}$ 必有唯一解.

(8) 如果 $r(\boldsymbol{A})=r<n$,则方程组 $\boldsymbol{AX}=\boldsymbol{\beta}$ 必有无穷多解.

解 (1) 不正确

$\boldsymbol{AX}=\boldsymbol{0}$只有零解说明 $r(\boldsymbol{A})=n$,但此时不能保证 $r(\boldsymbol{A\beta})=r(\boldsymbol{A})=n$,故 $\boldsymbol{AX}=\boldsymbol{\beta}$ 不一定有解,当然谈不上必有唯一解了.

（2）不正确

原因同(1). 条件只说明 $r(\boldsymbol{A})<n$，不能保证 $r(\boldsymbol{A\beta})=r(\boldsymbol{A})$.

（3）正确

$\boldsymbol{AX}=\boldsymbol{\beta}$ 有两个不同的解，设为 $\boldsymbol{AX}_1=\boldsymbol{\beta}$，$\boldsymbol{AX}_2=\boldsymbol{\beta}$，则 $\boldsymbol{A}(\boldsymbol{X}_1-\boldsymbol{X}_2)=\boldsymbol{0}$. 又 $\boldsymbol{X}_1\neq\boldsymbol{X}_2$，即 $\boldsymbol{X}_1-\boldsymbol{X}_2\neq\boldsymbol{0}$，说明 $\boldsymbol{AX}=\boldsymbol{0}$有非零解.

（4）不正确

$\boldsymbol{A}\in M_{m,n}$，$\boldsymbol{AX}=\boldsymbol{0}$有非零解，说明 $r(\boldsymbol{A})=r<n$. 但 $\boldsymbol{A}^{\mathrm{T}}\in M_{n,m}$，此时 $\boldsymbol{A}^{\mathrm{T}}\boldsymbol{X}=\boldsymbol{0}$有非零解$\Leftrightarrow r(\boldsymbol{A}^{\mathrm{T}})<m$. 因为有可能 $m<n$，故 $r(\boldsymbol{A}^{\mathrm{T}})=r(\boldsymbol{A})=r<n$ 不能保证$r<m$.

（5）正确

因 $r(\boldsymbol{A})=r=m$，$\boldsymbol{A}\in M_{m,n}$，故 $m\leqslant n$，而$(\boldsymbol{A\beta})\in M_{m,n+1}$，故 $r(\boldsymbol{A\beta})=m$，因而 $r(\boldsymbol{A})=r(\boldsymbol{A\beta})$，即 $\boldsymbol{AX}=\boldsymbol{\beta}$ 必有解.

（6）不正确

虽然 $r(\boldsymbol{A})=r=n$，但 $\boldsymbol{A}\in M_{m,n}$. 有可能 $m>n$，故 $r(\boldsymbol{A\beta})$有可能大于 n，$\boldsymbol{AX}=\boldsymbol{\beta}$ 可能无解.

（7）不正确

$|\boldsymbol{A}|$不一定不为零，那么 $\boldsymbol{AX}=\boldsymbol{\beta}$ 就有可能无解或有无穷多解.

（8）不正确

因 $r(\boldsymbol{A})=r<n$ 不能保证 $r(\boldsymbol{A\beta})=r$，故 $\boldsymbol{AX}=\boldsymbol{\beta}$ 有可能无解.

例 4.17 已知 $\boldsymbol{AX}=\boldsymbol{\beta}$ 为四元线性方程组，且 $r(\boldsymbol{A})=3$，并且 $\boldsymbol{X}_1,\boldsymbol{X}_2,\boldsymbol{X}_3$ 为它的三个解向量，满足：$\boldsymbol{X}_1+\boldsymbol{X}_2=(-1,2,1,0)^{\mathrm{T}}$，$\boldsymbol{X}_3=(1,8,-1,4)^{\mathrm{T}}$. 求 $\boldsymbol{AX}=\boldsymbol{\beta}$ 的通解.

解 因 $\boldsymbol{X}_1,\boldsymbol{X}_2,\boldsymbol{X}_3$ 均为 $\boldsymbol{AX}=\boldsymbol{\beta}$ 的解，故 $\boldsymbol{A}(\boldsymbol{X}_1+\boldsymbol{X}_2)=\boldsymbol{AX}_1+\boldsymbol{AX}_2=\boldsymbol{\beta}+\boldsymbol{\beta}=2\boldsymbol{\beta}$. 因此，

$$\boldsymbol{A}(\boldsymbol{X}_1+\boldsymbol{X}_2-2\boldsymbol{X}_3)=\boldsymbol{A}(\boldsymbol{X}_1+\boldsymbol{X}_2)-2\boldsymbol{AX}_3=2\boldsymbol{\beta}-2\boldsymbol{\beta}=\boldsymbol{0}$$

即 $\boldsymbol{X}_1+\boldsymbol{X}_2-2\boldsymbol{X}_3$ 为 $\boldsymbol{AX}=\boldsymbol{0}$的一个解. 且计算出

$$\boldsymbol{X}_1+\boldsymbol{X}_2-2\boldsymbol{X}_3=(-1,2,1,0)^{\mathrm{T}}-2(1,8,-1,4)^{\mathrm{T}}=(-3,-14,3,-8)^{\mathrm{T}}\xlongequal{令}\boldsymbol{\xi}$$

又已知 $r(\boldsymbol{A})=3$，方程组为四元方程组，故 $n-r(\boldsymbol{A})=4-3=1$，即 $\boldsymbol{AX}=\boldsymbol{0}$的基础解系由一个非零解向量构成. 所以，$\boldsymbol{\xi}=(-3,-14,3,-8)^{\mathrm{T}}$ 就是 $\boldsymbol{AX}=\boldsymbol{0}$的一个基础解系. 因此，方程组 $\boldsymbol{AX}=\boldsymbol{\beta}$ 的通解为

$$\boldsymbol{X}=k\boldsymbol{\xi}+\boldsymbol{X}_3=k(-3,-14,3,-8)^{\mathrm{T}}+(1,8,-1,4)^{\mathrm{T}}$$

其中，k 为常数.

例 4.18 $\boldsymbol{A}\in M_{m,n}$，$m<n$，且 $\boldsymbol{A}$ 的行向量组线性无关. $\boldsymbol{B}\in M_{n,n-m}$，$\boldsymbol{B}$ 的列向量组线性无关，且 $\boldsymbol{AB}=\boldsymbol{O}$. 证明：如果 $\boldsymbol{\eta}$ 是齐次线性方程组 $\boldsymbol{AX}=\boldsymbol{0}$的解，则 $\boldsymbol{BX}=\boldsymbol{\eta}$ 有唯一解.

证 因$\boldsymbol{A}$的行向量组线性无关,故$r(\boldsymbol{A})=m$. 同理,因$\boldsymbol{B}$的列向量组线性无关,故$r(\boldsymbol{B})=n-m$.

又$\boldsymbol{AB}=\boldsymbol{0}$. 设$\boldsymbol{B}=(\boldsymbol{\beta}_1,\boldsymbol{\beta}_2,\cdots,\boldsymbol{\beta}_{n-m})$,则$\boldsymbol{\beta}_i(i=1,2,\cdots,n-m)$均为齐次方程组$\boldsymbol{AX}=\boldsymbol{0}$的解,且为$n-m$个线性无关解.

又$\boldsymbol{AX}=\boldsymbol{0}$的解空间的维数是$n-r(\boldsymbol{A})=n-m$,因此,$\boldsymbol{\beta}_1,\boldsymbol{\beta}_2,\cdots,\boldsymbol{\beta}_{n-m}$是解空间的一组基(即为$\boldsymbol{AX}=\boldsymbol{0}$的一个基础解系). 那么,$\boldsymbol{\eta}$就可由$\boldsymbol{\beta}_1,\boldsymbol{\beta}_2,\cdots,\boldsymbol{\beta}_{n-m}$线性表示,且表示系数唯一. 设

$$\begin{aligned}\boldsymbol{\eta}&=k_1\boldsymbol{\beta}_1+k_2\boldsymbol{\beta}_2+\cdots+k_{n-m}\boldsymbol{\beta}_{n-m}\\&=(\boldsymbol{\beta}_1,\boldsymbol{\beta}_2,\cdots,\boldsymbol{\beta}_{n-m})\begin{pmatrix}k_1\\k_2\\\vdots\\k_{n-m}\end{pmatrix}=\boldsymbol{B}\begin{pmatrix}k_1\\k_2\\\vdots\\k_{n-m}\end{pmatrix}\end{aligned}$$

即$\boldsymbol{BX}=\boldsymbol{\eta}$有唯一解$(k_1,k_2,\cdots,k_{n-m})^{\mathrm{T}}$.

例 4.19 已知$\boldsymbol{\alpha}_1=(1,1,0,2)^{\mathrm{T}},\boldsymbol{\alpha}_2=(-1,1,2,4)^{\mathrm{T}},\boldsymbol{\alpha}_3=(2,3,a,7)^{\mathrm{T}},\boldsymbol{\alpha}_4=(-1,5,-3,a+6)^{\mathrm{T}},\boldsymbol{\beta}=(1,0,2,b)^{\mathrm{T}}$. a,b取何值时,$\boldsymbol{\beta}$不能由$\boldsymbol{\alpha}_1,\boldsymbol{\alpha}_2,\boldsymbol{\alpha}_3,\boldsymbol{\alpha}_4$线性表示,$\boldsymbol{\beta}$能被$\boldsymbol{\alpha}_1,\boldsymbol{\alpha}_2,\boldsymbol{\alpha}_3,\boldsymbol{\alpha}_4$线性表示?当表示系数不唯一时,写出线性表示形式.

解 $$\begin{pmatrix}1&-1&2&-1&1\\1&1&3&5&0\\0&2&a&-3&2\\2&4&7&a+6&b\end{pmatrix}\to\begin{pmatrix}1&-1&2&-1&1\\0&2&1&6&-1\\0&2&a&-3&2\\0&6&3&a+8&b-2\end{pmatrix}\to$$

$$\begin{pmatrix}1&-1&2&-1&1\\0&2&1&6&-1\\0&0&a-1&-9&3\\0&0&0&a-10&b+1\end{pmatrix}$$

(1) 若$a\neq1$且$a\neq10$,则$\boldsymbol{\beta}$能被$\alpha_1,\alpha_2,\alpha_3,\alpha_4$唯一线性表出.

(2) 若$a=1$,则$$\begin{pmatrix}1&-1&2&-1&1\\0&2&1&6&-1\\0&0&a-1&-9&3\\0&0&0&a-10&b+1\end{pmatrix}\to\begin{pmatrix}1&-1&2&-1&1\\0&2&1&6&-1\\0&0&0&-9&3\\0&0&0&0&b-2\end{pmatrix}$$

1）当 $b\neq2$ 时，β 不能被 $\alpha_1,\alpha_2,\alpha_3,\beta_4$ 线性表出.

2）当 $b=2$ 时，

$$\begin{pmatrix}1&-1&2&-1&1\\0&2&1&6&-1\\0&0&0&-9&3\\0&0&0&0&b-2\end{pmatrix}\to\begin{pmatrix}1&-1&2&-1&1\\0&2&1&6&-1\\0&0&0&3&-1\\0&0&0&0&0\end{pmatrix}\to\begin{pmatrix}1&-5&0&0&-\frac{4}{3}\\0&2&1&0&1\\0&0&0&1&-\frac{1}{3}\\0&0&0&0&0\end{pmatrix}$$

所以

$$\begin{cases}x_1=-\frac{4}{3}+5x_2\\x_3=1-2x_2\\x_4=-\frac{1}{3}\end{cases}$$

则

$$\boldsymbol{X}=\begin{pmatrix}-\frac{4}{3}\\0\\1\\-\frac{1}{3}\end{pmatrix}+k\begin{pmatrix}5\\1\\-2\\0\end{pmatrix}=\begin{pmatrix}-\frac{4}{3}+5k\\k\\1-2k\\-\frac{1}{3}\end{pmatrix}$$

故

$$\boldsymbol{\beta}=(\boldsymbol{\alpha}_1,\boldsymbol{\alpha}_2,\boldsymbol{\alpha}_3,\boldsymbol{\alpha}_4)\begin{pmatrix}-\frac{4}{3}+5k\\k\\1-2k\\-\frac{1}{3}\end{pmatrix}$$

其中，k 为任意常数.

（3）若 $a=10$，则 $\begin{pmatrix}1&-1&2&-1&1\\0&2&1&6&-1\\0&0&a-1&-9&3\\0&0&0&a-10&b+1\end{pmatrix}\to\begin{pmatrix}1&-1&2&-1&1\\0&2&1&6&-1\\0&0&9&-9&3\\0&0&0&0&b+1\end{pmatrix}$

1）当 $b\neq-1$ 时，β 不能被 $\alpha_1,\alpha_2,\alpha_3,\alpha_4$ 线性表出.

2）当 $b=-1$ 时，

$$\begin{pmatrix}1&-1&2&-1&1\\0&2&1&6&-1\\0&0&9&-9&3\\0&0&0&0&b+1\end{pmatrix}\to\begin{pmatrix}1&-1&2&-1&1\\0&2&1&6&-1\\0&0&3&-3&1\\0&0&0&0&0\end{pmatrix}\to\begin{pmatrix}1&0&0&\frac{9}{2}&-\frac{1}{3}\\0&1&0&\frac{7}{2}&-\frac{2}{3}\\0&0&1&-1&\frac{1}{3}\\0&0&0&0&0\end{pmatrix}$$

所以

$$\begin{cases}x_1=-\dfrac{1}{3}-\dfrac{9}{2}x_4\\x_2=-\dfrac{2}{3}-\dfrac{7}{2}x_4\\x_3=\dfrac{1}{3}+x_4\end{cases}$$

则

$$\boldsymbol{X}=\begin{pmatrix}-\frac{1}{3}\\-\frac{2}{3}\\\frac{1}{3}\\0\end{pmatrix}+k\begin{pmatrix}-\frac{9}{2}\\-\frac{7}{2}\\1\\1\end{pmatrix}=\begin{pmatrix}-\frac{1}{3}-\frac{9}{2}k\\-\frac{2}{3}-\frac{7}{2}k\\\frac{1}{3}+k\\k\end{pmatrix}$$

故

$$\boldsymbol{\beta}=(\boldsymbol{\alpha}_1,\boldsymbol{\alpha}_2,\boldsymbol{\alpha}_3,\boldsymbol{\alpha}_4)\begin{pmatrix}-\frac{1}{3}-\frac{9}{2}k\\-\frac{2}{3}-\frac{7}{2}k\\\frac{1}{3}+k\\k\end{pmatrix}$$

其中,k 为任意常数.

习　题　4

1. 判断下列各向量组是否线性相关.

(1) $\boldsymbol{\alpha}_1=(2,3)^{\mathrm{T}},\boldsymbol{\alpha}_2=(1,2)^{\mathrm{T}}$

(2) $\boldsymbol{\alpha}_1=(1,2,3)^{\mathrm{T}},\boldsymbol{\alpha}_2=(3,-2,2)^{\mathrm{T}},\boldsymbol{\alpha}_3=(2,4,6)^{\mathrm{T}}$

(3) $\boldsymbol{\alpha}_1=(1,-1,2,4)^{\mathrm{T}},\boldsymbol{\alpha}_2=(0,3,1,2)^{\mathrm{T}},\boldsymbol{\alpha}_3=(3,0,7,14)^{\mathrm{T}}$

(4) $\boldsymbol{\alpha}_1=(1,0,0,0)^{\mathrm{T}},\boldsymbol{\alpha}_2=(1,1,0,0)^{\mathrm{T}},\boldsymbol{\alpha}_3=(1,1,1,0)^{\mathrm{T}},\boldsymbol{\alpha}_4=(1,1,1,1)^{\mathrm{T}}$

(5) $\boldsymbol{\alpha}_1=(1,3,-5,1)^{\mathrm{T}},\boldsymbol{\alpha}_2=(2,6,1,4)^{\mathrm{T}},\boldsymbol{\alpha}_3=(3,9,7,10)^{\mathrm{T}}$

2. p 取何值时,向量组 $\boldsymbol{\alpha}_1=(1,0,5,2)^{\mathrm{T}},\boldsymbol{\alpha}_2=(3,-2,3,-4)^{\mathrm{T}},\boldsymbol{\alpha}_3=(-1,1,p,3)^{\mathrm{T}}$ 线性相关?

3. 设 $a_1,a_2,\cdots,a_k$ 是互不相同的 k 个数,且 $k\leqslant n$. 证明:n 维列向量组

$$\boldsymbol{\alpha}_1=\begin{pmatrix}1\\a_1\\a_1^2\\\vdots\\a_1^{n-1}\end{pmatrix},\boldsymbol{\alpha}_2=\begin{pmatrix}1\\a_2\\a_2^2\\\vdots\\a_2^{n-1}\end{pmatrix},\cdots,\boldsymbol{\alpha}_k=\begin{pmatrix}1\\a_k\\a_k^2\\\vdots\\a_k^{n-1}\end{pmatrix}$$

线性无关.

4. 判断下列命题是否正确. 为什么?

(1) 如果 $\boldsymbol{\alpha}_1,\boldsymbol{\alpha}_2$ 线性相关,$\boldsymbol{\beta}_1,\boldsymbol{\beta}_2$ 线性相关,则 $\boldsymbol{\alpha}_1+\boldsymbol{\beta}_1,\boldsymbol{\alpha}_2+\boldsymbol{\beta}_2$ 线性相关.

(2) $\boldsymbol{\alpha}_1,\boldsymbol{\alpha}_2,\cdots,\boldsymbol{\alpha}_m(m>2)$线性相关的充要条件是有 $m-1$ 个向量线性相关.

(3) 若 $\boldsymbol{\alpha}_1,\boldsymbol{\alpha}_2,\cdots,\boldsymbol{\alpha}_n$ 线性无关,则 $\boldsymbol{\alpha}_1+\boldsymbol{\alpha}_2,\boldsymbol{\alpha}_2+\boldsymbol{\alpha}_3,\cdots,\boldsymbol{\alpha}_{n-1}+\boldsymbol{\alpha}_n,\boldsymbol{\alpha}_n+\boldsymbol{\alpha}_1$ 线性无关.

(4) 向量组 $\boldsymbol{\alpha}_1,\boldsymbol{\alpha}_2,\cdots,\boldsymbol{\alpha}_s$ 中任意 $s-1$ 个向量都线性无关,则 $\boldsymbol{\alpha}_1,\boldsymbol{\alpha}_2,\cdots,\boldsymbol{\alpha}_s$ 线性无关.

(5) $\boldsymbol{\alpha}_1,\boldsymbol{\alpha}_2,\cdots,\boldsymbol{\alpha}_s$ 均为 n 维非零向量,则 n 维向量不能被向量组 $\boldsymbol{\alpha}_1,\boldsymbol{\alpha}_2,\cdots,\boldsymbol{\alpha}_s$ 线性表示.

5. 已知 $\boldsymbol{A}\in M_n,\boldsymbol{X}_1,\boldsymbol{X}_2,\boldsymbol{X}_3\in\mathbf{R}^n$,且 $\boldsymbol{X}_1\neq\boldsymbol{0},\boldsymbol{A}\boldsymbol{X}_1=k\boldsymbol{X}_1,\boldsymbol{A}\boldsymbol{X}_2=l\boldsymbol{X}_1+k\boldsymbol{X}_2,\boldsymbol{A}\boldsymbol{X}_3=l\boldsymbol{X}_2+k\boldsymbol{X}_3$($k,l$ 为任意数,$l\neq0$). 证明:$\boldsymbol{X}_1,\boldsymbol{X}_2,\boldsymbol{X}_3$ 线性无关.

6. 如果向量 $\boldsymbol{\beta}$ 可由向量组 $\boldsymbol{\alpha}_1,\boldsymbol{\alpha}_2,\cdots,\boldsymbol{\alpha}_s$ 线性表示($\boldsymbol{\beta}\neq\boldsymbol{0}$),证明:表示系数唯一的充分必要条件是 $\boldsymbol{\alpha}_1,\boldsymbol{\alpha}_2,\cdots,\boldsymbol{\alpha}_s$ 线性无关.

7. 已知 $\boldsymbol{\alpha}_1,\boldsymbol{\alpha}_2,\cdots,\boldsymbol{\alpha}_s$ 中,$\boldsymbol{\alpha}_s$ 不能由 $\boldsymbol{\alpha}_1,\boldsymbol{\alpha}_2,\cdots,\boldsymbol{\alpha}_{s-1}$ 线性表示,而 $\boldsymbol{\alpha}_1$ 是 $\boldsymbol{\alpha}_2,\cdots,\boldsymbol{\alpha}_s$ 的线性组合. 求证:$\boldsymbol{\alpha}_1$ 可由 $\boldsymbol{\alpha}_2,\boldsymbol{\alpha}_3,\cdots,\boldsymbol{\alpha}_{s-1}$线性表示.

8. 设 $\boldsymbol{\alpha}$ 可由 $\boldsymbol{\alpha}_1,\boldsymbol{\alpha}_2,\boldsymbol{\alpha}_3$ 线性表示,但 $\boldsymbol{\alpha}$ 不能由 $\boldsymbol{\alpha}_2,\boldsymbol{\alpha}_3$ 线性表示. 试证:$\boldsymbol{\alpha}_1$ 可由 $\boldsymbol{\alpha},\boldsymbol{\alpha}_2,\boldsymbol{\alpha}_3$ 线性表示.

9. 设 $\boldsymbol{\alpha}_1,\boldsymbol{\alpha}_2,\boldsymbol{\alpha}_3$ 线性相关,$\boldsymbol{\alpha}_2,\boldsymbol{\alpha}_3,\boldsymbol{\alpha}_4$ 线性无关. 试证:

(1) $\boldsymbol{\alpha}_1$ 可由 $\boldsymbol{\alpha}_2,\boldsymbol{\alpha}_3$ 线性表示.

(2) $\boldsymbol{\alpha}_4$ 不能由 $\boldsymbol{\alpha}_1,\boldsymbol{\alpha}_2,\boldsymbol{\alpha}_3$ 线性表示.

10. 如果 $\boldsymbol{\alpha}_1,\boldsymbol{\alpha}_2,\boldsymbol{\alpha}_3,\boldsymbol{\alpha}_4$ 线性相关,但其中任意三个向量都线性无关. 证明:必存在一组全不为零的数 k_1,k_2,k_3,k_4,使得

$$k_1\boldsymbol{\alpha}_1+k_2\boldsymbol{\alpha}_2+k_3\boldsymbol{\alpha}_3+k_4\boldsymbol{\alpha}_4=\boldsymbol{0}$$

11. 确定数 a,使向量组 $\boldsymbol{\alpha}_1=\begin{pmatrix}a\\1\\\vdots\\1\end{pmatrix},\boldsymbol{\alpha}_2=\begin{pmatrix}1\\a\\\vdots\\1\end{pmatrix},\cdots,\boldsymbol{\alpha}_n=\begin{pmatrix}1\\1\\\vdots\\a\end{pmatrix}$的秩为 n.

12. 设向量组 $\boldsymbol{\alpha}_1,\boldsymbol{\alpha}_2,\cdots,\boldsymbol{\alpha}_r,\boldsymbol{\alpha}_{r+1},\cdots,\boldsymbol{\alpha}_m$ 的秩为 s,向量组 $\boldsymbol{\alpha}_1,\boldsymbol{\alpha}_2,\cdots,\boldsymbol{\alpha}_r$ 的秩为 t. 试证:$t\geqslant r+s-m$.

13. 设向量组 $\boldsymbol{\beta}_1,\boldsymbol{\beta}_2,\cdots,\boldsymbol{\beta}_r$ 与向量组 $\boldsymbol{\alpha}_1,\boldsymbol{\alpha}_2,\cdots,\boldsymbol{\alpha}_s$ 满足关系

$$(\boldsymbol{\beta}_1,\boldsymbol{\beta}_2,\cdots,\boldsymbol{\beta}_r)=(\boldsymbol{\alpha}_1,\boldsymbol{\alpha}_2,\cdots,\boldsymbol{\alpha}_s)\boldsymbol{K}$$

其中,$\boldsymbol{K}$ 为 $s\times r$ 矩阵,且 $\boldsymbol{\alpha}_1,\boldsymbol{\alpha}_2,\cdots,\boldsymbol{\alpha}_s$ 线性无关. 证明:$\boldsymbol{\beta}_1,\boldsymbol{\beta}_2,\cdots,\boldsymbol{\beta}_r$ 线性无关的充要条件是矩阵 $\boldsymbol{K}$ 的秩 $r(\boldsymbol{K})=r$.

14. 已知 $\boldsymbol{\alpha}_1,\boldsymbol{\alpha}_2,\boldsymbol{\alpha}_3,\boldsymbol{\beta}$ 线性无关,令

$$\boldsymbol{\beta}_1=\boldsymbol{\alpha}_1+\boldsymbol{\beta},\boldsymbol{\beta}_2=\boldsymbol{\alpha}_2+2\boldsymbol{\beta},\boldsymbol{\beta}_3=\boldsymbol{\alpha}_3+3\boldsymbol{\beta}$$

试证:$\boldsymbol{\beta}_1,\boldsymbol{\beta}_2,\boldsymbol{\beta}_3,\boldsymbol{\beta}$ 线性无关.

15. 设有 n 维列向量组 $\boldsymbol{\alpha}_1,\boldsymbol{\alpha}_2,\cdots,\boldsymbol{\alpha}_s$ 和 n 维列向量组 $\boldsymbol{\beta}_1,\boldsymbol{\beta}_2,\cdots,\boldsymbol{\beta}_t$. 记

$$\boldsymbol{A}=(\boldsymbol{\alpha}_1,\boldsymbol{\alpha}_2,\cdots,\boldsymbol{\alpha}_s),\boldsymbol{B}=(\boldsymbol{\beta}_1,\boldsymbol{\beta}_2,\cdots,\boldsymbol{\beta}_t)$$

则 $\boldsymbol{\alpha}_1,\boldsymbol{\alpha}_2,\cdots,\boldsymbol{\alpha}_s$ 可由向量组 $\boldsymbol{\beta}_1,\boldsymbol{\beta}_2,\cdots,\boldsymbol{\beta}_t$ 线性表示的充要条件是,存在矩阵 $\boldsymbol{C}$ 使 $\boldsymbol{A}=\boldsymbol{BC}$.

16. 设 $\boldsymbol{\alpha}_1,\boldsymbol{\alpha}_2,\cdots,\boldsymbol{\alpha}_n$ 可由 $\boldsymbol{\beta}_1,\boldsymbol{\beta}_2,\cdots,\boldsymbol{\beta}_n$ 线性表示,且 $\boldsymbol{\alpha}_1,\boldsymbol{\alpha}_2,\cdots,\boldsymbol{\alpha}_n$ 线性无关. 试证:向量组 $\boldsymbol{\beta}_1,\boldsymbol{\beta}_2,\cdots,\boldsymbol{\beta}_n$ 线性无关.

17. 设 $m\times n$ 矩阵 $\boldsymbol{A}$ 经初等列变换化成矩阵 $\boldsymbol{B}$. 试证:$\boldsymbol{A}$ 的列向量组与 $\boldsymbol{B}$ 的列向量组等价.

18. 已知两个向量组等秩,且其中一个向量组可被另一个向量组线性表示. 证明:这两个向量组等价.

19. 求下列向量组的秩及一个极大线性无关组,并将其余向量用极大线性无关组线性表示.

(1) $\boldsymbol{\alpha}_1=(1,1,4,2)^{\mathrm T},\boldsymbol{\alpha}_2=(1,-1,-2,4)^{\mathrm T},\boldsymbol{\alpha}_3=(-3,2,3,-11)^{\mathrm T},\boldsymbol{\alpha}_4=(1,3,10,0)^{\mathrm T}$

(2) $\boldsymbol{\alpha}_1=(6,4,1,9,2)^{\mathrm T},\boldsymbol{\alpha}_2=(1,0,2,3,-4)^{\mathrm T},\boldsymbol{\alpha}_3=(1,4,-9,-6,22)^{\mathrm T},\boldsymbol{\alpha}_4=(7,1,0,-1,3)^{\mathrm T}$

(3) $\boldsymbol{\alpha}_1=(1,-1,2,4)^{\mathrm T},\boldsymbol{\alpha}_2=(0,3,1,2)^{\mathrm T},\boldsymbol{\alpha}_3=(3,0,7,14)^{\mathrm T},\boldsymbol{\alpha}_4=(2,1,5,6)^{\mathrm T},\boldsymbol{\alpha}_5=(1,-1,2,0)^{\mathrm T}$

20. 设向量 $\boldsymbol{\beta}_1=(1,-1,2,4)^{\mathrm T},\boldsymbol{\beta}_2=(0,3,1,2)^{\mathrm T},\boldsymbol{\beta}_3=(3,0,7,4)^{\mathrm T},\boldsymbol{\beta}_4=(1,-1,2,0)^{\mathrm T},\boldsymbol{\beta}_5=(2,1,5,6)^{\mathrm T}$.

(1) 证明:$\boldsymbol{\beta}_1,\boldsymbol{\beta}_2$ 线性无关.

(2) 求向量组包含 $\boldsymbol{\beta}_1,\boldsymbol{\beta}_2$ 的极大线性无关组.

21. 已知向量组

$$\boldsymbol{\beta}_1=\begin{pmatrix}0\\1\\-1\end{pmatrix},\boldsymbol{\beta}_2=\begin{pmatrix}a\\2\\1\end{pmatrix},\boldsymbol{\beta}_3=\begin{pmatrix}b\\1\\0\end{pmatrix}$$

和向量组

$$\boldsymbol{\alpha}_1=\begin{pmatrix}1\\2\\-3\end{pmatrix},\boldsymbol{\alpha}_2=\begin{pmatrix}3\\0\\1\end{pmatrix},\boldsymbol{\alpha}_3=\begin{pmatrix}9\\6\\-7\end{pmatrix}$$

具有相同的秩,且 $\boldsymbol{\beta}_3$ 可由 $\boldsymbol{\alpha}_1,\boldsymbol{\alpha}_2,\boldsymbol{\alpha}_3$ 线性表示,求 a,b 的值.

22. 证明:n 维向量 $\boldsymbol{\alpha}_1,\boldsymbol{\alpha}_2,\cdots,\boldsymbol{\alpha}_n$ 线性无关的充要条件是它们可表示任一向量.

23. 求下列齐次线性方程组的一个基础解系及一般解.

(1) $\begin{cases}x_1-x_2+5x_3-x_4=0\\x_1+x_2-2x_3+3x_4=0\\3x_1-x_2+8x_3+x_4=0\\x_1+3x_2-9x_3+7x_4=0\end{cases}$

(2) $\begin{cases}3x_1+x_2-8x_3+2x_4+x_5=0\\2x_1-2x_2-3x_3-7x_4+2x_5=0\\x_1+11x_2-12x_3+34x_4-5x_5=0\\x_1-5x_2+2x_3-16x_4+3x_5=0\end{cases}$

24. a 为何值时,线性方程组

$$\begin{cases}x_1+x_2+x_3+x_4=0\\3x_1+2x_2+ax_3-3x_4=0\\5x_1+4x_2+3x_3-x_4=0\end{cases}$$

有非零解？并求解.

25. t 为何值时,方程组

$$\begin{cases}2x_1+tx_2-x_3=0\\tx_1-x_2+x_3=0\\4x_1+5x_2-5x_3=0\end{cases}$$

有非零解？

26. 已知 $\boldsymbol{\xi}_1=(0,0,1,0)^{\mathrm{T}}$,$\boldsymbol{\xi}_2=(-1,1,0,1)^{\mathrm{T}}$ 是齐次线性方程组(1)的基础解系,$\boldsymbol{\eta}_1=(0,1,1,0)^{\mathrm{T}}$,$\boldsymbol{\eta}_2=(-1,2,2,1)^{\mathrm{T}}$ 是齐次线性方程组(2)的基础解系. 求方程组(1)和(2)的公共解.

27. 设 $m\times n$ 矩阵 $\boldsymbol{A}$ 的秩 $r(\boldsymbol{A})=r$. 试证:若 $r<n$,则存在秩为 $n-r$ 的列满秩矩阵 $\boldsymbol{B}$,使

$$\boldsymbol{AB}=\boldsymbol{O}$$

28. 设向量 $\boldsymbol{\eta}_1,\boldsymbol{\eta}_2,\cdots,\boldsymbol{\eta}_k$ 是齐次方程组 $\boldsymbol{AX}=\boldsymbol{0}$ 的一个基础解系. 证明:$\boldsymbol{\xi}_1=\boldsymbol{\eta}_1,\boldsymbol{\xi}_2=\boldsymbol{\eta}_2-\boldsymbol{\eta}_1,\cdots,\boldsymbol{\xi}_k=\boldsymbol{\eta}_k-\boldsymbol{\eta}_{k-1}$ 也是 $\boldsymbol{AX}=\boldsymbol{0}$ 的一个基础解系.

29. $\boldsymbol{A}\in\boldsymbol{M}_{m,n}$ 且 $\boldsymbol{A}$ 的 m 个行向量是齐次线性方程组 $\boldsymbol{CX}=\boldsymbol{0}$ 的一个基础解系,又 $\boldsymbol{B}$ 是一个 m 阶可逆矩阵. 证明:$\boldsymbol{BA}$ 的行向量组也是 $\boldsymbol{CX}=\boldsymbol{0}$ 的一个基础解系.

30. 证明:与线性方程组 $\boldsymbol{AX}=\boldsymbol{0}$ 的基础解系等价的线性无关向量组也是 $\boldsymbol{AX}=\boldsymbol{0}$ 的基础解系.

31. 设方程组

$$\begin{cases}a_{11}y_1+a_{12}y_2+\cdots+a_{1n}y_n=0\\a_{21}y_1+a_{22}y_2+\cdots+a_{2n}y_n=0\\\qquad\vdots\\a_{n1}y_1+a_{n2}y_2+\cdots+a_{nn}y_n=0\end{cases}$$

系数矩阵 $\boldsymbol{A}$ 的秩为 $n-1$,$\boldsymbol{A}$ 中某元素 a_{ij} 的代数余子式 $A_{ij}\neq0$. 试证:$(A_{i1},A_{i2},\cdots,A_{in})$ 是该方程组的基础解系.

32. $\boldsymbol{A}\in M_n$,对于齐次线性方程组 $\boldsymbol{AX}=\boldsymbol{0}$,求通解.

(1) $\boldsymbol{A}$ 中每行元素之和为 0,且 $r(\boldsymbol{A})=n-1$.

(2) $r(\boldsymbol{A})=n-1$,且代数余子式 $A_{11}\neq0$.

33. 设 $\boldsymbol{A}$ 是 $(n-1)\times n$ 矩阵,$|\boldsymbol{A}_j|$ 表示 $\boldsymbol{A}$ 中划去第 j 列所构成的行列式. 证明:

(1) $(-|\boldsymbol{A}_1|,|\boldsymbol{A}_2|,\cdots,(-1)^n|\boldsymbol{A}_n|)^{\mathrm{T}}$ 是 $\boldsymbol{AX}=\boldsymbol{0}$ 的一个解.

(2) 若 $|\boldsymbol{A}_j|(j=1,2,\cdots,n)$ 不全为 0,则(1)中的解是 $\boldsymbol{AX}=\boldsymbol{0}$ 的一个基础解系.

34. 求解下列非齐次线性方程组.

(1) $\begin{cases} 6x_1 - 2x_2 + 2x_3 + x_4 = 3 \\ x_1 - x_2 + x_4 = 1 \\ 2x_1 + x_3 + 3x_4 = 2 \end{cases}$

(2) $\begin{cases} x_1 - x_2 + 2x_3 + x_4 = 1 \\ 2x_1 - x_2 + x_3 + 2x_4 = 3 \\ x_1 - x_3 + x_4 = 2 \\ 3x_1 - x_2 + 3x_4 = 5 \end{cases}$

(3) $\begin{cases} x_1 - 3x_2 + 5x_3 = 0 \\ 2x_1 - x_2 - 3x_3 = 11 \\ 2x_1 + x_2 - 3x_3 = 5 \end{cases}$

(4) $\begin{cases} 3x_1 + 2x_2 + x_3 + x_4 + x_5 = 7 \\ 3x_1 + 2x_2 + x_3 + x_4 - 3x_5 = -2 \\ 5x_1 + 4x_2 + 3x_3 + 3x_4 - x_5 = 10 \end{cases}$

35. 设$\boldsymbol{A}$为四阶方阵,$r(\boldsymbol{A})=3$,$\boldsymbol{\alpha}_1,\boldsymbol{\alpha}_2,\boldsymbol{\alpha}_3$都是非齐次方程组$\boldsymbol{AX}=\boldsymbol{\beta}$的解向量,其中

$$\boldsymbol{\alpha}_1+\boldsymbol{\alpha}_2=\begin{pmatrix}1\\9\\9\\4\end{pmatrix},\boldsymbol{\alpha}_2+\boldsymbol{\alpha}_3=\begin{pmatrix}1\\8\\8\\5\end{pmatrix}$$

(1) 求$\boldsymbol{AX}=\boldsymbol{\beta}$对应的齐次线性方程组$\boldsymbol{AX}=\boldsymbol{0}$的一个基础解系.

(2) 求$\boldsymbol{AX}=\boldsymbol{\beta}$的通解.

36. 设$\boldsymbol{\eta}_1,\boldsymbol{\eta}_2,\cdots,\boldsymbol{\eta}_m$都是非齐次线性方程组$\boldsymbol{AX}=\boldsymbol{\beta}$的解向量,令

$$\boldsymbol{\eta}=k_1\boldsymbol{\eta}_1+k_2\boldsymbol{\eta}_2+\cdots+k_m\boldsymbol{\eta}_m$$

试证:

(1)若$k_1+k_2+\cdots+k_m=0$,则$\boldsymbol{\eta}$是$\boldsymbol{AX}=\boldsymbol{\beta}$对应的齐次线性方程组$\boldsymbol{AX}=\boldsymbol{0}$的解向量.

(2) 若$k_1+k_2+\cdots+k_m=1$,则$\boldsymbol{\eta}$是$\boldsymbol{AX}=\boldsymbol{\beta}$的解向量.

37. 设非齐次线性方程组$\boldsymbol{AX}=\boldsymbol{\beta}(\boldsymbol{\beta}\neq\boldsymbol{0})$的系数矩阵的秩为$r$,$\boldsymbol{\eta}_1,\boldsymbol{\eta}_2,\cdots,\boldsymbol{\eta}_{n-r},\boldsymbol{\eta}_{n-r+1}$是它的$n-r+1$个线性无关的解向量.证明:它的任意一个解向量都可表示为

$$\boldsymbol{X}=k_1\boldsymbol{\eta}_1+k_2\boldsymbol{\eta}_2+\cdots+k_{n-r+1}\boldsymbol{\eta}_{n-r+1}$$

其中,$k_1+k_2+\cdots+k_{n-r+1}=1$.

38. 设$\boldsymbol{\eta}$是非齐次线性方程组$\boldsymbol{AX}=\boldsymbol{\beta}(\boldsymbol{\beta}\neq\boldsymbol{0})$的一个解向量,$\boldsymbol{\xi}_1,\boldsymbol{\xi}_2,\cdots,\boldsymbol{\xi}_{n-r}$是它对应的齐次线性方程组$\boldsymbol{AX}=\boldsymbol{0}$的基础解系.证明:

(1) $\boldsymbol{\eta},\boldsymbol{\xi}_1,\boldsymbol{\xi}_2,\cdots,\boldsymbol{\xi}_{n-r}$线性无关.

(2) $\boldsymbol{\eta},\boldsymbol{\xi}_1+\boldsymbol{\eta},\boldsymbol{\xi}_2+\boldsymbol{\eta},\cdots,\boldsymbol{\xi}_{n-r}+\boldsymbol{\eta}$是$\boldsymbol{AX}=\boldsymbol{\beta}$的$n-r+1$个线性无关的解向量.

39. 讨论a为何值时,线性方程组

$$\begin{cases} x_1 + x_2 + x_3 = 1 \\ 2x_1 + (a+2)x_2 - 3x_3 = 3 \\ -3ax_2 + (a+2)x_3 = -3 \end{cases}$$

无解,有唯一解,有无穷多解?并在有解时求解.

40. a,b 取何值时,线性方程组

$$\begin{cases} x_1+x_2+x_3+x_4=1 \\ x_1+x_2+ax_3+x_4=1 \\ x_1+ax_2+x_3+x_4=1 \\ ax_1+x_2+x_3+x_4=b \end{cases}$$

无解,有唯一解,有无穷多解?并在有解时求解.

41. 已知

$$\boldsymbol{\alpha}_1=\begin{pmatrix}1\\0\\2\\3\end{pmatrix},\boldsymbol{\alpha}_2=\begin{pmatrix}1\\1\\3\\5\end{pmatrix},\boldsymbol{\alpha}_3=\begin{pmatrix}1\\-1\\a+2\\1\end{pmatrix},\boldsymbol{\alpha}_4=\begin{pmatrix}1\\2\\4\\a+8\end{pmatrix},\boldsymbol{\beta}=\begin{pmatrix}1\\1\\b+3\\5\end{pmatrix}$$

(1) a,b 为何值时,$\boldsymbol{\beta}$ 不能表示为 $\boldsymbol{\alpha}_1,\boldsymbol{\alpha}_2,\boldsymbol{\alpha}_3,\boldsymbol{\alpha}_4$ 的线性组合?

(2) a,b 为何值时,$\boldsymbol{\beta}$ 可唯一地表示为 $\boldsymbol{\alpha}_1,\boldsymbol{\alpha}_2,\boldsymbol{\alpha}_3,\boldsymbol{\alpha}_4$ 的线性组合.

42. 当 a 等于何值时,方程组

$$\begin{cases} ax_1+x_2+x_3=1 \\ (a+1)x_1+(a+1)x_2+2x_3=2 \\ (2a+1)x_1+3x_2+(a+2)x_3=3 \end{cases}$$

有唯一解,有无穷多解,无解?有解时,把解写出来.

43. 设向量组 $\boldsymbol{\alpha}_1,\boldsymbol{\alpha}_2,\cdots,\boldsymbol{\alpha}_m$ 与向量组 $\boldsymbol{\alpha}_1,\boldsymbol{\alpha}_2,\cdots,\boldsymbol{\alpha}_m,\boldsymbol{\beta}$ 的秩相等. 试证:向量组 $\boldsymbol{\alpha}_1,\boldsymbol{\alpha}_2,\cdots,\boldsymbol{\alpha}_m$ 与向量组 $\boldsymbol{\alpha}_1,\boldsymbol{\alpha}_2,\cdots,\boldsymbol{\alpha}_m,\boldsymbol{\beta}$ 等价.

44. 已知方程组(1)和(2)是同解方程组,确定方程组(1)中的系数 a,b,c.

$$(1)\begin{cases} -2x_1+x_2+ax_3-5x_4=1 \\ x_1+x_2+x_3+(b+2)x_4=2 \\ 3x_1+x_2+x_3+2x_4=c \end{cases}\qquad (2)\begin{cases} x_1+x_4=1 \\ x_2-2x_4=2 \\ x_3+x_4=-1 \end{cases}$$

45. 设 $\boldsymbol{A}$ 是 $m\times n$ 矩阵,试证:$\boldsymbol{A}$ 的秩为 m 的充要条件是,对任意 $m\times 1$ 矩阵 $\boldsymbol{\beta}$,方程组 $\boldsymbol{AX}=\boldsymbol{\beta}$ 总有解.

46. 设两个线性方程组为

$$(1)\begin{cases} a_{11}y_1+a_{12}y_2+\cdots+a_{1n}y_n=b_1 \\ a_{21}y_1+a_{22}y_2+\cdots+a_{2n}y_n=b_2 \\ \qquad\vdots \\ a_{m1}y_1+a_{m2}y_2+\cdots+a_{mn}y_n=b_m \end{cases}$$

$$(2)\begin{cases} a_{11}x_1+a_{21}x_2+\cdots+a_{m1}x_m=0 \\ a_{12}x_1+a_{22}x_2+\cdots+a_{m2}x_m=0 \\ \qquad\vdots \\ a_{1n}x_1+a_{2n}x_2+\cdots+a_{mn}x_m=0 \\ b_1x_1+b_2x_2+\cdots+b_mx_m=1 \end{cases}$$

证明:方程组(1)有解的充分必要条件是方程组(2)无解.

47. 设平面上三条直线

$$L_1: x+y+a=0$$

$$L_2: x+2y+b=0$$

$$L_3: x+3y+c=0$$

试讨论这三条直线的相互位置关系.

48. 设有三张不同平面,其方程为 $a_ix+b_iy+c_iz=d_i(i=1,2,3)$,它们所组成的线性方程组的系数矩阵与增广矩阵的秩都为2,则这三张平面可能的位置关系为(　).

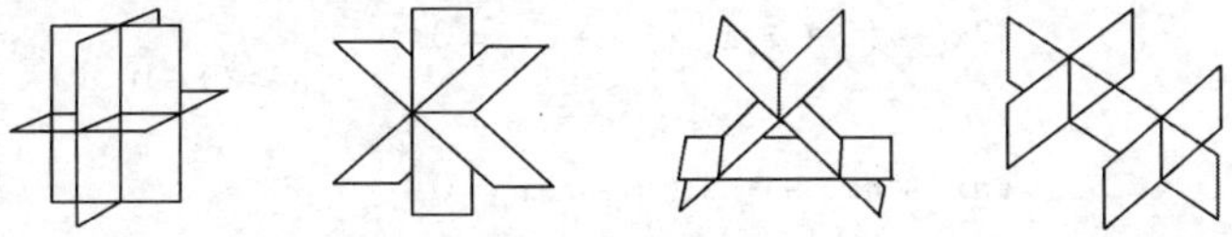

(A)　　(B)　　(C)　　(D)

49. 设有齐次线性方程组 $\boldsymbol{AX}=\mathbf{0}$ 和 $\boldsymbol{BX}=\mathbf{0}$,其中 $\boldsymbol{A},\boldsymbol{B}$ 均为 $m\times n$ 矩阵,现有4个命题:

①若 $\boldsymbol{AX}=\mathbf{0}$ 的解均是 $\boldsymbol{BX}=\mathbf{0}$ 的解,则 $r(\boldsymbol{A})\geqslant r(\boldsymbol{B})$

②若 $r(\boldsymbol{A})\geqslant r(\boldsymbol{B})$,则 $\boldsymbol{AX}=\mathbf{0}$ 的解均是 $\boldsymbol{BX}=\mathbf{0}$ 的解

③若 $\boldsymbol{AX}=\mathbf{0}$ 与 $\boldsymbol{BX}=\mathbf{0}$ 同解,则 $r(\boldsymbol{A})=r(\boldsymbol{B})$

④若 $r(\boldsymbol{A})=r(\boldsymbol{B})$,则 $\boldsymbol{AX}=\mathbf{0}$ 与 $\boldsymbol{BX}=\mathbf{0}$ 同解

以上命题中正确的是(　).

(A) ①②　　(B) ①③

(C) ②④　　(D) ③④

50. 设 $\boldsymbol{A},\boldsymbol{B}$ 为满足 $\boldsymbol{AB}=\mathbf{0}$ 的任意两个非零矩阵,则必有(　).

(A) $\boldsymbol{A}$ 的列向量组线性相关,$\boldsymbol{B}$ 的行向量组线性相关

(B) $\boldsymbol{A}$ 的列向量组线性相关,$\boldsymbol{B}$ 的列向量组线性相关

(C) $\boldsymbol{A}$ 的行向量组线性相关,$\boldsymbol{B}$ 的行向量组线性相关

(D) $\boldsymbol{A}$ 的行向量组线性相关,$\boldsymbol{B}$ 的列向量组线性相关

51. 设向量组 $\boldsymbol{\alpha}_1,\boldsymbol{\alpha}_2,\boldsymbol{\alpha}_3$ 线性无关,则下列向量组线形相关的是(　).

(A) $\boldsymbol{\alpha}_1-\boldsymbol{\alpha}_2,\boldsymbol{\alpha}_2-\boldsymbol{\alpha}_3,\boldsymbol{\alpha}_3-\boldsymbol{\alpha}_1$　　(B) $\boldsymbol{\alpha}_1+\boldsymbol{\alpha}_2,\boldsymbol{\alpha}_2+\boldsymbol{\alpha}_3,\boldsymbol{\alpha}_3+\boldsymbol{\alpha}_1$

(C) $\boldsymbol{\alpha}_1-2\boldsymbol{\alpha}_2,\boldsymbol{\alpha}_2-2\boldsymbol{\alpha}_3,\boldsymbol{\alpha}_3-2\boldsymbol{\alpha}_1$　　(D) $\boldsymbol{\alpha}_1+2\boldsymbol{\alpha}_2,\boldsymbol{\alpha}_2+2\boldsymbol{\alpha}_3,\boldsymbol{\alpha}_3+2\boldsymbol{\alpha}_1$

52. 设 $\boldsymbol{\alpha}_1,\boldsymbol{\alpha}_2,\cdots,\boldsymbol{\alpha}_s$ 均为 n 维列向量,$\boldsymbol{A}$ 是 $m\times n$ 矩阵,下列选项正确的是(　).

(A) 若 $\boldsymbol{\alpha}_1,\boldsymbol{\alpha}_2,\cdots,\boldsymbol{\alpha}_s$ 线性相关,则 $\boldsymbol{A\alpha}_1,\boldsymbol{A\alpha}_2,\cdots,\boldsymbol{A\alpha}_s$ 线性相关

(B) 若 $\boldsymbol{\alpha}_1,\boldsymbol{\alpha}_2,\cdots,\boldsymbol{\alpha}_s$ 线性相关,则 $\boldsymbol{A\alpha}_1,\boldsymbol{A\alpha}_2,\cdots,\boldsymbol{A\alpha}_s$ 线性无关

(C) 若 $\boldsymbol{\alpha}_1,\boldsymbol{\alpha}_2,\cdots,\boldsymbol{\alpha}_s$ 线性无关,则 $\boldsymbol{A\alpha}_1,\boldsymbol{A\alpha}_2,\cdots,\boldsymbol{A\alpha}_s$ 线性相关

(D) 若 $\boldsymbol{\alpha}_1,\boldsymbol{\alpha}_2,\cdots,\boldsymbol{\alpha}_s$ 线性无关,则 $\boldsymbol{A\alpha}_1,\boldsymbol{A\alpha}_2,\cdots,\boldsymbol{A\alpha}_s$ 线性无关

53. 设 $\boldsymbol{\alpha}_1,\boldsymbol{\alpha}_2,\cdots,\boldsymbol{\alpha}_s$ 为线性方程组 $\boldsymbol{AX}=\mathbf{0}$ 的一个基础解系,若

$$\boldsymbol{\beta}_1=t_1\boldsymbol{\alpha}_1+t_2\boldsymbol{\alpha}_2,\boldsymbol{\beta}_2=t_1\boldsymbol{\alpha}_2+t_2\boldsymbol{\alpha}_3,\cdots,\boldsymbol{\beta}_s=t_1\boldsymbol{\alpha}_s+t_2\boldsymbol{\alpha}_1$$

其中 t_1,t_2 为实常数,试问 t_1,t_2 满足什么条件时,$\boldsymbol{\beta}_1,\boldsymbol{\beta}_2,\cdots,\boldsymbol{\beta}_s$ 也为 $\boldsymbol{AX}=\mathbf{0}$ 的一个基础解系?

54. 已知四阶方阵 $\boldsymbol{A}=(\boldsymbol{\alpha}_1,\boldsymbol{\alpha}_2,\boldsymbol{\alpha}_3,\boldsymbol{\alpha}_4)$,$\boldsymbol{\alpha}_1,\boldsymbol{\alpha}_2,\boldsymbol{\alpha}_3,\boldsymbol{\alpha}_4$ 均为四维列向量,其中 $\boldsymbol{\alpha}_2,\boldsymbol{\alpha}_3,\boldsymbol{\alpha}_4$ 线性

无关，$\boldsymbol{\alpha}_1=2\boldsymbol{\alpha}_2-\boldsymbol{\alpha}_3$，若 $\boldsymbol{\beta}=\boldsymbol{\alpha}_1+\boldsymbol{\alpha}_2+\boldsymbol{\alpha}_3+\boldsymbol{\alpha}_4$，求线性方程组 $\boldsymbol{AX}=\boldsymbol{\beta}$ 的通解.

55. 已知平面上三条不同直线的方程分别为

$$L_1: ax+2by+3c=0$$
$$L_2: bx+2cy+3a=0$$
$$L_3: cx+2ay+3b=0$$

试证这三条直线交于一点的充分必要条件为 $a+b+c=0$.

56. 设有齐次线性方程组

$$\begin{cases}(1+a)x_1+x_2+\cdots+x_n=0\\2x_1+(2+a)x_2+\cdots+2x_n=0\\\qquad\vdots\\nx_1+nx_2+\cdots+(n+a)x_n=0\end{cases}\quad(n\geqslant 2)$$

试问 a 取何值时，该方程组有非零解，并求出其通解.

57. 已知三阶矩阵 $\boldsymbol{A}$ 的第一行是 (a,b,c)，a,b,c 不全为零，矩阵 $\boldsymbol{B}=\begin{pmatrix}1&2&3\\2&4&6\\3&6&k\end{pmatrix}$（$k$ 为常数），且 $\boldsymbol{AB}=\boldsymbol{0}$，求线性方程组 $\boldsymbol{AX}=\boldsymbol{0}$ 的通解.

58. 已知非齐次线性方程组

$$\begin{cases}x_1+x_2+x_3+x_4=-1\\4x_1+3x_2+5x_3-x_4=-1\\ax_1+x_2+3x_3-bx_4=1\end{cases}$$

有三个线性无关的解.

(1) 证明方程组系数矩阵 $\boldsymbol{A}$ 的秩 $r(\boldsymbol{A})=2$.

(2) 求 a,b 的值及方程组的通解.

59. 设线性方程组

$$\begin{cases}x_1+x_2+x_3=0\\x_1+2x_2+ax_3=0\\x_1+4x_2+a^2x_3=0\end{cases}$$

与方程

$$x_1+2x_2+x_3=a-1$$

有公共解，求 a 的值及所有公共解.

60. 设矩阵 $\boldsymbol{A}=\begin{pmatrix}2a&1&&\\a^2&2a&\ddots&\\&\ddots&\ddots&1\\&&a^2&2a\end{pmatrix}_{n\times n}$，现矩阵 $\boldsymbol{A}$ 满足方程 $\boldsymbol{AX}=\boldsymbol{B}$，其中 $\boldsymbol{X}=(x_1,\cdots,x_n)^{\mathrm{T}}$，$\boldsymbol{B}=(1,0,\cdots,0)^{\mathrm{T}}$.

(1) 求证 $|\boldsymbol{A}|=(n+1)a^n$.

(2) a 为何值，方程组有唯一解，求 x_1.

（3）a 为何值，方程组有无穷多解，求通解.

61. 设 $\boldsymbol{A}=\begin{pmatrix}1&-1&-1\\-1&1&1\\0&-4&-2\end{pmatrix}$，$\xi_1=\begin{pmatrix}-1\\1\\-2\end{pmatrix}$.

（1）求满足 $\boldsymbol{A}\boldsymbol{\xi}_2=\boldsymbol{\xi}_1$ 的 $\boldsymbol{\xi}_2$. $\boldsymbol{A}^2\boldsymbol{\xi}_3=\boldsymbol{\xi}_1$ 的所有向量 $\boldsymbol{\xi}_2$，$\boldsymbol{\xi}_3$.

（2）对（1）中的任意向量 $\boldsymbol{\xi}_2$，$\boldsymbol{\xi}_3$ 证明 $\boldsymbol{\xi}_1$，$\boldsymbol{\xi}_2$，$\boldsymbol{\xi}_3$ 线性无关.

62. 设 $\boldsymbol{A}=\begin{pmatrix}\lambda&1&1\\0&\lambda-1&0\\1&1&\lambda\end{pmatrix}$，$\boldsymbol{b}=\begin{pmatrix}a\\1\\1\end{pmatrix}$，已知线性方程组 $\boldsymbol{AX}=\boldsymbol{b}$ 存在两个不同的解.

（1）求 λ，a.

（2）求方程组 $\boldsymbol{AX}=\boldsymbol{b}$ 的通解.

第5章 线性空间

5.1 线性空间的定义及简单性质

线性空间是我们碰到的第一个抽象的代数结构，它是三维几何向量空间和 n 维向量空间进一步推广而抽象出来的一个概念.

在解析几何中讨论的三维几何向量，其加法和数与向量的乘法运算可以描述一些几何和力学问题的有关属性. 为了研究一般线性方程组的解的理论，把三维向量推广为 n 维向量，定义了 n 维向量的加法和数量乘法运算，讨论了 n 维向量空间中的向量关于线性运算的线性相关性，完整地阐明了线性方程组的解的理论.

在数学研究的对象中，有很多类型的集合也可在其中定义加法运算及给定数域中的数与集合中的元素之间的数乘运算，使集合对两种运算封闭并满足相同的八条规则. 因此，撇开集合的具体对象和两种运算的具体含义，把集合对两种运算的封闭性及运算满足的规则抽象出来，就形成了抽象的线性空间的概念.

定义 5.1 设 V 是一个非空集合，F 是数域，满足

(1) V 中定义了加法运算，对任意 $\boldsymbol{\alpha},\boldsymbol{\beta}\in V$，有 $\boldsymbol{\alpha}+\boldsymbol{\beta}\in V$(加法封闭).

(2) 定义了 F 中的数与 V 中元素的数乘运算，对 $k\in F,\boldsymbol{\alpha}\in V$，有 $k\boldsymbol{\alpha}\in V$(数乘封闭).

(3) V 的加法和数乘法满足以下算律：

1) $\boldsymbol{\alpha}+\boldsymbol{\beta}=\boldsymbol{\beta}+\boldsymbol{\alpha}$(交换律)

2) $(\boldsymbol{\alpha}+\boldsymbol{\beta})+\boldsymbol{\gamma}=\boldsymbol{\alpha}+(\boldsymbol{\beta}+\boldsymbol{\gamma})$(结合律)

3) 存在 $\mathbf{0}\in V$，使 $\boldsymbol{\alpha}+\mathbf{0}=\boldsymbol{\alpha}$，其中 $\mathbf{0}$ 称为 V 的零元素.

4) 存在 $-\boldsymbol{\alpha}\in V$，使 $\boldsymbol{\alpha}+(-\boldsymbol{\alpha})=\mathbf{0}$，其中 $-\boldsymbol{\alpha}$ 称为 $\boldsymbol{\alpha}$ 的负元素.

5) $1\boldsymbol{\alpha}=\boldsymbol{\alpha}$

6) $k(l\boldsymbol{\alpha})=(kl)\boldsymbol{\alpha}$(结合律)

7) $(k+l)\boldsymbol{\alpha}=k\boldsymbol{\alpha}+l\boldsymbol{\alpha}$(分配律)

8) $k(\boldsymbol{\alpha}+\boldsymbol{\beta})=k\boldsymbol{\alpha}+k\boldsymbol{\beta}$(分配律)

其中，$\boldsymbol{\alpha},\boldsymbol{\beta},\boldsymbol{\gamma}$ 是 V 中任意元素，k,l 是 F 中任意数.

线性空间中的加法和数乘运算称为线性运算.

定义 5.1 中，非空集合 V 中的元素是什么，加法和数乘具体如何进行都没有规定，只叙述了它们应该满足的性质. 正是由于这个原因，线性空间的内涵十分丰富，

人们说到某个非空集合是某个数域上的线性空间时，不仅要验证在 V 上是否定义了加法和数乘，还要验证这种加法和数乘是否满足八条算律，只要定义中某一点不满足，V 就不是线性空间. 由于线性空间与 n 维向量空间有许多本质上相同的性质，因此常把线性空间称为“向量空间”. 线性空间 V 中的元素无论本来性质如何，统称为向量.

实数域 $\mathbf{R}$ 上的线性空间称为实线性空间，实线性空间中的向量称为实向量.

我们已经指出，n 维有序实数组的全体 $\mathbf{R}^n$ 关于 n 维实向量的加法与数乘满足定义 5.1 中的八条性质，所以 $\mathbf{R}^n$ 是实线性空间.

显然，$\mathbf{R}^n$ 只是线性空间的一个具体例子. 但是，向量不一定是有序实数组，线性空间的线性运算也未必是有序实数组的加法及数乘.

例 5.1 所有 $m \times n$ 实矩阵的全体构成的集合 $\mathbf{R}^{m\times n}$，关于矩阵的加法与数乘是实线性空间.

例 5.2 次数小于 n 的实多项式的全体构成的集合（n 为固定的整数）

$$P[x]_n = \{p(x) = a_{n-1}x^{n-1} + \cdots + a_1x + a_0 \mid a_{n-1}, \cdots, a_0 \in \mathbf{R}\}$$

关于通常多项式的加法及实数与多项式的乘法是线性空间.

例 5.3 n 次实多项式的全体（n 为固定的整数）

$$Q[x]_n = \{p(x) = a_nx^n + a_{n-1}x^{n-1} + \cdots + a_1x + a_0 \mid a_n, a_{n-1}, \cdots, a_1, a_0 \in \mathbf{R}, a_n \neq 0\}$$

关于通常多项式的加法及实数与多项式的乘法不构成线性空间.

事实上，x^n，$-x^n+1$ 都在 $Q[x]_n$ 中，但 $x^n + (-x^n+1) = 1 \notin Q[x]_n$，即 $Q[x]_n$ 关于加法不封闭.

例 5.4 定义在区间 $[a,b]$ 上的连续函数的全体，关于函数的加法及实数与函数的乘法是实线性空间.

由线性空间的定义可以得到线性空间的下列简单性质.

(1) 线性空间的零元素是唯一的.

假设 $\mathbf{0}_1, \mathbf{0}_2$ 是线性空间的两个零元素，则

$$\mathbf{0}_1 = \mathbf{0}_1 + \mathbf{0}_2 = \mathbf{0}_2 + \mathbf{0}_1 = \mathbf{0}_2$$

(2) 线性空间中任一元素 $\boldsymbol{\alpha}$ 的负元素是唯一的

假设 $\boldsymbol{\beta}_1, \boldsymbol{\beta}_2$ 是 $\boldsymbol{\alpha}$ 的两个负元素，即

$$\boldsymbol{\alpha} + \boldsymbol{\beta}_1 = \boldsymbol{\alpha} + \boldsymbol{\beta}_2 = \mathbf{0}$$

于是

$$\begin{aligned}\boldsymbol{\beta}_1 &= \boldsymbol{\beta}_1 + \mathbf{0} = \boldsymbol{\beta}_1 + (\boldsymbol{\alpha} + \boldsymbol{\beta}_2) \\ &= (\boldsymbol{\beta}_1 + \boldsymbol{\alpha}) + \boldsymbol{\beta}_2 = \mathbf{0} + \boldsymbol{\beta}_2 = \boldsymbol{\beta}_2\end{aligned}$$

利用负元素，定义减法如下：

$$\boldsymbol{\beta} - \boldsymbol{\alpha} = \boldsymbol{\beta} + (-\boldsymbol{\alpha})$$

(3) $0\boldsymbol{\alpha}=k\mathbf{0}=\mathbf{0}$

因为

$$0\boldsymbol{\alpha}+\boldsymbol{\alpha}=0\boldsymbol{\alpha}+1\boldsymbol{\alpha}=(0+1)\boldsymbol{\alpha}=1\boldsymbol{\alpha}=\boldsymbol{\alpha}$$

所以

$$0\boldsymbol{\alpha}=\boldsymbol{\alpha}-\boldsymbol{\alpha}=\mathbf{0}$$

由此得

$$k\mathbf{0}=k(0\mathbf{0})=(k0)\mathbf{0}=0\mathbf{0}=\mathbf{0}$$

(4) $k(-\boldsymbol{\alpha})=(-k)\boldsymbol{\alpha}=-k\boldsymbol{\alpha}$

由于

$$k(-\boldsymbol{\alpha})+k\boldsymbol{\alpha}=k(-\boldsymbol{\alpha}+\boldsymbol{\alpha})=k\mathbf{0}=\mathbf{0}$$

所以

$$k(-\boldsymbol{\alpha})=-k\boldsymbol{\alpha}$$

由$(-k)\boldsymbol{\alpha}+k\boldsymbol{\alpha}=(-k+k)\boldsymbol{\alpha}=0\boldsymbol{\alpha}=\mathbf{0}$,得

$$(-k)\boldsymbol{\alpha}=-k\boldsymbol{\alpha}$$

(5) $k\boldsymbol{\alpha}=\mathbf{0}$,则 $k=0$ 或 $\boldsymbol{\alpha}=\mathbf{0}$.

假设 $k\neq0$,则

$$\boldsymbol{\alpha}=1\boldsymbol{\alpha}=\frac{1}{k}(k\boldsymbol{\alpha})=\frac{1}{k}\mathbf{0}=\mathbf{0}$$

由于线性空间具有上述简单性质,对于线性空间中元素作线性运算所得到的方程,如

$$k\boldsymbol{\beta}+k_1\boldsymbol{\alpha}_1+\cdots+k_r\boldsymbol{\alpha}_r=\mathbf{0}(k\neq0)$$

就容易解得

$$\boldsymbol{\beta}=-\frac{k_1}{k}\boldsymbol{\alpha}_1-\cdots-\frac{k_r}{k}\boldsymbol{\alpha}_r$$

定义 5.2 设 V 是数域 F 上的线性空间,L 是 V 的一个非空子集,如果 L 对于 V 上所定义的加法和数乘也构成 F 上的线性空间,则称 L 是 V 的一个子空间.

定理 5.1 F 上线性空间 V 的非空子集 L 构成 V 的子空间的充要条件是,L 对于 V 中的线性运算封闭,即

(1) 对任意 $\boldsymbol{\alpha},\boldsymbol{\beta}\in L$,都有 $\boldsymbol{\alpha}+\boldsymbol{\beta}\in L$.

(2) 对任意 $\boldsymbol{\alpha}\in L$,任意 $k\in\boldsymbol{F}$,都有 $k\boldsymbol{\alpha}\in L$.

证 只需验证八条算律成立. 其中,1)、2)、5)、6)、7)、8)是显然的. 对任意 $\boldsymbol{\alpha}\in L$,有 $0\boldsymbol{\alpha}=\mathbf{0}\in L$,所以3)成立;又$(-1)\boldsymbol{\alpha}=-\boldsymbol{\alpha}\in L$,所以4)也成立.

例 5.5 线性空间 V 的零向量 $\mathbf{0}$ 构成的集合$\{\mathbf{0}\}$是 V 的子空间,V 也是 V 的子空间.

例 5.6 设 V 是数域 F 上的线性空间,$\boldsymbol{\alpha},\boldsymbol{\beta}\in V$,集合

$$L=\{\boldsymbol{\gamma}|\boldsymbol{\gamma}=k\boldsymbol{\alpha}+l\boldsymbol{\beta},k,l\in F\}$$

是 V 的一个子空间.

这是由于,若 $\boldsymbol{\gamma}_1=k_1\boldsymbol{\alpha}+l_1\boldsymbol{\beta},\boldsymbol{\gamma}_2=k_2\boldsymbol{\alpha}+l_2\boldsymbol{\beta},k_1,l_1,k_2,l_2\in F$,则有

$$\boldsymbol{\gamma}_1+\boldsymbol{\gamma}_2=(k_1+k_2)\boldsymbol{\alpha}+(l_1+l_2)\boldsymbol{\beta}\in L$$

$$k\boldsymbol{\gamma}_1=kk_1\boldsymbol{\alpha}_1+kl_1\boldsymbol{\beta}\in L,k\in \boldsymbol{F}$$

称这个线性空间为由向量 $\boldsymbol{\alpha},\boldsymbol{\beta}$ 所生成的(V 的)子空间,记为 $L(\boldsymbol{\alpha},\boldsymbol{\beta})$.

一般地,由 V 中向量组 $\boldsymbol{\alpha}_1,\boldsymbol{\alpha}_2,\cdots,\boldsymbol{\alpha}_m$ 所生成的线性子空间为

$$L=\{\boldsymbol{\gamma}|\boldsymbol{\gamma}=k_1\boldsymbol{\alpha}_1+k_2\boldsymbol{\alpha}_2+\cdots+k_m\boldsymbol{\alpha}_m,k_1,k_2,\cdots,k_m\in F\}$$

记为 $L(\boldsymbol{\alpha}_1,\boldsymbol{\alpha}_2,\cdots,\boldsymbol{\alpha}_m)$.

例 5.7 设 $\boldsymbol{A}\in F^{m\times n}$,则齐次线性方程组 $\boldsymbol{AX}=\boldsymbol{0}$ 的解的集合

$$S=\{\boldsymbol{X}|\boldsymbol{AX}=\boldsymbol{0}\}$$

是 F^n 的一个子空间,叫做齐次线性方程组的解空间(也称矩阵 $\boldsymbol{A}$ 的零空间,记作 $N(\boldsymbol{A})$). 但非齐次线性方程组 $\boldsymbol{AX}=\boldsymbol{\beta}$ 的解的集合不是 F^n 的子空间.

例 5.8 全体 n 阶实数量阵、实对角阵、实对称阵、实上(下)三角阵分别组成的集合,都是 $\mathbf{R}^{n\times n}$的子空间.

例 5.9 设 $\mathbf{R}^3$ 的子集合

$$V_1=\{(x_1,0,0)|x_1\in\mathbf{R}\}$$

$$V_2=\{(1,0,x_3)|x_3\in\mathbf{R}\}$$

则 V_1 是 $\mathbf{R}^3$ 的子空间,V_2 不是 $\mathbf{R}^3$ 的子空间. 它们的几何意义是:V_1 是 x 轴上的全体向量,V_2 是过点(1,0,0)与 z 轴平行的直线上的全体向量. 在三维几何向量空间中,凡是过原点的平面或直线上的全体向量组成的子集合都是 $\mathbf{R}^3$ 的子空间,而不过原点的平面或直线上的全体向量组成的子集合都不是 $\mathbf{R}^3$ 的子空间.

5.2 线性空间的基与坐标变换

5.2.1 线性空间的基、维数与坐标

第 4 章中曾介绍了线性组合、线性相关与线性无关,极大无关组和向量组的秩等概念,以及有关线性运算的若干性质. 这些概念和性质对于一般线性空间中的向量仍然适用,我们将直接引用这些概念和性质.

定义 5.3 在线性空间 V 中,如果存在 n 个元素 $\boldsymbol{\alpha}_1,\boldsymbol{\alpha}_2,\cdots,\boldsymbol{\alpha}_n$,满足

(1) $\boldsymbol{\alpha}_1,\boldsymbol{\alpha}_2,\cdots,\boldsymbol{\alpha}_n$ 线性无关.

(2) V 中任意元素 $\boldsymbol{\alpha}$,都使 $\boldsymbol{\alpha}_1,\boldsymbol{\alpha}_2,\cdots,\boldsymbol{\alpha}_n,\boldsymbol{\alpha}$ 线性相关.

那么,就称 $\boldsymbol{\alpha}_1,\boldsymbol{\alpha}_2,\cdots,\boldsymbol{\alpha}_n$ 为线性空间 V 的一个基. 称 V 的基所含向量的个数 n 为线性空间 V 的维数.

维数为 n 的线性空间为 n 维线性空间,记为 V_n. 只含一个零向量的线性空间,

称为零维线性空间. n 维与零维线性空间统称为有限维线性空间.

今后只讨论有限维的线性空间.

定义 5.4 设 $\boldsymbol{\alpha}_1,\boldsymbol{\alpha}_2,\cdots,\boldsymbol{\alpha}_n$ 是 F 上线性空间 V_n 的一个基,对于任意一元素 $\boldsymbol{\alpha}\in V_n$,总有且仅有一组有序数 $x_1,x_2,\cdots,x_n\in F$,使

$$\boldsymbol{\alpha}=x_1\boldsymbol{\alpha}_1+x_2\boldsymbol{\alpha}_2+\cdots+x_n\boldsymbol{\alpha}_n$$

称 $x_1,x_2,\cdots,x_n$ 为 $\boldsymbol{\alpha}$ 关于基 $\boldsymbol{\alpha}_1,\boldsymbol{\alpha}_2,\cdots,\boldsymbol{\alpha}_n$ 的坐标,记作 $(x_1,x_2,\cdots,x_n)$.

例 5.10 证明:线性空间 $P[x]_n$ 中元素 $f_0=1,f_1=x,f_2=x^2,\cdots,f_{n-1}=x^{n-1}$ 是线性无关的.

证 设 $k_0f_0+k_1f_1+k_2f_2+\cdots+k_{n-1}f_{n-1}=0(x)$,即

$$k_0+k_1x+k_2x^2+\cdots+k_{n-1}x^{n-1}=0(x)$$

式中,$0(x)$ 是 $P[x]_n$ 的零元素,即零多项式. 要使 $1,x,x^2,\cdots,x^{n-1}$ 的线性组合等于零多项式,仅当系数 $k_0,k_1,\cdots,k_{n-1}$ 全为零才能成立. 故 $1,x,x^2,\cdots,x^{n-1}$ 线性无关.

例 5.11 证明:线性空间 $\mathbf{R}^{2\times2}$ 中的元素

$$\boldsymbol{A}_1=\begin{pmatrix}1&0\\0&0\end{pmatrix},\boldsymbol{A}_2=\begin{pmatrix}1&1\\0&0\end{pmatrix},\boldsymbol{A}_3=\begin{pmatrix}1&1\\1&0\end{pmatrix},\boldsymbol{A}_4=\begin{pmatrix}1&1\\1&1\end{pmatrix}$$

是线性无关的.

证 设

$$k_1\boldsymbol{A}_1+k_2\boldsymbol{A}_2+k_3\boldsymbol{A}_3+k_4\boldsymbol{A}_4=\boldsymbol{O}_{2\times2} \tag{5.1}$$

即

$$\begin{pmatrix}k_1+k_2+k_3+k_4&k_2+k_3+k_4\\k_3+k_4&k_4\end{pmatrix}=\begin{pmatrix}0&0\\0&0\end{pmatrix}$$

于是

$$\begin{cases}k_1+k_2+k_3+k_4=0\\k_2+k_3+k_4=0\\k_3+k_4=0\\k_4=0\end{cases}$$

此方程组只有零解,因此,仅当 $k_1=k_2=k_3=k_4=0$ 时,式(5.1)才成立,故 $\boldsymbol{A}_1,\boldsymbol{A}_2,\boldsymbol{A}_3,\boldsymbol{A}_4$ 是线性无关的.

显然,在 $\mathbf{R}^{2\times2}$ 中,矩阵

$$\boldsymbol{e}_{11}=\begin{pmatrix}1&0\\0&0\end{pmatrix},\boldsymbol{e}_{12}=\begin{pmatrix}0&1\\0&0\end{pmatrix},\boldsymbol{e}_{21}=\begin{pmatrix}0&0\\1&0\end{pmatrix},\boldsymbol{e}_{22}=\begin{pmatrix}0&0\\0&1\end{pmatrix}$$

也是线性无关的,且 $\mathbf{R}^{2\times2}$ 中任一矩阵

$$\boldsymbol{A}=\begin{pmatrix}a&b\\c&d\end{pmatrix}=a\boldsymbol{e}_{11}+b\boldsymbol{e}_{12}+c\boldsymbol{e}_{21}+d\boldsymbol{e}_{22}$$

不难证明,在 $\mathbf{R}^{2\times2}$ 中任意五个元素(二阶矩阵)$\boldsymbol{A},\boldsymbol{B},\boldsymbol{C},\boldsymbol{D},\boldsymbol{Q}$ 是线性相关的.

如果 $\boldsymbol{A},\boldsymbol{B},\boldsymbol{C},\boldsymbol{D}$ 线性无关，则 $\boldsymbol{Q}$ 可由 $\boldsymbol{A},\boldsymbol{B},\boldsymbol{C},\boldsymbol{D}$ 线性表出，且表示法唯一. $\mathbf{R}^{2\times 2}$ 的这些属性与 $\mathbf{R}^4$ 类似.

例 5.12 证明：$\boldsymbol{B}=\{f_0,f_1,f_2,\cdots,f_{n-1}\}$（其中，$f_0=1,f_1=x,f_2=x^2,\cdots,f_{n-1}=x^{n-1}$）是 $P[x]_n$ 的一组基，并求 $p(x)=a_0+a_1x+a_2x^2+\cdots+a_{n-1}x^{n-1}$ 在基 $\boldsymbol{B}$ 下的坐标.

解 例 5.10 已证明 $\boldsymbol{B}$ 是线性无关的，而且

$$\forall p(x)=a_0+a_1x+a_2x^2+\cdots+a_{n-1}x^{n-1}\in P[x]_n$$

有

$$p(x)=a_0f_0+a_1f_1+a_2f_2+\cdots+a_{n-1}f_{n-1}\tag{5.2}$$

故 $\boldsymbol{B}$ 是 $P[x]_n$ 的一组基（通常称自然基），因此 $P[x]_n$ 是 n 维实线性空间. 由式(5.2)也可知 $p(x)$ 在基 $\boldsymbol{B}$ 下的坐标

$$(p(x))_{\boldsymbol{B}}=(a_0,a_1,a_2,\cdots,a_{n-1})^{\mathrm{T}}$$

且式(5.2)借助于矩阵乘法可以形式地表示为

$$p(x)=(1,x,\cdots,x^{n-1})\begin{pmatrix}a_0\\a_1\\\vdots\\a_{n-1}\end{pmatrix}$$

例 5.13 设 $\boldsymbol{A}=(\boldsymbol{\alpha}_1,\boldsymbol{\alpha}_2,\boldsymbol{\alpha}_3)=\begin{pmatrix}2&2&-1\\2&-1&2\\-1&2&2\end{pmatrix}$，$\boldsymbol{\beta}=\begin{pmatrix}1\\0\\-4\end{pmatrix}$.

验证 $\boldsymbol{\alpha}_1,\boldsymbol{\alpha}_2,\boldsymbol{\alpha}_3$ 是 $\mathbf{R}^3$ 的一个基，并求 $\boldsymbol{\beta}$ 关于这个基的坐标.

解 由 $|\boldsymbol{A}|=\begin{vmatrix}2&2&-1\\2&-1&2\\-1&2&2\end{vmatrix}=-27\neq 0$，知 $\boldsymbol{\alpha}_1,\boldsymbol{\alpha}_2,\boldsymbol{\alpha}_3$ 是 $\mathbf{R}^3$ 的一个基.

设 $\boldsymbol{\beta}=x_1\boldsymbol{\alpha}_1+x_2\boldsymbol{\alpha}_2+x_3\boldsymbol{\alpha}_3=(\boldsymbol{\alpha}_1,\boldsymbol{\alpha}_2,\boldsymbol{\alpha}_3)\begin{pmatrix}x_1\\x_2\\x_3\end{pmatrix}$，则

$$\begin{pmatrix}x_1\\x_2\\x_3\end{pmatrix}=(\boldsymbol{\alpha}_1,\boldsymbol{\alpha}_2,\boldsymbol{\alpha}_3)^{-1}\boldsymbol{\beta}=\begin{pmatrix}2&2&-1\\2&-1&2\\-1&2&2\end{pmatrix}^{-1}\begin{pmatrix}1\\0\\-4\end{pmatrix}=\begin{pmatrix}\frac{2}{3}\\-\frac{2}{3}\\-1\end{pmatrix}$$

即 $\boldsymbol{\beta}$ 关于这个基的坐标是 $\left(\frac{2}{3},-\frac{2}{3},-1\right)$.

5.2.2 坐标变换

n 维向量空间 V 中同一向量在不同基下的坐标，一般来说是不同的，但它们毕

竟是同一向量在不同基下的坐标,应该有内在的联系,其中的联系是什么呢?

设 $\boldsymbol{\alpha}_1,\boldsymbol{\alpha}_2,\cdots,\boldsymbol{\alpha}_n$ 及 $\boldsymbol{\beta}_1,\boldsymbol{\beta}_2,\cdots,\boldsymbol{\beta}_n$ 是向量空间 V 的两个基,且

$$\begin{cases}\boldsymbol{\beta}_1=p_{11}\boldsymbol{\alpha}_1+p_{21}\boldsymbol{\alpha}_2+\cdots+p_{n1}\boldsymbol{\alpha}_n\\ \boldsymbol{\beta}_2=p_{12}\boldsymbol{\alpha}_1+p_{22}\boldsymbol{\alpha}_2+\cdots+p_{n2}\boldsymbol{\alpha}_n\\ \qquad\qquad\vdots\\ \boldsymbol{\beta}_n=p_{1n}\boldsymbol{\alpha}_1+p_{2n}\boldsymbol{\alpha}_2+\cdots+p_{nn}\boldsymbol{\alpha}_n\end{cases}$$

即
$$(\boldsymbol{\beta}_1,\boldsymbol{\beta}_2,\cdots,\boldsymbol{\beta}_n)=(\boldsymbol{\alpha}_1,\boldsymbol{\alpha}_2,\cdots,\boldsymbol{\alpha}_n)\begin{pmatrix}p_{11}&p_{12}&\cdots&p_{1n}\\p_{21}&p_{22}&\cdots&p_{2n}\\\vdots&\vdots&&\vdots\\p_{n1}&p_{n2}&\cdots&p_{nn}\end{pmatrix}$$

称这个式子为基变换公式. 称矩阵

$$\boldsymbol{P}=\begin{pmatrix}p_{11}&p_{12}&\cdots&p_{1n}\\p_{21}&p_{22}&\cdots&p_{2n}\\\vdots&\vdots&&\vdots\\p_{n1}&p_{n2}&\cdots&p_{nn}\end{pmatrix}$$

为由基 $\boldsymbol{\alpha}_1,\boldsymbol{\alpha}_2,\cdots,\boldsymbol{\alpha}_n$ 到基 $\boldsymbol{\beta}_1,\boldsymbol{\beta}_2,\cdots,\boldsymbol{\beta}_n$ 的过渡矩阵. 由 $\boldsymbol{\beta}_1,\boldsymbol{\beta}_2,\cdots,\boldsymbol{\beta}_n$ 线性无关可知,过渡矩阵 $\boldsymbol{P}$ 可逆.

定理 5.2 设向量空间 V 的基 $\boldsymbol{\alpha}_1,\boldsymbol{\alpha}_2,\cdots,\boldsymbol{\alpha}_n$ 到基 $\boldsymbol{\beta}_1,\boldsymbol{\beta}_2,\cdots,\boldsymbol{\beta}_n$ 的过渡矩阵是 $\boldsymbol{P}=(p_{ij})$, V 中向量 $\boldsymbol{\alpha}$ 在基 $\boldsymbol{\alpha}_1,\boldsymbol{\alpha}_2,\cdots,\boldsymbol{\alpha}_n$ 下的坐标是 $(x_1,x_2,\cdots,x_n)$,在基 $\boldsymbol{\beta}_1,\boldsymbol{\beta}_2,\cdots,\boldsymbol{\beta}_n$ 下的坐标是 $(x_1',x_2',\cdots,x_n')$,则有坐标变换公式

$$\begin{pmatrix}x_1\\x_2\\\vdots\\x_n\end{pmatrix}=\boldsymbol{P}\begin{pmatrix}x_1'\\x_2'\\\vdots\\x_n'\end{pmatrix},\text{或}\begin{pmatrix}x_1'\\x_2'\\\vdots\\x_n'\end{pmatrix}=\boldsymbol{P}^{-1}\begin{pmatrix}x_1\\x_2\\\vdots\\x_n\end{pmatrix}$$

证 设

$$\boldsymbol{\alpha}=(\boldsymbol{\alpha}_1,\boldsymbol{\alpha}_2,\cdots,\boldsymbol{\alpha}_n)\begin{pmatrix}x_1\\x_2\\\vdots\\x_n\end{pmatrix}$$

$$\boldsymbol{\alpha}=(\boldsymbol{\beta}_1,\boldsymbol{\beta}_2,\cdots,\boldsymbol{\beta}_n)\begin{pmatrix}x_1'\\x_2'\\\vdots\\x_n'\end{pmatrix}=(\boldsymbol{\alpha}_1,\boldsymbol{\alpha}_2,\cdots,\boldsymbol{\alpha}_n)\boldsymbol{P}\begin{pmatrix}x_1'\\x_2'\\\vdots\\x_n'\end{pmatrix}$$

由于 $\boldsymbol{\alpha}$ 在基 $\boldsymbol{\alpha}_1,\boldsymbol{\alpha}_2,\cdots,\boldsymbol{\alpha}_n$ 下的坐标是唯一的,并且过渡矩阵 $\boldsymbol{P}$ 可逆,所以

$$\begin{pmatrix}x_1\\x_2\\\vdots\\x_n\end{pmatrix}=\boldsymbol{P}\begin{pmatrix}x_1'\\x_2'\\\vdots\\x_n'\end{pmatrix},\begin{pmatrix}x_1'\\x_2'\\\vdots\\x_n'\end{pmatrix}=\boldsymbol{P}^{-1}\begin{pmatrix}x_1\\x_2\\\vdots\\x_n\end{pmatrix}$$

例 5.14 已知 $\mathbf{R}^3$ 的两组基:$\boldsymbol{B}_1=\{\boldsymbol{\alpha}_1,\boldsymbol{\alpha}_2,\boldsymbol{\alpha}_3\}$,$\boldsymbol{B}_2=\{\boldsymbol{\beta}_1,\boldsymbol{\beta}_2,\boldsymbol{\beta}_3\}$,其中

$$\boldsymbol{\alpha}_1=(1,1,1)^{\mathrm{T}},\boldsymbol{\alpha}_2=(0,1,1)^{\mathrm{T}},\boldsymbol{\alpha}_3=(0,0,1)^{\mathrm{T}}$$
$$\boldsymbol{\beta}_1=(1,0,1)^{\mathrm{T}},\boldsymbol{\beta}_2=(0,1,-1)^{\mathrm{T}},\boldsymbol{\beta}_3=(1,2,0)^{\mathrm{T}}$$

(1) 求基 $\boldsymbol{B}_1$ 到基 $\boldsymbol{B}_2$ 的过渡矩阵 $\boldsymbol{P}$.

(2) $\boldsymbol{\alpha}$ 在基 $\boldsymbol{B}_1$ 下的坐标为$(1,-2,-1)^{\mathrm{T}}$,求 $\boldsymbol{\alpha}$ 在基 $\boldsymbol{B}_2$ 下的坐标.

解 (1) 设

$$(\boldsymbol{\beta}_1,\boldsymbol{\beta}_2,\boldsymbol{\beta}_3)=(\boldsymbol{\alpha}_1,\boldsymbol{\alpha}_2,\boldsymbol{\alpha}_3)\begin{pmatrix}a_{11}&a_{12}&a_{13}\\a_{21}&a_{22}&a_{23}\\a_{31}&a_{32}&a_{33}\end{pmatrix}$$

将以列向量形式表示的两组基向量代入上式,得

$$\begin{pmatrix}1&0&1\\0&1&2\\1&-1&0\end{pmatrix}=\begin{pmatrix}1&0&0\\1&1&0\\1&1&1\end{pmatrix}\begin{pmatrix}a_{11}&a_{12}&a_{13}\\a_{21}&a_{22}&a_{23}\\a_{31}&a_{32}&a_{33}\end{pmatrix}$$

故过渡矩阵

$$\boldsymbol{P}=\begin{pmatrix}a_{11}&a_{12}&a_{13}\\a_{21}&a_{22}&a_{23}\\a_{31}&a_{32}&a_{33}\end{pmatrix}=\begin{pmatrix}1&0&0\\1&1&0\\1&1&1\end{pmatrix}^{-1}\begin{pmatrix}1&0&1\\0&1&2\\1&-1&0\end{pmatrix}$$
$$=\begin{pmatrix}1&0&0\\-1&1&0\\0&-1&1\end{pmatrix}\begin{pmatrix}1&0&1\\0&1&2\\1&-1&0\end{pmatrix}=\begin{pmatrix}1&0&1\\-1&1&1\\1&-2&-2\end{pmatrix}$$

(2) 根据坐标变换公式,得 $\boldsymbol{\alpha}$ 在基 $\boldsymbol{B}_2$ 下的坐标

$$\begin{pmatrix}y_1\\y_2\\y_3\end{pmatrix}=\boldsymbol{P}^{-1}\begin{pmatrix}1\\-2\\-1\end{pmatrix}=\begin{pmatrix}0&-2&-1\\-1&-3&-2\\1&2&1\end{pmatrix}\begin{pmatrix}1\\-2\\-1\end{pmatrix}=\begin{pmatrix}5\\7\\-4\end{pmatrix}$$

习 题 5

1. 判断下列集合,对指定的运算能否构成实数域 $\mathbf{R}$ 上的一个线性空间?并加以证明.

(1) 所有 $m\times n$ 型的实矩阵集合,对矩阵的加法及数与矩阵的乘法.

(2) 所有的 n 阶实对称矩阵集合,对矩阵的加法及数与矩阵的乘法.

(3) 所有的 n 阶实反对称矩阵集合,对矩阵的加法及数与矩阵的乘法.

(4) 所有的 n 阶可逆矩阵的集合,对矩阵的加法及数与矩阵的乘法.

(5) 设 $\boldsymbol{A}$ 是 n 阶实方阵,$\boldsymbol{A}$ 的实系数多项式 $f(\boldsymbol{A})$ 的全体所构成的集合,对于矩阵的加法及数与矩阵的乘法. 其中

$$f(\boldsymbol{A})=a_m\boldsymbol{A}^m+a_{m-1}\boldsymbol{A}^{m-1}+\cdots+a_1\boldsymbol{A}+a_0\boldsymbol{E}_n(a_i\in\mathbf{R},i=0,1,2,\cdots,m)$$

(6) 所有满足 $\boldsymbol{A}^2=\boldsymbol{E}$ 的二阶实方阵的集合,对矩阵的加法及数与矩阵的乘法.

2. 判断下列线性空间 V 的子集 W 是否是 V 的子空间?并加以证明.

(1) $V=\mathbf{R}^4,W=\{\boldsymbol{\alpha}=(a_1,a_2,a_3,a_4)^{\mathrm{T}}\mid a_1=a_2+a_3+a_4\}$

(2) $V=\mathbf{R}^3,W=\{\boldsymbol{\alpha}=(a_1,a_2,a_3)^{\mathrm{T}}\mid a_1=a_2^2\}$

(3) $V=\mathbf{R}^{n\times n}$,W 为全体 n 阶对称矩阵的集合.

(4) $V=\mathbf{R}^{n\times n}$,W 为全体 n 阶反对称矩阵的集合.

(5) $V=\mathbf{R}^{n\times n}$,W 为全体 n 阶正交矩阵的集合.

3. $\mathbf{R}^{2\times 2}$ 是定义在实数域上的全体二阶方阵的线性空间.

(1) 试证:$\boldsymbol{\varepsilon}_1=\begin{pmatrix}1&0\\0&0\end{pmatrix},\boldsymbol{\varepsilon}_2=\begin{pmatrix}0&0\\0&1\end{pmatrix},\boldsymbol{\varepsilon}_3=\begin{pmatrix}0&1\\1&0\end{pmatrix},\boldsymbol{\varepsilon}_4=\begin{pmatrix}0&1\\-1&0\end{pmatrix}$ 线性无关.

(2) 试用 $\boldsymbol{\varepsilon}_1,\boldsymbol{\varepsilon}_2,\boldsymbol{\varepsilon}_3,\boldsymbol{\varepsilon}_4$ 表示 $\boldsymbol{\varepsilon}_0=\begin{pmatrix}a_{11}&a_{12}\\a_{21}&a_{22}\end{pmatrix}$.

4. 已知 $P[x]_4$ 是次数小于 4 的多项式线性空间.

(1) 试证:$f_1=1,f_2=1+x,f_3=(1+x)^2,f_4=(1+x)^3$ 线性无关.

(2) 试用 f_1,f_2,f_3,f_4 线性表示 $g(x)=a_0+a_1x+a_2x^2+a_3x^3$.

5. 已知线性空间 V 中,$\boldsymbol{\alpha}_1,\boldsymbol{\alpha}_2,\cdots,\boldsymbol{\alpha}_r$ 线性无关,又向量组 $\boldsymbol{\beta}_1,\boldsymbol{\beta}_2,\cdots,\boldsymbol{\beta}_s$ 可由向量组 $\boldsymbol{\alpha}_1,\boldsymbol{\alpha}_2,\cdots,\boldsymbol{\alpha}_r$ 线性表示:$\boldsymbol{\beta}_i=\sum\limits_{j=1}^{r}c_{ij}\boldsymbol{\alpha}_j(i=1,2,\cdots,s)$,又知 $\boldsymbol{\beta}_1,\boldsymbol{\beta}_2,\cdots,\boldsymbol{\beta}_s$ 线性相关.

试证:矩阵

$$\begin{pmatrix}c_{11}&c_{12}&\cdots&c_{1r}\\c_{21}&c_{22}&\cdots&c_{2r}\\\vdots&\vdots&&\vdots\\c_{s1}&c_{s2}&\cdots&c_{sr}\end{pmatrix}$$

的秩小于 s.

6. 求实数域上全体 n 阶对称矩阵所构成的线性空间的维数及一组基.

7. 求实数域上全体 n 阶反对称矩阵所构成的线性空间的维数及一组基.

8. 求实数域上全体 n 阶上三角矩阵所构成的线性空间的维数及一组基.

9. 设 $\boldsymbol{\alpha}_1, \boldsymbol{\alpha}_2, \boldsymbol{\alpha}_3$ 是三维向量空间 $\mathbf{R}^3$ 的一组基,求由基 $\boldsymbol{\alpha}_1, \frac{1}{2}\boldsymbol{\alpha}_2, \frac{1}{3}\boldsymbol{\alpha}_3$ 到基 $\boldsymbol{\alpha}_1+\boldsymbol{\alpha}_2, \boldsymbol{\alpha}_2+\boldsymbol{\alpha}_3, \boldsymbol{\alpha}_3+\boldsymbol{\alpha}_1$ 的过渡矩阵.

10. 在 $\mathbf{R}^4$ 中,$\boldsymbol{\varepsilon}_1=(1,2,-1,0)^{\mathrm{T}}, \boldsymbol{\varepsilon}_2=(1,-1,1,1)^{\mathrm{T}}, \boldsymbol{\varepsilon}_3=(-1,2,1,1)^{\mathrm{T}}, \boldsymbol{\varepsilon}_4=(-1,-1,0,1)^{\mathrm{T}}$ 及 $\boldsymbol{\eta}_1=(2,0,1,1)^{\mathrm{T}}, \boldsymbol{\eta}_2=(0,1,1,2)^{\mathrm{T}}, \boldsymbol{\eta}_3=(1,-1,2,3)^{\mathrm{T}}, \boldsymbol{\eta}_4=(1,-3,2,0)^{\mathrm{T}}$ 是 $\mathbf{R}^4$ 中的两组基.

(1) 求由 $\boldsymbol{\varepsilon}_1, \boldsymbol{\varepsilon}_2, \boldsymbol{\varepsilon}_3, \boldsymbol{\varepsilon}_4$ 到 $\boldsymbol{\eta}_1, \boldsymbol{\eta}_2, \boldsymbol{\eta}_3, \boldsymbol{\eta}_4$ 的过渡矩阵.

(2) 求 $\boldsymbol{\xi}=(0,1,1,2)^{\mathrm{T}}$ 在基 $\boldsymbol{\varepsilon}_1, \boldsymbol{\varepsilon}_2, \boldsymbol{\varepsilon}_3, \boldsymbol{\varepsilon}_4$ 下的坐标.

第6章　内积空间

6.1　内积空间的定义及简单性质

在 $\mathbf{R}^3$ 中，不仅有线性空间的加法和数量乘法运算，还定义了数量积（或称内积）运算，使向量具有几何度量性. 向量的度量性质在分析、几何等许多问题中是不可缺少的. 因而，有必要对一般的实数域上的线性空间定义内积运算，使之成为内积空间.

定义 6.1　设 V 是实数域 $\mathbf{R}$ 上的线性空间，对 V 中任两个向量 $\boldsymbol{\alpha},\boldsymbol{\beta}$ 确定一个实数 $(\boldsymbol{\alpha},\boldsymbol{\beta})$，如果它具有以下性质：

(1) $(\boldsymbol{\alpha},\boldsymbol{\beta})=(\boldsymbol{\beta},\boldsymbol{\alpha})$

(2) $(k\boldsymbol{\alpha},\boldsymbol{\beta})=k(\boldsymbol{\alpha},\boldsymbol{\beta})$

(3) $(\boldsymbol{\alpha}+\boldsymbol{\beta},\boldsymbol{\gamma})=(\boldsymbol{\alpha},\boldsymbol{\gamma})+(\boldsymbol{\beta},\boldsymbol{\gamma})$

(4) $(\boldsymbol{\alpha},\boldsymbol{\alpha})\geqslant 0$，当且仅当 $\boldsymbol{\alpha}=\mathbf{0}$ 时，等号成立.

其中，$\boldsymbol{\alpha},\boldsymbol{\beta},\boldsymbol{\gamma}\in V,k\in\mathbf{R}$. 就称 $(\boldsymbol{\alpha},\boldsymbol{\beta})$ 是 $\boldsymbol{\alpha},\boldsymbol{\beta}$ 的内积. 在实数域上定义了内积的 V 称为实内积空间. 有限维实内积空间叫做 Euclid 空间（欧几里得空间，欧氏空间）.

定义 6.1 中性质(1)表明内积是对称的，因此与性质(2)、性质(3)相当的有

$$(\boldsymbol{\alpha},k\boldsymbol{\beta})=(k\boldsymbol{\beta},\boldsymbol{\alpha})=k(\boldsymbol{\beta},\boldsymbol{\alpha})=k(\boldsymbol{\alpha},\boldsymbol{\beta})$$

$$\begin{aligned}(\boldsymbol{\alpha},\boldsymbol{\beta}+\boldsymbol{\gamma})&=(\boldsymbol{\beta}+\boldsymbol{\gamma},\boldsymbol{\alpha})=(\boldsymbol{\beta},\boldsymbol{\alpha})+(\boldsymbol{\gamma},\boldsymbol{\alpha})\\&=(\boldsymbol{\alpha},\boldsymbol{\beta})+(\boldsymbol{\alpha},\boldsymbol{\gamma})\end{aligned}$$

在性质(2)中取 $k=0$，就有 $(\mathbf{0},\boldsymbol{\beta})=0$. 所以内积空间中任何元素与零元素的内积都等于零.

根据内积定义的第(4)条性质，可用内积定义向量的长度.

定义 6.2　实数域 $\mathbf{R}$ 上的内积空间 V 中向量 $\boldsymbol{\alpha}$ 的长度定义为

$$\|\boldsymbol{\alpha}\|=\sqrt{(\boldsymbol{\alpha},\boldsymbol{\alpha})}$$

例 6.1　两个重要的实内积空间.

(1) $\mathbf{R}^n$ 上定义内积为

$$(\boldsymbol{\alpha},\boldsymbol{\beta})=a_1b_1+a_2b_2+\cdots+a_nb_n \tag{6.1}$$

其中，$\boldsymbol{\alpha}=(a_1,a_2,\cdots,a_n)^{\mathrm{T}},\boldsymbol{\beta}=(b_1,b_2,\cdots,b_n)^{\mathrm{T}}$.

容易验证式(6.1)满足内积的四条性质，$\mathbf{R}^n$ 关于这个内积就构成一个 n 维欧

氏空间,这个内积称为 $\mathbf{R}^n$ 的标准内积. 此时,向量 $\boldsymbol{\alpha}$ 的长度

$$\|\boldsymbol{\alpha}\| = \sqrt{a_1^2 + a_2^2 + \cdots + a_n^2}$$

(2) 在区间 $[a,b]$ 上一切连续的实值函数构成的线性空间 $C[a,b]$ 上,$\forall f(x), g(x)$,定义

$$(f,g) = \int_a^b f(x)g(x)\mathrm{d}x \tag{6.2}$$

式(6.2)是 $f(x)$ 与 $g(x)$ 的内积,因为它满足内积的四条性质.

如验证满足第(3)条.

设 $f,g,h \in C[a,b]$,则

$$\begin{aligned}(f+g,h) &= \int_a^b (f(x)+g(x))h(x)\mathrm{d}x \\ &= \int_a^b (f(x)h(x)+g(x)h(x))\mathrm{d}x \\ &= \int_a^b f(x)h(x)\mathrm{d}x + \int_a^b g(x)h(x)\mathrm{d}x \\ &= (f,h)+(g,h)\end{aligned}$$

这个内积称为 $C[a,b]$ 上的标准内积.

在 $\mathbf{R}^n$ 中定义内积的方法是不唯一的.

定理 6.1 若 V 是一个实内积空间,则对任意的 $\boldsymbol{\alpha},\boldsymbol{\beta} \in V$ 和 $\lambda \in \mathbf{R}$,有

(1) $\|\lambda\boldsymbol{\alpha}\| = |\lambda|\,\|\boldsymbol{\alpha}\|$

(2) $|(\boldsymbol{\alpha},\boldsymbol{\beta})| \leqslant \|\boldsymbol{\alpha}\|\,\|\boldsymbol{\beta}\|$ (Cauchy-Schwarz 不等式)

(3) $\|\boldsymbol{\alpha}+\boldsymbol{\beta}\| \leqslant \|\boldsymbol{\alpha}\| + \|\boldsymbol{\beta}\|$ (三角不等式)

证 (1) $\|\lambda\boldsymbol{\alpha}\| = \sqrt{(\lambda\boldsymbol{\alpha},\lambda\boldsymbol{\alpha})} = \sqrt{\lambda^2(\boldsymbol{\alpha},\boldsymbol{\alpha})} = |\lambda|\sqrt{(\boldsymbol{\alpha},\boldsymbol{\alpha})} = |\lambda|\,\|\boldsymbol{\alpha}\|$

(2) $\boldsymbol{\beta}=\mathbf{0}$ 时,结论显然成立;当 $\boldsymbol{\beta}\neq\mathbf{0}$ 时,作向量 $\boldsymbol{\alpha}+t\boldsymbol{\beta}(t\in\mathbf{R})$,由定义 6.1 中性质(4)得

$$(\boldsymbol{\alpha}+t\boldsymbol{\beta},\boldsymbol{\alpha}+t\boldsymbol{\beta}) \geqslant 0$$

再由定义 6.1 中性质(1)、性质(2)、性质(3)得

$$(\boldsymbol{\alpha},\boldsymbol{\alpha}) + 2(\boldsymbol{\alpha},\boldsymbol{\beta})t + (\boldsymbol{\beta},\boldsymbol{\beta})t^2 \geqslant 0$$

上式左端是 t 的二次三项式,且 t^2 系数 $(\boldsymbol{\beta},\boldsymbol{\beta})>0$,因此有

$$4(\boldsymbol{\alpha},\boldsymbol{\beta})^2 - 4(\boldsymbol{\alpha},\boldsymbol{\alpha})(\boldsymbol{\beta},\boldsymbol{\beta}) \leqslant 0$$

即
$$(\boldsymbol{\alpha},\boldsymbol{\beta})^2 \leqslant (\boldsymbol{\alpha},\boldsymbol{\alpha})(\boldsymbol{\beta},\boldsymbol{\beta}) = \|\boldsymbol{\alpha}\|^2\,\|\boldsymbol{\beta}\|^2$$

故
$$|(\boldsymbol{\alpha},\boldsymbol{\beta})| \leqslant \|\boldsymbol{\alpha}\|\,\|\boldsymbol{\beta}\|$$

请读者思考不等式中等号成立的条件.

下面证明性质(3). 由 Cauchy-Schwarz 不等式得

$$\begin{aligned}\|\boldsymbol{\alpha}+\boldsymbol{\beta}\|^2 &= (\boldsymbol{\alpha}+\boldsymbol{\beta},\boldsymbol{\alpha}+\boldsymbol{\beta}) = (\boldsymbol{\alpha},\boldsymbol{\alpha}) + 2(\boldsymbol{\alpha},\boldsymbol{\beta}) + (\boldsymbol{\beta},\boldsymbol{\beta}) \\ &\leqslant \|\boldsymbol{\alpha}\|^2 + 2\|\boldsymbol{\alpha}\|\,\|\boldsymbol{\beta}\| + \|\boldsymbol{\beta}\|^2 = (\|\boldsymbol{\alpha}\| + \|\boldsymbol{\beta}\|)^2\end{aligned}$$

两边开方得

$$\|\boldsymbol{\alpha}+\boldsymbol{\beta}\| \leqslant \|\boldsymbol{\alpha}\| + \|\boldsymbol{\beta}\|$$

把 Cauchy-Schwarz 不等式应用于 $\mathbf{R}^n$ 的标准内积，有

$$(a_1b_1+a_2b_2+\cdots+a_nb_n)^2 \leqslant (a_1^2+a_2^2+\cdots+a_n^2)(b_1^2+b_2^2+\cdots+b_n^2) \text{(Cauchy 不等式)}$$

等号成立当且仅当$(a_1,a_2,\cdots,a_n)$与$(b_1,b_2,\cdots,b_n)$线性相关.

应用于内积空间 $C[a,b]$,可以得到不等式

$$\left|\int_a^b f(x)g(x)\mathrm{d}x\right| \leqslant \left(\int_a^b f^2(x)\mathrm{d}x\right)^{1/2}\left(\int_a^b g^2(x)\mathrm{d}x\right)^{1/2}$$

证明了 Cauchy-Schwarz 不等式,就可以用内积定义两个向量的夹角.

定义 6.3 对于实内积空间 V 中的两个非零向量 $\boldsymbol{\alpha},\boldsymbol{\beta}$,定义其夹角

$$<\boldsymbol{\alpha},\boldsymbol{\beta}> = \arccos\frac{(\boldsymbol{\alpha},\boldsymbol{\beta})}{\|\boldsymbol{\alpha}\|\|\boldsymbol{\beta}\|}$$

定义 6.4 实内积空间 V 中两个向量 $\boldsymbol{\alpha},\boldsymbol{\beta}$,如果$(\boldsymbol{\alpha},\boldsymbol{\beta})=0$,则称 $\boldsymbol{\alpha}$ 与 $\boldsymbol{\beta}$ 正交,记作 $\boldsymbol{\alpha}\perp\boldsymbol{\beta}$.

显然,零向量与任何向量正交.

例 6.2 对 $C[-1,1]$给定的标准内积,证明:函数

$$P_1(x)=x, P_2(x)=\frac{1}{2}(3x^2-1)$$

是正交的. 并求它们的长度.

证

$$(P_1,P_2) = \int_{-1}^1 P_1(x)P_2(x)\mathrm{d}x = \frac{1}{2}\int_{-1}^1 (3x^3-x)\mathrm{d}x = 0$$

因此,P_1 和 P_2 是正交的.

P_1 的长度为

$$\|P_1\| = \sqrt{\int_{-1}^1 P_1^2(x)\mathrm{d}x} = \sqrt{\int_{-1}^1 x^2\mathrm{d}x} = \sqrt{\frac{2}{3}}$$

P_2 的长度为

$$\|P_2\| = \sqrt{\int_{-1}^1 P_2^2(x)\mathrm{d}x} = \sqrt{\frac{2}{5}}$$

6.2 标准正交基

称两两正交的非零向量构成的向量组为正交(向量)组.

例 6.3 试证:正交向量组 $\boldsymbol{\alpha}_1,\boldsymbol{\alpha}_2,\cdots,\boldsymbol{\alpha}_m$ 一定线性无关.

证 设有 $k_1,k_2,\cdots,k_m$ 使

$$k_1\boldsymbol{\alpha}_1+k_2\boldsymbol{\alpha}_2+\cdots+k_m\boldsymbol{\alpha}_m=\mathbf{0}$$

用 $\boldsymbol{\alpha}_i(i=1,2,\cdots,m)$ 对上式两边作内积,得

$$k_1(\boldsymbol{\alpha}_i,\boldsymbol{\alpha}_1)+\cdots+k_{i-1}(\boldsymbol{\alpha}_i,\boldsymbol{\alpha}_{i-1})+k_i(\boldsymbol{\alpha}_i,\boldsymbol{\alpha}_i)+\cdots+k_m(\boldsymbol{\alpha}_i,\boldsymbol{\alpha}_m)=0$$

因 $\boldsymbol{\alpha}_1,\boldsymbol{\alpha}_2,\cdots,\boldsymbol{\alpha}_m$ 两两正交,所以 $(\boldsymbol{\alpha}_i,\boldsymbol{\alpha}_j)=0,j=1,2,\cdots,i-1,i+1,\cdots,m$.

故
$$k_i(\boldsymbol{\alpha}_i,\boldsymbol{\alpha}_i)=0\quad(i=1,2,\cdots,m)$$

因 $\boldsymbol{\alpha}_i\neq\mathbf{0}$,所以 $(\boldsymbol{\alpha}_i,\boldsymbol{\alpha}_i)=\|\boldsymbol{\alpha}\|^2\neq0$,故 $k_i=0(i=1,2,\cdots,m)$. 于是向量组 $\boldsymbol{\alpha}_1,\boldsymbol{\alpha}_2,\cdots,\boldsymbol{\alpha}_m$ 线性无关.

由单位向量构成的正交向量组称为标准正交向量组.

常采用标准正交向量组作为向量空间的基.

定义 6.5 设 $\boldsymbol{\alpha}_1,\boldsymbol{\alpha}_2,\cdots,\boldsymbol{\alpha}_m$ 是内积空间 V 的一个基. 如果 $\boldsymbol{\alpha}_1,\boldsymbol{\alpha}_2,\cdots,\boldsymbol{\alpha}_m$ 两两正交,则称 $\boldsymbol{\alpha}_1,\boldsymbol{\alpha}_2,\cdots,\boldsymbol{\alpha}_m$ 是 V 的一个正交基. 如果每个向量 $\boldsymbol{\alpha}_i$ 都是单位向量,则称 $\boldsymbol{\alpha}_1,\boldsymbol{\alpha}_2,\cdots,\boldsymbol{\alpha}_m$ 是 V 的一个标准正交基(也叫做规范正交基).

显然,若 $\boldsymbol{\alpha}_1,\boldsymbol{\alpha}_2,\cdots,\boldsymbol{\alpha}_n\in\mathbf{R}^n$,则 $\boldsymbol{\alpha}_1,\boldsymbol{\alpha}_2,\cdots,\boldsymbol{\alpha}_n$ 是 $\mathbf{R}^n$ 的标准正交基的充要条件是

$$(\boldsymbol{\alpha}_i,\boldsymbol{\alpha}_j)=\begin{cases}1 & i=j\\0 & i\neq j\end{cases}\qquad(i,j=1,2,\cdots,n)$$

例 6.4 设 $\boldsymbol{\alpha}_1,\boldsymbol{\alpha}_2,\cdots,\boldsymbol{\alpha}_m$ 是向量空间 V 的一个标准正交基,$\boldsymbol{\alpha}\in V,\boldsymbol{\alpha}=k_1\boldsymbol{\alpha}_1+k_2\boldsymbol{\alpha}_2+\cdots+k_m\boldsymbol{\alpha}_m$. 试证:$k_i=(\boldsymbol{\alpha}_i,\boldsymbol{\alpha}),i=1,2,\cdots,m$.

证 用 $\boldsymbol{\alpha}_i$ 与 $\boldsymbol{\alpha}$ 作内积,因 $(\boldsymbol{\alpha}_i,\boldsymbol{\alpha}_j)=\begin{cases}0 & i\neq j\\1 & i=j\end{cases}$,有

$$\begin{aligned}(\boldsymbol{\alpha}_i,\boldsymbol{\alpha})&=(\boldsymbol{\alpha}_i,k_1\boldsymbol{\alpha}_1+k_2\boldsymbol{\alpha}_2+\cdots+k_m\boldsymbol{\alpha}_m)\\&=(\boldsymbol{\alpha}_i,k_i\boldsymbol{\alpha}_i)=k_i(\boldsymbol{\alpha}_i,\boldsymbol{\alpha}_i)=k_i\quad(i=1,2,\cdots,m)\end{aligned}$$

由例 6.4 可以看出,求一个向量被标准正交基线性表示的表示系数是容易的,这是标准正交基的优点之一.

在几何空间中,直角坐标系中的 $\boldsymbol{i},\boldsymbol{j},\boldsymbol{k}$ 就构成 $\mathbf{R}^3$ 的一个标准正交基.

我们经常遇到已知内积空间 V 的基 $\boldsymbol{\alpha}_1,\boldsymbol{\alpha}_2,\cdots,\boldsymbol{\alpha}_m$,求内积空间 V 的一个标准正交基的问题. 这个问题等同于下面的问题.

设 $\boldsymbol{\alpha}_1,\boldsymbol{\alpha}_2,\cdots,\boldsymbol{\alpha}_m$ 是 n 维向量构成的线性无关向量组.

(1) 求与 $\boldsymbol{\alpha}_1,\boldsymbol{\alpha}_2,\cdots,\boldsymbol{\alpha}_m$ 等价的正交向量组 $\boldsymbol{\beta}_1,\boldsymbol{\beta}_2,\cdots,\boldsymbol{\beta}_m$.

(2) 求与 $\boldsymbol{\beta}_1,\boldsymbol{\beta}_2,\cdots,\boldsymbol{\beta}_m$ 等价的标准正交向量组 $\boldsymbol{\gamma}_1,\boldsymbol{\gamma}_2,\cdots,\boldsymbol{\gamma}_m$.

称(1)为正交化过程,称(2)为标准化过程.

为将向量组 $\boldsymbol{\beta}_1,\boldsymbol{\beta}_2,\cdots,\boldsymbol{\beta}_m$ 标准化,只需令

$$\boldsymbol{\gamma}_1=\frac{\boldsymbol{\beta}_1}{\|\boldsymbol{\beta}_1\|},\boldsymbol{\gamma}_2=\frac{\boldsymbol{\beta}_2}{\|\boldsymbol{\beta}_2\|},\cdots,\boldsymbol{\gamma}_m=\frac{\boldsymbol{\beta}_m}{\|\boldsymbol{\beta}_m\|}$$

即可.

可以按如下的施密特正交化方法将向量组 $\boldsymbol{\alpha}_1,\boldsymbol{\alpha}_2,\cdots,\boldsymbol{\alpha}_m$ 正交化.

令 $\boldsymbol{\beta}_1=\boldsymbol{\alpha}_1$

$$\boldsymbol{\beta}_2=\boldsymbol{\alpha}_2-\frac{(\boldsymbol{\alpha}_2,\boldsymbol{\beta}_1)}{(\boldsymbol{\beta}_1,\boldsymbol{\beta}_1)}\boldsymbol{\beta}_1$$

$$\boldsymbol{\beta}_3=\boldsymbol{\alpha}_3-\frac{(\boldsymbol{\alpha}_3,\boldsymbol{\beta}_1)}{(\boldsymbol{\beta}_1,\boldsymbol{\beta}_1)}\boldsymbol{\beta}_1-\frac{(\boldsymbol{\alpha}_3,\boldsymbol{\beta}_2)}{(\boldsymbol{\beta}_2,\boldsymbol{\beta}_2)}\boldsymbol{\beta}_2$$

$$\vdots$$

$$\boldsymbol{\beta}_m=\boldsymbol{\alpha}_m-\frac{(\boldsymbol{\alpha}_m,\boldsymbol{\beta}_1)}{(\boldsymbol{\beta}_1,\boldsymbol{\beta}_1)}\boldsymbol{\beta}_1-\frac{(\boldsymbol{\alpha}_m,\boldsymbol{\beta}_2)}{(\boldsymbol{\beta}_2,\boldsymbol{\beta}_2)}\boldsymbol{\beta}_2-\cdots-\frac{(\boldsymbol{\alpha}_m,\boldsymbol{\beta}_{m-1})}{(\boldsymbol{\beta}_{m-1},\boldsymbol{\beta}_{m-1})}\boldsymbol{\beta}_{m-1}$$

则 $\boldsymbol{\beta}_1,\boldsymbol{\beta}_2,\cdots,\boldsymbol{\beta}_m$ 是与 $\boldsymbol{\alpha}_1,\boldsymbol{\alpha}_2,\cdots,\boldsymbol{\alpha}_m$ 等价的正交向量组.

例 6.5 试把 $(1,0,1,0)^{\mathrm{T}},(0,1,0,2)^{\mathrm{T}}$ 扩充成为 $\mathbf{R}^4$ 的一组标准正交基.

解 先扩充为 $\mathbf{R}^4$ 的一组基. 令

$$\boldsymbol{\alpha}_1=(1,0,0,0)^{\mathrm{T}},\boldsymbol{\alpha}_2=(0,1,0,0)^{\mathrm{T}},\boldsymbol{\alpha}_3=(1,0,1,0)^{\mathrm{T}},\boldsymbol{\alpha}_4=(0,1,0,2)^{\mathrm{T}}$$

显然, $\boldsymbol{\alpha}_1,\boldsymbol{\alpha}_2,\boldsymbol{\alpha}_3,\boldsymbol{\alpha}_4$ 是 $\mathbf{R}^4$ 的一组基.

正交化:

$$\boldsymbol{\beta}_1=\boldsymbol{\alpha}_1=(1,0,0,0)^{\mathrm{T}}$$

$$\boldsymbol{\beta}_2=\boldsymbol{\alpha}_2-\frac{(\boldsymbol{\alpha}_2,\boldsymbol{\beta}_1)}{(\boldsymbol{\beta}_1,\boldsymbol{\beta}_1)}\boldsymbol{\beta}_1=\boldsymbol{\alpha}_2=(0,1,0,0)^{\mathrm{T}}$$

$$\boldsymbol{\beta}_3=\boldsymbol{\alpha}_3-\frac{(\boldsymbol{\alpha}_3,\boldsymbol{\beta}_1)}{(\boldsymbol{\beta}_1,\boldsymbol{\beta}_1)}\boldsymbol{\beta}_1-\frac{(\boldsymbol{\alpha}_3,\boldsymbol{\beta}_2)}{(\boldsymbol{\beta}_2,\boldsymbol{\beta}_2)}\boldsymbol{\beta}_2$$

$$=\begin{pmatrix}1\\0\\1\\0\end{pmatrix}-\frac{1}{1}\begin{pmatrix}1\\0\\0\\0\end{pmatrix}-\frac{0}{1}\begin{pmatrix}0\\1\\0\\0\end{pmatrix}=\begin{pmatrix}0\\0\\1\\0\end{pmatrix}$$

$$\boldsymbol{\beta}_4=\boldsymbol{\alpha}_4-\frac{(\boldsymbol{\alpha}_4,\boldsymbol{\beta}_1)}{(\boldsymbol{\beta}_1,\boldsymbol{\beta}_1)}\boldsymbol{\beta}_1-\frac{(\boldsymbol{\alpha}_4,\boldsymbol{\beta}_2)}{(\boldsymbol{\beta}_2,\boldsymbol{\beta}_2)}\boldsymbol{\beta}_2-\frac{(\boldsymbol{\alpha}_4,\boldsymbol{\beta}_3)}{(\boldsymbol{\beta}_3,\boldsymbol{\beta}_3)}\boldsymbol{\beta}_3$$

$$=\begin{pmatrix}0\\1\\0\\2\end{pmatrix}-\frac{0}{1}\begin{pmatrix}1\\0\\0\\0\end{pmatrix}-\frac{1}{1}\begin{pmatrix}0\\1\\0\\0\end{pmatrix}-\frac{0}{1}\begin{pmatrix}0\\0\\1\\0\end{pmatrix}=\begin{pmatrix}0\\0\\0\\2\end{pmatrix}$$

则 $\boldsymbol{\beta}_1,\boldsymbol{\beta}_2,\boldsymbol{\beta}_3,\boldsymbol{\beta}_4$ 是正交基.

单位化:

$$\boldsymbol{\gamma}_1=\frac{\boldsymbol{\beta}_1}{|\boldsymbol{\beta}_1|}=(1,0,0,0)^{\mathrm{T}}$$

$$\boldsymbol{\gamma}_2=\frac{\boldsymbol{\beta}_2}{|\boldsymbol{\beta}_2|}=(0,1,0,0)^{\mathrm{T}}$$

$$\boldsymbol{\gamma}_3=\frac{\boldsymbol{\beta}_3}{|\boldsymbol{\beta}_3|}=(0,0,1,0)^{\mathrm{T}}$$

$$\boldsymbol{\gamma}_4=\frac{\boldsymbol{\beta}_4}{|\boldsymbol{\beta}_4|}=(0,0,0,1)^{\mathrm{T}}$$

所以，$\boldsymbol{\gamma}_1,\boldsymbol{\gamma}_2,\boldsymbol{\gamma}_3,\boldsymbol{\gamma}_4$ 是 $\mathbf{R}^4$ 的一组标准正交基.

例 6.6 设 $P[x]_4$ 关于内积

$$(f(x),g(x))=\int_{-1}^{1}f(x)g(x)\mathrm{d}x$$

构成欧几里得空间. 求 $P[x]_4$ 的一组标准正交基.

解 取 $P[x]_4$ 的一组基：

$$\boldsymbol{\alpha}_1=1,\boldsymbol{\alpha}_2=x,\boldsymbol{\alpha}_3=x^2,\boldsymbol{\alpha}_4=x^3$$

正交化：

$$\boldsymbol{\beta}_1=\boldsymbol{\alpha}_1=1$$

$$\begin{aligned}\boldsymbol{\beta}_2&=\boldsymbol{\alpha}_2-\frac{(\boldsymbol{\alpha}_2,\boldsymbol{\beta}_1)}{(\boldsymbol{\beta}_1,\boldsymbol{\beta}_1)}\boldsymbol{\beta}_1\\&=x-\frac{\int_{-1}^{1}x\mathrm{d}x}{\int_{-1}^{1}1\mathrm{d}x}\times 1=x\end{aligned}$$

$$\begin{aligned}\boldsymbol{\beta}_3&=\boldsymbol{\alpha}_3-\frac{(\boldsymbol{\alpha}_3,\boldsymbol{\beta}_1)}{(\boldsymbol{\beta}_1,\boldsymbol{\beta}_1)}\boldsymbol{\beta}_1-\frac{(\boldsymbol{\alpha}_3,\boldsymbol{\beta}_2)}{(\boldsymbol{\beta}_2,\boldsymbol{\beta}_2)}\boldsymbol{\beta}_2\\&=x^2-\frac{\int_{-1}^{1}x^2\mathrm{d}x}{\int_{-1}^{1}1\mathrm{d}x}\times 1-\frac{\int_{-1}^{1}x^3\mathrm{d}x}{\int_{-1}^{1}x^2\mathrm{d}x}x=x^2-\frac{1}{3}\end{aligned}$$

$$\begin{aligned}\boldsymbol{\beta}_4&=\boldsymbol{\alpha}_4-\frac{(\boldsymbol{\alpha}_4,\boldsymbol{\beta}_1)}{(\boldsymbol{\beta}_1,\boldsymbol{\beta}_1)}\boldsymbol{\beta}_1-\frac{(\boldsymbol{\alpha}_4,\boldsymbol{\beta}_2)}{(\boldsymbol{\beta}_2,\boldsymbol{\beta}_2)}\boldsymbol{\beta}_2-\frac{(\boldsymbol{\alpha}_4,\boldsymbol{\beta}_3)}{(\boldsymbol{\beta}_3,\boldsymbol{\beta}_3)}\boldsymbol{\beta}_3\\&=x^3-\frac{\int_{-1}^{1}x^3\mathrm{d}x}{\int_{-1}^{1}1\mathrm{d}x}\times 1-\frac{\int_{-1}^{1}x^4\mathrm{d}x}{\int_{-1}^{1}x^2\mathrm{d}x}x-\frac{\int_{-1}^{1}x^3\left(x^2-\frac{1}{3}\right)\mathrm{d}x}{\int_{-1}^{1}\left(x^2-\frac{1}{3}\right)^2\mathrm{d}x}\left(x^2-\frac{1}{3}\right)\\&=x^3-\frac{3}{5}x\end{aligned}$$

单位化：

$$\boldsymbol{\gamma}_1=\frac{\boldsymbol{\beta}_1}{\|\boldsymbol{\beta}_1\|}=\frac{1}{\sqrt{\int_{-1}^{1}1\,\mathrm{d}x}}=\frac{\sqrt{2}}{2}$$

$$\boldsymbol{\gamma}_2=\frac{\boldsymbol{\beta}_2}{\|\boldsymbol{\beta}_2\|}=\frac{1}{\sqrt{\int_{-1}^{1}x^2\,\mathrm{d}x}}=\frac{\sqrt{6}}{2}x$$

$$\boldsymbol{\gamma}_3=\frac{\boldsymbol{\beta}_3}{\|\boldsymbol{\beta}_3\|}=\frac{x^2-\frac{1}{3}}{\sqrt{\int_{-1}^{1}\left(x^2-\frac{1}{3}\right)^2\mathrm{d}x}}=\frac{\sqrt{10}}{4}(3x^2-1)$$

$$\boldsymbol{\gamma}_4=\frac{\boldsymbol{\beta}_4}{\|\boldsymbol{\beta}_4\|}=\frac{x^3-\frac{3}{5}}{\sqrt{\int_{-1}^{1}\left(x^3-\frac{3}{5}x\right)^2\mathrm{d}x}}=\frac{\sqrt{14}}{4}(5x^3-3x)$$

于是$\frac{\sqrt{2}}{2},\frac{\sqrt{6}}{2}x,\frac{\sqrt{10}}{4}(3x^2-1),\frac{\sqrt{14}}{4}(5x^3-3x)$是$P[x]_4$的一组标准正交基.

为了刻画$\mathbf{R}^n$的标准正交基，我们需要正交矩阵的概念.

前面已知，如果矩阵$\boldsymbol{A}$满足$\boldsymbol{A}^{\mathrm{T}}\boldsymbol{A}=\boldsymbol{A}\boldsymbol{A}^{\mathrm{T}}=\boldsymbol{E}$，那么$\boldsymbol{A}$叫做**正交矩阵**. 譬如，

$$\begin{pmatrix}1&0\\0&-1\end{pmatrix},\begin{pmatrix}0&-1\\-1&0\end{pmatrix},\begin{pmatrix}\cos\theta&\sin\theta\\\sin\theta&-\cos\theta\end{pmatrix}$$

都是正交矩阵.

根据定义，容易得到正交矩阵$\boldsymbol{A}$有如下性质：

(1) $|\boldsymbol{A}|=\pm1$

(2) $\boldsymbol{A}$是可逆矩阵，且$\boldsymbol{A}^{-1}=\boldsymbol{A}^{\mathrm{T}}$

(3) 对任意n维列向量$\boldsymbol{X}$，$\boldsymbol{AX}$保持$\boldsymbol{X}$的长度，即

$$|\boldsymbol{AX}|=|\boldsymbol{X}|$$

(4) 对任意n维列向量$\boldsymbol{X}$和$\boldsymbol{Y}$，$\boldsymbol{AX}$和$\boldsymbol{AY}$的内积保持$\boldsymbol{X}$和$\boldsymbol{Y}$的内积，即

$$(\boldsymbol{AX},\boldsymbol{AY})=(\boldsymbol{X},\boldsymbol{Y})$$

正交矩阵和标准正交基的关系由下列定理给出：

定理 6.2 设n阶实矩阵$\boldsymbol{A}=(\boldsymbol{\alpha}_1,\boldsymbol{\alpha}_2,\cdots,\boldsymbol{\alpha}_n)$，则$\boldsymbol{A}$是正交矩阵的充要条件是$\boldsymbol{\alpha}_1,\boldsymbol{\alpha}_2,\cdots,\boldsymbol{\alpha}_n$构成$\mathbf{R}^n$的一组标准正交基.

证　设 $\boldsymbol{A}$ 是正交矩阵,则有

$$\boldsymbol{A}^{\mathrm{T}}\boldsymbol{A}=\begin{pmatrix}\boldsymbol{\alpha}_1^{\mathrm{T}}\\ \boldsymbol{\alpha}_2^{\mathrm{T}}\\ \vdots\\ \boldsymbol{\alpha}_n^{\mathrm{T}}\end{pmatrix}(\boldsymbol{\alpha}_1,\boldsymbol{\alpha}_2,\cdots,\boldsymbol{\alpha}_n)=\begin{pmatrix}(\boldsymbol{\alpha}_1,\boldsymbol{\alpha}_1) & (\boldsymbol{\alpha}_1,\boldsymbol{\alpha}_2) & \cdots & (\boldsymbol{\alpha}_1,\boldsymbol{\alpha}_n)\\ (\boldsymbol{\alpha}_2,\boldsymbol{\alpha}_1) & (\boldsymbol{\alpha}_2,\boldsymbol{\alpha}_2) & \cdots & (\boldsymbol{\alpha}_2,\boldsymbol{\alpha}_n)\\ \vdots & \vdots & & \vdots\\ (\boldsymbol{\alpha}_n,\boldsymbol{\alpha}_1) & (\boldsymbol{\alpha}_n,\boldsymbol{\alpha}_2) & \cdots & (\boldsymbol{\alpha}_n,\boldsymbol{\alpha}_n)\end{pmatrix}=\boldsymbol{E}$$

即有

$$(\boldsymbol{\alpha}_i,\boldsymbol{\alpha}_j)=\begin{cases}1 & i=j\\ 0 & i\neq j\end{cases}$$

所以 $\boldsymbol{\alpha}_1,\boldsymbol{\alpha}_2,\cdots,\boldsymbol{\alpha}_n$ 是 $\mathbf{R}^n$ 的一组标准正交基.

充分性的证明,由上面的过程逆推即可得到.

例 6.7　若 $\boldsymbol{\alpha}$ 是一个单位向量,证明:

$$\boldsymbol{Q}=\boldsymbol{E}-2\boldsymbol{\alpha}\boldsymbol{\alpha}^{\mathrm{T}}$$

是一个正交矩阵(称为豪斯霍尔德 Householder 变换阵). 当 $\boldsymbol{\alpha}=\left(\frac{1}{\sqrt{3}},\frac{1}{\sqrt{3}},\frac{1}{\sqrt{3}}\right)^{\mathrm{T}}$ 时,求出 $\boldsymbol{Q}$.

证　$\boldsymbol{\alpha}$ 是单位向量,所以 $\boldsymbol{\alpha}^{\mathrm{T}}\boldsymbol{\alpha}=1$. 于是

$$\begin{aligned}\boldsymbol{Q}\boldsymbol{Q}^{\mathrm{T}}&=(\boldsymbol{E}-2\boldsymbol{\alpha}\boldsymbol{\alpha}^{\mathrm{T}})(\boldsymbol{E}-2\boldsymbol{\alpha}\boldsymbol{\alpha}^{\mathrm{T}})^{\mathrm{T}}\\&=(\boldsymbol{E}-2\boldsymbol{\alpha}\boldsymbol{\alpha}^{\mathrm{T}})(\boldsymbol{E}-2\boldsymbol{\alpha}\boldsymbol{\alpha}^{\mathrm{T}})\\&=\boldsymbol{E}-4\boldsymbol{\alpha}\boldsymbol{\alpha}^{\mathrm{T}}+4\boldsymbol{\alpha}\boldsymbol{\alpha}^{\mathrm{T}}\boldsymbol{\alpha}\boldsymbol{\alpha}^{\mathrm{T}}\\&=\boldsymbol{E}-4\boldsymbol{\alpha}\boldsymbol{\alpha}^{\mathrm{T}}+4\boldsymbol{\alpha}\boldsymbol{\alpha}^{\mathrm{T}}\\&=\boldsymbol{E}\end{aligned}$$

所以 $\boldsymbol{Q}$ 是正交矩阵.

$$\boldsymbol{Q}=\boldsymbol{E}-2\begin{pmatrix}\frac{1}{\sqrt{3}}\\ \frac{1}{\sqrt{3}}\\ \frac{1}{\sqrt{3}}\end{pmatrix}\left(\frac{1}{\sqrt{3}},\frac{1}{\sqrt{3}},\frac{1}{\sqrt{3}}\right)=\begin{pmatrix}\frac{1}{3} & -\frac{2}{3} & -\frac{2}{3}\\ -\frac{2}{3} & \frac{1}{3} & -\frac{2}{3}\\ -\frac{2}{3} & -\frac{2}{3} & \frac{1}{3}\end{pmatrix}$$

例 6.8　证明:正交矩阵 $\boldsymbol{A}$ 的伴随矩阵 $\boldsymbol{A}^*$ 也是正交矩阵.

证　由 $\boldsymbol{A}\boldsymbol{A}^*=|\boldsymbol{A}|\boldsymbol{E}$ 及 $\boldsymbol{A}^{\mathrm{T}}=\boldsymbol{A}^{-1}$ 得

$$(\boldsymbol{A}^*)^{\mathrm{T}}\boldsymbol{A}^*=(\boldsymbol{A}^*)^{\mathrm{T}}|\boldsymbol{A}|\boldsymbol{A}^{-1}=|\boldsymbol{A}|(\boldsymbol{A}^*)^{\mathrm{T}}\boldsymbol{A}^{\mathrm{T}}=|\boldsymbol{A}|(\boldsymbol{A}\boldsymbol{A}^*)^{\mathrm{T}}=|\boldsymbol{A}||\boldsymbol{A}|\boldsymbol{E}$$

由于 $\boldsymbol{A}$ 是正交矩阵, $|\boldsymbol{A}| = \pm 1$, 有 $|\boldsymbol{A}|^2 = 1$. 所以

$$(\boldsymbol{A}^*)^{\mathrm{T}}\boldsymbol{A}^* = \boldsymbol{E}$$

故 $\boldsymbol{A}^*$ 是正交矩阵.

习 题 6

1. 在 $\mathbf{R}^2$ 中设 $\boldsymbol{\alpha} = (\alpha_1, \alpha_2)^{\mathrm{T}}, \boldsymbol{\beta} = (b_1, b_2)^{\mathrm{T}}$, 令

$$(\boldsymbol{\alpha}, \boldsymbol{\beta}) = 2a_1b_1 - 2a_2b_1 - 2a_1b_2 + 3a_2b_2$$

试验证这是 $\mathbf{R}^2$ 的一个内积.

2. 设 V 是实 n 维线性空间, $\boldsymbol{\varepsilon}_1, \boldsymbol{\varepsilon}_2, \cdots, \boldsymbol{\varepsilon}_n$ 是 V 的一组基. 对 $\boldsymbol{\alpha} = x_1\boldsymbol{\varepsilon}_1 + x_2\boldsymbol{\varepsilon}_2 + \cdots + x_n\boldsymbol{\varepsilon}_n, \boldsymbol{\beta} = y_1\boldsymbol{\varepsilon}_1 + y_2\boldsymbol{\varepsilon}_2 + \cdots + y_n\boldsymbol{\varepsilon}_n$, 规定

$$(\boldsymbol{\alpha}, \boldsymbol{\beta}) = x_1y_1 + 2x_2y_2 + \cdots + nx_ny_n$$

证明: V 构成欧几里得空间.

3. 设 $\boldsymbol{\alpha} = (a_1, a_2)^{\mathrm{T}}, \boldsymbol{\beta} = (b_1, b_2)^{\mathrm{T}}$ 是 $\mathbf{R}^2$ 中任意两个向量. 证明: $\mathbf{R}^2$ 对

$$(\boldsymbol{\alpha}, \boldsymbol{\beta}) = ma_1b_1 + na_2b_2$$

构成欧几里得空间的充分条件是 $m > 0, n > 0$.

4. 对于 $\mathbf{R}^2$ 中任意向量 $\boldsymbol{\alpha} = (a_1, a_2)^{\mathrm{T}}, \boldsymbol{\beta} = (b_1, b_2)^{\mathrm{T}}$, 定义内积为

$$(\boldsymbol{\alpha}, \boldsymbol{\beta}) = \boldsymbol{\alpha}^{\mathrm{T}}\begin{pmatrix} 2 & 1 \\ 1 & 1 \end{pmatrix}\boldsymbol{\beta}$$

计算向量 $\boldsymbol{\alpha} = (1,1)^{\mathrm{T}}, \boldsymbol{\beta} = \left(\frac{1}{\sqrt{5}}, \frac{2}{\sqrt{5}}\right)^{\mathrm{T}}$ 的长度和它们的夹角.

5. 对于 $\mathbf{R}^2$ 中任意向量 $\boldsymbol{\alpha} = (a_1, a_2)^{\mathrm{T}}, \boldsymbol{\beta} = (b_1, b_2)^{\mathrm{T}}$, 定义内积为

$$(\boldsymbol{\alpha}, \boldsymbol{\beta}) = \boldsymbol{\alpha}^{\mathrm{T}}\begin{pmatrix} 1 & -1 \\ -1 & 4 \end{pmatrix}\boldsymbol{\beta}$$

试写出这个欧几里得空间的 Cauchy-Schwarz 不等式.

6. 设 $\boldsymbol{\alpha}, \boldsymbol{\beta}$ 是欧几里得空间 V 的任意向量. 证明: $\boldsymbol{\alpha} = k\boldsymbol{\beta}$ $(k < 0)$, 当且仅当 $\boldsymbol{\alpha}, \boldsymbol{\beta}$ 的夹角为 π.

7. 设 $\mathbf{R}^3$ 是关于通常内积构成的欧几里得空间. 已知 $\boldsymbol{\alpha}_1 = (3,0,4)^{\mathrm{T}}, \boldsymbol{\alpha}_2 = (-1,0,7)^{\mathrm{T}}, \boldsymbol{\alpha}_3 = (2,9,11)^{\mathrm{T}}$ 为 $\mathbf{R}^3$ 的一组基. 用施密特正交化方法求 $\mathbf{R}^3$ 的一组标准正交基.

8. 设 $\boldsymbol{\alpha}_1 = (1,0,2,0)^{\mathrm{T}}, \boldsymbol{\alpha}_2 = (0,2,0,3)^{\mathrm{T}}, \boldsymbol{\alpha}_3 = (0,1,1,0)^{\mathrm{T}}$, 把 $L(\boldsymbol{\alpha}_1, \boldsymbol{\alpha}_2, \boldsymbol{\alpha}_3)$ 的基扩充成 $\mathbf{R}^4$ 的基, 并将它标准正交化得到 $\mathbf{R}^4$ 的一组标准正交基.

9. 在 n 维欧几里得空间 $\mathbf{R}^n$ 中, $\boldsymbol{\alpha}_1, \boldsymbol{\alpha}_2, \cdots, \boldsymbol{\alpha}_{n-1}$ 是一组线性无关的向量组. 若 $\boldsymbol{\beta}_1, \boldsymbol{\beta}_2$ 和 $\boldsymbol{\alpha}_i$ $(i = 1,2,\cdots,n-1)$ 都正交, 证明: $\boldsymbol{\beta}_1$ 与 $\boldsymbol{\beta}_2$ 线性相关.

10. 在欧几里得空间 V 中, 证明: 非零向量 $\boldsymbol{\alpha}, \boldsymbol{\beta}$ 正交的充分必要条件是 $|\boldsymbol{\alpha} + \boldsymbol{\beta}| = |\boldsymbol{\alpha} - \boldsymbol{\beta}|$.

11. 在欧几里得空间 $\mathbf{R}^3$ 中, 设 $\boldsymbol{\alpha}_i = (a_{i1}, a_{i2}, a_{i3})^{\mathrm{T}}, i = 1,2,3$, 两两正交, 且 $\boldsymbol{\alpha}_i$ 的长度 $|\boldsymbol{\alpha}_i| = i, i = 1,2,3$. 令 $\boldsymbol{A} = (a_{ij})$, 求 $\boldsymbol{A}$ 的行列式的值 $|\boldsymbol{A}|$.

12. 设 $\boldsymbol{\alpha}_1,\boldsymbol{\alpha}_2,\cdots,\boldsymbol{\alpha}_n$ 是欧几里得空间的 n 个向量,行列式

$$G(\boldsymbol{\alpha}_1,\boldsymbol{\alpha}_2,\cdots,\boldsymbol{\alpha}_n)=\begin{vmatrix}(\boldsymbol{\alpha}_1,\boldsymbol{\alpha}_1) & (\boldsymbol{\alpha}_1,\boldsymbol{\alpha}_2) & \cdots & (\boldsymbol{\alpha}_1,\boldsymbol{\alpha}_n)\\(\boldsymbol{\alpha}_2,\boldsymbol{\alpha}_1) & (\boldsymbol{\alpha}_2,\boldsymbol{\alpha}_2) & \cdots & (\boldsymbol{\alpha}_2,\boldsymbol{\alpha}_n)\\\vdots & \vdots & & \vdots\\(\boldsymbol{\alpha}_n,\boldsymbol{\alpha}_1) & (\boldsymbol{\alpha}_n,\boldsymbol{\alpha}_2) & \cdots & (\boldsymbol{\alpha}_n,\boldsymbol{\alpha}_n)\end{vmatrix}$$

称为 $\boldsymbol{\alpha}_1,\boldsymbol{\alpha}_2,\cdots,\boldsymbol{\alpha}_n$ 的格拉姆行列式. 证明 $G(\boldsymbol{\alpha}_1,\boldsymbol{\alpha}_2,\cdots,\boldsymbol{\alpha}_n)=0$ 的充要条件是 $\boldsymbol{\alpha}_1,\boldsymbol{\alpha}_2,\cdots,\boldsymbol{\alpha}_n$ 线性相关.

第 7 章　相似矩阵及其对角化

7.1　矩阵的特征值与特征向量

特征值与特征向量的概念刻画了方阵的一些本质特征，这些概念不仅在理论上占有重要地位，在几何学、力学、控制论等方面也有着重要的应用.

定义 7.1　设 $\boldsymbol{A}$ 是 n 阶方阵，如果有数 λ 和 n 维列向量 $\boldsymbol{X}=\begin{pmatrix}x_1\\x_2\\\vdots\\x_n\end{pmatrix}\neq\boldsymbol{0}$，使

$$\boldsymbol{AX}=\lambda\boldsymbol{X} \tag{7.1}$$

成立，那么，称 λ 为方阵 $\boldsymbol{A}$ 的一个特征值，非零向量 $\boldsymbol{X}$ 称为 $\boldsymbol{A}$ 的属于特征值 λ 的特征向量.

例如，对任意 n 维非零列向量 $\boldsymbol{X}$，$\boldsymbol{E}_n\boldsymbol{X}=1\boldsymbol{X}$，所以 1 是 $\boldsymbol{E}_n$ 的特征值，任意 n 维非零列向量 $\boldsymbol{X}$ 都是 $\boldsymbol{E}_n$ 的属于特征值 1 的特征向量.

式(7.1)可以写作

$$(\lambda\boldsymbol{E}_n-\boldsymbol{A})\boldsymbol{X}=\boldsymbol{0} \tag{7.2}$$

这是 n 个未知数 n 个方程的齐次线性方程组，它有非零解的充要条件是

$$|\lambda\boldsymbol{E}_n-\boldsymbol{A}|=0 \tag{7.3}$$

即

$$\begin{vmatrix}\lambda-a_{11} & -a_{12} & \cdots & -a_{1n}\\ -a_{21} & \lambda-a_{22} & \cdots & -a_{2n}\\ \vdots & \vdots & & \vdots\\ -a_{n1} & -a_{n2} & \cdots & \lambda-a_{nn}\end{vmatrix}=0 \tag{7.4}$$

这是以 λ 为未知数的一元 n 次方程，称为方阵 $\boldsymbol{A}$ 的特征方程. 其左端 $|\lambda\boldsymbol{E}_n-\boldsymbol{A}|$ 是关于 λ 的 n 次多项式，称为方阵 $\boldsymbol{A}$ 的特征多项式.

显然，$\boldsymbol{A}$ 的特征值就是特征方程(7.3)的解(根)，$\boldsymbol{A}$ 的属于特征值 λ_i 的特征向量就是齐次线性方程组

$$(\lambda_i\boldsymbol{E}_n-\boldsymbol{A})\boldsymbol{X}=\boldsymbol{0} \tag{7.5}$$

的非零解向量. 称式(7.5)的解空间 $N(\lambda_i\boldsymbol{E}_n-\boldsymbol{A})$ 为 $\boldsymbol{A}$ 的关于特征值 λ_i 的特征子空间. 特征子空间内，除零向量外，其余向量全是 $\boldsymbol{A}$ 的关于 λ_i 的特征向量.

特征方程(7.4)在复数范围内恒有解,解的个数等于特征方程的次数(重根按重数计算),因此,n 阶方阵 $\boldsymbol{A}$ 在复数域内有 n 个特征值.

n 阶方阵 $\boldsymbol{A}$ 的特征值满足:

(1) 矩阵 $\boldsymbol{A}$ 的 n 个特征值之和等于 $\boldsymbol{A}$ 的 n 个对角线元素之和,即

$$\lambda_1+\lambda_2+\cdots+\lambda_n=a_{11}+a_{22}+\cdots+a_{nn}$$

(2) 矩阵 $\boldsymbol{A}$ 的 n 个特征值的乘积等于 $\boldsymbol{A}$ 的行列式的值,即

$$\lambda_1\lambda_2\cdots\lambda_n=|\boldsymbol{A}|$$

证 利用行列式定义将 $|\lambda\boldsymbol{E}_n-\boldsymbol{A}|$ 展开,其中一项是主对角线元素的乘积

$$(\lambda-a_{11})(\lambda-a_{22})\cdots(\lambda-a_{nn})$$

展开式中其余各项至多含有 $n-2$ 个主对角线元素,这些项中 λ 的次数最多是 $n-2$,因此特征多项式中含 λ 的 n 次幂与 $n-1$ 次幂的项只能在上述主对角线元素的乘积中出现,它们是

$$\lambda^n,(-1)(a_{11}+a_{22}+\cdots+a_{nn})\lambda^{n-1}$$

在特征多项式 $|\lambda\boldsymbol{E}_n-\boldsymbol{A}|$ 中令 $\lambda=0$,得常数项 $|-\boldsymbol{A}|=(-1)^n|\boldsymbol{A}|$. 因此,如果只写出特征多项式的前两项与常数项,就有特征方程

$$\lambda^n+(-1)(a_{11}+a_{22}+\cdots+a_{nn})\lambda^{n-1}+\cdots+(-1)^n|\boldsymbol{A}|=0$$

由根与系数的关系可知,$\boldsymbol{A}$ 的 n 个特征值之和为 $a_{11}+a_{22}+\cdots+a_{nn}$,即

$$\lambda_1+\lambda_2+\cdots+\lambda_n=a_{11}+a_{22}+\cdots+a_{nn}$$

我们知道,$\boldsymbol{A}$ 的主对角线元素之和 $a_{11}+a_{22}+\cdots+a_{nn}$ 为 $\boldsymbol{A}$ 的迹,记为 $\mathrm{tr}\boldsymbol{A}$. 所以 $\boldsymbol{A}$ 的 n 个特征值之和等于 $\boldsymbol{A}$ 的迹 $\mathrm{tr}\boldsymbol{A}$,$\boldsymbol{A}$ 的 n 个特征值之积等于 $\boldsymbol{A}$ 的行列式 $|\boldsymbol{A}|$.

容易看出,当且仅当 $|\boldsymbol{A}|=0$ 时,零是 $\boldsymbol{A}$ 的一个特征值.

例 7.1 设 n 阶方阵 $\boldsymbol{A}$ 可逆,λ 是 $\boldsymbol{A}$ 的特征值,证明 λ^{-1} 是 $\boldsymbol{A}^{-1}$ 的特征值.

证 因 $\boldsymbol{A}$ 可逆,所以 $|\boldsymbol{A}|\neq 0$,故 $\lambda\neq 0$. 由 λ 是 $\boldsymbol{A}$ 的特征值,有 n 维列向量 $\boldsymbol{X}\neq\boldsymbol{0}$,使 $\boldsymbol{AX}=\lambda\boldsymbol{X}$. 于是

$$\frac{1}{\lambda}\boldsymbol{AX}=\boldsymbol{X}$$

用 $\boldsymbol{A}^{-1}$ 同时左乘上式的两边,得

$$\boldsymbol{A}^{-1}\boldsymbol{X}=\frac{1}{\lambda}\boldsymbol{X}$$

由 $\boldsymbol{X}\neq\boldsymbol{0}$ 知,λ^{-1} 是 $\boldsymbol{A}^{-1}$ 的特征值.

例 7.2 设 λ 是 n 阶方阵 $\boldsymbol{A}$ 的特征值,证明 λ^2 是 $\boldsymbol{A}^2$ 的特征值.

证 因 λ 是 $\boldsymbol{A}$ 的特征值,故有 n 维列向量 $\boldsymbol{X}\neq\boldsymbol{0}$,使 $\boldsymbol{AX}=\lambda\boldsymbol{X}$,于是

$$\boldsymbol{A}^2\boldsymbol{X}=\boldsymbol{A}(\boldsymbol{AX})=\boldsymbol{A}(\lambda\boldsymbol{X})=\lambda(\boldsymbol{AX})=\lambda^2\boldsymbol{X}$$

由 $\boldsymbol{X}\neq\boldsymbol{0}$ 知,λ^2 是 $\boldsymbol{A}^2$ 的特征值.

设 $f(x)=a_0+a_1x+\cdots+a_mx^m$ 是关于 x 的多项式,$\boldsymbol{A}$ 是 n 阶方阵,规定

$$f(\boldsymbol{A})=a_0\boldsymbol{E}_n+a_1\boldsymbol{A}+\cdots+a_m\boldsymbol{A}^m$$

与例 7.2 类似,可以证明,若 λ 是 $\boldsymbol{A}$ 的特征值,则 $f(\lambda)$ 是 $f(\boldsymbol{A})$ 的特征值. 其中

$$f(\lambda)=a_0+a_1\lambda+\cdots+a_m\lambda^m$$

定理 7.1 设 $\lambda_1,\lambda_2,\cdots,\lambda_m$ 是 n 阶方阵 $\boldsymbol{A}$ 的 m 个特征值,$\boldsymbol{X}_1,\boldsymbol{X}_2,\cdots,\boldsymbol{X}_m$ 是与之对应的特征向量. 如果 $\lambda_1,\lambda_2,\cdots,\lambda_m$ 互不相等,则 $\boldsymbol{X}_1,\boldsymbol{X}_2,\cdots,\boldsymbol{X}_m$ 线性无关.

证 对特征值的个数 m 用数学归纳法.

(1) $m=1$ 时,由 $\boldsymbol{X}_1\neq\boldsymbol{0}$ 知命题成立.

(2) 假设当 $m=s$ 时命题成立. 当 $m=s+1$ 时,设有常数 $k_1,k_2,\cdots,k_s,k_{s+1}$ 使

$$k_1\boldsymbol{X}_1+k_2\boldsymbol{X}_2+\cdots+k_s\boldsymbol{X}_s+k_{s+1}\boldsymbol{X}_{s+1}=\boldsymbol{0} \tag{7.6}$$

用 $\boldsymbol{A}$ 左乘式(7.6)两边,得

$$k_1\lambda_1\boldsymbol{X}_1+k_2\lambda_2\boldsymbol{X}_2+\cdots+k_s\lambda_s\boldsymbol{X}_s+k_{s+1}\lambda_{s+1}\boldsymbol{X}_{s+1}=\boldsymbol{0} \tag{7.7}$$

用 λ_{s+1} 乘式(7.6)两边,得

$$k_1\lambda_{s+1}\boldsymbol{X}_1+k_2\lambda_{s+1}\boldsymbol{X}_2+\cdots+k_s\lambda_{s+1}\boldsymbol{X}_s+k_{s+1}\lambda_{s+1}\boldsymbol{X}_{s+1}=\boldsymbol{0} \tag{7.8}$$

式(7.7) - 式(7.8),得

$$k_1(\lambda_1-\lambda_{s+1})\boldsymbol{X}_1+k_2(\lambda_2-\lambda_{s+1})\boldsymbol{X}_2+\cdots+k_s(\lambda_s-\lambda_{s+1})\boldsymbol{X}_s=\boldsymbol{0}$$

由归纳假设 $\boldsymbol{X}_1,\boldsymbol{X}_2,\cdots,\boldsymbol{X}_s$ 线性无关,又 $\lambda_1,\lambda_2,\cdots,\lambda_{s+1}$ 互不相同,知 $k_1=k_2=\cdots=k_s=0$.

于是,由式(7.6)知,$k_{s+1}=0$. 故 $\boldsymbol{X}_1,\boldsymbol{X}_2,\cdots,\boldsymbol{X}_{s+1}$ 线性无关.

实对称阵有下面三个重要性质:

(1) 实对称阵的特征值都是实数.

(2) 实对称阵的对应于不同特征值的实特征向量必正交.

(3) 对应于实对称阵 $\boldsymbol{A}$ 的 r_i 重特征值 λ_i,一定有 r_i 个线性无关的实特征向量. 即方程组

$$(\lambda_i\boldsymbol{E}_n-\boldsymbol{A})\boldsymbol{X}=\boldsymbol{0} \tag{7.9}$$

的每个基础解系恰好含有 r_i 个向量.

由上述性质(1)可知,方程组(7.9)的系数全是实数,所以它有实解向量,故 $\boldsymbol{A}$ 必有实特征向量.

下面只给出性质(2)的证明.

证 设 λ_1,λ_2 是实对称阵 $\boldsymbol{A}$ 的两个特征值,$\boldsymbol{X}_1,\boldsymbol{X}_2$ 是对应的实特征向量,且 $\lambda_1\neq\lambda_2$,则 $\boldsymbol{A}\boldsymbol{X}_1=\lambda_1\boldsymbol{X}_1,\boldsymbol{A}\boldsymbol{X}_2=\lambda_2\boldsymbol{X}_2$,于是

$$\lambda_1\boldsymbol{X}_1^{\mathrm{T}}\boldsymbol{X}_2=(\lambda_1\boldsymbol{X}_1^{\mathrm{T}})\boldsymbol{X}_2=(\boldsymbol{A}\boldsymbol{X}_1)^{\mathrm{T}}\boldsymbol{X}_2=\boldsymbol{X}_1^{\mathrm{T}}\boldsymbol{A}^{\mathrm{T}}\boldsymbol{X}_2=\boldsymbol{X}_1^{\mathrm{T}}(\boldsymbol{A}\boldsymbol{X}_2)=\boldsymbol{X}_1^{\mathrm{T}}(\lambda_2\boldsymbol{X}_2)=\lambda_2\boldsymbol{X}_1^{\mathrm{T}}\boldsymbol{X}_2$$

故

$$(\lambda_1-\lambda_2)\boldsymbol{X}_1^{\mathrm{T}}\boldsymbol{X}_2=0$$

而 $\lambda_1\neq\lambda_2$,所以 $\boldsymbol{X}_1^{\mathrm{T}}\boldsymbol{X}_2=(\boldsymbol{X}_1,\boldsymbol{X}_2)=0$,即 $\boldsymbol{X}_1\perp\boldsymbol{X}_2$.

例 7.3 设

$$\boldsymbol{A}=\begin{pmatrix}1&2&2\\2&1&2\\2&2&1\end{pmatrix}$$

求矩阵 $\boldsymbol{A}$ 的全部特征值及对应的特征向量.

解 (1) 计算 $\boldsymbol{A}$ 的特征值与特征向量

$$f_A(\lambda)=|\lambda\boldsymbol{E}-\boldsymbol{A}|$$
$$=\begin{vmatrix}\lambda-1 & -2 & -2\\ -2 & \lambda-1 & -2\\ -2 & -2 & \lambda-1\end{vmatrix}=\begin{vmatrix}\lambda-5 & -2 & -2\\ \lambda-5 & \lambda-1 & -2\\ \lambda-5 & -2 & \lambda-1\end{vmatrix}$$
$$=(\lambda-5)\begin{vmatrix}1 & -2 & -2\\ 1 & \lambda-1 & -2\\ 1 & -2 & \lambda-1\end{vmatrix}=(\lambda-5)\begin{vmatrix}1 & -2 & -2\\ 0 & \lambda+1 & 0\\ 0 & 0 & \lambda+1\end{vmatrix}$$
$$=(\lambda-5)(\lambda+1)^2$$

故 $\boldsymbol{A}$ 的特征值为 $\lambda_1=5,\lambda_2=\lambda_3=-1$(二重根).

对于 $\lambda_1=5$,计算特征向量,先写出特征矩阵

$$(\lambda_1\boldsymbol{E}-\boldsymbol{A})=\begin{pmatrix}4 & -2 & -2\\ -2 & 4 & -2\\ -2 & -2 & 4\end{pmatrix}\to\begin{pmatrix}1 & -2 & 1\\ 2 & -1 & -1\\ -1 & -1 & 2\end{pmatrix}\to$$
$$\begin{pmatrix}1 & -2 & 1\\ 0 & 3 & -3\\ 0 & -3 & 3\end{pmatrix}\to\begin{pmatrix}1 & -2 & 1\\ 0 & 1 & -1\\ 0 & 0 & 0\end{pmatrix}$$

因此,与 $(\lambda_1\boldsymbol{E}-\boldsymbol{A})\boldsymbol{X}=\boldsymbol{0}$ 对应的同解方程组为

$$\begin{cases}x_1-2x_2+x_3=0\\ x_2-x_3=0\end{cases}$$

令 $x_3=1$,得基础解系

$$\boldsymbol{\eta}_1=(1,1,1)^{\mathrm{T}}$$

即 $\boldsymbol{\eta}_1$ 是矩阵 $\boldsymbol{A}$ 对应于 $\lambda_1=5$ 的特征向量. $k\boldsymbol{\eta}_1$ 是 $\boldsymbol{A}$ 属于 $\lambda_1=5$ 的全部特征向量(其中 $k\neq0$).

对 $\lambda_2=\lambda_3=-1$,有

$$(\lambda_2\boldsymbol{E}-\boldsymbol{A})=\begin{pmatrix}-2 & -2 & -2\\ -2 & -2 & -2\\ -2 & -2 & -2\end{pmatrix}\to\begin{pmatrix}1 & 1 & 1\\ 0 & 0 & 0\\ 0 & 0 & 0\end{pmatrix}$$

与 $(\lambda_2\boldsymbol{E}-\boldsymbol{A})\boldsymbol{X}=\boldsymbol{0}$ 同解的方程组为

$$x_1+x_2+x_3=0$$

选 x_2,x_3 作自由未知量.

令 $x_2=1,x_3=0$,解得 $x_1=-1$. 得

$$\boldsymbol{\eta}_2=(-1,1,0)^{\mathrm{T}}$$

令 $x_2=0,x_3=1$,解得 $x_1=-1$. 得

$$\boldsymbol{\eta}_3=(-1,0,1)^{\mathrm{T}}$$

即 $\boldsymbol{\eta}_2,\boldsymbol{\eta}_3$ 均是 $\boldsymbol{A}$ 的属于特征值 $\boldsymbol{\lambda}=-1$ 的特征向量.

例 7.4 设 n 阶矩阵 $\boldsymbol{A}$ 的各行元素之和均为常数 k.(1) 试证:k 是 $\boldsymbol{A}$ 的一个特征值. 并求 $\boldsymbol{A}$ 的属于 $\lambda=k$ 的一个特征向量.

(2) 当 $\boldsymbol{A}$ 为可逆阵,且 $k\neq0$ 时,$\boldsymbol{A}^{-1}$ 的各行元素之和应为多大? 矩阵 $3\boldsymbol{A}^{-1}+5\boldsymbol{A}$ 的各行元素之和又为多大?

分析 设

$$\boldsymbol{A}=\begin{pmatrix} a_{11} & a_{12} & \cdots & a_{1n} \\ a_{21} & a_{22} & \cdots & a_{2n} \\ \vdots & \vdots & & \vdots \\ a_{n1} & a_{n2} & \cdots & a_{nn} \end{pmatrix},\boldsymbol{X}=(x_1,x_2,\cdots,x_n)^{\mathrm{T}}$$

而

$$\boldsymbol{AX}=\begin{pmatrix} a_{11}x_1+a_{12}x_2+\cdots+a_{1n}x_n \\ a_{21}x_1+a_{22}x_2+\cdots+a_{2n}x_n \\ \vdots \\ a_{n1}x_1+a_{n2}x_2+\cdots+a_{nn}x_n \end{pmatrix}$$

可见,当取 $\boldsymbol{X}=(1,1,\cdots,1)^{\mathrm{T}}$ 时,$\boldsymbol{AX}$ 的第 i 行 $=a_{11}\cdot1+a_{12}\cdot1+\cdots+a_{nn}\cdot1=k$.

解 (1) 因为

$$\boldsymbol{A}\cdot\begin{pmatrix} 1 \\ 1 \\ \vdots \\ 1 \end{pmatrix}=\begin{pmatrix} a_{11}+a_{12}+\cdots+a_{1n} \\ a_{21}+a_{22}+\cdots+a_{2n} \\ \vdots \\ a_{n1}+a_{n2}+\cdots+a_{nn} \end{pmatrix}=\begin{pmatrix} k \\ k \\ \vdots \\ k \end{pmatrix}=k\begin{pmatrix} 1 \\ 1 \\ \vdots \\ 1 \end{pmatrix} \tag{7.10}$$

式(7.10)说明 k 是 $\boldsymbol{A}$ 的一个特征值. $\boldsymbol{A}$ 的属于 $\lambda=k$ 的特征向量为$(1,1,\cdots,1)^{\mathrm{T}}$.

(2) 由式(7.10)可得

$$\frac{1}{k}\begin{pmatrix} 1 \\ 1 \\ \vdots \\ 1 \end{pmatrix}=\boldsymbol{A}^{-1}\begin{pmatrix} 1 \\ 1 \\ \vdots \\ 1 \end{pmatrix}$$

上式说明$\frac{1}{k}$是 $\boldsymbol{A}^{-1}$的一个特征值,$(1,1,\cdots,1)^{\mathrm{T}}$ 是 $\boldsymbol{A}^{-1}$的属于 $\boldsymbol{\lambda}=\frac{1}{k}$的特征向量. 同时,也说明矩阵 $\boldsymbol{A}^{-1}$的各行之和都等于$\frac{1}{k}$.

又

$$3A^{-1}\cdot\begin{pmatrix}1\\1\\\vdots\\1\end{pmatrix}+5A\cdot\begin{pmatrix}1\\1\\\vdots\\1\end{pmatrix}=\frac{3}{k}\cdot\begin{pmatrix}1\\1\\\vdots\\1\end{pmatrix}+5k\cdot\begin{pmatrix}1\\1\\\vdots\\1\end{pmatrix}$$

即

$$(3A^{-1}+5A)\begin{pmatrix}1\\1\\\vdots\\1\end{pmatrix}=\left(\frac{3}{k}+5k\right)\begin{pmatrix}1\\1\\\vdots\\1\end{pmatrix}$$

故矩阵$(3A^{-1}+5A)$的各行元素之和为$\left(\frac{3}{k}+5k\right)$.

7.2 相似矩阵

7.2.1 相似矩阵的概念

定义 7.2 设A,B都是n阶方阵,若存在可逆阵T,使

$$B=T^{-1}AT$$

则称A与B相似,记作$A\sim B$. 称从A到B的这种变换为相似变换. 称T为相似变换矩阵.

若A与一个对角阵D相似,则称A可以相似对角化.

定理 7.2 若A与B相似,则A与B的特征多项式相同.

证 因A与B相似,所以存在可逆阵T,使

$$B=T^{-1}AT$$

于是

$$\begin{aligned}|\lambda E-B|&=|T^{-1}(\lambda E)T-T^{-1}AT|=|T^{-1}(\lambda E-A)T|\\&=|T^{-1}||\lambda E-A||T|=|\lambda E-A|\end{aligned}$$

由定理 7.2 容易得到

(1) 若A与B相似,则A与B的特征值相同. 反之未必成立,即两个矩阵特征值相同,它们不一定相似.

(2) 若A与B相似,则$\mathrm{tr}(A)=\mathrm{tr}(B)$,且$|A|=|B|$.

请读者给出(1)(2)的证明.

推论 若n阶方阵A与对角阵$D=\begin{pmatrix}\lambda_1&&&\\&\lambda_2&&\\&&\ddots&\\&&&\lambda_n\end{pmatrix}$相似,则$\lambda_1,\lambda_2,\cdots,\lambda_n$

是 $\boldsymbol{A}$ 的 n 个特征值.

证 因 $\boldsymbol{A}$ 与 $\boldsymbol{D}$ 相似,所以

$$|\lambda\boldsymbol{E}_n-\boldsymbol{A}|=|\lambda\boldsymbol{E}_n-\boldsymbol{D}|=\begin{vmatrix}\lambda-\lambda_1 & & & \\ & \lambda-\lambda_2 & & \\ & & \ddots & \\ & & & \lambda-\lambda_n\end{vmatrix}=(\lambda-\lambda_1)(\lambda-\lambda_2)\cdots(\lambda-\lambda_n)$$

因此,$\lambda_1,\lambda_2,\cdots,\lambda_n$ 是 $\boldsymbol{A}$ 的 n 个特征值.

7.2.2 方阵相似对角化的条件及方法

定理 7.3 n 阶方阵 $\boldsymbol{A}$ 与对角阵相似的充要条件是 $\boldsymbol{A}$ 有 n 个线性无关的特征向量. 并且,$\boldsymbol{T}^{-1}\boldsymbol{A}\boldsymbol{T}=\boldsymbol{D}$ 为对角阵的充要条件是,$\boldsymbol{T}$ 的 n 个列向量是 $\boldsymbol{A}$ 的 n 个线性无关的特征向量,且这 n 个特征向量对应的特征值依次为对角阵 $\boldsymbol{D}$ 的主对角线上的元素.

证 设有 n 阶可逆阵 $\boldsymbol{T}=(\boldsymbol{T}_1,\boldsymbol{T}_2,\cdots,\boldsymbol{T}_n)$ 使

$$\boldsymbol{T}^{-1}\boldsymbol{A}\boldsymbol{T}=\boldsymbol{D}=\begin{pmatrix}\lambda_1 & & & \\ & \lambda_2 & & \\ & & \ddots & \\ & & & \lambda_n\end{pmatrix}$$

则 $\boldsymbol{A}\boldsymbol{T}=\boldsymbol{T}\boldsymbol{D}$. 由分块阵乘法得

$$\boldsymbol{A}\boldsymbol{T}=(\boldsymbol{T}_1,\boldsymbol{T}_2,\cdots,\boldsymbol{T}_n)$$

$$\boldsymbol{T}\boldsymbol{D}=(\boldsymbol{T}_1,\boldsymbol{T}_2,\cdots,\boldsymbol{T}_n)\begin{pmatrix}\lambda_1 & & & \\ & \lambda_2 & & \\ & & \ddots & \\ & & & \lambda_n\end{pmatrix}=(\lambda_1\boldsymbol{T}_1,\lambda_2\boldsymbol{T}_2,\cdots,\lambda_n\boldsymbol{T}_n)$$

于是

$$\boldsymbol{A}\boldsymbol{T}_i=\lambda_i\boldsymbol{T}_i\quad(i=1,2,\cdots,n)\tag{7.11}$$

由 $\boldsymbol{T}$ 可逆,知 $\boldsymbol{T}_i\neq\boldsymbol{0}(i=1,2,\cdots,n)$,且 $\boldsymbol{T}_1,\boldsymbol{T}_2,\cdots,\boldsymbol{T}_n$ 线性无关. 故由式(7.11)可知,$\boldsymbol{T}_1,\boldsymbol{T}_2,\cdots,\boldsymbol{T}_n$ 是 $\boldsymbol{A}$ 的 n 个线性无关的特征向量,λ_i 是与 $\boldsymbol{T}_i$ 对应的特征值.

反之,假设 $\boldsymbol{A}$ 有 n 个线性无关的特征向量 $\boldsymbol{T}_1,\boldsymbol{T}_2,\cdots,\boldsymbol{T}_n$,$\lambda_1,\lambda_2,\cdots,\lambda_n$ 为依次与之对应的特征值,令

$$\boldsymbol{T}=(\boldsymbol{T}_1,\boldsymbol{T}_2,\cdots,\boldsymbol{T}_n),\boldsymbol{D}=\begin{pmatrix}\lambda_1 & & & \\ & \lambda_2 & & \\ & & \ddots & \\ & & & \lambda_n\end{pmatrix}$$

则由 $\boldsymbol{A}\boldsymbol{T}_i=\lambda_i\boldsymbol{T}_i(i=1,2,\cdots,n)$,得

$$\begin{aligned}\boldsymbol{AT}&=\boldsymbol{A}(\boldsymbol{T}_1,\boldsymbol{T}_2,\cdots,\boldsymbol{T}_n)=(\boldsymbol{AT}_1,\boldsymbol{AT}_2,\cdots,\boldsymbol{AT}_n)\\&=(\lambda_1\boldsymbol{T}_1,\lambda_2\boldsymbol{T}_2,\cdots,\lambda_n\boldsymbol{T}_n)\\&=(\boldsymbol{T}_1,\boldsymbol{T}_2,\cdots,\boldsymbol{T}_n)\begin{pmatrix}\lambda_1&&&\\&\lambda_2&&\\&&\ddots&\\&&&\lambda_n\end{pmatrix}=\boldsymbol{TD}\end{aligned}$$

因 n 个 n 维向量 $\boldsymbol{T}_1,\boldsymbol{T}_2,\cdots,\boldsymbol{T}_n$ 线性无关,所以 $\boldsymbol{T}=(\boldsymbol{T}_1,\boldsymbol{T}_2,\cdots,\boldsymbol{T}_n)$可逆,故

$$\boldsymbol{T}^{-1}\boldsymbol{AT}=\boldsymbol{D}=\begin{pmatrix}\lambda_1&&&\\&\lambda_2&&\\&&\ddots&\\&&&\lambda_n\end{pmatrix}$$

特别地,由定理 7.1 与定理 7.3 可知,当 n 阶方阵 $\boldsymbol{A}$ 的 n 个特征值互不相等时,$\boldsymbol{A}$ 与对角阵必相似.

7.2.3 实对称矩阵的正交相似对角化

实对称矩阵 $\boldsymbol{A}$ 不仅可以对角化,而且还可以要求相似变换矩阵是正交阵.

定理 7.4 设 $\boldsymbol{A}$ 为 n 阶实对称矩阵,则存在 n 阶正交阵 $\boldsymbol{P}$,使

$$\boldsymbol{P}^{-1}\boldsymbol{AP}=\begin{pmatrix}\lambda_1&&&\\&\lambda_2&&\\&&\ddots&\\&&&\lambda_n\end{pmatrix}$$

其中,$\lambda_1,\lambda_2,\cdots,\lambda_n$ 为 $\boldsymbol{A}$ 的 n 个特征值.

证 设 $\boldsymbol{A}$ 的所有互不相等的特征值为 $\lambda_1,\lambda_2,\cdots,\lambda_s$,它们的重数依次是 $r_1,r_2,\cdots,r_s(r_1+r_2+\cdots+r_s=n)$,由 7.1 节中实对称矩阵的特征值的性质(1)和性质(3)知,对应于特征值 $\lambda_i(i=1,2,\cdots,s)$恰有 r_i 个线性无关的实特征向量,把它们标准正交化,即得 r_i 个标准正交的特征向量 $\boldsymbol{P}_{i1},\boldsymbol{P}_{i2},\cdots,\boldsymbol{P}_{ir}$. 由 $r_1+r_2+\cdots+r_s=n$ 知,这样的特征向量共有 n 个,

$$\boldsymbol{P}_{11},\boldsymbol{P}_{12},\cdots,\boldsymbol{P}_{1r_1},\cdots,\boldsymbol{P}_{s1},\boldsymbol{P}_{s2},\cdots,\boldsymbol{P}_{sr_s} \tag{7.12}$$

由 7.1 节中实对称阵的特征值的性质(2)知,向量组(7.12)是正交向量组. 由定理 6.2,以式(7.12)中向量为列构成的矩阵 $\boldsymbol{P}$ 为正交阵,并且由定理 7.3,得

$$\boldsymbol{P}^{-1}\boldsymbol{AP}=\begin{pmatrix}\lambda_1&&&\\&\lambda_2&&\\&&\ddots&\\&&&\lambda_n\end{pmatrix}$$

例 7.5 下列矩阵哪个可以对角化?

$$A=\begin{pmatrix}-3&1&-1\\-7&5&-1\\-6&6&-2\end{pmatrix}\quad B=\begin{pmatrix}1&-3&3\\3&-5&3\\6&-6&4\end{pmatrix}$$

解 对于$\boldsymbol{A}$,求其特征值与特征向量

$$|\boldsymbol{A}-\lambda\boldsymbol{E}|=\begin{vmatrix}-3-\lambda&1&-1\\-7&5-\lambda&-1\\-6&6&-2-\lambda\end{vmatrix}=-(\lambda+2)^2(\lambda-4)$$

令$|\boldsymbol{A}-\lambda\boldsymbol{E}|=0$,故$\boldsymbol{A}$有特征值:$\lambda_1=\lambda_2=-2,\lambda_3=4$. 对于二重根$\lambda_1=-2$,求其特征向量.

由$(\boldsymbol{A}-\lambda\boldsymbol{E})\boldsymbol{X}=\boldsymbol{0}$,得$\begin{pmatrix}-1&1&-1\\-7&7&-1\\-6&6&0\end{pmatrix}\begin{pmatrix}x_1\\x_2\\x_3\end{pmatrix}=\boldsymbol{0}$

或
$$\begin{pmatrix}-1&1&-1\\0&0&1\\0&0&0\end{pmatrix}\begin{pmatrix}x_1\\x_2\\x_3\end{pmatrix}=\boldsymbol{0}$$

只有一个线性无关的特征向量$\boldsymbol{X}=(1,1,0)^{\mathrm{T}}$.

因此,对于$\lambda_1=-2$,其几何重数m_1小于代数重数n_1,因此$\boldsymbol{A}$不可对角化.

对于矩阵$\boldsymbol{B}$,同样求其特征值与特征向量.

$$|\boldsymbol{B}-\lambda\boldsymbol{E}|=0:\begin{vmatrix}1-\lambda&-3&3\\3&-5-\lambda&3\\6&-6&4-\lambda\end{vmatrix}=-(\lambda+2)^2(\lambda-4)$$

对于二重根$\lambda_1=-2$,线性齐次方程组$(\boldsymbol{B}-\lambda_1\boldsymbol{E})\boldsymbol{X}=\boldsymbol{0}$,

$$\begin{pmatrix}3&-3&3\\3&-3&3\\6&-6&6\end{pmatrix}\begin{pmatrix}x_1\\x_2\\x_3\end{pmatrix}=\boldsymbol{0}$$

解之,有两个线性无关的特征向量

$$\boldsymbol{X}_1=(1,1,0)^{\mathrm{T}},\boldsymbol{X}_2=(1,0,-1)^{\mathrm{T}}$$

对于$\lambda_3=4$,有线性齐次方程组$(\boldsymbol{B}-\lambda_3\boldsymbol{E})\boldsymbol{X}=\boldsymbol{0}$,

$$\begin{pmatrix}-3&-3&3\\3&-9&3\\6&-6&0\end{pmatrix}\begin{pmatrix}x_1\\x_2\\x_3\end{pmatrix}=\boldsymbol{0}$$

解之,得

$$\boldsymbol{X}_3=(1,1,2)^{\mathrm{T}}$$

因此,$\boldsymbol{B}$有三个线性无关的特征向量. $\boldsymbol{B}$可对角化,记

$$P=(X_1,X_2,X_3)=\begin{pmatrix}1&1&1\\1&0&1\\0&-1&2\end{pmatrix}$$

则必有

$$P^{-1}BP=\begin{pmatrix}-2&&\\&-2&\\&&4\end{pmatrix}$$

例 7.6 设 $X=(x_1,x_2,\cdots,x_n)^{\mathrm{T}}\neq\mathbf{0}$，$Y=(y_1,y_2,\cdots,y_n)^{\mathrm{T}}\neq\mathbf{0}$，且 $X^{\mathrm{T}}Y=\sum_{i=1}^{n}x_iy_i=0$. 又 $A=\begin{pmatrix}x_1y_1&x_1y_2&\cdots&x_1y_n\\x_2y_1&x_2y_2&\cdots&x_2y_n\\\vdots&\vdots&&\vdots\\x_ny_1&x_ny_2&\cdots&x_ny_n\end{pmatrix}$. 求 A 的全部特征值. 并证明 A 不能相似于对角阵.

解 由题给条件，有 $A=XY^{\mathrm{T}}$，且 $A\neq\mathbf{0}$（若 $A=\mathbf{0}$，则或 $X=\mathbf{0}$，或 $Y=\mathbf{0}$）. 又 $X^{\mathrm{T}}Y=Y^{\mathrm{T}}X=\sum_{i=1}^{n}x_iy_i=0$. 记 λ 为 A 的任一个特征值，对应的特征向量为 $\boldsymbol{\xi}$，则有 $A\boldsymbol{\xi}=\lambda\boldsymbol{\xi}$. 代入 $A=X\cdot Y^{\mathrm{T}}$，得

$$X\cdot Y^{\mathrm{T}}\boldsymbol{\xi}=\lambda\boldsymbol{\xi}\tag{7.13}$$

（1）若 $Y^{\mathrm{T}}\boldsymbol{\xi}=\mathbf{0}$，则 $\lambda\boldsymbol{\xi}=\mathbf{0}$. 又 $\boldsymbol{\xi}\neq\mathbf{0}$，故 $\lambda=0$.

（2）若 $Y^{\mathrm{T}}\boldsymbol{\xi}\neq\mathbf{0}$，在式(7.13)两边左乘 Y^{T}，

$$Y^{\mathrm{T}}XY^{\mathrm{T}}\boldsymbol{\xi}=Y^{\mathrm{T}}\lambda\boldsymbol{\xi}$$

或

$$(Y^{\mathrm{T}}X)(Y^{\mathrm{T}}\boldsymbol{\xi})=\lambda(Y^{\mathrm{T}}\boldsymbol{\xi})$$

因为 $Y^{\mathrm{T}}X=X^{\mathrm{T}}Y=0$，故有 $\lambda(Y^{\mathrm{T}}\boldsymbol{\xi})=\mathbf{0}$. 但设 $(Y^{\mathrm{T}}\boldsymbol{\xi})\neq0$，因此有 $\lambda=0$. 故无论 $Y^{\mathrm{T}}\boldsymbol{\xi}$ 是否为零，均有 $\lambda=0$.

再证 A 不能对角化.

因为 $X\neq\mathbf{0}$，$Y\neq\mathbf{0}$，故 $A=XY^{\mathrm{T}}\neq\mathbf{0}$. 由 $A=XY^{\mathrm{T}}$，知 $r(A)=1$. 因此，$r(A-\lambda E)=r(A-0E)=r(A)=1$. 即属于 $\lambda=0$（n 重根）的线性无关的特征向量只有 $n-r(A-0\cdot E)=n-1$ 个. 因此 A 不可对角化.

例 7.7 设三阶矩阵 A 有特征值 $\lambda_1=1$，$\lambda_2=2$，$\lambda_3=3$，其对应的特征向量分别是 $X_1=(1,1,1)^{\mathrm{T}}$，$X_2=(1,2,4)^{\mathrm{T}}$，$X_3=(1,3,9)^{\mathrm{T}}$. 若向量 $\boldsymbol{\beta}=(1,1,3)^{\mathrm{T}}$，求 $A^n\boldsymbol{\beta}$.

解 因为 A 有三个两两不等的特征值，因此 A 必可对角化. 记 $P=(X_1,X_2,X_3)$，则有

$$P^{-1}AP=\Lambda, A=P\Lambda P^{-1}=P\begin{pmatrix}1&&\\&2&\\&&3\end{pmatrix}P^{-1}$$

$$P=\begin{pmatrix}1&1&1\\1&2&3\\1&4&9\end{pmatrix}, P^{-1}=\begin{pmatrix}3&-\frac{5}{2}&\frac{1}{2}\\-3&4&-1\\1&-\frac{3}{2}&\frac{1}{2}\end{pmatrix}$$

故

$$A^n\beta=P\Lambda^nP^{-1}\beta=\begin{pmatrix}1&1&1\\1&2&3\\1&4&9\end{pmatrix}\begin{pmatrix}1^n&&\\&2^n&\\&&3^n\end{pmatrix}\begin{pmatrix}3&-\frac{5}{2}&\frac{1}{2}\\-3&4&-1\\1&-\frac{3}{2}&\frac{1}{2}\end{pmatrix}\begin{pmatrix}1\\1\\3\end{pmatrix}$$

$$=\begin{pmatrix}1&1&1\\1&2&3\\1&4&9\end{pmatrix}\begin{pmatrix}1^n&&\\&2^n&\\&&3^n\end{pmatrix}\begin{pmatrix}2\\-2\\1\end{pmatrix}=\begin{pmatrix}2-2^{n+1}+3^n\\2-2^{n+2}+3^{n+1}\\2-2^{n+3}+3^{n+2}\end{pmatrix}$$

例 7.8 求正交矩阵 T,使 $T^{-1}AT$ 成为对角矩阵.

(1) $A=\begin{pmatrix}1&-2&2\\-2&-2&4\\2&4&-2\end{pmatrix}$ (2) $A=\begin{pmatrix}1&-1&0&0\\-1&1&0&0\\0&0&1&-1\\0&0&-1&1\end{pmatrix}$

解 (1) $|A-\lambda E|=\begin{vmatrix}1-\lambda&-2&2\\-2&-2-\lambda&4\\2&4&-2-\lambda\end{vmatrix}=-(\lambda-2)^2(\lambda+7)$,故 $\lambda_1=\lambda_2=2$(二重根),$\lambda_3=-7$.

对于二重根 $\lambda_1=2$,解线性齐次方程组

$$\begin{pmatrix}-1&-2&2\\-2&-4&4\\2&4&-4\end{pmatrix}\begin{pmatrix}x_1\\x_2\\x_3\end{pmatrix}=\mathbf{0}$$

求得基础解系:$X_1=(2,-1,0)^{\mathrm T}$,$X_2=(2,0,1)^{\mathrm T}$. 用施密特正交化方法正交化.

令

$$\beta_1=(2,-1,0)^{\mathrm T}$$

$$\boldsymbol{\beta}_2 = -\frac{(\boldsymbol{X}_2,\boldsymbol{\beta}_1)}{(\boldsymbol{\beta}_1,\boldsymbol{\beta}_1)}\boldsymbol{\beta}_1 + \boldsymbol{X}_2 = -\frac{4}{5}\begin{pmatrix}2\\-1\\0\end{pmatrix} + \begin{pmatrix}2\\0\\1\end{pmatrix} = \begin{pmatrix}\frac{2}{5}\\\frac{4}{5}\\1\end{pmatrix}$$

单位化：$\boldsymbol{\gamma}_1 = \frac{1}{|\boldsymbol{\beta}_1|}\boldsymbol{\beta}_1 = \frac{1}{\sqrt{5}}(2,-1,0)^{\mathrm{T}}$，$\boldsymbol{\gamma}_2 = \frac{1}{|\boldsymbol{\beta}_2|}\boldsymbol{\beta}_2 = \frac{1}{3\sqrt{5}}(2,4,5)^{\mathrm{T}}$.

对于 $\lambda_3 = -7$，解线性齐次方程组

$$\begin{cases}8x_1 - 2x_2 + 2x_3 = 0\\ -2x_1 + 5x_2 + 4x_3 = 0\\ 2x_1 + 4x_2 + 5x_3 = 0\end{cases}$$

得 $\boldsymbol{X}_3 = (1,2,-2)^{\mathrm{T}}$.

单位化：
$$\boldsymbol{\gamma}_3 = \frac{1}{|\boldsymbol{X}_3|}\boldsymbol{X}_3 = \left(\frac{1}{3},\frac{2}{3},-\frac{2}{3}\right)^{\mathrm{T}}$$

令
$$\boldsymbol{T} = (\boldsymbol{\gamma}_1,\boldsymbol{\gamma}_2,\boldsymbol{\gamma}_3) = \begin{pmatrix}\frac{2\sqrt{5}}{5} & \frac{2\sqrt{5}}{15} & \frac{1}{3}\\ -\frac{\sqrt{5}}{5} & \frac{4\sqrt{5}}{15} & \frac{2}{3}\\ 0 & \frac{\sqrt{5}}{3} & -\frac{2}{3}\end{pmatrix}$$

则 $\boldsymbol{T}$ 为正交阵，且有

$$\boldsymbol{T}^{-1}\boldsymbol{A}\boldsymbol{T} = \boldsymbol{T}^{\mathrm{T}}\boldsymbol{A}\boldsymbol{T} = \begin{pmatrix}2 & 0 & 0\\ 0 & 2 & 0\\ 0 & 0 & -7\end{pmatrix}$$

(2) $|\boldsymbol{A} - \lambda\boldsymbol{E}| = 0$，则

$$\begin{pmatrix}1-\lambda & -1 & 0 & 0\\ -1 & 1-\lambda & 0 & 0\\ 0 & 0 & 1-\lambda & -1\\ 0 & 0 & -1 & 1-\lambda\end{pmatrix} = \lambda^2(\lambda-2)^2$$

故 $\lambda_1 = \lambda_2 = 0$，$\lambda_3 = \lambda_4 = 2$.

对 $\lambda_1 = 0$，求解线性齐次方程组 $(\boldsymbol{A} - 0\boldsymbol{E})\boldsymbol{X} = \boldsymbol{0}$，即

$$\begin{pmatrix}1 & -1 & 0 & 0\\ -1 & 1 & 0 & 0\\ 0 & 0 & 1 & -1\\ 0 & 0 & -1 & 1\end{pmatrix}\begin{pmatrix}x_1\\x_2\\x_3\\x_4\end{pmatrix} = \boldsymbol{0}$$

解得 $$X_1=(1,1,0,0)^{\mathrm T},X_2=(0,0,1,1)^{\mathrm T}$$

因 $X_1\perp X_2$，故不用正交化，单位化即可. 令

$$\gamma_1=\frac{1}{|X_1|}X_1=\frac{1}{\sqrt2}(1,1,0,0)^{\mathrm T},\gamma_2=\frac{1}{|X_2|}X_2=\frac{1}{\sqrt2}(0,0,1,1)^{\mathrm T}$$

对于 $\lambda_3=2$，解线性齐次方程组

$$\begin{pmatrix}-1&-1&0&0\\-1&-1&0&0\\0&0&-1&-1\\0&0&-1&-1\end{pmatrix}\begin{pmatrix}x_1\\x_2\\x_3\\x_4\end{pmatrix}=\mathbf{0}$$

得 $$X_3=(1,-1,0,0)^{\mathrm T},X_4=(0,0,1,-1)^{\mathrm T}$$

$X_3\perp X_4$，且 X_3,X_4 均与 X_1,X_2 正交. 将 X_3,X_4 单位化，得

$$\gamma_3=\frac{1}{|X_3|}X_3=\frac{1}{\sqrt2}(1,-1,0,0)^{\mathrm T},\gamma_4=\frac{1}{|X_4|}X_4=\frac{1}{\sqrt2}(0,0,1,-1)^{\mathrm T}$$

令 $$T=(\gamma_1,\gamma_2,\gamma_3,\gamma_4)=\begin{pmatrix}\frac{1}{\sqrt2}&0&\frac{1}{\sqrt2}&0\\\frac{1}{\sqrt2}&0&-\frac{1}{\sqrt2}&0\\0&\frac{1}{\sqrt2}&0&\frac{1}{\sqrt2}\\0&\frac{1}{\sqrt2}&0&-\frac{1}{\sqrt2}\end{pmatrix}$$

则有

$$T^{-1}AT=T^{\mathrm T}AT=\begin{pmatrix}0&&&\\&0&&\\&&2&\\&&&2\end{pmatrix}$$

例 7.9 三阶实对称矩阵 A 的特征值分别为 1,2,3，A 的属于 1,2 的特征向量分别为 $\alpha_1=(-1,-1,1)^{\mathrm T}$，$\alpha_2=(1,-2,-1)^{\mathrm T}$.

(1) 求 A 的属于特征值 3 的特征向量.

(2) 求矩阵 A.

解 (1) 设 $\alpha_3=(a_1,a_2,a_3)^{\mathrm T}$. 由 $\alpha_1\perp\alpha_3$，$\alpha_2\perp\alpha_3$，得

$$\begin{cases}-a_1-a_2+a_3=0\\a_1-2a_2-a_3=0\end{cases}$$

解之，得 $\alpha_3=k(1,0,1)^{\mathrm T}$. 取 $k=1$.

（2）记$\boldsymbol{P}=(\boldsymbol{\alpha}_1,\boldsymbol{\alpha}_2,\boldsymbol{\alpha}_3)$，则$\boldsymbol{P}^{-1}\boldsymbol{AP}=\boldsymbol{\Lambda}=\begin{pmatrix}1&&\\&2&\\&&3\end{pmatrix}$，$\boldsymbol{P}=\begin{pmatrix}-1&1&1\\-1&-2&0\\1&-1&1\end{pmatrix}$，求出

$$\boldsymbol{P}^{-1}=\begin{pmatrix}-\frac{1}{3}&-\frac{1}{3}&\frac{1}{3}\\\frac{1}{6}&-\frac{1}{3}&-\frac{1}{6}\\\frac{1}{2}&0&\frac{1}{2}\end{pmatrix}$$

因此

$$\boldsymbol{A}=\boldsymbol{P\Lambda P}^{-1}=\frac{1}{6}\begin{pmatrix}13&-2&5\\-2&10&2\\5&2&13\end{pmatrix}$$

例 7.10 已知矩阵$\boldsymbol{A}=\begin{pmatrix}2&0&0\\0&0&2\\0&2&a\end{pmatrix}$，$\boldsymbol{B}=\begin{pmatrix}2&0&0\\0&b&0\\0&0&-1\end{pmatrix}$，且$\boldsymbol{A}$与$\boldsymbol{B}$相似.

（1）求a,b的值.

（2）求一个正交矩阵$\boldsymbol{T}$，使$\boldsymbol{T}^{-1}\boldsymbol{AT}=\boldsymbol{B}$.

解 （1）因为$\boldsymbol{A}\sim\boldsymbol{B}$，由相似矩阵有相同的特征值的性质知，$\boldsymbol{B}$的特征值为2，$b$，$-1$，因此$\boldsymbol{A}$的特征值也为2，$b$，$-1$. 又由特征值的性质：$\sum\limits_{i=1}^{n}\lambda_i=\sum\limits_{i=1}^{n}a_{ii}$，$|\boldsymbol{A}|=\prod\limits_{i=1}^{n}\lambda_i$，有$a+2=2+b+(-1)$，$-8=2\cdot b\cdot(-1)$，得$b=4$，$a=3$.

（2）因为$\boldsymbol{A}$的特征值为2，4，-1，因此$\boldsymbol{A}$必可对角化. 而$\boldsymbol{B}$就是一个对角阵.

对于$\lambda_1=2$，$(\boldsymbol{A}-\lambda\boldsymbol{E})=\begin{pmatrix}0&0&0\\0&-2&2\\0&2&1\end{pmatrix}$，解$(\boldsymbol{A}-\lambda\boldsymbol{E})\boldsymbol{X}=\boldsymbol{0}$，得

$$\boldsymbol{X}_1=(1,0,0)^{\mathrm{T}}$$

对于$\lambda_2=4$，解线性齐次方程组$(\boldsymbol{A}-\lambda\boldsymbol{E})\boldsymbol{X}=\boldsymbol{0}$，即

$$\begin{pmatrix}-2&0&0\\0&-4&2\\0&2&-1\end{pmatrix}\begin{pmatrix}x_1\\x_2\\x_3\end{pmatrix}=\boldsymbol{0}$$

解得$\boldsymbol{X}_2=(0,1,2)^{\mathrm{T}}$.

当$\lambda_3=-1$时，有
$$\begin{pmatrix}3&0&0\\0&1&2\\0&2&4\end{pmatrix}\begin{pmatrix}x_1\\x_2\\x_3\end{pmatrix}=\boldsymbol{0}$$

解得 $\boldsymbol{X}_3=(0,-2,1)^{\mathrm{T}}$.

现 $\boldsymbol{X}_1,\boldsymbol{X}_2,\boldsymbol{X}_3$ 两两正交,只需单位化. 令

$$\boldsymbol{\gamma}_1=\frac{1}{|\boldsymbol{X}_1|}\boldsymbol{X}_1=\begin{pmatrix}1\\0\\0\end{pmatrix},\boldsymbol{\gamma}_2=\frac{1}{|\boldsymbol{X}_2|}\boldsymbol{X}_2=\frac{1}{\sqrt{5}}\begin{pmatrix}0\\1\\2\end{pmatrix},\boldsymbol{\gamma}_3=\frac{1}{\sqrt{5}}\begin{pmatrix}0\\-2\\1\end{pmatrix}$$

令

$$\boldsymbol{T}=(\boldsymbol{\gamma}_1,\boldsymbol{\gamma}_2,\boldsymbol{\gamma}_3)=\begin{pmatrix}1&0&0\\0&\frac{1}{\sqrt{5}}&-\frac{2}{\sqrt{5}}\\0&\frac{2}{\sqrt{5}}&\frac{1}{\sqrt{5}}\end{pmatrix}$$

有 $\boldsymbol{T}^{-1}\boldsymbol{AT}=\boldsymbol{B}$.

例 7.11 设 $\boldsymbol{A}$ 为实对称矩阵,且 $\boldsymbol{A}$ 的所有特征值 $\lambda_i>0(i=1,2,\cdots,n)$. 证明:存在实对称矩阵 $\boldsymbol{B}$,有 $\boldsymbol{B}^2=\boldsymbol{A}$.

证 $\boldsymbol{A}$ 为实对称矩阵,故必存在一个正交矩阵 $\boldsymbol{T}$,使

$$\boldsymbol{T}^{-1}\boldsymbol{AT}=\begin{pmatrix}\lambda_1&&&\\&\lambda_2&&\\&&\ddots&\\&&&\lambda_n\end{pmatrix}$$

即

$$\begin{aligned}\boldsymbol{A}&=\boldsymbol{T}\begin{pmatrix}\lambda_1&&&\\&\lambda_2&&\\&&\ddots&\\&&&\lambda_n\end{pmatrix}\boldsymbol{T}^{-1}\\&=\boldsymbol{T}\begin{pmatrix}\sqrt{\lambda_1}&&&\\&\sqrt{\lambda_2}&&\\&&\ddots&\\&&&\sqrt{\lambda_n}\end{pmatrix}\begin{pmatrix}\sqrt{\lambda_1}&&&\\&\sqrt{\lambda_2}&&\\&&\ddots&\\&&&\sqrt{\lambda_n}\end{pmatrix}\boldsymbol{T}^{-1}\\&=\boldsymbol{T}\begin{pmatrix}\sqrt{\lambda_1}&&&\\&\sqrt{\lambda_2}&&\\&&\ddots&\\&&&\sqrt{\lambda_n}\end{pmatrix}\boldsymbol{T}^{-1}\cdot\boldsymbol{T}\begin{pmatrix}\sqrt{\lambda_1}&&&\\&\sqrt{\lambda_2}&&\\&&\ddots&\\&&&\sqrt{\lambda_n}\end{pmatrix}\boldsymbol{T}^{-1}\end{aligned}$$

记

$$B=T\begin{pmatrix}\sqrt{\lambda_1} & & & \\ & \sqrt{\lambda_2} & & \\ & & \ddots & \\ & & & \sqrt{\lambda_n}\end{pmatrix}T^{-1}$$

则
$$B^{\mathrm{T}}=(T^{-1})^{\mathrm{T}}\begin{pmatrix}\sqrt{\lambda_1} & & & \\ & \sqrt{\lambda_2} & & \\ & & \ddots & \\ & & & \sqrt{\lambda_n}\end{pmatrix}^{\mathrm{T}}T^{\mathrm{T}}$$

$$=T\begin{pmatrix}\sqrt{\lambda_1} & & & \\ & \sqrt{\lambda_2} & & \\ & & \ddots & \\ & & & \sqrt{\lambda_n}\end{pmatrix}T^{-1}=B$$

且有 $A=B^2$. 证毕.

习 题 7

1. 已知矩阵 $A=\begin{pmatrix}2 & -3\\ -3 & 1\end{pmatrix}$, $B=\begin{pmatrix}3 & -2\\ 2 & 1\end{pmatrix}$,求 A, B 的特征值与特征向量.

2. 已知矩阵 $A=\begin{pmatrix}2 & 0 & 0\\ 1 & 1 & 1\\ 1 & -1 & 3\end{pmatrix}$,求 A 的特征值与特征向量.

3. 已知矩阵 $A=\begin{pmatrix}2 & -2 & 0\\ -2 & 1 & -2\\ 0 & -2 & 0\end{pmatrix}$,求 A 的特征值与特征向量.

4. 判断下列论断是否正确并说明理由.(A 为 n 阶方阵)

(1) A 与 A^{T} 有相同的特征值与特征向量.

(2) $(\lambda_0 E-A)X=0$ 的解向量都是 A 的属于 λ_0 的特征向量.

(3) 若 $X_1,X_2,\cdots,X_m$ 都是 A 的属于 λ_0 的特征向量,那么 $X_1,X_2,\cdots,X_m$ 的任意线性组合 $\sum_{i=1}^{m}k_iX_i$ 也是 A 的属于 λ_0 的特征向量.

(4) 若 X_1,X_2 是方程 $(\lambda_0 E-A)X=0$ 的一个基础解系,则 $k_1X_1+k_2X_2$ 是 A 的属于 λ_0 的全

部特征向量,其中 k_1,k_2 是非零常数.

(5) 设 X_1,X_2 是 A 的两个特征向量,则 $k_1X_1+k_2X_2$(其中 k_1,k_2 不全为零)也是 A 的特征向量.

5. 已知矩阵 $A=\begin{pmatrix}7&4&-1\\4&7&-1\\-4&-4&x\end{pmatrix}$ 的特征值为 $\lambda_1=\lambda_2=3,\lambda_3=12$. 求 x 的值. 并求对应于 $\lambda_1,\lambda_2,\lambda_3$ 的特征向量.

6. 已知 A 为 n 阶可逆阵,$\lambda_1,\lambda_2,\cdots,\lambda_n$ 为其全部特征值,试证 $\lambda_i\neq0(i=1,2,\cdots,n)$.

7. A 为 n 阶可逆阵,$\lambda_1,\lambda_2,\cdots,\lambda_n$ 为其特征值. $X_1,X_2,\cdots,X_n$ 为其对应的特征向量. 试求矩阵 A^{-1} 及 A^* 的全部特征值和对应的特征向量.

8. 已知三阶方阵 A 的三个特征值为 1,2,3. 求矩阵 $B=A^3+2A^2+A+2E$ 的特征值,并求行列式 $|B|$.

9. 设 n 阶方阵 A 的特征值为 λ_0,其矩阵多项式为 $f(A)=a_mA^m+a_{m-1}A^{m-1}+\cdots+a_1A+a_0E_n$. 试证:$f(\lambda_0)$ 是 $f(A)$ 的一个特征值.

10. 试证:一个向量 X 不可能是矩阵 A 的不同特征值的特征向量.

11. 设 X_1,X_2,X_3 分别是矩阵 A 的属于 $\lambda_1,\lambda_2,\lambda_3$ 的特征向量,又 $\lambda_1,\lambda_2,\lambda_3$ 两两不等. 试证:$X_1+X_2,X_2+X_3,X_3+X_1,X_1+X_2+X_3$ 都不可能再是矩阵 A 的特征向量.

12. 已知矩阵 $A=\begin{pmatrix}a_{11}&a_{12}&a_{13}&a_{14}\\a_{21}&a_{22}&a_{23}&a_{24}\\a_{31}&a_{32}&a_{33}&a_{34}\\a_{41}&a_{42}&a_{43}&a_{44}\end{pmatrix}$,$\lambda=1$ 是 A 的二重特征值,$\lambda=-2$ 是 A 的一重特征值. 试求 A 的特征多项式.

13. 设 $\lambda_1,\lambda_2,\cdots,\lambda_n$ 是 $A=(a_{ij})_{n\times n}$ 的 n 个特征值,试证:$\sum\limits_{i=1}^{n}\lambda_i^2=\sum\limits_{j=1}^{n}\sum\limits_{i=1}^{n}a_{ij}a_{ji}$.

14. 设 $AB=BA$,X 是 A 的属于特征值 λ_0 的特征向量. 若 $BX\neq0$,试证 BX 也是 A 的属于特征值 λ_0 的特征向量.

15. 设四阶方阵 A 满足条件 $|3E+A|=0,AA^{\mathrm{T}}=2E,|A|<0$,其中 E 为四阶单位阵,求矩阵 A 的伴随矩阵 A^* 的一个特征值.

16. 试证:(1) 若 λ 是正交矩阵 A 的特征值,则 $\frac{1}{\lambda}$ 也是 A 的特征值.

(2) 正交矩阵的实特征向量对应的特征值必是 1 或 -1.

17. 已知矩阵 $A=\begin{pmatrix}2&1&1\\1&2&1\\1&1&2\end{pmatrix}$,又向量 $X=\begin{pmatrix}1\\k\\1\end{pmatrix}$ 是 A^{-1} 的特征向量. 求 k 的值.

18. 若使矩阵 $A=\begin{pmatrix}0&0&1\\x&1&y\\1&0&0\end{pmatrix}$ 有三个线性无关的特征向量,x 与 y 应满足什么条件?

19. 试证:若 A 相似于 B,则 A^{T} 相似于 B^{T}.

20. 若 $\boldsymbol{A}$ 与 $\boldsymbol{B}$ 可交换,试证 $\boldsymbol{P}^{-1}\boldsymbol{AP}$ 与 $\boldsymbol{P}^{-1}\boldsymbol{BP}$ 也可交换.

21. 若存在一个可逆矩阵 $\boldsymbol{P}$,使矩阵 $\boldsymbol{A}$ 与 $\boldsymbol{B}$ 同时化为对角阵,则必有 $\boldsymbol{AB}=\boldsymbol{BA}$.

22. 已知 n 阶矩阵 $\boldsymbol{A},\boldsymbol{B}$,且 $\boldsymbol{A}$ 为可逆阵. 试证:

(1) $\boldsymbol{AB}$ 与 $\boldsymbol{BA}$ 相似.

(2)若 $\boldsymbol{A}$ 与 $\boldsymbol{B}$ 相似,则 $\boldsymbol{A}^{-1}$ 与 $\boldsymbol{B}^{-1}$ 相似,$\boldsymbol{A}^*$ 与 $\boldsymbol{B}^*$ 相似.

23. 下列矩阵哪些可对角化? 哪些不能对角化? 若能对角化,求出相似变换矩阵 $\boldsymbol{P}$,使 $\boldsymbol{P}^{-1}\boldsymbol{AP}$为对角阵.

(1) $\boldsymbol{A}=\begin{pmatrix}3&4\\5&2\end{pmatrix}$ (2) $\boldsymbol{A}=\begin{pmatrix}2&-1&2\\5&-3&3\\-1&0&-2\end{pmatrix}$

(3) $\boldsymbol{A}=\begin{pmatrix}0&0&1\\0&1&0\\1&0&0\end{pmatrix}$ (4) $\boldsymbol{A}=\begin{pmatrix}3&7&-3\\-2&-5&2\\-4&-10&3\end{pmatrix}$

24. n 阶上三角矩阵 $\boldsymbol{A}=\begin{pmatrix}a_{11}&a_{12}&\cdots&a_{1n}\\0&a_{22}&\cdots&a_{2n}\\\vdots&\vdots&&\vdots\\0&0&\cdots&a_{nn}\end{pmatrix}$,其中 $a_{ii}\neq a_{jj}(i\neq j,i,j=1,2,\cdots,n)$.
试证:$\boldsymbol{A}$ 必可对角化.

25. $\boldsymbol{A}$ 是一个三阶方阵,其特征值为 $\lambda_1=1,\lambda_2=-1,\lambda_3=0$,对应的特征向量分别为 $\boldsymbol{X}_1=(1,2,1)^{\mathrm{T}},\boldsymbol{X}_2=(0,-2,1)^{\mathrm{T}},\boldsymbol{X}_3=(1,1,2)^{\mathrm{T}}$. 求 $\boldsymbol{A}$.

26. 已知 $\boldsymbol{A}=\begin{pmatrix}1&2&2\\2&1&2\\2&2&1\end{pmatrix}$,求 $\boldsymbol{A}^k$(k 为正整数).

27. 设 $\boldsymbol{A}$ 为三阶方阵,且已知 $\boldsymbol{A}-\boldsymbol{E},\boldsymbol{A}+\boldsymbol{E}$ 及 $\boldsymbol{A}-2\boldsymbol{E}$ 均不可逆,试问 $\boldsymbol{A}$ 是否相似于对角矩阵? 说明理由.

28. 若 $\boldsymbol{A}$ 为 n 阶实对称矩阵,且 $\boldsymbol{A}^2=\boldsymbol{E}$,试证:必存在正交矩阵 $\boldsymbol{T}$,使 $\boldsymbol{T}^{-1}\boldsymbol{AT}=\begin{pmatrix}\boldsymbol{E}_r&\\&-\boldsymbol{E}_{n-r}\end{pmatrix}$

29. 设 $\boldsymbol{A}=\begin{pmatrix}1&a&1\\a&1&b\\1&b&1\end{pmatrix}$,$\boldsymbol{\Lambda}=\begin{pmatrix}0&&\\&1&\\&&2\end{pmatrix}$,且 $\boldsymbol{A}$ 相似于 $\boldsymbol{B}$.

(1) 求 a,b 的值.

(2) 求正交矩阵 $\boldsymbol{T}$,使 $\boldsymbol{T}^{-1}\boldsymbol{AT}=\boldsymbol{\Lambda}$.

30. 已知三阶实对称矩阵 $\boldsymbol{A}$ 有特征值:$\lambda_1=\lambda_2=1,\lambda_3=-2$,且 $\boldsymbol{X}_1=(1,0,1)^{\mathrm{T}}$ 为对应于 $\lambda_1=1$的特征向量,$\boldsymbol{X}_3=(1,1,-1)^{\mathrm{T}}$ 为对应于 $\lambda_3=-2$ 的特征向量. 试求矩阵 $\boldsymbol{A}$.

31. 设 $\boldsymbol{A}$ 为实对称矩阵,试证:存在实对称矩阵 $\boldsymbol{B}$,使 $\boldsymbol{A}=\boldsymbol{B}^3$.

32. 设 $\boldsymbol{A},\boldsymbol{B}$ 都是 n 阶矩阵,$\boldsymbol{A}$ 有 n 个两两不等的特征值. $\boldsymbol{B}$ 与 $\boldsymbol{A}$ 有相同的特征值. 试证:存在 n 阶可逆阵 $\boldsymbol{T}$ 及 n 阶矩阵 $\boldsymbol{S}$,使 $\boldsymbol{A}=\boldsymbol{TS},\boldsymbol{B}=\boldsymbol{ST}$.

33. 设 $\boldsymbol{A}$ 为 n 阶实对称矩阵,$\lambda_1,\lambda_2,\cdots,\lambda_n$ 是 $\boldsymbol{A}$ 的特征值,$\boldsymbol{X}_1,\boldsymbol{X}_2,\cdots,\boldsymbol{X}_n$ 是 $\boldsymbol{A}$ 的对应于 λ_1,

$\lambda_2,\cdots,\lambda_n$ 的 n 个两两正交的单位特征向量，X_i 均为列向量($i=1,2,\cdots,n$). 试证:A 可表示为 $A=\lambda_1X_1X_1^T+\lambda_2X_2X_2^T+\cdots+\lambda_nX_nX_n^T$.

34. 设 A 是一个 n 阶实对称矩阵，试证:若 λ_0 是 A 的 k 重特征值，则矩阵(λ_0E-A)的秩等于($n-k$).

35. 设 A,B 都是实对称矩阵，试证:存在正交矩阵 T，使 $T^{-1}AT=B$ 的充分必要条件是，A 与 B 有相同的特征多项式.

36. 求 n 阶矩阵($n\geqslant2$)$A=\begin{pmatrix}0&1&0&\cdots&0\\0&0&1&\cdots&0\\\vdots&\vdots&\vdots&&\vdots\\0&0&0&\cdots&1\\0&0&0&\cdots&0\end{pmatrix}$的特征值与特征向量，并说明 A 不能相似于对角矩阵.

第8章　二　次　型

二次型就是二次齐次多项式. 在解析几何中讨论的有心二次曲线，当中心与坐标原点重合时，其一般方程为

$$ax^2 + 2bxy + cy^2 = f$$

方程的左端就是 x,y 的一个二次齐次多项式. 为了便于研究这个二次曲线的几何性质，我们通过基变换（坐标变换），把方程化为不含 x,y 混合项的标准方程

$$a'x'^2 + c'y'^2 = f$$

在二次曲面的研究中也有类似的问题. 二次齐次多项式不仅在几何问题中出现，在数学的其他分支及物理、力学、计算机网络中也常会碰到.

我们将用矩阵来研究二次型，因此首先要讨论二次型的矩阵表示.

8.1　二次型的定义及矩阵

定义 8.1　含有 n 个变量 $x_1, x_2, \cdots, x_n$，系数取自数域 F 的 n 元二次齐次函数

$$\begin{aligned} f(x_1, x_2, \cdots, x_n) = {} & a_{11}x_1^2 + 2a_{12}x_1x_2 + 2a_{13}x_1x_3 + \cdots + 2a_{1n}x_1x_n + \\ & a_{22}x_2^2 + 2a_{23}x_2x_3 + \cdots + 2a_{2n}x_2x_n + \cdots + a_{nn}x_n^2 \end{aligned} \tag{8.1}$$

称为**数域 F 上的 n 元二次型**，简称**二次型**.

当系数 a_{ij} 为复数时，称 f 为复二次型；当 a_{ij} 为实数时，称 f 为实二次型.

取 $a_{ji} = a_{ij}$，则 $2a_{ij}x_ix_j = a_{ij}x_ix_j + a_{ji}x_jx_i$. 于是，式(8.1)可写成

$$\begin{aligned} f(x_1, x_2, \cdots, x_n) = {} & a_{11}x_1^2 + a_{12}x_1x_2 + \cdots + a_{1n}x_1x_n + \\ & a_{21}x_2x_1 + a_{22}x_2^2 + \cdots + a_{2n}x_2x_n + \cdots \\ & a_{n1}x_nx_1 + a_{n2}x_nx_2 + \cdots + a_{nn}x_n^2 \\ = {} & \sum_{i=1}^{n}\sum_{j=1}^{n} a_{ij}x_ix_j \end{aligned} \tag{8.2}$$

为了方便，把式(8.1)表示为矩阵形式. 由式(8.2)得

$$f(x_1, x_2, \cdots, x_n) = (x_1, x_2, \cdots, x_n)\begin{pmatrix} a_{11} & a_{12} & \cdots & a_{1n} \\ a_{21} & a_{22} & \cdots & a_{2n} \\ \vdots & \vdots & & \vdots \\ a_{n1} & a_{n2} & \cdots & a_{nn} \end{pmatrix}\begin{pmatrix} x_1 \\ x_2 \\ \vdots \\ x_n \end{pmatrix}$$

记
$$A=\begin{pmatrix} a_{11} & a_{12} & \cdots & a_{1n} \\ a_{21} & a_{22} & \cdots & a_{2n} \\ \vdots & \vdots & & \vdots \\ a_{n1} & a_{n2} & \cdots & a_{nn} \end{pmatrix}, X=\begin{pmatrix} x_1 \\ x_2 \\ \vdots \\ x_n \end{pmatrix}$$

则二次型(8.1)可记为

$$f=X^{\mathrm{T}}AX \tag{8.3}$$

由于 $a_{ij}=a_{ji}$，所以 A 为对称矩阵. 称式(8.3)中对称阵 A 为**二次型 f 的矩阵**，称 A 的秩为**二次型 f 的秩**.

任给一个二次型 f，f 唯一地确定了一个对称阵 A；反之，任给一个对称阵 A，A 也可唯一地确定一个二次型.

设 $f(x_1,x_2,\cdots,x_n)=X^{\mathrm{T}}AX$ 为 n 元实二次型. 如果把 $X=(x_1,x_2,\cdots,x_n)^{\mathrm{T}}$ 看做是 $\mathbf{R}^n$ 中向量 $\boldsymbol{\alpha}$ 在某组基下的坐标，那么 n 元实二次型 $f(x_1,x_2,\cdots,x_n)$ 的矩阵 A 就可以看做是在给定基底下二次型 $f(\boldsymbol{\alpha})$ 的矩阵. 当 $\mathbf{R}^n$ 取不同的基时，说向量 $\boldsymbol{\alpha}$ 的坐标一般不同. 这时二次型 $f(\boldsymbol{\alpha})$ 的矩阵如何随基底的改变而变化呢？

设 $\boldsymbol{\alpha}$ 在 $\mathbf{R}^n$ 的基 $\boldsymbol{\alpha}_1,\boldsymbol{\alpha}_2,\cdots,\boldsymbol{\alpha}_n$ 下的坐标为 $X=(x_1,x_2,\cdots,x_n)^{\mathrm{T}}$，$\boldsymbol{\alpha}$ 在 $\mathbf{R}^n$ 的基 $\boldsymbol{\beta}_1,\boldsymbol{\beta}_2,\cdots,\boldsymbol{\beta}_n$ 下的坐标为 $Y=(y_1,y_2,\cdots,y_n)^{\mathrm{T}}$. 由坐标转换公式得

$$X=CY$$

其中，C 为由基 $\boldsymbol{\alpha}_1,\boldsymbol{\alpha}_2,\cdots,\boldsymbol{\alpha}_n$ 到基 $\boldsymbol{\beta}_1,\boldsymbol{\beta}_2,\cdots,\boldsymbol{\beta}_n$ 的过渡矩阵. 于是

$$f(\boldsymbol{\alpha})=X^{\mathrm{T}}AX=(CY)^{\mathrm{T}}A(CY)=Y^{\mathrm{T}}(C^{\mathrm{T}}AC)Y$$

记 $B=C^{\mathrm{T}}AC$. 显然，B 是实对称矩阵，$B=C^{\mathrm{T}}AC$ 为 $f(\boldsymbol{\alpha})$ 在新基 $\boldsymbol{\beta}_1,\boldsymbol{\beta}_2,\cdots,\boldsymbol{\beta}_n$ 下对应的矩阵.

关系 $B=C^{\mathrm{T}}AC$ 是矩阵之间的一种重要关系，它反应了同一二次型在不同基下对应的矩阵之间的关系.

定义 8.2 给定两个 n 阶方阵 A 和 B，如果存在可逆阵 C，使得

$$B=C^{\mathrm{T}}AC$$

则称 A 与 B 合同，记作 $A\cong B$.

矩阵合同有以下三条性质：

(1) 自反性：任一 n 阶方阵 A 都与自身合同.

(2) 对称性：若 A 与 B 合同，则 B 与 A 合同.

(3) 传递性：若 A 与 B 合同，且 B 与 C 合同，则 A 与 C 合同.

定理 7.4 指出，对任一实对称矩阵 A，存在正交矩阵 P，使 $P^{-1}AP=P^{\mathrm{T}}AP=D$ 为对角阵，因此，任一实对称矩阵都与对角阵合同.

8.2 二次型的标准形与规范形

8.2.1 二次型

定义 8.3 二次型$f(x_1,x_2,\cdots,x_n)=\boldsymbol{X}^{\mathrm{T}}\boldsymbol{AX}$，存在$\boldsymbol{C}$是可逆矩阵，使得$\boldsymbol{C}^{\mathrm{T}}\boldsymbol{AC}$为对角阵，称经过可逆变换$\boldsymbol{X}=\boldsymbol{CY}$将二次型变成

$$f(x_1,x_2,\cdots,x_n)=\boldsymbol{X}^{\mathrm{T}}\boldsymbol{AX}=(\boldsymbol{CY})^{\mathrm{T}}\boldsymbol{A}(\boldsymbol{CY})=\boldsymbol{Y}^{\mathrm{T}}(\boldsymbol{C}^{\mathrm{T}}\boldsymbol{AC})\boldsymbol{Y}$$

$$=\boldsymbol{Y}^{\mathrm{T}}\begin{pmatrix}d_1 & & & \\ & d_2 & & \\ & & \ddots & \\ & & & d_n\end{pmatrix}\boldsymbol{Y}=d_1y_1^2+d_2y_2^2+\cdots+d_ny_n^2$$

为二次型$f(x_1,x_2,\cdots,x_n)=\boldsymbol{X}^{\mathrm{T}}\boldsymbol{AX}$的标准形.

$\boldsymbol{C}$是可逆矩阵包括正交矩阵.使用不同的可逆变换把同一个二次型化为标准形会得到不同的结果，二次型的标准形不是唯一的.

定义 8.4 二次型$f(x_1,x_2,\cdots,x_n)=\boldsymbol{X}^{\mathrm{T}}\boldsymbol{AX}$经过有限次可逆变换化为

$$f=y_1^2+y_2^2+\cdots+y_r^2-y_{r+1}^2-y_{y+2}^2-\cdots-y_{r+k}+0y_{r+k+1}^2+\cdots+0y_n^2 \tag{8.4}$$

则称式(8.4)为二次型的规范形.

定理 8.1 二次型$f(x_1,x_2,\cdots,x_n)=\boldsymbol{X}^{\mathrm{T}}\boldsymbol{AX}$经过有限次可逆变换，可以化为规范形，且此规范形是唯一的.

证 二次型$f(x_1,x_2,\cdots,x_n)=\boldsymbol{X}^{\mathrm{T}}\boldsymbol{AX}$经过可逆变换化为$\boldsymbol{X}=\boldsymbol{C}_1\boldsymbol{Z}$

$$f=a_1z_1^2+a_2z_2^2+\cdots+a_rz_r^2-a_{r+1}z_{r+1}^2-a_{r+2}z_{r+2}^2-\cdots-a_{r+k}z_{r+k}^2+0z_{r+k+1}^2+\cdots+0z_n^2 \tag{8.5}$$

其中$a_i>0,\ i=1,2,\cdots,r,r+1,r+2,\cdots,r+k,r+k\leqslant n$

将式(8.5)作可逆变换$\boldsymbol{Z}=\boldsymbol{C}_2\boldsymbol{Y}$，

$$\boldsymbol{C}_2=\begin{pmatrix}1/\sqrt{a_1} & & & & & & \\ & 1/\sqrt{a_2} & & & & & \\ & & \ddots & & & & \\ & & & 1/\sqrt{a_{r+k}} & & & \\ & & & & 1 & & \\ & & & & & \ddots & \\ & & & & & & 1\end{pmatrix}_{n\times n}$$

得到$f=y_1^2+y_2^2+\cdots+y_r^2-y_{r+1}^2-y_{r+2}^2-\cdots-y_{r+k}+0y_{r+k+1}^2+\cdots+0y_n^2$

8.2.2 用正交变换化实二次型为标准形

由第7章7.2节中定理7.4知，对实对称阵$\boldsymbol{A}$，存在正交阵$\boldsymbol{P}$，使

$$P^{-1}AP=\begin{pmatrix}\lambda_1 & & & \\ & \lambda_2 & & \\ & & \ddots & \\ & & & \lambda_n\end{pmatrix},\text{即 } P^{T}AP=\begin{pmatrix}\lambda_1 & & & \\ & \lambda_2 & & \\ & & \ddots & \\ & & & \lambda_n\end{pmatrix}$$

把这个结论应用于实二次型,则有如下定理.

定理 8.2 对任意 n 元实二次型

$$f=X^{T}AX$$

存在正交线性变换

$$X=PY$$

使二次型 f 化为标准形

$$f=\lambda_1 y_1^2+\lambda_2 y_2^2+\cdots+\lambda_n y_n^2$$

其中,$\lambda_1,\lambda_2,\cdots,\lambda_n$ 是 A 的 n 个特征值.

证 因 A 为实对称矩阵,存在正交阵 P,使

$$P^{T}AP=\begin{pmatrix}\lambda_1 & & & \\ & \lambda_2 & & \\ & & \ddots & \\ & & & \lambda_n\end{pmatrix}$$

其中,$\lambda_1,\lambda_2,\cdots,\lambda_n$ 为 A 的 n 个特征值. 经正交线性变换 $X=PY$,实二次型

$$\begin{aligned} f &= X^{T}AX=(PY)^{T}A(PY)=Y^{T}(P^{T}AP)Y \\ &= (y_1,y_2,\cdots,y_n)\begin{pmatrix}\lambda_1 & & & \\ & \lambda_2 & & \\ & & \ddots & \\ & & & \lambda_n\end{pmatrix}\begin{pmatrix}y_1\\ y_2\\ \vdots\\ y_n\end{pmatrix} \\ &= \lambda_1 y_1^2+\lambda_2 y_2^2+\cdots+\lambda_n y_n^2 \end{aligned}$$

例 8.1 用正交变换化二次型 $f(x_1,x_2,x_3)=4x_1^2+4x_2^2+4x_3^2+4x_1x_2+4x_1x_3+4x_2x_3$ 为标准形,并写出正交变换.

解 依题意,二次型矩阵

$$A=\begin{pmatrix}4 & 2 & 2\\ 2 & 4 & 2\\ 2 & 2 & 4\end{pmatrix}$$

(1) 求特征值 λ,解 $|\lambda E-A|=0$,即

$$|\lambda E - A| = \begin{vmatrix} \lambda-4 & -2 & -2 \\ -2 & \lambda-4 & -2 \\ -2 & -2 & \lambda-4 \end{vmatrix} = \begin{vmatrix} \lambda-8 & -2 & -2 \\ \lambda-8 & \lambda-4 & -2 \\ \lambda-8 & -2 & \lambda-4 \end{vmatrix}$$

$$= (\lambda-8)\begin{vmatrix} 1 & -2 & -2 \\ 1 & \lambda-4 & -2 \\ 1 & -2 & \lambda-4 \end{vmatrix} = (\lambda-8)\begin{vmatrix} 1 & -2 & -2 \\ 0 & \lambda-2 & 0 \\ 0 & 0 & \lambda-2 \end{vmatrix}$$

$$= (\lambda-8)(\lambda-2)^2$$

解得特征值 $\lambda=8$ 或 $\lambda=2$(二重).

(2)求特征向量,解$(\lambda E - A)X=\mathbf{0},X\neq\mathbf{0}$,有

当 $\lambda=8$ 时,$\begin{pmatrix} 4 & -2 & -2 \\ -2 & 4 & -2 \\ -2 & -2 & 4 \end{pmatrix} \longrightarrow \begin{pmatrix} 1 & -2 & 1 \\ 0 & 1 & -1 \\ 0 & 0 & 0 \end{pmatrix} \longrightarrow \begin{pmatrix} 1 & 0 & -1 \\ 0 & 1 & -1 \\ 0 & 0 & 0 \end{pmatrix}$

则
$$\begin{pmatrix} x_1 \\ x_2 \\ x_3 \end{pmatrix} = \begin{pmatrix} x_3 \\ x_3 \\ x_3 \end{pmatrix}$$

得 $\xi_1=(1,1,1)^{\mathrm{T}}$, 将其标准化,得 $\quad P_1=\left(\frac{1}{\sqrt{3}},\frac{1}{\sqrt{3}},\frac{1}{\sqrt{3}}\right)^{\mathrm{T}}$

当 $\lambda=2$ 时,$\begin{pmatrix} -2 & -2 & -2 \\ -2 & -2 & -2 \\ -2 & -2 & -2 \end{pmatrix} \longrightarrow \begin{pmatrix} 1 & 1 & 1 \\ 0 & 0 & 0 \\ 0 & 0 & 0 \end{pmatrix}$

则
$$\begin{pmatrix} x_1 \\ x_2 \\ x_3 \end{pmatrix} = \begin{pmatrix} -x_2 \\ x_2 \\ 0 \end{pmatrix} + \begin{pmatrix} -x_3 \\ 0 \\ x_3 \end{pmatrix}$$

得 $\boldsymbol{\xi}_2=\begin{pmatrix} -1 \\ 1 \\ 0 \end{pmatrix},\boldsymbol{\xi}_3=\begin{pmatrix} -1 \\ 0 \\ 1 \end{pmatrix}$

(3) 将 $\boldsymbol{\xi}_2,\boldsymbol{\xi}_3$ 正交化,由施密特正交化法得

$$\boldsymbol{\beta}_2=\begin{pmatrix} -1 \\ 1 \\ 0 \end{pmatrix},\quad \boldsymbol{\beta}_3=\begin{pmatrix} -1 \\ 0 \\ 1 \end{pmatrix}-\frac{1}{2}\begin{pmatrix} -1 \\ 1 \\ 0 \end{pmatrix}=\begin{pmatrix} -\frac{1}{2} \\ -\frac{1}{2} \\ 1 \end{pmatrix}$$

将 $\boldsymbol{\beta}_2,\boldsymbol{\beta}_3$ 标准化,得

$$P_2=\left(-\frac{1}{\sqrt{2}},\frac{1}{\sqrt{2}},0\right)^{\mathrm{T}},\quad P_3=\left(-\frac{1}{\sqrt{6}},-\frac{1}{\sqrt{6}},\frac{2}{\sqrt{6}}\right)^{\mathrm{T}}$$

得正交变换矩阵

$$P=(P_1,P_2,P_3)=\begin{pmatrix}\frac{1}{\sqrt{3}} & -\frac{1}{\sqrt{2}} & -\frac{1}{\sqrt{6}}\\ \frac{1}{\sqrt{3}} & \frac{1}{\sqrt{2}} & -\frac{1}{\sqrt{6}}\\ \frac{1}{\sqrt{3}} & 0 & \frac{2}{\sqrt{6}}\end{pmatrix}$$

二次型f经正交变换$X=PY$, $\begin{pmatrix}x_1\\x_2\\x_3\end{pmatrix}=P\begin{pmatrix}y_1\\y_2\\y_3\end{pmatrix}$化为标准形

$$f=8y_1^2+2y_2^2+2y_3^2$$

8.2.3 拉格朗日配方法化二次型为标准形

正交变换可视为由标准正交基到标准正交基的变换. 如果不限于正交变换,可以用可逆线性变换把二次型化为标准形,得到的标准形不是唯一的. 下面介绍拉格朗日配方法化二次型为标准形. 这是一种用可逆线性变换化二次型为标准形的方法. 用例子来说明这种方法.

例 8.2 化二次齐式$f(x,y,z)=x^2+2y^2+5z^2+2xy+6yz+2zx$为平方和,并求出所用的可逆线性变换.

解 先集中含x的项,配方,得

$$\begin{aligned}f&=x^2+2(y+z)x+2y^2+6yz+5z^2\\&=x^2+2(y+z)x+(y+z)^2-(y+z)^2+2y^2+6yz+5z^2\\&=(x+y+z)^2+y^2+4yz+4z^2=(x+y+z)^2+(y+2z)^2\end{aligned}$$

于是,可逆线性变换

$$\begin{cases}x'=x+y+z\\y'=y+2z\\z'=z\end{cases}\text{或}\begin{cases}x=x'-y'+z'\\y=y'-2z'\\z=z'\end{cases}$$

把f化为平方和

$$f=x'^2+y'^2$$

例 8.3 化二次齐式$f(x_1,x_2,x_3)=2x_1x_2+2x_1x_3-6x_2x_3$为平方和,并求出所用的可逆线性变换.

解 因为$f(x_1,x_2,x_3)$中没有平方项,先作可逆线性变换

$$\begin{cases}x_1=y_1+y_2\\x_2=y_1-y_2\\x_3=y_3\end{cases}$$

得

$$f=2(y_1^2-2y_1y_3-y_2^2+4y_2y_3)$$

再把所有含 y_1 的项集中,配平方. 同样地,把含 y_2 的项集中,配平方,就得到

$$\begin{aligned} f &= 2[(y_1^2 - 2y_1y_3 + y_3^2) - y_2^2 + 4y_2y_3 - y_3^2] \\ &= 2[(y_1 - y_3)^2 - (y_2^2 - 4y_2y_3 + 4y_3^2) + 3y_3^2] \\ &= 2[(y_1 - y_3)^2 - (y_2 - 2y_3)^2 + 3y_3^2] \\ &= 2z_1^2 - 2z_2^2 + 6z_3^2 \end{aligned}$$

这里

$$\begin{cases} z_1 = y_1 - y_3 = \dfrac{1}{2}x_1 + \dfrac{1}{2}x_2 - x_3 \\ z_2 = y_2 - 2y_3 = \dfrac{1}{2}x_1 - \dfrac{1}{2}x_2 - 2x_3 \\ z_3 = y_3 = x_3 \end{cases}$$

于是,可逆线性变换

$$\begin{cases} x_1 = z_1 + z_2 + 3z_3 \\ x_2 = z_1 - z_2 - z_3 \\ x_3 = z_3 \end{cases}$$

把 f 化为标准形

$$f = 2z_1^2 - 2z_2^2 + 6z_3^2$$

可逆线性变换的矩阵

$$\boldsymbol{P} = \begin{pmatrix} 1 & 1 & 3 \\ 1 & -1 & -1 \\ 0 & 0 & 1 \end{pmatrix}$$

一般地,含有 n 个变量的二次齐式化平方和也是这样:二次齐式中如果没有平方项,先用可逆线性变换(例 8.3)使它成为有平方项的二次齐式. 有了平方项后,集中含某一个有平方的变量(例 8.2 中 x)的所有项,然后配方. 对剩下的 $n-1$ 个变量进行同样的变形. 化成平方项后,再经过可逆线性变换就得到标准形.

8.2.4 初等变换化实二次型为标准形

拉格朗日配方法表明,对任一实对称阵 $\boldsymbol{A}$,一定存在可逆阵 $\boldsymbol{C}$,使 $\boldsymbol{C}^{\mathrm{T}}\boldsymbol{A}\boldsymbol{C} = \boldsymbol{\Lambda}$ 为对角阵. 将 $\boldsymbol{C}$ 分解为一系列初等阵之积,$\boldsymbol{C} = \boldsymbol{P}_1\boldsymbol{P}_2\cdots\boldsymbol{P}_t$,得

$$\boldsymbol{P}_t^{\mathrm{T}}\cdots\boldsymbol{P}_2^{\mathrm{T}}\boldsymbol{P}_1^{\mathrm{T}}\boldsymbol{A}\boldsymbol{P}_1\boldsymbol{P}_2\cdots\boldsymbol{P}_t = \boldsymbol{\Lambda}$$

由此得出,可以用某些同样类型的行、列初等变换将任意矩阵化为对角形矩阵.

例 8.4 用同样的行、列初等变换把对称矩阵

$$\boldsymbol{A} = \begin{pmatrix} 0 & 1 & 1 \\ 1 & 0 & -3 \\ 1 & -3 & 0 \end{pmatrix}$$

化为对角形矩阵.

解 因为主对角线上的元素都是 0,而第 1 行第 2 列上元素不是 0,把第 2 行加到第 1 行上,同时又把第 2 列加到第 1 列上,就得到

$$\begin{pmatrix} 2 & 1 & -2 \\ 1 & 0 & -3 \\ -2 & -3 & 0 \end{pmatrix}$$

它仍然是对称矩阵. 用 $-\frac{1}{2}$乘第 1 行加到第 2 行,又把第 1 行加到第 3 行. 再同样用 $-\frac{1}{2}$乘第 1 列加到第 2 列,又把第 1 列加到第 3 列,就有

$$\begin{pmatrix} 2 & 0 & 0 \\ 0 & -\frac{1}{2} & -2 \\ 0 & -2 & -2 \end{pmatrix}$$

右下角矩阵也是对称矩阵,可以用上面同样方法变化. 用 -4 乘第 2 行加到第 3 行上,再用 -4 乘第 2 列加到第 3 列上,得

$$\begin{pmatrix} 2 & 0 & 0 \\ 0 & -\frac{1}{2} & 0 \\ 0 & 0 & 6 \end{pmatrix}$$

即为所求的对角形矩阵.

上面化对角形矩阵的方法,同时也是求 $\boldsymbol{C}$ 的方法. 因为

$$\boldsymbol{C} = \boldsymbol{P}_1 \cdots \boldsymbol{P}_t$$

可以把 $\boldsymbol{C}$ 改写成

$$\boldsymbol{C} = \boldsymbol{E}\boldsymbol{P}_1 \cdots \boldsymbol{P}_t$$

与前面比较,可知用同样的行、列初等变换把 $\boldsymbol{A}$ 化成对角形矩阵时,只用其中的列初等变换就把单位矩阵 $\boldsymbol{E}$ 化为 $\boldsymbol{C}$,这样求 $\boldsymbol{C}$ 就非常简便了.

在具体计算时,采用与用初等变换求逆矩阵类似的写法. 在求逆矩阵 $\boldsymbol{A}^{-1}$ 时,则引用 $\boldsymbol{A}$ 的行初等变换,所以把 $\boldsymbol{E}$ 放在 $\boldsymbol{A}$ 的右边. 这里,$\boldsymbol{C}$ 是由 $\boldsymbol{A}$ 的列初等变换得来的,因此把 $\boldsymbol{E}$ 放在 $\boldsymbol{A}$ 的下面. 这样,把 $\boldsymbol{A}$ 化为对角形矩阵及求 $\boldsymbol{C}$ 两种计算就可以一次同时完成. 即

$$\begin{pmatrix} \boldsymbol{A} \\ \boldsymbol{E} \end{pmatrix} \longrightarrow \begin{pmatrix} \boldsymbol{C}^{\mathrm{T}}\boldsymbol{A}\boldsymbol{C} \\ \boldsymbol{C} \end{pmatrix}$$

例 8.5 用初等变换法将

$$f=\boldsymbol{X}^{\mathrm{T}}\begin{pmatrix}0&1&-3\\1&0&1\\-3&1&0\end{pmatrix}\boldsymbol{X}$$

化成标准二次型.

解

$$\begin{pmatrix}\boldsymbol{A}\\\boldsymbol{E}\end{pmatrix}=\begin{pmatrix}0&1&-3\\1&0&1\\-3&1&0\\1&0&0\\0&1&0\\0&0&1\end{pmatrix}\xrightarrow[r_1+r_2]{c_1+c_2}\begin{pmatrix}2&1&-2\\1&0&1\\-2&1&0\\1&0&0\\1&1&0\\0&0&1\end{pmatrix}\xrightarrow[r_3+r_1]{c_3+c_1}$$

$$\begin{pmatrix}2&1&0\\1&0&2\\0&2&-2\\1&0&1\\1&1&1\\0&0&1\end{pmatrix}\xrightarrow[r_2+r_3]{c_2+c_3}\begin{pmatrix}2&1&0\\1&2&0\\0&0&-2\\1&1&1\\1&2&1\\0&1&1\end{pmatrix}\xrightarrow[r_2-\frac{1}{2}\times r_1]{c_2-\frac{1}{2}\times c_1}$$

$$\begin{pmatrix}2&0&0\\0&\frac{3}{2}&0\\0&0&-2\\1&\frac{1}{2}&1\\1&\frac{3}{2}&1\\0&1&1\end{pmatrix}\xrightarrow[2\times r_2]{2\times c_2}\begin{pmatrix}2&0&0\\0&6&0\\0&0&-2\\1&1&1\\1&3&1\\0&2&1\end{pmatrix}$$

所用的可逆线性变换为

$$\boldsymbol{X}=\boldsymbol{C}\boldsymbol{Y},\boldsymbol{C}=\begin{pmatrix}1&1&1\\1&3&1\\0&2&1\end{pmatrix}$$

由此得标准形

$$f=2y_1^2+6y_2^2-2y_3^2$$

8.3 正定实二次型

8.3.1 实二次型的惯性定律

容易看出,给定二次型f的标准形不是唯一的,即用不同的可逆线性变换把同一个实二次型f化为标准形时,这些标准形中的系数一般是不同的. 但在实可逆线性变换下,同一个实二次型的标准形中的正系数、负系数及零系数的个数不因实可逆线性变换不同而改变,这就是实二次型的惯性定律.

定理 8.3 设n元实二次型$f=\boldsymbol{X}^{\mathrm{T}}\boldsymbol{A}\boldsymbol{X}$经实可逆线性变换$\boldsymbol{X}=\boldsymbol{C}_1\boldsymbol{Y},\boldsymbol{X}=\boldsymbol{C}_2\boldsymbol{Z}$分别化成标准形

$$f=k_1y_1^2+k_2y_2^2+\cdots+k_ny_n^2$$

及

$$f=l_1z_1^2+l_2z_2^2+\cdots+l_nz_n^2$$

则$k_1,k_2,\cdots,k_n$中正数的个数与$l_1,l_2,\cdots,l_n$中正数的个数相等,$k_1,k_2,\cdots,k_n$中负数的个数与$l_1,l_2,\cdots,l_n$中负数的个数也相等(当然,$k_1,k_2,\cdots,k_n$中零的个数与$l_1,l_2,\cdots,l_n$中零的个数也相等),分别称为f的正惯性指数与负惯性指数.

这相当于说:在秩为r的实二次型f的标准形中,正平方项的项数p(称为f的**正惯性指数**)是唯一确定的,而负平方项的项数为$r-p$(**负惯性指数**).

8.3.2 正定二次型

定义 8.5 设有n元实二次型$f=\boldsymbol{X}^{\mathrm{T}}\boldsymbol{A}\boldsymbol{X}$,如果对$\mathbf{R}^n$任何列向量$\boldsymbol{X}\neq\boldsymbol{0}$,都有$\boldsymbol{X}^{\mathrm{T}}\boldsymbol{A}\boldsymbol{X}>0$,则称$f$为**正定二次型**. 称正定二次型的矩阵为**正定矩阵**.

显然,正定阵一定是实对称阵,反之未必.

下面讨论正定二次型的判定条件.

定理 8.4 若$\boldsymbol{A}$为n阶实对称阵,则下列命题等价.

(1) $\boldsymbol{X}^{\mathrm{T}}\boldsymbol{A}\boldsymbol{X}$是正定二次型(或$\boldsymbol{A}$是正定矩阵).

(2) $\boldsymbol{A}$的正惯性指数为n,即$\boldsymbol{A}\cong\boldsymbol{E}$.

(3) 存在可逆阵$\boldsymbol{P}$,使得$\boldsymbol{A}=\boldsymbol{P}^{\mathrm{T}}\boldsymbol{P}$.

(4) $\boldsymbol{A}$的n个特征值$\lambda_1,\lambda_2,\cdots,\lambda_n$全都大于零.

定理中四个命题等价,其意义是任两个命题都互为充要条件. 证明若干个命题等价,可采用下列循环证法.

证 (1) $\Rightarrow$(2) 由$\boldsymbol{A}$为实对称矩阵知,存在可逆阵$\boldsymbol{C}$,使得

$$\boldsymbol{C}^{\mathrm{T}}\boldsymbol{A}\boldsymbol{C}=\mathrm{diag}(d_1,d_2,\cdots,d_n)$$

假设正惯性指数$<n$,则至少存在一个$d_i\leqslant 0$. 作变换$\boldsymbol{X}=\boldsymbol{C}\boldsymbol{Y}$,则

$$\boldsymbol{X}^{\mathrm{T}}\boldsymbol{A}\boldsymbol{X}=\boldsymbol{Y}^{\mathrm{T}}(\boldsymbol{C}^{\mathrm{T}}\boldsymbol{A}\boldsymbol{C})\boldsymbol{Y}=d_1y_1^2+d_2y_2^2+\cdots+d_ny_n^2$$

不恒大于零. 导出矛盾,故A的正惯性指数为n,从而$\boldsymbol{A}\cong\boldsymbol{E}$.

(2)⇒(3)　由 $\boldsymbol{C}^{\mathrm{T}}\boldsymbol{A}\boldsymbol{C}=\boldsymbol{E}$($\boldsymbol{C}$ 可逆),得 $\boldsymbol{A}=(\boldsymbol{C}^{\mathrm{T}})^{-1}\boldsymbol{C}^{-1}=(\boldsymbol{C}^{-1})^{\mathrm{T}}\boldsymbol{C}^{-1}$. 取 $\boldsymbol{P}=\boldsymbol{C}^{-1}$,则有 $\boldsymbol{A}=\boldsymbol{P}^{\mathrm{T}}\boldsymbol{P}$.

(3)⇒(4)　设 $\boldsymbol{A}\boldsymbol{X}=\lambda\boldsymbol{X}$,即$(\boldsymbol{P}^{\mathrm{T}}\boldsymbol{P})\boldsymbol{X}=\lambda\boldsymbol{X}$. 于是有

$$\boldsymbol{X}^{\mathrm{T}}\boldsymbol{P}^{\mathrm{T}}\boldsymbol{P}\boldsymbol{X}=\lambda\boldsymbol{X}^{\mathrm{T}}\boldsymbol{X},\text{即}(\boldsymbol{P}\boldsymbol{X},\boldsymbol{P}\boldsymbol{X})=\lambda(\boldsymbol{X},\boldsymbol{X})$$

由于特征向量 $\boldsymbol{X}\neq\boldsymbol{0}$,从而 $\boldsymbol{P}\boldsymbol{X}\neq\boldsymbol{0}$,故 $\boldsymbol{A}$ 的特征值

$$\lambda=\frac{(\boldsymbol{P}\boldsymbol{X},\boldsymbol{P}\boldsymbol{X})}{(\boldsymbol{X},\boldsymbol{X})}>0$$

(4)⇒(1)　对于 n 阶实对称矩阵 $\boldsymbol{A}$,存在正交阵 $\boldsymbol{Q}$,使得

$$\boldsymbol{Q}^{\mathrm{T}}\boldsymbol{A}\boldsymbol{Q}=\mathrm{diag}(\lambda_1,\lambda_2,\cdots,\lambda_n)$$

作正交变换 $\boldsymbol{X}=\boldsymbol{Q}\boldsymbol{Y}$,得

$$\boldsymbol{X}^{\mathrm{T}}\boldsymbol{A}\boldsymbol{X}=\lambda_1y_1^2+\lambda_2y_2^2+\cdots+\lambda_ny_n^2$$

由于已知特征值 $\lambda_1,\lambda_2,\cdots,\lambda_n$ 都大于零,故 $\boldsymbol{X}^{\mathrm{T}}\boldsymbol{A}\boldsymbol{X}$ 正定.

例 8.6　设 $\boldsymbol{A},\boldsymbol{B}$ 为 n 阶正定矩阵,k,l 是正数,证明:$k\boldsymbol{A}+l\boldsymbol{B}$ 是正定矩阵.

证　因为 $\boldsymbol{A}^{\mathrm{T}}=\boldsymbol{A},\boldsymbol{B}^{\mathrm{T}}=\boldsymbol{B}$,所以

$$(k\boldsymbol{A}+l\boldsymbol{B})^{\mathrm{T}}=k\boldsymbol{A}^{\mathrm{T}}+l\boldsymbol{B}^{\mathrm{T}}=k\boldsymbol{A}+l\boldsymbol{B}$$

$k\boldsymbol{A}+l\boldsymbol{B}$ 也是实对称矩阵.

对于任意非零向量 $\boldsymbol{X}\in\mathbf{R}^n$,

$$\boldsymbol{X}^{\mathrm{T}}(k\boldsymbol{A}+l\boldsymbol{B})\boldsymbol{X}=k\boldsymbol{X}^{\mathrm{T}}\boldsymbol{A}\boldsymbol{X}+l\boldsymbol{X}^{\mathrm{T}}\boldsymbol{B}\boldsymbol{X}$$

由于 $\boldsymbol{A},\boldsymbol{B}$ 为正定矩阵,所以 $\forall\boldsymbol{X}\neq\boldsymbol{0}$,恒有

$$\boldsymbol{X}^{\mathrm{T}}\boldsymbol{A}\boldsymbol{X}>0,\boldsymbol{X}^{\mathrm{T}}\boldsymbol{B}\boldsymbol{X}>0$$

于是,由 $k>0,l>0$,有

$$k\boldsymbol{X}^{\mathrm{T}}\boldsymbol{A}\boldsymbol{X}+l\boldsymbol{X}^{\mathrm{T}}\boldsymbol{B}\boldsymbol{X}>0$$

所以,$k\boldsymbol{A}+l\boldsymbol{B}$ 是正定矩阵.

例 8.7　设 $\boldsymbol{A}$ 为 n 阶正定矩阵,试证明 $\boldsymbol{A}^{-1}$ 也是正定矩阵.

证　显然,$\boldsymbol{A}^{-1}$ 是实对称矩阵.

证法 1　由于 $\boldsymbol{A}$ 是正定矩阵,$\boldsymbol{A}$ 的 n 个特征值 $\lambda_1,\lambda_2,\cdots,\lambda_n$ 都大于 0. 又 $\boldsymbol{A}^{-1}$ 的特征值为

$$\mu_i=\frac{1}{\lambda_i},i=1,2,\cdots,n$$

由 $\lambda_i>0$,有 $\mu_i>0,i=1,2,\cdots,n$. 所以 $\boldsymbol{A}^{-1}$ 也正定.

证法 2　由 $\boldsymbol{A}$ 正定,$|\boldsymbol{A}|>0$,故 $\boldsymbol{A}$ 可逆. 又 $\boldsymbol{A}^{\mathrm{T}}=\boldsymbol{A}$,所以$(\boldsymbol{A}^{-1})^{\mathrm{T}}=(\boldsymbol{A}^{\mathrm{T}})^{-1}=\boldsymbol{A}^{-1}$,故 $\boldsymbol{A}^{-1}$ 也是实对称矩阵.

由 $\boldsymbol{A}$ 正定,存在可逆矩阵 $\boldsymbol{P}$,使得

$$\boldsymbol{P}^{\mathrm{T}}\boldsymbol{A}\boldsymbol{P}=\boldsymbol{E}$$

等式两边分别求逆,

$$P^{-1}A^{-1}(P^{T})^{-1}=E$$

令 $Q=(P^{T})^{-1}$,Q 是可逆矩阵,且 $Q=(P^{T})^{-1}=(P^{-1})^{T}$,$P^{-1}=Q^{T}$,故

$$Q^{T}A^{-1}Q=E$$

所以 A^{-1} 正定.

例 8.8 设 A 为正定矩阵,证明:A 的伴随矩阵 A^{*} 也是正定矩阵.

证 因为 A 正定,A^{-1} 也正定,$A^{T}=A$,所以

$$(A^{*})^{T}=|A|(A^{-1})^{T}=|A|(A^{T})^{-1}=A^{*}$$

设 A 的特征值为 $\lambda_1,\lambda_2,\cdots,\lambda_n$. 由 A 正定,$\lambda_i>0,i=1,2,\cdots,n$. A^{*} 的特征值是

$$\mu_i=|A|\frac{1}{\lambda_i}\quad(i=1,2,\cdots,n)$$

由 A 正定,$|A|>0$,故 $\mu_i>0,i=1,2,\cdots,n$. 所以 A^{*} 正定.

例 8.9 设 A,B 为 n 阶正定矩阵,试证明:AB 正定的充分必要条件是 $AB=BA$.

证 必要性 由 AB 正定,$(AB)^{T}=B^{T}A^{T}=BA=AB$.

充分性由 $AB=BA$,$(AB)^{T}=B^{T}A^{T}=BA=AB$,所以 AB 是实对称矩阵.

证法 1 由 A,B 正定,存在可逆矩阵 P 和可逆矩阵 Q,使得

$$A=P^{T}P,B=Q^{T}Q$$

于是

$$AB=P^{T}PQ^{T}Q=Q^{-1}QP^{T}PQ^{T}Q=Q^{-1}(PQ^{T})^{T}PQ^{T}Q$$

令 $C=(PQ^{T})^{T}PQ^{T}$,则 AB 与 C 相似.

又由于 P,Q 都是可逆矩阵,所以 PQ^{T} 也是可逆矩阵,由定理 8.4(3) 知 C 为正定矩阵. C 的特征值全大于 0,AB 与 C 相似,由相似矩阵有相同特征值的性质知,AB 的特征值全大于 0. 所以 AB 是正定矩阵.

证法 2 设 λ 是 AB 的任意一个特征值,有

$$ABX=\lambda X$$

其中,$X\neq 0$,X 是 AB 的属于 λ 的特征向量.

由 A 是正定矩阵,$|A|>0$,故 A 可逆. 上式两边同乘 A^{-1},得

$$A^{-1}ABX=\lambda A^{-1}X$$

即

$$BX=\lambda A^{-1}X$$

两边再左乘 X^{T},得

$$X^{T}BX=\lambda X^{T}A^{-1}X$$

由 B 是正定矩阵,有

$$X^{T}BX>0$$

从而

$$\lambda X^{\mathrm{T}}A^{-1}X>0$$

由例 8.7，A^{-1}是正定矩阵，因此 $X^{\mathrm{T}}A^{-1}X>0$，于是

$$\lambda>0$$

故 AB 是正定矩阵.

证法3　利用两个矩阵同时对角化的定理："设 A,B 是实对称矩阵，且 $AB=BA$，则存在正交矩阵 Q，使 $Q^{-1}AQ$ 和 $Q^{-1}BQ$ 同时为对角矩阵". 因此存在正交矩阵 Q，使得

$$Q^{-1}AQ=\mathrm{diag}(\lambda_1,\lambda_2,\cdots,\lambda_n)$$
$$Q^{-1}BQ=\mathrm{diag}(\mu_1,\mu_2,\cdots,\mu_n)$$

于是

$$\begin{aligned}Q^{-1}ABQ&=Q^{-1}AQQ^{-1}BQ=\mathrm{diag}(\lambda_1,\lambda_2,\cdots,\lambda_n)\mathrm{diag}(\mu_1,\mu_2,\cdots,\mu_n)\\&=\mathrm{diag}(\lambda_1\mu_1,\lambda_2\mu_2,\cdots,\lambda_n\mu_n)\end{aligned}$$

由 A,B 都是正定矩阵，有

$$\lambda_i>0,\mu_i>0\quad(i=1,2,\cdots,n)$$

从而有

$$\lambda_i\mu_i>0\quad(i=1,2,\cdots,n)$$

因此 AB 正定.

注：关于"两个矩阵同时对角化的定理"的证明.

由 A 是实对称矩阵知，存在正交矩阵 P 使它对角化，设 A 有相异特征值 $\lambda_i,i=1,2,\cdots,t$，其重数对应为 $n_i,i=1,2,\cdots,t$，且有 $\sum\limits_{i=1}^{t}n_i=n$，则有

$$P^{\mathrm{T}}AP=\mathrm{diag}(\lambda_1E_{n_1},\lambda_2E_{n_2},\cdots,\lambda_tE_{n_t})$$

其中，E_{n_i}是 n_i 阶单位矩阵. 此时，$P^{\mathrm{T}}BP$ 仍是实对称矩阵. 由 $AB=BA$ 有

$$(P^{\mathrm{T}}AP)(P^{\mathrm{T}}BP)=P^{\mathrm{T}}ABP=P^{\mathrm{T}}BAP=(P^{\mathrm{T}}BP)(P^{\mathrm{T}}AP)$$

从而可设 $P^{\mathrm{T}}BP=\mathrm{diag}(B_1,B_2,\cdots,B_t)$，其中 B_i 是 n_i 阶方阵，$i=1,2,\cdots,t$. 因 $P^{\mathrm{T}}BP$ 是实对称矩阵，所以，B_i 也是实对称矩阵，因而存在正交矩阵 S_i，使得

$$S_i^{\mathrm{T}}B_iS_i=D_i\quad(i=1,2,\cdots,t)$$

其中，D_i 为 n_i 阶对角矩阵. 记 $S=\mathrm{diag}(S_1,S_2,\cdots,S_t)$，则 S 是正交矩阵，且

$$S^{\mathrm{T}}(P^{\mathrm{T}}BP)S=\mathrm{diag}(D_1,D_2,\cdots,D_t)$$

同时有

$$S^{\mathrm{T}}(P^{\mathrm{T}}AP)S=\mathrm{diag}(\lambda_1E_{n_1},\lambda_2E_{n_2},\cdots,\lambda_tE_{n_t})$$

令 $Q=PS$，则 Q 是正交矩阵，且 $Q^{-1}AQ$ 和 $Q^{-1}BQ$ 同时为对角阵.

下面，从二次型矩阵 A 的子式来判别二次型 $X^{\mathrm{T}}AX$ 的正定性. 先给出 A 正定的两个必要条件，再给一个充分必要条件.

定理 8.5 若二次型 $X^{\mathrm{T}}AX$ 正定,则

(1) A 的主对角元 $a_{ii}>0(i=1,2,\cdots,n)$.

(2) A 的行列式 $|A|>0$.

证 (1) 因为 $X^{\mathrm{T}}AX=\sum_{i=1}^{n}\sum_{j=1}^{n}a_{ij}x_ix_j$ 正定,所以取 $X_i=(0,\cdots,0,1,0,\cdots,0)^{\mathrm{T}}\neq\mathbf{0}$(其中,第 i 个分量 $x_i=1$),则必有 $X_i^{\mathrm{T}}AX_i=a_{ii}x_i^2=a_{ii}>0(i=1,2,\cdots,n)$.

(2) 因为 A 正定,所以存在可逆阵 P,使得 $A=P^{\mathrm{T}}P$,因此 $|A|=|P^{\mathrm{T}}||P|=|P|^2>0$. 或根据正定矩阵 A 的特征值全大于零,即得 $|A|=\lambda_1\lambda_2\cdots\lambda_n>0$.

定理 8.5 是 A 正定的必要条件,由该定理很易验证矩阵

$$A=\begin{pmatrix}1&2\\2&4\end{pmatrix},B=\begin{pmatrix}4&5\\5&2\end{pmatrix},C=\begin{pmatrix}-3&2\\2&-3\end{pmatrix}$$

不是正定的. 这是因为 $\det(A)=0,\det(B)<0$ 和 C 中 $c_{ii}<0$. 而

$$A=\begin{pmatrix}1&2&0&0\\2&1&0&0\\0&0&1&2\\0&0&2&1\end{pmatrix}$$

虽有 $a_{ii}>0$,且 $\det(A)=\begin{vmatrix}1&2\\2&1\end{vmatrix}^2=9>0$. 但用定理 8.4 可以验证(留给读者)$A$ 不是正定阵.

定理 8.6 n 元二次型 $X^{\mathrm{T}}AX$ 正定的充要条件是,A 的 n 个顺序主子式全大于零.(证略)

例 8.10 判断二次型

$$f(x_1,x_2,x_3)=x_1^2+2x_2^2+4x_3^2+2x_1x_2-4x_2x_3$$

是否为正定二次型.

分析 可以用顺序主子式来判断,也可以配方化成标准形,用定义证明.

解 二次型 f 的矩阵为

$$A=\begin{pmatrix}1&1&0\\1&2&-2\\0&-2&4\end{pmatrix}$$

各级顺序主子式为

$$P_1=1>0,\quad P_2=\begin{vmatrix}1&1\\1&2\end{vmatrix}=2-1=1>0,\quad P_3=\begin{vmatrix}1&1&0\\1&2&-2\\0&-2&4\end{vmatrix}=0$$

可知,此二次型不是正定二次型.

例 8.11 设二次型

$$f=x_1^2+4x_2^2+4x_3^2+2tx_1x_2-2x_1x_3+4x_2x_3$$

t 取何值时,f 为正定二次型?

分析 由 f 正定的充要条件是各阶顺序主子式大于 0,通过计算行列式来确定参数 t.

解 令二次型 f 的矩阵为

$$\boldsymbol{A}=\begin{pmatrix}1&t&-1\\t&4&2\\-1&2&4\end{pmatrix}$$

各阶顺序主子式为

$$P_1=1>0,P_2=\begin{vmatrix}1&t\\t&4\end{vmatrix}=4-t^2>0$$

$$P_3=\begin{vmatrix}1&t&-1\\t&4&2\\-1&2&4\end{vmatrix}=-4(t+2)(t-1)>0$$

解不等式

$$\begin{cases}4-t^2>0\\-4(t+2)(t-1)>0\end{cases}$$

得

$$\begin{cases}-2<t<2\\-2<t<1\end{cases}$$

所以 $-2<t<1$ 时,f 正定.

8.3.3 其他有定二次型

正定和半正定以及负定和半负定二次型,统称为有定二次型. 本小节简要介绍半正定、负定和半负定二次型的性质及判别定理.

定义 8.6 如果对于任意的向量 $\boldsymbol{X}=(x_1,x_2,\cdots,x_n)^{\mathrm{T}}\neq\boldsymbol{0}$,恒有二次型

(1) $\boldsymbol{X}^{\mathrm{T}}\boldsymbol{A}\boldsymbol{X}\geqslant 0$,但至少存在一个 $\boldsymbol{X}_0\neq\boldsymbol{0}$,使得 $\boldsymbol{X}_0^{\mathrm{T}}\boldsymbol{A}\boldsymbol{X}_0=0$,就称 $\boldsymbol{X}^{\mathrm{T}}\boldsymbol{A}\boldsymbol{X}$ 是半正定二次型,$\boldsymbol{A}$ 是半正定矩阵.

(2) $\boldsymbol{X}^{\mathrm{T}}\boldsymbol{A}\boldsymbol{X}<0$,称 $\boldsymbol{X}^{\mathrm{T}}\boldsymbol{A}\boldsymbol{X}$ 是负定二次型,$\boldsymbol{A}$ 是负定矩阵.

(3) $\boldsymbol{X}^{\mathrm{T}}\boldsymbol{A}\boldsymbol{X}\leqslant 0$,但至少存在一个 $\boldsymbol{X}_0\neq\boldsymbol{0}$,使得 $\boldsymbol{X}_0^{\mathrm{T}}\boldsymbol{A}\boldsymbol{X}_0=0$,就称 $\boldsymbol{X}^{\mathrm{T}}\boldsymbol{A}\boldsymbol{X}$ 是半负定二次型,$\boldsymbol{A}$ 是半负定矩阵.

如果二次型不是有定的,就称为不定二次型.

例如,$\boldsymbol{X}^{\mathrm{T}}\boldsymbol{A}\boldsymbol{X}=d_1x_1^2+d_2x_2^2+\cdots+d_nx_n^2$,当 $d_i<0(i=1,2,\cdots,n)$ 时,$\boldsymbol{X}^{\mathrm{T}}\boldsymbol{A}\boldsymbol{X}$ 是负定的;当 $d_i\geqslant 0(i=1,2,\cdots,n)$,但至少有一个为 0 时,$\boldsymbol{X}^{\mathrm{T}}\boldsymbol{A}\boldsymbol{X}$ 是半正定的;当 $d_i\leqslant 0(i=$

$1,2,\cdots,n$)，但至少有一个为 0 时，$\boldsymbol{X}^{\mathrm{T}}\boldsymbol{A}\boldsymbol{X}$ 是半负定的.

显然，如果 $\boldsymbol{A}$ 是正定（半正定）矩阵，则（$-\boldsymbol{A}$）是负定（半负定）矩阵. 反之亦然.

根据定义并利用上小节中的方法，可以证明下面的定理.

定理 8.7 设 $\boldsymbol{A}$ 为 n 阶实对称矩阵，则下列命题等价.

（1）$\boldsymbol{X}^{\mathrm{T}}\boldsymbol{A}\boldsymbol{X}$ 负定.

（2）$\boldsymbol{A}$ 的负惯性指数为 n，即 $\boldsymbol{A}\cong -\boldsymbol{E}$.

（3）存在可逆阵 $\boldsymbol{P}$，使得 $\boldsymbol{A}=-\boldsymbol{P}^{\mathrm{T}}\boldsymbol{P}$.

（4）$\boldsymbol{A}$ 的特征值全小于 0.

（5）$\boldsymbol{A}$ 的奇数阶顺序主子式全小于 0，偶数阶顺序主子式全大于 0.

定理 8.8 设 $\boldsymbol{A}$ 为 n 阶实对称矩阵，则下列命题等价.

（1）$\boldsymbol{X}^{\mathrm{T}}\boldsymbol{A}\boldsymbol{X}$ 半正定.

（2）$\boldsymbol{A}$ 的正惯性指数 $=r(\boldsymbol{A})=r(r<n)$，或 $\boldsymbol{A}\cong \mathrm{diag}(1,1,\cdots,1,0,\cdots,0)$，有 r 个 1.

（3）$\boldsymbol{A}$ 的特征值都大于等于 0，但至少有一个等于 0.

（4）存在非满秩矩阵 $\boldsymbol{P}(r(\boldsymbol{P})<n)$，使得 $\boldsymbol{A}=\boldsymbol{P}^{\mathrm{T}}\boldsymbol{P}$.

（5）$\boldsymbol{A}$ 的各阶主子式都大于等于 0，但至少有一个主子式等于 0.

关于半负定的相应的定理，读者不难自行写出.

8.4 二次曲面的一般方程

前面介绍的二次曲面的方程都是以标准形式出现的，称为二次曲面的标准方程. 二次曲面的一般方程为

$$f(x,y,z)=a_{11}x^2+a_{22}y^2+a_{33}z^2+2a_{12}xy+2a_{13}xz+2a_{23}yz+a_{14}x+a_{24}y+a_{34}z+a_{44}=0 \tag{8.6}$$

其中，$a_{ij}(i,j=1,2,3,4)$ 是实数.

为了便于判定以一般方程给出的二次曲面的类型，下面借助二次型理论研究如何把一个二次曲面的一般方程化为标准方程，即在 $\mathbf{R}^3$ 中适当选取新直角坐标系，使曲面(8.6)在该坐标系中的方程为标准方程.

令
$$\boldsymbol{A}=\begin{pmatrix} a_{11} & a_{12} & a_{13} \\ a_{21} & a_{22} & a_{23} \\ a_{31} & a_{32} & a_{33} \end{pmatrix},\boldsymbol{X}=\begin{pmatrix} x \\ y \\ z \end{pmatrix},\boldsymbol{v}=\begin{pmatrix} a_{14} \\ a_{24} \\ a_{34} \end{pmatrix}$$

其中，$a_{ji}=a_{ij}(i,j=1,2,3)$，则式(8.6)可以写成

$$f(\boldsymbol{X})=\boldsymbol{X}^{\mathrm{T}}\boldsymbol{A}\boldsymbol{X}+\boldsymbol{v}^{\mathrm{T}}\boldsymbol{X}+a_{44}=0 \tag{8.7}$$

设正交对称矩阵 $\boldsymbol{A}$ 的特征值为 $\lambda_1,\lambda_2,\lambda_3$,相应的标准正交特征向量为

$$\boldsymbol{P}_1=\begin{pmatrix}p_{11}\\p_{21}\\p_{31}\end{pmatrix},\boldsymbol{P}_2=\begin{pmatrix}p_{12}\\p_{22}\\p_{32}\end{pmatrix},\boldsymbol{P}_3=\begin{pmatrix}p_{13}\\p_{23}\\p_{33}\end{pmatrix}$$

作正交线性变换

$$\boldsymbol{X}=\boldsymbol{P}\boldsymbol{Y},\text{即}\begin{pmatrix}x\\y\\z\end{pmatrix}=\boldsymbol{P}\begin{pmatrix}x'\\y'\\z'\end{pmatrix}$$

其中

$$\boldsymbol{P}=(\boldsymbol{P}_1,\boldsymbol{P}_2,\boldsymbol{P}_3)=\begin{pmatrix}p_{11}&p_{12}&p_{13}\\p_{21}&p_{22}&p_{23}\\p_{31}&p_{32}&p_{33}\end{pmatrix},\boldsymbol{Y}=\begin{pmatrix}x'\\y'\\z'\end{pmatrix}$$

方程(8.7)化为

$$\begin{aligned}f(\boldsymbol{X})&=\boldsymbol{X}^{\mathrm{T}}\boldsymbol{A}\boldsymbol{X}+\boldsymbol{v}^{\mathrm{T}}\boldsymbol{X}+a_{44}=(\boldsymbol{P}\boldsymbol{Y})^{\mathrm{T}}\boldsymbol{A}(\boldsymbol{P}\boldsymbol{Y})+\boldsymbol{v}^{\mathrm{T}}(\boldsymbol{P}\boldsymbol{Y})+a_{44}\\&=\boldsymbol{Y}^{\mathrm{T}}(\boldsymbol{P}^{\mathrm{T}}\boldsymbol{A}\boldsymbol{P})\boldsymbol{Y}+(\boldsymbol{v}^{\mathrm{T}}\boldsymbol{P})\boldsymbol{Y}+a_{44}\\&=\lambda_1x'^2+\lambda_2y'^2+\lambda_3z'^2+a'_{14}x'+a'_{24}y'+a'_{34}z'+a_{44}\\&=0\end{aligned}$$

记为

$$g(x',y',z')=\lambda_1x'^2+\lambda_2y'^2+\lambda_3z'^2+a'_{14}x'+a'_{24}y'+a'_{34}z'+a_{44}=0\qquad(8.8)$$

在 $\mathbf{R}^3$ 中坐标原点不变,以 $\boldsymbol{A}$ 的标准正交列向量为基,可以将式(8.6)化为式(8.8).

例 8.12 判定 $f=6x^2-2y^2+6z^2+4xz+8x-4y-8z+1=0$ 的图形名称.

解 依题意,二次型短阵

$$\boldsymbol{A}=\begin{pmatrix}6&0&2\\0&-2&0\\2&0&6\end{pmatrix},\quad \boldsymbol{v}=\begin{pmatrix}8\\-4\\-8\end{pmatrix}$$

$$f=(x,y,z)\begin{pmatrix}6&0&2\\0&-2&0\\2&0&6\end{pmatrix}\begin{pmatrix}x\\y\\z\end{pmatrix}+(8,-4,-8)\begin{pmatrix}x\\y\\z\end{pmatrix}+1=0$$

由 $|\lambda\boldsymbol{E}-\boldsymbol{A}|=0$ 解得特征值:$\lambda_1=8,\lambda_2=4,\lambda=-2$

由 $(\lambda\boldsymbol{E}-\boldsymbol{A})=\boldsymbol{0}$ 求特征向量,属于三个不同特征值的特征向量正交,分别是

$$\boldsymbol{\xi}_1=(1,0,1)^{\mathrm{T}},\quad \boldsymbol{\xi}_2=(1,0,-1)^{\mathrm{T}},\quad \boldsymbol{\xi}_3=(0,1,0)^{\mathrm{T}}$$

将特征向量标准化,得到正交阵

$$P=(P_1,P_2,P_3)=\begin{pmatrix}\frac{1}{\sqrt{2}} & \frac{1}{\sqrt{2}} & 0\\ 0 & 0 & 1\\ \frac{1}{\sqrt{2}} & -\frac{1}{\sqrt{2}} & 0\end{pmatrix}$$

经过正交变换$\begin{pmatrix}x\\y\\z\end{pmatrix}=P\begin{pmatrix}x'\\y'\\z'\end{pmatrix}$,得

$$8x'^2+4y'^2-2z'^2+8\sqrt{2}y'-4z'+1=0$$

再经过平移可逆变换

$$\begin{pmatrix}\bar{x}\\ \bar{y}\\ \bar{z}\end{pmatrix}=\begin{pmatrix}x' & & \\ & y'+\sqrt{2} & \\ & & z'+1\end{pmatrix}$$

得

$$8\bar{x}^2+4\bar{y}^2-2\bar{z}^2=5$$

图形是单叶双曲面.

习　题　8

1. 用配方法化二次型为标准形,并求所作的可逆线性变换.

(1) $f(x_1,x_2,x_3)=x_1^2-3x_2^2-2x_1x_2-6x_2x_3+2x_1x_3$

(2) $f(x_1,x_2,x_3)=2x_1x_2+3x_3^2$

(3) $f(x_1,x_2,x_3)=x_1x_2+x_1x_3-3x_2x_3$

(4) $f(x_1,x_2,x_3,x_4)=2x_1x_2+2x_1x_3-2x_1x_4-2x_2x_3+2x_2x_4+2x_3x_4$

2. 用矩阵的初等变换法将二次型化为标准形,并写出所作的可逆线性变换.

(1) $f(x_1,x_2,x_3)=x_1^2-x_3^2+2x_1x_2+2x_2x_3$

(2) $f(x_1,x_2,x_3)=x_1x_2+x_1x_3+x_2x_3$

3. 用正交线性变换化二次型为标准形,并求正交线性变换.

(1) $f(x_1,x_2,x_3)=x_1^2+x_2^2+x_3^2-2x_1x_3$

(2) $f(x_1,x_2,x_3)=3x_1^2+6x_2^2+3x_3^2-4x_1x_2-8x_1x_3-4x_2x_3$

(3) $f(x_1,x_2,x_3,x_4)=2x_1x_2+2x_1x_3-2x_1x_4-2x_2x_3+2x_2x_4+2x_3x_4$

4. 求二次型

$$f(x_1,x_2,x_3)=3x_1^2+3x_2^2+2x_1x_2+4x_1x_3-4x_2x_3$$

在条件 $x_1^2+x_2^2+x_3^2=1$ 下的最小值.

5. 求二次型的秩、正惯性指数和符号差.

(1) $f(x_1,x_2,x_3)=4x_1^2+x_2^2+x_3^2-4x_1x_2+4x_1x_3-3x_2x_3$

(2) $f(x_1,x_2,x_3)=x_1x_2+x_1x_3+x_2x_3$

(3) $f(x_1,x_2,x_3)=x_1^2+x_1x_3$

6. 设$f(x_1,x_2,x_3)=5x_1^2+x_2^2+5x_3^2+4x_1x_2-8x_1x_3-4x_2x_3$,试判断二次型$f$是否为正定二次型.

7. 设$f(x_1,x_2,\cdots,x_n)=\sum\limits_{i=1}^{n}x_i^2+\sum\limits_{1\leqslant i<j\leqslant n}x_ix_j$,试判断二次型$f$是否为正定二次型.

8. 设$f(x_1,x_2,x_3)=2x_1^2+3x_2^2+4x_3^2-8x_1x_2+2x_1x_3-x_2x_3$,试判断二次型$f$是否为正定二次型.

9. t取何值时,二次型$f(x_1,x_2,x_3)=x_1^2+x_2^2+5x_3^2+2tx_1x_2-2x_1x_3+4x_2x_3$是正定二次型?

10. t取何值时,二次型$f(x_1,x_2,x_3)=x_1^2+4x_2^2+4x_3^2+2tx_1x_2-2x_1x_3+4x_2x_3$是正定二次型?

11. 已知二次型$f(x_1,x_2,x_3)=2x_1^2+3x_2^2+3x_3^2+2ax_2x_3\ (a>0)$,通过正交变换化作标准形$f=y_1^2+2y_2^2+5y_3^2$. 求$a$及所作的正交变换.

12. 已知实对称矩阵$\boldsymbol{A}$满足$\boldsymbol{A}^2-3\boldsymbol{A}+2\boldsymbol{E}=\boldsymbol{O}$,证明:$\boldsymbol{A}$是正定矩阵.

13. 判断n阶($n\geqslant 2$)矩阵$\boldsymbol{A}$是否为正定矩阵.

$$\boldsymbol{A}=\begin{pmatrix}2&1&1&\cdots&1\\1&2&1&\cdots&1\\1&1&2&\cdots&1\\\vdots&\vdots&\vdots&&\vdots\\1&1&1&\cdots&2\end{pmatrix}$$

14. 试证明:若实对称矩阵$\boldsymbol{A}=(a_{ij})$的主对角线上有一个元素$a_{ii}<0$,则$\boldsymbol{A}$必定不是正定矩阵.

15. 设$\boldsymbol{A}$为n阶正定矩阵,试证明:存在n阶正定矩阵$\boldsymbol{B}$,使得$\boldsymbol{A}=\boldsymbol{B}^2$.

16. 试证明:$f(x_1,x_2,x_3)=-x_1^2-2x_2^2-3x_3^2+2x_1x_2+2x_2x_3$是负定二次型.

17. 设$\boldsymbol{A}$为m阶实对称矩阵,且$\boldsymbol{A}$正定,$\boldsymbol{B}$为$m\times n$实矩阵,试证明:$\boldsymbol{B}^{\mathrm{T}}\boldsymbol{A}\boldsymbol{B}$正定的充分必要条件是$\boldsymbol{B}$的秩$r(\boldsymbol{B})=n$.

18. 设$\boldsymbol{A}$为$m\times n$实矩阵,已知矩阵$\boldsymbol{B}=\lambda\boldsymbol{E}+\boldsymbol{A}^{\mathrm{T}}\boldsymbol{A}$,试证明:当$\lambda>0$时,$\boldsymbol{B}$为正定矩阵.

19. 设$\boldsymbol{A}$为n阶反对称矩阵,证明:$\boldsymbol{E}-\boldsymbol{A}^2$正定.

20. 若二次曲面方程$x^2+3y^2+2axy+2xz+2yz=4$经过正交变换化为$y_1^2+4z_1^2=4$,则$a=$____.

21. 设二次型$f(x_1,x_2,x_3)=ax_1^2+ax_2^2+(a-1)x_3^2+2x_1x_2-2x_2x_3$.

(1) 求二次型f的矩阵的特征值.

(2) 若二次型f的规范形为$y_1^2+y_2^2$,求a的值.

22. 设$\boldsymbol{C}$为可逆矩阵,且$\boldsymbol{C}^{\mathrm{T}}\boldsymbol{A}\boldsymbol{C}=\mathrm{diag}(d_1,d_2,\cdots,d_n)$,问对角阵的对角元素是否都是$\boldsymbol{A}$的特征值. 并说明理由.

23. 设n阶实对称矩阵$\boldsymbol{A}$的秩为$r\ (r<n)$,试证明:

(1) 存在可逆阵$\boldsymbol{C}$,使得$\boldsymbol{C}^{\mathrm{T}}\boldsymbol{A}\boldsymbol{C}=\mathrm{diag}(d_1,d_2,\cdots,d_r,0,\cdots,0)$,其中,$d_i\neq 0\ (i=1,2,\cdots,r)$.

(2) $\boldsymbol{A}$可表示为r个秩为1的对称矩阵之和.

24. 设n阶实对称幂等矩阵$\boldsymbol{A}$(满足$\boldsymbol{A}^2=\boldsymbol{A}$)的秩为$r$,试求:

(1) 二次型$\boldsymbol{X}^{\mathrm{T}}\boldsymbol{A}\boldsymbol{X}$的一个标准形.

（2）$\det(\boldsymbol{E}+\boldsymbol{A}+\boldsymbol{A}^2+\cdots+\boldsymbol{A}^n)$

25. 设 $\boldsymbol{A}$ 为 n 阶实对称矩阵，且其正负惯性指数都不为零. 证明：存在非零向量 $\boldsymbol{X}_1,\boldsymbol{X}_2$ 和 $\boldsymbol{X}_3$，使得 $\boldsymbol{X}_1^{\mathrm{T}}\boldsymbol{A}\boldsymbol{X}_1>0,\boldsymbol{X}_2^{\mathrm{T}}\boldsymbol{A}\boldsymbol{X}_2=0$ 和 $\boldsymbol{X}_3^{\mathrm{T}}\boldsymbol{A}\boldsymbol{X}_3<0$.

26. 设 $\boldsymbol{A}$ 为奇数阶实对称矩阵，且 $\det(\boldsymbol{A})>0$. 证明：存在非零向量 $\boldsymbol{X}_0$，使 $\boldsymbol{X}_0^{\mathrm{T}}\boldsymbol{A}\boldsymbol{X}_0>0$.

27. 若对于任意的全不为 0 的 $x_1,x_2,\cdots,x_n$，二次型 $f(x_1,x_2,\cdots,x_n)$ 恒大于 0，问二次型 f 是否正定.

28. 设 $\boldsymbol{A}$ 是实对称矩阵，证明：当 t 充分大时，$\boldsymbol{A}+t\boldsymbol{E}$ 为正定矩阵.

29. 设 n 阶实对称矩阵 $\boldsymbol{A}$ 的特征值为 $\lambda_1,\lambda_2,\cdots,\lambda_n$，$t$ 满足什么条件时，$\boldsymbol{A}-t\boldsymbol{E}$ 为正定矩阵？

30. 设 $\boldsymbol{A}$ 为实对称矩阵，$\boldsymbol{B}$ 为正定矩阵. 证明：存在可逆矩阵 $\boldsymbol{C}$，使得 $\boldsymbol{C}^{\mathrm{T}}\boldsymbol{A}\boldsymbol{C}$ 和 $\boldsymbol{C}^{\mathrm{T}}\boldsymbol{B}\boldsymbol{C}$ 都成对角形.

31. 设 $\boldsymbol{A}=(a_{ij})$ 为 n 阶正定矩阵，$\boldsymbol{X}=(x_1,x_2,\cdots,x_n)^{\mathrm{T}}$. 证明 $f(\boldsymbol{X})=\det\begin{pmatrix}\boldsymbol{0} & \boldsymbol{X}^{\mathrm{T}}\\ \boldsymbol{X} & \boldsymbol{A}\end{pmatrix}$ 是一个负定二次型.

32. 设 $\boldsymbol{A}=(a_{ij})$ 为 n 阶正定矩阵，证明：$\det\boldsymbol{A}\leqslant\prod_{i=1}^{n}a_{ii}$.

33. 设 $\boldsymbol{B}=(a_{ij})$ 为 n 阶可逆矩阵，证明：$|\boldsymbol{B}|^2\leqslant\prod_{i=1}^{n}(b_{1i}^2+b_{2i}^2+\cdots+b_{ni}^2)$.

附　　录*

说明：由于教学大纲规定的学时有限，有些内容无法安排，但这些内容在工科数学后续系列课程中还要用到，特设附录作简单内容介绍，以备所用。

附录Ⅰ　线性算子

1. 线性算子的定义及运算性质

当用数学的方法描述所研究的物理现象与过程时（如用向量或线性齐式来描述），为简化起见，经常进行一系列的变换.

定义 1　对向量进行的变换称为算子（或运算子）（算子用小写黑体希腊字母 $\boldsymbol{\sigma}$, $\boldsymbol{\tau}$, $\boldsymbol{\nu}$, $\boldsymbol{\mu}$, $\boldsymbol{u}$, $\boldsymbol{m}$, $\boldsymbol{n}$ 来表示）.

如果存在一个映射，使对每一个 $\boldsymbol{x}\in V$，都有另外某个 $\boldsymbol{x}'\in V$ 与它对应，则认为在线性空间 V 中给定一个算子 $\boldsymbol{\sigma}$.

称向量 $\boldsymbol{x}$ 为原像，向量 $\boldsymbol{x}'$ 为像（或映像）且记为

$$\boldsymbol{x}\rightarrow\boldsymbol{x}' \text{ 或 } \boldsymbol{x}'=\boldsymbol{\sigma x}$$

如果算子 $\boldsymbol{\sigma}$ 满足线性条件

（1）$\boldsymbol{\sigma}(\boldsymbol{x}_1+\boldsymbol{x}_2)=\boldsymbol{\sigma x}_1+\boldsymbol{\sigma x}_2=\boldsymbol{x}_1'+\boldsymbol{x}_2'$

（2）$\boldsymbol{\sigma}(c\boldsymbol{x})=c\boldsymbol{\sigma x}=c\boldsymbol{x}'$（其中，$c$ 为任意数）

则称算子 $\boldsymbol{\sigma}$ 为线性算子.

定义 2　设 $\boldsymbol{\sigma}$ 与 $\boldsymbol{\tau}$ 是线性空间 $V(F)$ 的两个线性算子，$\lambda\in F$，定义 $\boldsymbol{\sigma}$ 与 $\boldsymbol{\tau}$ 之和 $\boldsymbol{\sigma}+\boldsymbol{\tau}$，数量 λ 与 $\boldsymbol{\sigma}$ 的乘积 $\lambda\boldsymbol{\sigma}$ 以及 $\boldsymbol{\sigma}$ 与 $\boldsymbol{\tau}$ 的乘积 $\boldsymbol{\sigma\tau}$ 为

$\forall\boldsymbol{\alpha}\in V$

$$(\boldsymbol{\sigma}+\boldsymbol{\tau})(\boldsymbol{\alpha})=\boldsymbol{\sigma}(\boldsymbol{\alpha})+\boldsymbol{\tau}(\boldsymbol{\alpha})$$

$$(\lambda\boldsymbol{\sigma})(\boldsymbol{\alpha})=\lambda\boldsymbol{\sigma}(\boldsymbol{\alpha})$$

$$(\boldsymbol{\sigma\tau})(\boldsymbol{\alpha})=\boldsymbol{\sigma}(\boldsymbol{\tau}(\boldsymbol{\alpha}))$$

上述定义的 $\boldsymbol{\sigma}+\boldsymbol{\tau}$，$\lambda\boldsymbol{\sigma}$ 和 $\boldsymbol{\sigma\tau}$ 仍是 $V(F)$ 的线性算子，对此只需验证它们满足线性算子的条件. 事实上，$\forall\boldsymbol{\alpha}_1$，$\boldsymbol{\alpha}_2\in V$，$k_1$，$k_2\in F$，有

$$\begin{aligned}(\boldsymbol{\sigma}+\boldsymbol{\tau})(k_1\boldsymbol{\alpha}_1+k_2\boldsymbol{\alpha}_2)&=(\boldsymbol{\sigma}+\boldsymbol{\tau})(k_1\boldsymbol{\alpha}_1)+(\boldsymbol{\sigma}+\boldsymbol{\tau})(k_2\boldsymbol{\alpha}_2)\\&=\boldsymbol{\sigma}(k_1\boldsymbol{\alpha}_1)+\boldsymbol{\tau}(k_1\boldsymbol{\alpha}_1)+\boldsymbol{\sigma}(k_2\boldsymbol{\alpha}_2)+\boldsymbol{\tau}(k_2\boldsymbol{\alpha}_2)\\&=k_1\boldsymbol{\sigma}(\boldsymbol{\alpha}_1)+k_1\boldsymbol{\tau}(\boldsymbol{\alpha}_1)+k_2\boldsymbol{\sigma}(\boldsymbol{\alpha}_2)+k_2\boldsymbol{\tau}(\boldsymbol{\alpha}_2)\\&=k_1(\boldsymbol{\sigma}+\boldsymbol{\tau})(\boldsymbol{\alpha}_1)+k_2(\boldsymbol{\sigma}+\boldsymbol{\tau})(\boldsymbol{\alpha}_2)\end{aligned}$$

所以，$\boldsymbol{\sigma}+\boldsymbol{\tau}$ 是一个线性算子. 再由

$$\begin{aligned}(\boldsymbol{\sigma\tau})(k_1\boldsymbol{\alpha}_1+k_2\boldsymbol{\alpha}_2)&=\boldsymbol{\sigma}(\boldsymbol{\tau}(k_1\boldsymbol{\alpha}_1+k_2\boldsymbol{\alpha}_2))\\&=\boldsymbol{\sigma}(k_1\boldsymbol{\tau}(\boldsymbol{\alpha}_1)+k_2\boldsymbol{\tau}(\boldsymbol{\alpha}_2))\\&=k_1\boldsymbol{\sigma}(\boldsymbol{\tau}(\boldsymbol{\alpha}_1))+k_2\boldsymbol{\sigma}(\boldsymbol{\tau}(\boldsymbol{\alpha}_2))\\&=k_1(\boldsymbol{\sigma\tau})(\boldsymbol{\alpha}_1)+k_2(\boldsymbol{\sigma\tau})(\boldsymbol{\alpha}_2)\end{aligned}$$

所以，$\boldsymbol{\sigma\tau}$ 也是一个线性算子. $\boldsymbol{\lambda\sigma}$ 也是线性算子的验证留给读者练习.

在工科数学分析中常见的线性算子有微分算子、积分算子等.

2. 线性算子的矩阵

设 $\boldsymbol{\sigma}$ 是某个算子，而量 $\boldsymbol{e}_1, \boldsymbol{e}_2, \cdots, \boldsymbol{e}_n$ 为空间 V_n 的一组基(n 表示空间的维数).

算子 $\boldsymbol{\sigma}$ 将每个基向量 $\boldsymbol{e}_i$ 转换为某个新的向量 $\boldsymbol{f}_i$，

$$\boldsymbol{\sigma e}_i=\boldsymbol{f}_i \quad (i=1, 2, \cdots, n)$$

由此得到的每一个向量 $\boldsymbol{f}_i$ 都可按原来的基分解，

$$\boldsymbol{\sigma e}_i=\sum_{k=1}^{n}a_{ik}\boldsymbol{e}_k$$

即

$$\begin{aligned}\boldsymbol{f}_1&=\boldsymbol{\sigma e}_1=a_{11}\boldsymbol{e}_1+a_{12}\boldsymbol{e}_2+\cdots+a_{1n}\boldsymbol{e}_n\\\boldsymbol{f}_2&=\boldsymbol{\sigma e}_2=a_{21}\boldsymbol{e}_1+a_{22}\boldsymbol{e}_2+\cdots+a_{2n}\boldsymbol{e}_n\\&\quad\vdots\\\boldsymbol{f}_n&=\boldsymbol{\sigma e}_n=a_{n1}\boldsymbol{e}_1+a_{n2}\boldsymbol{e}_2+\cdots+a_{nn}\boldsymbol{e}_n\end{aligned}$$

上述基变换公式的系数确定了矩阵

$$\boldsymbol{A}=\begin{pmatrix}a_{11}&a_{21}&\cdots&a_{n1}\\a_{12}&a_{22}&\cdots&a_{n2}\\\vdots&\vdots&&\vdots\\a_{1n}&a_{2n}&\cdots&a_{nn}\end{pmatrix}$$

称 $\boldsymbol{A}$ 为线性算子 $\boldsymbol{\sigma}$ 在基 $\boldsymbol{e}_1, \boldsymbol{e}_2, \cdots, \boldsymbol{e}_n$ 下的矩阵.

矩阵 $\boldsymbol{A}$ 的列是向量 $\boldsymbol{f}_1, \boldsymbol{f}_2, \cdots, \boldsymbol{f}_n$ 的坐标.

这里要把 $\boldsymbol{e}_k$ 与 $\boldsymbol{f}_k$ 看做列矩阵，从而有

$$\boldsymbol{f}_k=\boldsymbol{A}\boldsymbol{e}_k$$

现在介绍一个不加证明的定理.

定理 1 存在唯一的线性算子 $\boldsymbol{\sigma}$，将空间 V_n 的基向量 $\boldsymbol{e}_1, \boldsymbol{e}_2, \cdots, \boldsymbol{e}_n$ 对应地变为任意确定的向量 $\boldsymbol{f}_1, \boldsymbol{f}_2, \cdots, \boldsymbol{f}_n$(通常用 $\{\boldsymbol{\alpha}_k\}$ 来表示向量(组) $\boldsymbol{\alpha}_k$ 的序列，$k\in\mathbf{N}$).

上述定理允许我们把矩阵和算子视为同一的，即谈到“已知算子”时，只要指明矩阵就可以了.

根据定理1可知，可建立线性算子 $\boldsymbol{\sigma}$，按上面写出的公式把向量 $\boldsymbol{e}_i$ 变为向量 $\boldsymbol{f}_i$，$i=1, 2, \cdots, n$，并且算子 $\boldsymbol{\sigma}$ 的矩阵是矩阵 $\boldsymbol{A}$（这样的算子是唯一的），即

$$\boldsymbol{\sigma e}_1=\boldsymbol{f}_1, \boldsymbol{\sigma e}_2=\boldsymbol{f}_2, \cdots, \boldsymbol{\sigma e}_n=\boldsymbol{f}_n$$

定理2 设线性空间 $V(F)$ 的线性算子 $\boldsymbol{\sigma}$ 和 $\boldsymbol{\tau}$ 在 V 的基 $\{\boldsymbol{\alpha}_1, \boldsymbol{\alpha}_2, \cdots, \boldsymbol{\alpha}_n\}$ 下所对应的矩阵分别为 $\boldsymbol{A}$ 和 $\boldsymbol{B}$，则 $\boldsymbol{\sigma}+\boldsymbol{\tau}$，$\lambda\boldsymbol{\sigma}$ 和 $\boldsymbol{\sigma\tau}$ 在该组基下对应的矩阵分别为 $\boldsymbol{A}+\boldsymbol{B}$，$\lambda\boldsymbol{A}$，$\boldsymbol{AB}$.

证 设 $\boldsymbol{A}=(a_{ij})_{n\times n}$，$\boldsymbol{B}=(b_{ij})_{n\times n}$，则有

$$\boldsymbol{\sigma}(\boldsymbol{\alpha}_j)=\sum_{i=1}^{n}a_{ij}\boldsymbol{\alpha}_i, \boldsymbol{\tau}(\boldsymbol{\alpha}_j)=\sum_{i=1}^{n}b_{ij}\boldsymbol{\alpha}_i \quad (j=1, \cdots, n)$$

于是

$$(\boldsymbol{\sigma}+\boldsymbol{\tau})(\boldsymbol{\alpha}_j)=\boldsymbol{\sigma}(\boldsymbol{\alpha}_j)+\boldsymbol{\tau}(\boldsymbol{\alpha}_j)=\sum_{i=1}^{n}a_{ij}\boldsymbol{\alpha}_i+\sum_{i=1}^{n}b_{ij}\boldsymbol{\alpha}_i$$

$$\sum_{i=1}^{n}(a_{ij}+b_{ij})\boldsymbol{\alpha}_i \quad (j=1, \cdots, n)$$

这表明 $\boldsymbol{\sigma}+\boldsymbol{\tau}$ 所对应的矩阵的第 i 行第 j 列元素 $a_{ij}+b_{ij}=(\boldsymbol{A}+\boldsymbol{B})$ 的第 i 行第 j 列元素，所以 $\boldsymbol{\sigma}+\boldsymbol{\tau}$ 对应的矩阵为 $\boldsymbol{A}+\boldsymbol{B}$. 再由

$$\begin{aligned}(\boldsymbol{\sigma\tau})(\boldsymbol{\alpha}_j)&=\boldsymbol{\sigma}(\boldsymbol{\tau}(\boldsymbol{\alpha}_j))=\boldsymbol{\sigma}\left(\sum_{i=1}^{n}b_{ij}\boldsymbol{\alpha}_i\right)\\&=\sum_{i=1}^{n}b_{ij}\boldsymbol{\sigma}(\boldsymbol{\alpha}_i)=\sum_{i=1}^{n}b_{ij}\left(\sum_{k=1}^{n}a_{ki}\boldsymbol{\alpha}_k\right)\\&=\sum_{k=1}^{n}\left(\sum_{i=1}^{n}a_{ki}b_{ij}\right)\boldsymbol{\alpha}_k=\sum_{k=1}^{n}c_{kj}\boldsymbol{\alpha}_k\end{aligned}$$

所以 $\boldsymbol{\sigma\tau}$ 所对应的矩阵的第 k 行第 j 列元素 $c_{kj}=\sum_{i=1}^{n}a_{kj}b_{ij}=(\boldsymbol{AB})_{kj}$（即 $\boldsymbol{AB}$ 的第 k 行第 j 列元素），因此 $\boldsymbol{\sigma\tau}$ 对应的矩阵为 $\boldsymbol{AB}$.

同样，$\lambda\boldsymbol{\sigma}$ 对应的矩阵为 $\lambda\boldsymbol{A}$.（证明留给读者）

附录Ⅱ 酉空间简介

欧氏空间讨论的是实数域上的线性空间的度量性质，酉空间就是将其欧氏空间推广到复数域上的线性空间上去.

定义3 设 V 是复数域上的线性空间，在 V 上定义了一个二元复函数，称为内积，记为 $(\boldsymbol{\alpha}, \boldsymbol{\beta})$，它具有以下性质：

(1) $(\boldsymbol{\alpha}, \boldsymbol{\beta})=\overline{(\boldsymbol{\beta}, \boldsymbol{\alpha})}$，其中 $\overline{(\boldsymbol{\beta}, \boldsymbol{\alpha})}$ 是 $(\boldsymbol{\beta}, \boldsymbol{\alpha})$ 的共轭复数；

(2) $(k\boldsymbol{\alpha}, \boldsymbol{\beta})=k(\boldsymbol{\alpha}, \boldsymbol{\beta})$

(3) $(\boldsymbol{\alpha}+\boldsymbol{\beta}, \boldsymbol{\gamma})=(\boldsymbol{\alpha}, \boldsymbol{\gamma})+(\boldsymbol{\beta}, \boldsymbol{\gamma})$

(4) $(\boldsymbol{\alpha}, \boldsymbol{\alpha})$是非负实数，且$(\boldsymbol{\alpha}, \boldsymbol{\alpha})=0$ 当且仅当 $\boldsymbol{\alpha}=\boldsymbol{0}$.

其中，$\boldsymbol{\alpha}, \boldsymbol{\beta}, \boldsymbol{\gamma}$ 是 V 中任意的向量，k 为任意的复数. 这样的线性空间称为酉空间.

例如，在线性空间 $\mathbf{C}^n$ 中对向量 $\boldsymbol{\alpha}=(a_1, a_2, \cdots, a_n)$，$\boldsymbol{\beta}=(b_1, b_2, \cdots, b_n)$，定义内积为

$$(\boldsymbol{\alpha}, \boldsymbol{\beta})=a_1\overline{b}_1+a_2\overline{b}_2+\cdots+a_n\overline{b}_n \tag{1}$$

显然，内积(1)满足上面定义中的所有条件，从而 $\mathbf{C}^n$ 对上述内积就成为一个酉空间.

由于酉空间的讨论与欧氏空间的讨论很类似，因此在这里我们只列出一些重要的结论，而不给出它们的证明.

首先由内积的定义可得

(1) $(\boldsymbol{\alpha}, k\boldsymbol{\beta})=\overline{k}(\boldsymbol{\alpha}, \boldsymbol{\beta})$

(2) $(\boldsymbol{\alpha}, \boldsymbol{\beta}+\boldsymbol{\gamma})=(\boldsymbol{\alpha}, \boldsymbol{\beta})+(\boldsymbol{\alpha}, \boldsymbol{\gamma})$

(3) $\sqrt{(\boldsymbol{\alpha}, \boldsymbol{\alpha})}$叫做向量 $\boldsymbol{\alpha}$ 的长度，记为$\|\boldsymbol{\alpha}\|$

(4) 柯西-施瓦兹不等式仍然成立，即对任意的向量 $\boldsymbol{\alpha}, \boldsymbol{\beta}$ 都有

$$|(\boldsymbol{\alpha}, \boldsymbol{\beta})| \leqslant \|\boldsymbol{\alpha}\|\|\boldsymbol{\beta}\|$$

当且仅当 $\boldsymbol{\alpha}, \boldsymbol{\beta}$ 线性相关时，等号成立.

注意：酉空间中的内积一般是复数，因此一般不易引入夹角的概念，但仍可引入

(5) 当$(\boldsymbol{\alpha}, \boldsymbol{\beta})=0$ 时，称 $\boldsymbol{\alpha}$ 与 $\boldsymbol{\beta}$ 正交或垂直.

在 n 维酉空间中仍可定义正交基和标准正交基的概念，关于标准正交基也有下列重要性质：

(6) 任意一组线性无关的向量可通过正交化方法将其扩充为一组标准正交基.

(7) 对 n 阶复矩阵 $\boldsymbol{A}$，若满足 $\boldsymbol{A}\overline{\boldsymbol{A}}^{\mathrm{T}}=\overline{\boldsymbol{A}}^{\mathrm{T}}\boldsymbol{A}=\boldsymbol{E}$(其中 $\overline{\boldsymbol{A}}$ 表示以 $\boldsymbol{A}$ 的元素的共轭复数为元素的矩阵)，则称 $\boldsymbol{A}$ 为酉矩阵，它们的行列式的绝对值是 1，两组标准正交基之间的过渡矩阵是酉矩阵.

(8) 酉空间 V 的线性变换 $\boldsymbol{\sigma}$ 称为 V 的一个酉变换，如果对任意的 $\boldsymbol{\alpha}, \boldsymbol{\beta}\in V$ 恒有

$$(\boldsymbol{\sigma\alpha}, \boldsymbol{\sigma\beta})=(\boldsymbol{\alpha}, \boldsymbol{\beta})$$

酉变换在标准正交基下的矩阵是酉矩阵.

(9) 如果矩阵 $\boldsymbol{A}$ 满足：$\overline{\boldsymbol{A}}^{\mathrm{T}}=\boldsymbol{A}$，则称 $\boldsymbol{A}$ 为厄米特(Hermite)矩阵，在酉空间 $\mathbf{C}^n$ 中令

$$\boldsymbol{\sigma}\begin{pmatrix}x_1\\x_2\\\vdots\\x_n\end{pmatrix}=\boldsymbol{A}\begin{pmatrix}x_1\\x_2\\\vdots\\x_n\end{pmatrix}$$

则$(\boldsymbol{\sigma\alpha},\boldsymbol{\beta})=(\boldsymbol{\alpha},\boldsymbol{\sigma\beta})$，即$\boldsymbol{\sigma}$也是对称变换.

(10) V是酉空间，V_1是它的子空间，$V_1^{\perp}$是它的正交补，则$V=V_1\oplus V_1^{\perp}$.

(11) 厄米特矩阵的特征值是实数，它的属于不同特征值的特征向量必正交.

(12) 若$\boldsymbol{A}$是厄米特矩阵，则有酉矩阵$\boldsymbol{C}$，使$\boldsymbol{C}^{-1}\boldsymbol{AC}=\overline{\boldsymbol{C}}^{\mathrm{T}}\boldsymbol{AC}$是对角形矩阵.

(13) 设$\boldsymbol{A}$是厄米特矩阵，二次齐次函数$f(x_1,x_2,\cdots,x_n)=\sum\limits_{i=1}^{n}\sum\limits_{j=1}^{n}a_{ij}x_i\overline{x_j}=\boldsymbol{X}^{\mathrm{T}}\boldsymbol{A}\overline{\boldsymbol{X}}$叫做厄米特二次型，必有酉矩阵$\boldsymbol{C}$，当$\boldsymbol{X}=\boldsymbol{CY}$时，

$$f(x_1,x_2,\cdots,x_n)=d_1y_1\overline{y_1}+d_2y_2\overline{y_2}+\cdots+d_ny_n\overline{y_n}$$

附录Ⅲ　若尔当(Jordan)标准形简介

从前面的讨论可知并不是每一个n阶矩阵都相似于一个对角形矩阵，在这里我们的主要结果是每一个n阶复矩阵都与一个若尔当形矩阵相似. 以下讨论的矩阵都是复矩阵. 形如

$$\begin{pmatrix}\lambda&0&\cdots&0&0&0\\1&\lambda&\cdots&0&0&0\\\vdots&\vdots&&\vdots&\vdots&\vdots\\0&0&\cdots&1&\lambda&0\\0&0&\cdots&0&1&\lambda\end{pmatrix}$$

的s阶矩阵称为一个s阶的若尔当(Jordan)块，由若干个若尔当块构成的准对角形矩阵称为若尔当形矩阵，其一般形状是

$$\begin{pmatrix}\boldsymbol{A}_1&0&\cdots&0\\0&\boldsymbol{A}_2&\cdots&0\\\vdots&\vdots&&\vdots\\0&0&\cdots&\boldsymbol{A}_t\end{pmatrix}$$

其中$\boldsymbol{A}_i(i=1,2,\cdots,t)$都是若当块，并且$\boldsymbol{A}_1,\cdots,\boldsymbol{A}_2,\cdots,\boldsymbol{A}_t$中某些可以相等。

例如，$\begin{pmatrix}2&0&0\\1&2&0\\0&1&2\end{pmatrix}$，$\begin{pmatrix}\mathrm{i}&0\\1&\mathrm{i}\end{pmatrix}$都是若尔当块；而$\begin{pmatrix}1&0&0&0&0\\1&1&0&0&0\\0&0&4&0&0\\0&0&0&4&0\\0&0&0&1&4\end{pmatrix}$是若尔当形矩

阵.

设 $\boldsymbol{A}$ 是一个 n 阶矩阵, 将 $\boldsymbol{A}$ 的特征矩阵 $\lambda\boldsymbol{E}-\boldsymbol{A}$ 用初等变换化为对角形矩阵

$$\begin{pmatrix} h_1(\lambda) & 0 & \cdots & 0 \\ 0 & h_2(\lambda) & \cdots & 0 \\ \vdots & \vdots & & \vdots \\ 0 & 0 & \cdots & 0 \\ 0 & 0 & \cdots & h_s(\lambda) \end{pmatrix}$$

再将 $h_i(\lambda)(i=1, 2, \cdots, s)$ 分解成互不相同的一次因式的方幂的乘积

$$h_i(\lambda)=(\lambda-\lambda_1)^{ki1}(\lambda-\lambda_2)^{ki2}\cdots(\lambda-\lambda_r)^{kir}(i=1, 2, \cdots, s)$$

其中所有的 $(\lambda-\lambda_j)^{kij}(k_{ij}\geqslant 1)$ 统称为 $\boldsymbol{A}$ 的初等因子.

在以下的讨论中, 因篇幅所限有些结果就不给出证明了.

定理 3 两个 n 阶矩阵相似的充要条件是它们有相同的初等因子.

定理 4 若尔当块

$$\boldsymbol{J}_0=\begin{pmatrix} \lambda_0 & 0 & 0 & \cdots & 0 & 0 \\ 1 & \lambda_0 & 0 & \cdots & 0 & 0 \\ \vdots & \vdots & \vdots & & \vdots & \vdots \\ 0 & 0 & 0 & \cdots & \lambda_0 & 0 \\ 0 & 0 & 0 & \cdots & 1 & \lambda_0 \end{pmatrix}_{s\times s}$$

的初等因子是 $(\lambda-\lambda_0)^s$.

定理 5 每个 n 阶矩阵 $\boldsymbol{A}$ 都与一个若尔当形矩阵相似, 且这个若尔当形矩阵除去其中若尔当块的排列次序外是唯一确定的, 称其为 $\boldsymbol{A}$ 的若尔当标准形.

证 设 $\boldsymbol{A}$ 的初等因子是 $(\lambda-\lambda_1)^{k_1}$, $(\lambda-\lambda_2)^{k_2}$, $\cdots$, $(\lambda-\lambda_s)^{k_s}$. 每一个初等因子对应一个若尔当块

$$\boldsymbol{J}_i=\begin{pmatrix} \lambda_i & 0 & \cdots & 0 & 0 \\ 1 & \lambda_i & \cdots & 0 & 0 \\ \vdots & \vdots & & \vdots & \vdots \\ 0 & 0 & \cdots & \lambda_i & 0 \\ 0 & 0 & \cdots & 1 & \lambda_i \end{pmatrix}$$

这些初等因子构成一个若尔当形矩阵

$$\boldsymbol{J}=\begin{pmatrix} \boldsymbol{J}_1 & 0 & \cdots & 0 \\ 0 & \boldsymbol{J}_2 & \cdots & 0 \\ \vdots & \vdots & & \vdots \\ 0 & 0 & \cdots & \boldsymbol{J}_S \end{pmatrix}$$

由初等因子的定义及定理 4 知 $\boldsymbol{J}$ 的初等因子也是$(\lambda-\lambda_1)^{k_1}$, $(\lambda-\lambda_2)^{k_2}$, …, $(\lambda-\lambda_s)^{k_s}$. 再由定理 3 知 $\boldsymbol{A}$ 与 $\boldsymbol{J}$ 相似.

例 求矩阵

$$\boldsymbol{A}=\begin{pmatrix}-1 & -2 & 6\\ -1 & 0 & 3\\ -1 & -1 & 4\end{pmatrix}$$

的若尔当标准形.

解 将 $\lambda\boldsymbol{E}-\boldsymbol{A}$ 用初等变换化为对角形矩阵

$$\begin{pmatrix}1 & 0 & 0\\ 0 & \lambda-1 & 0\\ 0 & 0 & (\lambda-1)^2\end{pmatrix}$$

所以 $\boldsymbol{A}$ 的初等因子是 $\lambda-1$, $(\lambda-1)^2$, 因此 $\boldsymbol{A}$ 的若尔当标准形是

$$\begin{pmatrix}1 & 0 & 0\\ 0 & 1 & 0\\ 0 & 1 & 1\end{pmatrix}$$

或

$$\begin{pmatrix}1 & 0 & 0\\ 1 & 1 & 0\\ 0 & 0 & 1\end{pmatrix}$$

部分习题参考答案与提示

第 1 章

习 题 1

1. (1) 0 (2) 1
2. $(a-b)^2$
3. -18
4. 0
5. $D=60$, $x_1=3$, $x_2=1$, $x_3=1$
6. $D=-5abc\neq0$, $x_1=-a$, $x_2=b$, $x_3=c$
7. $\overrightarrow{AB}=\dfrac{\alpha-\beta}{2}$, $\overrightarrow{BC}=\dfrac{\alpha+\beta}{2}$
8. $P_2(4,\ -4,\ 2)$, $B(6,\ -7,\ 4)$
9. 通过几何意义，有$\boldsymbol{\alpha}$, $\boldsymbol{\beta}$的夹角$\langle\boldsymbol{\alpha},\boldsymbol{\beta}\rangle=\dfrac{\pi}{2}$时，$|\boldsymbol{\alpha}+\boldsymbol{\beta}|=|\boldsymbol{\alpha}-\boldsymbol{\beta}|$；$\langle\boldsymbol{\alpha},\boldsymbol{\beta}\rangle<\dfrac{\pi}{2}$时，$|\boldsymbol{\alpha}+\boldsymbol{\beta}|>|\boldsymbol{\alpha}-\boldsymbol{\beta}|$；$\langle\boldsymbol{\alpha},\boldsymbol{\beta}\rangle>\dfrac{\pi}{2}$时，$|\boldsymbol{\alpha}+\boldsymbol{\beta}|<|\boldsymbol{\alpha}-\boldsymbol{\beta}|$.
10. (1) $\overrightarrow{AB}\cdot\overrightarrow{AC}=0$, $\overrightarrow{AB}\cdot\overrightarrow{BC}=-9$

    (2) $\langle\overrightarrow{AB}\cdot\overrightarrow{BC}\rangle=\dfrac{3}{4}\pi$

    (3) 等腰直角三角形
11. (1) 平行

    (2) 0, 28, $\arccos\dfrac{14}{\sqrt{266}}$

    (3) $(-3,\ 6,\ 5)$, 0

    (4) $\arccos 1$

14. $-\dfrac{3}{2}$

15. $\pm\dfrac{3}{5}$

17. （1）3　（2）$\frac{5}{6}$

19. $\left(-\frac{2}{3},\ -\frac{1}{3},\ \frac{2}{3}\right)$

20. $\boldsymbol{c}=\boldsymbol{i}+\boldsymbol{k}$ 或 $\boldsymbol{c}=-\frac{1}{3}\boldsymbol{i}+\frac{4}{3}\boldsymbol{j}-\frac{1}{3}\boldsymbol{k}$

21. （1）共面　（2）不共面

22. 不共面

23. （1）$z=7$　（2）$y-2=0$　（3）$x+y+z-2=0$　（4）$9y-z-2=0$　（5）$y-2z=0$

24. $2x-y-3z=0$

25. $x+3y=0$ 或 $3x-y=0$

26. 1

27. $x+y+z+4=0$　或　$x+y+z-2=0$

28. （1）$\frac{x-5}{3}=\frac{y+4}{-1}=\frac{z-6}{2}$　（2）$\frac{x-1}{0}=\frac{y+2}{0}=\frac{z}{1}$

29. $\frac{x-2}{-11}=\frac{y+1}{17}=\frac{z-3}{13}$

30. $\frac{x+1}{12}=\frac{y+4}{46}=\frac{z-3}{-1}$

31. $\frac{x-1}{-1}=\frac{y}{2}=\frac{z+1}{-1}$

32. $\frac{\pi}{6}$

33. 3

34. $\begin{cases}5x-6y+16=0\\ z=0\end{cases}$

35. $\begin{cases}19x+40y-36z-117=0\\ 4x-y+z-1=0\end{cases}$

36. （2）1　（3）$\frac{x-\frac{4}{3}}{1}=\frac{y+\frac{2}{3}}{2}=\frac{z+2}{-2}$

37. 是，是，（0，-3，0）

38. （1）4，-1　（2）$m-n=-4$，不唯一　（3）$mn-4n+2m-8=0$ 不唯一

(4) $\varphi = \arccos \dfrac{1}{9}$

39. (1) $n=2$ (2) $n=-\dfrac{5}{2}$ (3) $\arcsin \dfrac{1}{9}$ (4) $(-8, 18, -20)$

40. $x-z=4$

41. (1) $x+y+3z-6=0$ (2) $-22x+19y+18z+27=0$

42. $(3, 3, 3)$, $\sqrt{2}$

43. $\begin{cases} x+3z-5=0 \\ 7x-13y-5z-22=0 \end{cases}$

44. $x+2y+1=0$

45. (1) 球心在$(0, 0, -1)$，半径为 2 的球面

(2) $x+y=0$，$x-y=0$ 两个平面

(3) 母线平行 y 轴的抛物柱面

(4) 椭球面

(5) 由$\begin{cases} y=\pm\dfrac{3}{2}x \\ z=0 \end{cases}$绕 y 轴旋转的旋转面

(6) 由$\begin{cases} y^2=2z-1 \\ x=0 \end{cases}$绕 z 轴旋转的旋转面

(7) 双曲抛物面

(8) 锥面

(9) 双叶双曲面

(10) 单叶双曲面

(11) 椭圆柱面

46. $4x^2-9(y^2+z^2)=36$ $4(x^2+z^2)-9y^2=36$

47. $3y^2-z^2=16$

48. $\begin{cases} x^2+y^2+(1-x)^2=9 \\ z=0 \end{cases}$

49. $\begin{cases} x^2+4y=0 \\ z=0 \end{cases}$

50. (1) $\begin{cases} x=\dfrac{3}{\sqrt{2}}\cos\theta \\ y=\dfrac{3}{\sqrt{2}}\cos\theta \quad (0\leqslant\theta\leqslant2\pi) \\ z=3\sin\theta \end{cases}$

（2）$\begin{cases}x=1+\sqrt{3}\cos\theta \\ y=\sqrt{3}\sin\theta \\ z=0\end{cases}$ （$0\leqslant\theta\leqslant2\pi$）

51. $\begin{cases}x^2+y^2=a^2 \\ z=0\end{cases}$ $\begin{cases}z=b\arcsin\dfrac{y}{a} \\ x=0\end{cases}$ $\begin{cases}z=b\arccos\dfrac{x}{a} \\ y=0\end{cases}$

52. 在 xOy 面的投影为$\begin{cases}x^2+y^2\leqslant4 \\ z=0\end{cases}$，在 xOz 面的投影为$\begin{cases}x^2\leqslant z\leqslant4 \\ y=0\end{cases}$，在 yOz 面的投影为$\begin{cases}y^2\leqslant z\leqslant4 \\ x=0\end{cases}$

53. $x^2+y^2-z^2=1$

54. $\begin{cases}\dfrac{1}{2}y^2-x=0 \\ z=0\end{cases}$绕 x 轴旋转得到

第 2 章

习 题 2

1. （1）3 （2）$\dfrac{n(n-1)}{2}$ （3）$i=8,j=3$

2. （1）$2x^3-6x^2+6$ （2）256 （3）10! （4）-2

3. （1）-8 （2）160 （3）32 （4）-60

5. （1）2 （2）0

6. （1）$n!$ （2）$\dfrac{n(n+1)}{2}$

7. $x_1=1$，$x_2=1$，$x_3=-1$，$x_4=2$

8. $f(x)=2x^2-3x+1$

9. （1）-9 （2）$b^2(b^2-4a^2)$ （3）$(a+3b)(a-b)^3$ （4）$-2(n-2)!$
   （5）$(-1)^{n-1}(n-1)$ （6）$1-a+a^2-a^3+a^4-a^5$
   （7）$(-1)^{n-1}(na-x)x^{n-1}$ （8）0
   （9）$x_1(x_2-a_{12})(x_3-a_{23})\cdots(x_n-a_{(n-1)n})$
   （10）$(a-d)(b-d)(c-d)(a-c)(b-c)(a-b)$
   （11）$\prod\limits_{1\leqslant j<i\leqslant n}(i-j)$

11. 3! 5!

14. (1) $(-1)^{\frac{n(n+1)}{2}}(n+1)^{n-1}$ (2) $\left(1+\sum_{i=1}^{n}\frac{a_i}{\lambda_i}\right)\prod_{j=1}^{n}\lambda_j$

(3) $(-1)^{\frac{n(n-1)}{2}}\frac{(n+1)}{2}n^{n-1}$

15. 当 $D=0$ 即 $a=b$ 时有非零解.

16. $f(x)=7-5x^2+2x^3$

18. $(n+1)a^n$

第 3 章

习 题 3

2. (1) $\begin{pmatrix} 6 & 5 & -3 \\ 0 & -1 & 0 \\ 4 & -2 & -2 \\ -2 & -1 & 1 \end{pmatrix}$ (2) $\begin{pmatrix} 2 & -3 \\ -3 & -7 \\ 8 & 15 \end{pmatrix}$

(3) $(9\ 2\ -1)$ (4) $\left(\sum_{i=1}^{n}a_{i1}x_i,\ \sum_{i=1}^{n}a_{i2}x_i,\ \cdots,\ \sum_{i=1}^{n}a_{in}x_i\right)$

(5) $\sum_{i=1}^{3}\sum_{j=1}^{3}a_{ij}x_ix_j$ (6) $\begin{pmatrix} a_{11} & a_{12} & \cdots & a_{1n} \\ 2a_{21} & 2a_{22} & \cdots & 2a_{2n} \\ 3a_{31} & 3a_{32} & \cdots & 3a_{3n} \\ 0 & 0 & \cdots & 0 \\ \vdots & \vdots & & \vdots \\ 0 & 0 & \cdots & 0 \end{pmatrix}$

(7) $\begin{pmatrix} a_{11} & 2a_{12} & 3a_{13} & 0 & \cdots & 0 \\ a_{21} & 2a_{22} & 3a_{23} & 0 & \cdots & 0 \\ \vdots & \vdots & \vdots & \vdots & & \vdots \\ a_{n1} & 2a_{n2} & 3a_{n3} & 0 & \cdots & 0 \end{pmatrix}$

(8) $\left(\sum_{i=1}^{n}a_ib_i\right)$, $\begin{pmatrix} a_1b_1 & a_1b_2 & \cdots & a_1b_n \\ a_2b_1 & a_2b_2 & \cdots & a_2b_n \\ \vdots & \vdots & & \vdots \\ a_nb_1 & a_nb_2 & \cdots & a_nb_n \end{pmatrix}$

(9) $\begin{pmatrix} c_1 & c_2 & c_3 \\ b_1 & b_2 & b_3 \\ a_1 & a_2 & a_3 \end{pmatrix}$, $\begin{pmatrix} a_2 & a_3 & a_1 \\ b_2 & b_3 & b_1 \\ c_2 & c_3 & c_1 \end{pmatrix}$

(10) $\begin{pmatrix} a_1 & a_2 & a_3 \\ -2a_1+b_1 & -2a_2+b_2 & -2a_3+b_3 \\ b_1 & b_2 & b_3 \end{pmatrix}$, $\begin{pmatrix} a_1 & -2a_1+a_2 & a_2 \\ b_1 & -2b_1+b_2 & b_2 \\ c_1 & -2c_1+c_2 & c_2 \end{pmatrix}$

3. 2

4. 3

5. (1) $\begin{pmatrix} 1 & n \\ 0 & 1 \end{pmatrix}$ (2) $\begin{pmatrix} 3^n & n\cdot 3^n \\ 0 & 3^n \end{pmatrix}$

6. $f(\boldsymbol{A})=\boldsymbol{O}$, $g(x)=(x-1)(x^2-x-8-x+4)=(x-1)(f(x)-x+4)$,

$$g(\boldsymbol{A})=(\boldsymbol{A}-\boldsymbol{E})(f(\boldsymbol{A})-\boldsymbol{A}+4\boldsymbol{E})=\begin{pmatrix} -4 & 8 \\ 12 & -16 \end{pmatrix}$$

7. $\boldsymbol{A}^n=\begin{pmatrix} 1 & n \\ 0 & 1 \end{pmatrix}$, $f(\boldsymbol{A})=\begin{pmatrix} 5 & 6 \\ 0 & 5 \end{pmatrix}$

8. $f(\boldsymbol{A})=\begin{pmatrix} 1 & -4 \\ -12 & 9 \end{pmatrix}$

9. (1) $\begin{pmatrix} a_1^n & & & \\ & a_2^n & & \\ & & \ddots & \\ & & & a_n^n \end{pmatrix}$

(2) $k=2$, $\begin{pmatrix} 0&0&1&0\\0&0&0&1\\0&0&0&0\\0&0&0&0 \end{pmatrix}$; $k=3$, $\begin{pmatrix} 0&0&0&1\\0&0&0&0\\0&0&0&0\\0&0&0&0 \end{pmatrix}$

$k=4$, $k=5$, $\begin{pmatrix} 0&0&0&0\\0&0&0&0\\0&0&0&0\\0&0&0&0 \end{pmatrix}$

10. (1) $\begin{pmatrix} a & 0 \\ b & a \end{pmatrix}$($a,b$ 为任意常数) (2) $\begin{pmatrix} a & b & c \\ 0 & a & b \\ 0 & 0 & a \end{pmatrix}$($a,b,c$ 为任意常数)

11. (1) (2) (4) (5) (6) (7) (8) 不正确，其余正确

12. 提示：设 $a_{ij}\neq 0$，则取 $\boldsymbol{a}=(0,\cdots,0,\underset{i}{1},0,\cdots,\underset{j}{1},\cdots,0)^{\mathrm{T}}$

13. 提示："⇒"显然，"⇐"取 $\boldsymbol{A}^{\mathrm{T}}\boldsymbol{A}$ 的对角元之和必为0

14. 提示：利用矩阵相等的定义.

15. 提示：利用对称矩阵的定义.

16. 提示：利用对称矩阵、反对称矩阵的定义.

17. 提示：$(\boldsymbol{A}-\boldsymbol{E})\boldsymbol{B}=\boldsymbol{O}$, 取 $\boldsymbol{B}$ 为

$$\begin{pmatrix} 1 & \cdots & 0 & \cdots & 0 \\ \vdots & & \vdots & & \vdots \\ 0 & \cdots & 1 & \cdots & 0 \\ \vdots & & \vdots & & \vdots \\ 0 & \cdots & 0 & \cdots & 1 \end{pmatrix}$$

18. $r(\boldsymbol{A})=3$, $r(\boldsymbol{B})=2$

$$r(\boldsymbol{C})=\begin{cases} 1 & \text{当 } x=2 \text{ 且 } y=6 \text{ 时} \\ 2 & \text{当 } x=2 \text{ 且 } y\neq 6 \text{ 时} \\ 2 & \text{当 } x\neq 2 \text{ 且 } y=6 \text{ 时} \\ 3 & \text{当 } x\neq 2 \text{ 且 } y\neq 6 \text{ 时} \end{cases}, \quad r(\boldsymbol{D})=\begin{cases} 2 & \text{当 } a+b+c=0 \text{ 时} \\ 3 & \text{当 } a+b+c\neq 0 \text{ 时} \end{cases}$$

19. 1

20. (A) 错误　(B) 正确　(C) 正确　(D) 正确

21. (A) 错误　(B) 正确　(C) 错误　(D) 正确

22. (1) $\begin{pmatrix} \frac{3}{4} & 1 \\ \frac{5}{4} & 2 \end{pmatrix}$　(2) $\begin{pmatrix} \cos\theta & -\sin\theta \\ \sin\theta & \cos\theta \end{pmatrix}$

(3) $\begin{pmatrix} \frac{2}{3} & \frac{1}{3} & -\frac{4}{3} \\ -\frac{1}{3} & -\frac{2}{3} & \frac{5}{3} \\ 1 & 1 & -2 \end{pmatrix}$

(4) $\begin{pmatrix} 1 & 0 & 0 & 0 \\ -1 & 1 & 0 & 0 \\ 0 & -1 & 1 & 0 \\ 0 & 0 & -1 & 1 \end{pmatrix}$　(5) $\begin{pmatrix} 0 & 0 & \cdots & 0 & \frac{1}{a_n} \\ \frac{1}{a_1} & 0 & \cdots & 0 & 0 \\ 0 & \frac{1}{a_2} & \cdots & 0 & 0 \\ \vdots & \vdots & & \vdots & \vdots \\ 0 & 0 & \cdots & \frac{1}{a_{n-1}} & 0 \end{pmatrix}$

23. $(\boldsymbol{AB})^{-1}=\begin{pmatrix}-\frac{7}{2} & \frac{7}{2} & \frac{3}{2}\\ \frac{3}{2} & -\frac{3}{2} & -\frac{1}{2}\\ \frac{1}{6} & \frac{1}{6} & -\frac{1}{6}\end{pmatrix}$

24. $\boldsymbol{X}=\begin{pmatrix}8 & 3\\ -3 & -1\end{pmatrix}$

25. $x=4$

26. $\boldsymbol{X}=\boldsymbol{A}+\boldsymbol{E}$

27. $\boldsymbol{B}=\begin{pmatrix}3 & 0 & 0\\ 0 & 2 & 0\\ 0 & 0 & 1\end{pmatrix}$

31. 提示：利用对称(反对称)矩阵的定义及矩阵的运算性质.

32. 提示：利用逆矩阵定义及可逆矩阵的充要条件.

33. (1) 提示:利用$\boldsymbol{A}^*$与$\boldsymbol{A}^{-1}$的关系及对称阵定义　(2) $\begin{pmatrix}0 & & \\ & k_1\boldsymbol{A}_1 & \\ & & l_1\boldsymbol{A}_1\end{pmatrix}$

35. (1) $-\frac{25}{18}$　(2) $\frac{1}{160}$

36. $-\frac{16}{27}$

37. 提示：先证$|\boldsymbol{A}^*|=|\boldsymbol{A}|^{n-1}$，再以$\boldsymbol{A}$代替$\boldsymbol{A}^*$.

38. $\frac{1}{9}$. 提示：等式两边同时右乘A.

39. (1) $\begin{pmatrix}\frac{1}{9} & \frac{2}{9} & \frac{2}{9}\\ \frac{2}{9} & \frac{1}{9} & -\frac{2}{9}\\ \frac{2}{9} & -\frac{2}{9} & \frac{1}{9}\end{pmatrix}$　(2) $\begin{pmatrix}22 & -6 & -26 & 17\\ -17 & 5 & 20 & -13\\ -1 & 0 & 2 & -1\\ 4 & -1 & -5 & 3\end{pmatrix}$

(3) $\begin{pmatrix}1 & -a & 0 & 0\\ 0 & 1 & -a & 0\\ 0 & 0 & 1 & -a\\ 0 & 0 & 0 & 1\end{pmatrix}$

40. (1) $\begin{pmatrix} 20 & -15 & 13 \\ -105 & 77 & -58 \\ -152 & 112 & -87 \end{pmatrix}$ (2) $\begin{pmatrix} 1 & 1 & \cdots & 1 \\ 0 & 1 & \cdots & 1 \\ \vdots & \vdots & & \vdots \\ 0 & 0 & \cdots & 1 \end{pmatrix}$

42. (1) (D) (2) (B)

50. (1) $2^n\begin{pmatrix} \cos\dfrac{n\pi}{3} & -\sin\dfrac{n\pi}{3} \\ \sin\dfrac{n\pi}{3} & \cos\dfrac{n\pi}{3} \end{pmatrix}$

(2) $\begin{pmatrix} 5^{2n} & & & \\ & 5^{2n} & & \\ & & 1 & \dfrac{1}{3}(4^n-1) \\ & & & 4^n \end{pmatrix}$

53. (1) 16 (2) 16 (3) 2 (4) $\dfrac{1}{16}$

54. 40

56. $(-1)^{mn}\alpha$

62. 3

63. (1) $(\boldsymbol{B}+\boldsymbol{E})^{-1}=\dfrac{1}{2}(\boldsymbol{E}+\boldsymbol{A})$ (2) 2 (3) −3

64. (1) (C) (2) (A) (3) (C) (4) (A) (5) (B)

65. (1) 提示：利用逆矩阵定义

(2) $\boldsymbol{A}=\begin{pmatrix} 0 & 2 & 0 \\ -1 & -1 & 0 \\ 0 & 0 & -2 \end{pmatrix}$ 提示：由(1)知，$\boldsymbol{A}=2\boldsymbol{E}+8(\boldsymbol{B}-4\boldsymbol{E})^{-1}$.

66. $\begin{pmatrix} 1 & 2 & 5 \\ 0 & 1 & 2 \\ 0 & 0 & 1 \end{pmatrix}$ 提示：由已知$(\boldsymbol{A}-\boldsymbol{B})\times(\boldsymbol{A}-\boldsymbol{B})=\boldsymbol{E}$，则$\boldsymbol{X}=[(\boldsymbol{A}-\boldsymbol{B})^{-1}]^2$.

第 4 章

习 题 4

1. (1) 线性无关 (2) 线性相关 (3) 线性相关 (4) 线性无关
   (5) 线性无关

2. $p=1$
3. 提示：利用范德蒙行列式和矩阵判别法.
4. (1) 错误 (2) 错误
(3)错误. n 为奇数线性无关，n 为偶数线性相关. (4) 错误 (5) 错误
6. 提示：用反证法比较简单.
7. 提示：由线性表示的定义出发.
11. $a\neq1$，$a\neq1-n$
12. 提示：利用矩阵秩的不等式.
13. 提示：利用秩的不等式和矩阵判别法.
16. 提示：可利用第 15 题结论.
17. 提示：可利用第 15 题结论.
18. 提示：利用向量组与其极大无关组等价，等价的传递性及第 15 题结论.
19. (1) $r=2$；$\boldsymbol{\alpha}_1$，$\boldsymbol{\alpha}_2$；$\boldsymbol{\alpha}_3=-\frac{1}{2}\boldsymbol{\alpha}_1-\frac{5}{2}\alpha_2$，$\boldsymbol{\alpha}=2\boldsymbol{\alpha}_1+\boldsymbol{\alpha}_2$
(2) $r=3$；$\boldsymbol{\alpha}_1$，$\boldsymbol{\alpha}_2$，$\boldsymbol{\alpha}_4$；$\boldsymbol{\alpha}_3=\boldsymbol{\alpha}_1-5\boldsymbol{\alpha}_2$
(3) $r=3$；$\boldsymbol{\alpha}_1$，$\boldsymbol{\alpha}_2$，$\boldsymbol{\alpha}_4$；$\boldsymbol{\alpha}_3=3\boldsymbol{\alpha}_1+\boldsymbol{\alpha}_2$，$\boldsymbol{\alpha}_5=\boldsymbol{\alpha}_4-\boldsymbol{\alpha}_1-\boldsymbol{\alpha}_2$
20. (2) $\boldsymbol{\beta}_1$，$\boldsymbol{\beta}_2$，$\boldsymbol{\beta}_4$
21. $a=15$，$b=5$
22. 提示：充分性，证明 $\mathbf{R}^n$ 的自然基与所给向量组等价.
23. (1) $k_1\left(-\frac{3}{2},\frac{7}{2},1,0\right)^{\mathrm{T}}+k_2(-1,-2,0,1)^{\mathrm{T}}$
(2) $k_1(19,7,8,0,0)^{\mathrm{T}}+k_2(3,-25,0,8,0)^{\mathrm{T}}+k_3(-1,1,0,0,2)^{\mathrm{T}}$
24. $a\neq1$ 时，$\boldsymbol{X}=k(5,-6,0,1)^{\mathrm{T}}$
$a=1$ 时，$\boldsymbol{X}=k_1(1,-2,1,0)^{\mathrm{T}}+k_2(5,-6,0,1)^{\mathrm{T}}$
25. $t=1$ 或 $t=-\frac{4}{5}$
26. $k(-1,1,1,1)^{\mathrm{T}}$
27. 提示：取 $\boldsymbol{B}$ 为 $\boldsymbol{AX}=\boldsymbol{0}$ 基础解系中的 $n-r$ 个向量所构成的矩阵.
28. 提示：按基础解系定义证.
29. 提示：$\boldsymbol{BA}$ 的行向量组为 $\boldsymbol{A}$ 的行向量组的线性组合，且 $r(\boldsymbol{AB})=r(\boldsymbol{A})$.
32. (1) $k(1,1,\cdots,1)^{\mathrm{T}}$，(2) $k(A_{11},A_{12},\cdots,A_{1n})^{\mathrm{T}}$
33. 提示：把 $\boldsymbol{A}$ 添加第 n 行，构成方阵 $\boldsymbol{A}_1$，则 $|\boldsymbol{A}_j|$ 为 $\boldsymbol{A}_1$ 的代数余子式，利

用行列式的性质 $\sum_{k=1}^{n} a_{nk}A_{nk}=0(k\neq n)$.

34. (1) $\boldsymbol{X}=\left(\frac{5}{14}, -\frac{13}{14}, 0, \frac{3}{7}\right)^{\mathrm{T}}+k(-1, -1, 2, 0)^{\mathrm{T}}$

(2) $\boldsymbol{X}=(2, 1, 0, 0)^{\mathrm{T}}+k_1(1, 3, 1, 0)^{\mathrm{T}}+k_2(1, 0, 0, -1)^{\mathrm{T}}$

(3) $\boldsymbol{X}=(1, -3, -2)^{\mathrm{T}}$

(4) $\boldsymbol{X}=\left(-\frac{11}{4}, \frac{13}{2}, 0, 0, \frac{9}{4}\right)^{\mathrm{T}}+k_1\left(-\frac{7}{4}, \frac{9}{2}, 1, 0, \frac{9}{4}\right)^{\mathrm{T}}+$

$k_2\left(-\frac{7}{4}, \frac{9}{2}, 0, 1, \frac{9}{4}\right)^{\mathrm{T}}$

37. 提示：先写出方程组的通解.

38. 提示：(1)反证法. (2)利用性质，矩阵的初等变换不改变矩阵的秩，及矩阵判别法.

39. 当 $a\neq 13$ 且 $a\neq 0$ 时，有唯一解 $\boldsymbol{X}=\left(1-\frac{1}{a}, \frac{1}{a}, 0\right)^{\mathrm{T}}$.

当 $a=13$ 时有无穷多解 $\boldsymbol{X}=\left(-\frac{12}{13}, \frac{1}{13}, 0\right)^{\mathrm{T}}+k\left(-\frac{18}{13}, \frac{5}{13}, 1\right)^{\mathrm{T}}$.

40. 当 $a\neq 1$ 时，有唯一解 $\boldsymbol{X}=\left(\frac{b-1}{a-1}, 0, 0, \frac{b-1}{a-1}\right)^{\mathrm{T}}$.

当 $a=1$ 且 $b=a$ 时，有无穷多解

$$\boldsymbol{X}=(1, 0, 0, 0)^{\mathrm{T}}+k_1(-1, 1, 0, 0)^{\mathrm{T}}+k_2(-1, 0, 1, 0)^{\mathrm{T}}+k_3(-1, 0, 0, 1)^{\mathrm{T}}.$$

当 $a=1$ 且 $b\neq a$ 时，方程组无解.

41. (1) $a=-1$, $b\neq 0$ (2) $a\neq 1$

42. 当 $a\neq 1$ 且 $a\neq -2$ 时，方程组有唯一解 $x_1=x_2=x_3=1/(a+2)$.

当 $a=-2$ 时，方程无解.

当 $a=1$ 时，$\begin{pmatrix}x_1\\x_2\\x_3\end{pmatrix}=\begin{pmatrix}1\\0\\0\end{pmatrix}+k_1\begin{pmatrix}-1\\1\\0\end{pmatrix}+k_2\begin{pmatrix}-1\\0\\1\end{pmatrix}$, $k_1, k_2\in\mathbf{R}$

44. $a=-1$, $b=-2$, $c=4$

45. 提示：充分性，取 $\boldsymbol{\beta}=(\boldsymbol{\varepsilon}_1, \boldsymbol{\varepsilon}_2, \cdots, \boldsymbol{\varepsilon}_m)^{\mathrm{T}}$ 使得 $\boldsymbol{A}x_i=\boldsymbol{\varepsilon}_i(i=1, 2, \cdots, m)$.

46. 提示：设方程组(1)为 $\boldsymbol{AY}=\boldsymbol{\beta}$，则方程组(2)为 $\begin{cases}\boldsymbol{A}^{\mathrm{T}}\boldsymbol{X}=\boldsymbol{0}\\ \boldsymbol{\beta}^{\mathrm{T}}\boldsymbol{X}=1\end{cases}$，方程组(1)有

解$\Leftrightarrow r(\boldsymbol{A})=r(\boldsymbol{A\beta})$，而方程组(2)中1不能被$(0, 0, \cdots, 0)^{\mathrm{T}}$线性表示，故方程组(2)的第$n+1$个方程不能用前$n$个线性表示.

47. 当$2b-a-c=0$时，L_1，L_2，L_3共点.

当$2b-a-c\neq0$时，L_1，L_2，L_3两两相交，但没有公共点.

48. (B)　提示：方程组无解、唯一解、无穷多解对应于空间三个平面没有公共交点、唯一交点、无穷多个交点.

49. (B)　提示：若$\boldsymbol{AX}=\boldsymbol{0}$的解均是$\boldsymbol{BX}=\boldsymbol{0}$的解，则$\boldsymbol{AX}=\boldsymbol{0}$的基础解系的秩小于等于$\boldsymbol{BX}=\boldsymbol{0}$的基础解系的秩.

50. (A)　提示：利用矩阵的秩或者齐次线性方程有非零解讨论矩阵的行(列)向量组的线性相关性.

51. (A)　提示：利用向量组线性相关的定义或者利用矩阵变换求解.

52. (A)　提示：利用定义或者矩阵乘积秩的性质证明.

53. 提示：只需讨论t_1，t_2满足什么条件时$\boldsymbol{\beta}_1$，$\boldsymbol{\beta}_2$，$\cdots$，$\boldsymbol{\beta}_s$线性无关.

54. 提示：先求解对应的齐次方程组的解，再求出对应$\boldsymbol{\beta}$的特解，再组合起来求出解.

55. 提示：若要三条直线交于一点，则将它们的方程联立的方程组有且只有一组解.

56. 提示：若方程组有非零解，则其系数矩阵$|\boldsymbol{A}|=0$. 据此可解出a的值，然后再代入原方程求通解即可.

57. 提示：$\boldsymbol{AB}=\boldsymbol{0}$，则有$r(\boldsymbol{A})+r(\boldsymbol{B})\leqslant n$，先根据$k$的取值讨论$\boldsymbol{A}$的秩，再根据秩讨论$\boldsymbol{AX}=\boldsymbol{0}$的解即可.

58. 提示：(1) 直接应用非齐次方程组与齐次方程组的解的关系；(2) 方程组结构解与矩阵秩之间的关系.

59. 提示：将方程组与方程联立求解即得公共解.

60. 提示：(1) 数学归纳法；(2) 先用克莱姆法则判断，再求解.

61. 提示：(1) 即求解两个非齐次线性方程组；(2)利用向量组线性无关的充分条件证明.

62. 提示：由$\boldsymbol{AX}=\boldsymbol{b}$有两个不同的解，得到$r(A, b)=r(A)\leqslant2$，再求$\lambda$，$a$和方程组的通解.

第 5 章

习 题 5

1. (1) (2) (3) (5) 能　提示：首先证明集合对所指定运算(加法及数乘运算)的封闭性，再证明满足八条运算规则.

(4) (6)不能　提示：只要证明对运算不封闭即可.

2. (1)(3)(4)是,(2)(5)不是.

3. (1)直接用线性无关定义证明

(2) $\boldsymbol{\varepsilon}_0 = a_{11}\boldsymbol{\varepsilon}_1 + a_{22}\boldsymbol{\varepsilon}_2 + \dfrac{a_{12}+a_{21}}{2}\boldsymbol{\varepsilon}_3 + \dfrac{a_{12}-a_{21}}{2}\boldsymbol{\varepsilon}_4$

4. (1)将f_1, f_2, f_3, f_4用向量组$1, x, x^2, x^3$线性表出.

(2) $g(x) = (a_0 - a_1 + a_2 - a_3)f_1(x) + (a_1 - 2a_2 + 3a_3)f_2(x) + (a_2 - 3a_3)f_3(x) + a_3 f_4(x)$

6. 维数:$\dfrac{1}{2}n(n+1)$

一组基:$\boldsymbol{E}_{11}, \boldsymbol{E}_{22}, \cdots, \boldsymbol{E}_{nn}$

$$\begin{aligned}
&\boldsymbol{E}_{12}+\boldsymbol{E}_{21}, \boldsymbol{E}_{13}+\boldsymbol{E}_{31}, \cdots, \boldsymbol{E}_{1n}+\boldsymbol{E}_{n1}\\
&\boldsymbol{E}_{23}+\boldsymbol{E}_{32}, \boldsymbol{E}_{24}+\boldsymbol{E}_{42}, \cdots, \boldsymbol{E}_{2n}+\boldsymbol{E}_{n2}\\
&\vdots\\
&\boldsymbol{E}_{(n-1)n}+\boldsymbol{E}_{n(n-1)}
\end{aligned}$$

7. 维数:$\dfrac{1}{2}n(n-1)$

一组基:$\boldsymbol{E}_{12}-\boldsymbol{E}_{21}, \boldsymbol{E}_{13}-\boldsymbol{E}_{31}, \cdots, \boldsymbol{E}_{1n}-\boldsymbol{E}_{n1}$

$$\begin{aligned}
&\boldsymbol{E}_{23}-\boldsymbol{E}_{32}, \boldsymbol{E}_{24}-\boldsymbol{E}_{42}, \cdots, \boldsymbol{E}_{2n}-\boldsymbol{E}_{n2}\\
&\vdots\\
&\boldsymbol{E}_{(n-1)n}-\boldsymbol{E}_{n(n-1)}
\end{aligned}$$

8. 维数:$\dfrac{1}{2}n(n+1)$

一组基:$\boldsymbol{E}_{11}, \boldsymbol{E}_{12}, \cdots, \boldsymbol{E}_{1n}$

$$\begin{aligned}
&\boldsymbol{E}_{22}, \cdots, \boldsymbol{E}_{2n}\\
&\vdots\\
&\boldsymbol{E}_{nn}
\end{aligned}$$

9. 过渡矩阵

$$\begin{pmatrix} 1 & 2 & 0 \\ 0 & 2 & 3 \\ 1 & 0 & 3 \end{pmatrix}$$

10. (1)过渡矩阵

$$\boldsymbol{C} = \frac{1}{13}\begin{pmatrix} 5 & 6 & 4 & -15 \\ 17 & 10 & 24 & 14 \\ 1 & 9 & 6 & -3 \\ -5 & 7 & 9 & -11 \end{pmatrix}$$

（2）$\boldsymbol{\xi}$ 在基 $\boldsymbol{\varepsilon}_1$，$\boldsymbol{\varepsilon}_2$，$\boldsymbol{\varepsilon}_3$，$\boldsymbol{\varepsilon}_4$ 下的坐标为

$$\left(\frac{6}{13}, \frac{10}{13}, \frac{9}{13}, \frac{7}{13}\right)^{\mathrm{T}}$$

第 6 章

习 题 6

4. $|\boldsymbol{\alpha}| = \sqrt{5}$，$|\boldsymbol{\beta}| = \sqrt{2}$，$\langle \boldsymbol{\alpha}, \boldsymbol{\beta} \rangle = \arccos \dfrac{7\sqrt{2}}{10}$

5. $|a_1b_1 - a_2b_1 - a_1b_2 + 4a_2b_2| \leqslant \sqrt{a_1^2 - 2a_1a_2 + 4a_2^2}\sqrt{b_1^2 - 2b_1b_2 + 4b_2^2}$

11. ±6，考虑 $\boldsymbol{A}\boldsymbol{A}^{\mathrm{T}}$

第 7 章

习 题 7

1. $\boldsymbol{A}$ 的特征值：$\dfrac{3}{2} + \dfrac{1}{2}\sqrt{37}$，$\dfrac{3}{2} - \dfrac{1}{2}\sqrt{37}$. 对应的特征向量分别为 $\begin{pmatrix} 6 \\ 1-\sqrt{37} \end{pmatrix}$，$\begin{pmatrix} 6 \\ 1+\sqrt{37} \end{pmatrix}$. 矩阵 $\boldsymbol{B}$ 的特征值：$2+\sqrt{3}\mathrm{i}$，$2-\sqrt{3}\mathrm{i}$，对应的特征向量分别为 $\begin{pmatrix} 2 \\ 1-\sqrt{3}\mathrm{i} \end{pmatrix}$，$\begin{pmatrix} 2 \\ 1+\sqrt{3}\mathrm{i} \end{pmatrix}$.

2. $\boldsymbol{A}$ 的特征值：$\lambda_1 = \lambda_2 = \lambda_3 = 2$. 对应的特征向量为 $\boldsymbol{X}_1 = (1, 1, 0)^{\mathrm{T}}$，$\boldsymbol{X}_2 = (0, 1, 1)^{\mathrm{T}}$.

3. $\boldsymbol{A}$ 的特征值：$\lambda_1 = 1, \lambda_2 = 4, \lambda_3 = -2$，其对应的特征向量分别是

$$\boldsymbol{X}_1 = \left(-1, -\frac{1}{2}, 1\right)^{\mathrm{T}}, \boldsymbol{X}_2 = (2, -1, 1)^{\mathrm{T}}, \boldsymbol{X}_3 = \left(\frac{1}{2}, 1, 1\right)^{\mathrm{T}}$$

4. （1）错. $\boldsymbol{A}$ 与 $\boldsymbol{A}^{\mathrm{T}}$ 有相同的特征多项式，从而有相同的特征值，但不一定有相同的特征向量.

（2）错. 零向量不是

（3）错. 需有 $\sum\limits_{i=1}^{m} k_i\boldsymbol{X}_i \neq \mathbf{0}$.

（4）错. 应是"k_1，k_2 为不全为零的常数". 若 k_1，k_2 是非零常数，就把 $\boldsymbol{X}_1$ 或 $\boldsymbol{X}_2$ 给丢掉了.

（5）错. 题中并未说明 $\boldsymbol{X}_1$，$\boldsymbol{X}_2$ 是同一特征值的特征向量，若 $\boldsymbol{X}_1$，$\boldsymbol{X}_2$ 是 $\boldsymbol{A}$ 的属于不同特征值的特征向量，$\boldsymbol{X}_1 + \boldsymbol{X}_2$ 不是 $\boldsymbol{A}$ 的特征向量.

5. 由 $\sum_{i=1}^{3}\lambda_i = \sum_{i=1}^{3}a_{ii}$，得 $x=4$. 对 $\lambda_1=\lambda_2=3, \boldsymbol{X}_1=(1, -1, 0)^{\mathrm{T}}$；对 $\lambda_3=12$，$\boldsymbol{X}_2=(-1, -1, 1)^{\mathrm{T}}$.

6. 提示：由 $\prod_{i=1}^{n}\lambda_i = |\boldsymbol{A}| \neq 0$，可证得 $\lambda_i \neq 0$.

7. $\boldsymbol{A}^{-1}$的特征值为$\frac{1}{\lambda_1}, \frac{1}{\lambda_2}, \cdots, \frac{1}{\lambda_n}$，对应的特征向量为$\boldsymbol{X}_1, \boldsymbol{X}_2, \cdots, \boldsymbol{X}_n$. $\boldsymbol{A}^*$的特征值为$\frac{|\boldsymbol{A}|}{\lambda_1}, \frac{|\boldsymbol{A}|}{\lambda_2}, \cdots, \frac{|\boldsymbol{A}|}{\lambda_n}$，对应的特征向量仍为$\boldsymbol{X}_1, \boldsymbol{X}_2, \cdots, \boldsymbol{X}_n$.

8. 若$\boldsymbol{A}$的特征值为λ，则$f(\boldsymbol{A})$的特征值为$f(\lambda)$. 因此$\boldsymbol{B}=\boldsymbol{A}^3+2\boldsymbol{A}^2+\boldsymbol{A}+2\boldsymbol{E}$的特征值为$f(\lambda)=\lambda^3+2\lambda^2+\lambda+2$. 代入$\lambda_1=1, \lambda_2=2, \lambda_3=3$，得$f(\lambda_1)=6$，$f(\lambda_2)=20, f(\lambda_3)=50$. $|\boldsymbol{B}|=f(\lambda_1)\cdot f(\lambda_2)\cdot f(\lambda_3)=6000$.

10. 提示：用反证法.

12. 记$\lambda_1=\lambda_2=1, \lambda_3=-2$，则 $\lambda_4 = \sum_{i=1}^{4}a_{ii} - (\lambda_1+\lambda_2+\lambda_3) = \sum_{i=1}^{4}a_{ii}$. 故

$$f(\lambda) = (\lambda-1)^2\cdot(\lambda+2)\cdot\left(\lambda - \sum_{i=1}^{4}a_{ii}\right)$$

13. 提示：λ_i^2 应是矩阵$\boldsymbol{A}^2$的特征值$(i=1,2,\cdots,n)$. 由特征多项式性质得 $\sum_{i=1}^{n}\lambda_i^2 = \mathrm{tr}(\boldsymbol{A}^2)$. 欲证结论，只要证明 $\mathrm{tr}(\boldsymbol{A}^2) = \sum_{j=1}^{n}\sum_{i=1}^{n}a_{ij}a_{ji}$.

14. 设$\boldsymbol{AX}=\lambda_0\boldsymbol{X}$，则$\boldsymbol{BAX}=\boldsymbol{B}\lambda_0\boldsymbol{X}=\lambda_0\boldsymbol{BX}$. 又$\boldsymbol{AB}=\boldsymbol{BA}$，故$\boldsymbol{ABX}=\lambda_0\boldsymbol{BX}$. 即$\boldsymbol{A}(\boldsymbol{BX})=\lambda_0(\boldsymbol{BX})$. 又$\boldsymbol{BX}\neq\boldsymbol{0}$，因此$\boldsymbol{BX}$也是$\boldsymbol{A}$的属于$\lambda_0$的特征向量.

15. 提示：由$\boldsymbol{A}\cdot\boldsymbol{A}^{\mathrm{T}}=2\boldsymbol{E}$，可求出$|\boldsymbol{A}|=-4$. 由$|3\boldsymbol{E}+\boldsymbol{A}|=0$，可得$-3$为$\boldsymbol{E}$的一个特征值. 因此$\boldsymbol{A}^{-1}$的一个特征值为$-\frac{1}{3}$. 由$|\boldsymbol{A}|\cdot\boldsymbol{A}^{-1}=\boldsymbol{A}^*$，可知$4\times\left(-\frac{1}{3}\right)=\frac{4}{3}$是$\boldsymbol{A}^*$的一个特征值.

16. (1) 由正交矩阵定义：$\boldsymbol{A}^{\mathrm{T}}=\boldsymbol{A}^{-1}$. 因此，若$\lambda$是$\boldsymbol{A}$的特征值，$\frac{1}{\lambda}$必是$\boldsymbol{A}^{-1}$的特征值，即也是$\boldsymbol{A}^{\mathrm{T}}$的特征值. 又$\boldsymbol{A}^{\mathrm{T}}$与$\boldsymbol{A}$有相同的特征值，因此$\frac{1}{\lambda}$也是$\boldsymbol{A}$的特征值.

(2) 设λ_0是正交矩阵$\boldsymbol{A}$的任一个特征值，$\boldsymbol{X}$是其对应的实特征向量，则有$\boldsymbol{AX}=\lambda\boldsymbol{X}$，两边转置，得

$$\boldsymbol{X}^{\mathrm{T}}\boldsymbol{A}^{\mathrm{T}}=\lambda\boldsymbol{X}^{\mathrm{T}} \quad \text{或} \quad \boldsymbol{X}^{\mathrm{T}}\boldsymbol{A}^{\mathrm{T}}\boldsymbol{X}=\lambda\boldsymbol{X}^{\mathrm{T}}\boldsymbol{X}$$

又 $A^{\mathrm{T}}=A^{-1}$，故 $X^{\mathrm{T}}A^{-1}X=\lambda X^{\mathrm{T}}X$. 又将 $A^{-1}X=\frac{1}{\lambda}X$ 代入，得 $\frac{1}{\lambda}X^{\mathrm{T}}X=\lambda X^{\mathrm{T}}X$. 即有

$$\left(\frac{1}{\lambda}-\lambda\right)X^{\mathrm{T}}X=\mathbf{0}$$

记 $X=(x_1, x_2, \cdots, x_n)^{\mathrm{T}}$，则 $X^{\mathrm{T}}X=\sum_{i=1}^{n}x_i^2$. 因为 X 为实向量，且 $X\neq\mathbf{0}$，故 $X^{\mathrm{T}}X>0$. 因此 $\frac{1}{\lambda}-\lambda=0$，即 $\lambda^2=1$ 或 $\lambda=\pm1$.

17. X 是 A^{-1} 的特征向量，也必是 A 的特征向量. 先求出 A 的特征值 $\lambda_1=\lambda_2=1, \lambda_3=4$. ①当 X 是属于 $\lambda=1$ 的特征向量时，有 $AX=1\cdot X$，可求出 $k=-2$；②若 X 是属于 $\lambda=4$ 的特征向量，有 $AX=4X$，求得 $k=1$. 因此 $k=-2$ 或 $k=1$.

18. 求出 A 的特征值：$\lambda_1=\lambda_2=1, \lambda_3=-1$，因此应有两个属于 $\lambda=1$ 的线性无关的特征向量，即在方程组 $(A-\lambda_1E)X=\mathbf{0}$ 中，$n-r(A-\lambda_1E)=2$，即 $r(A-E)=1$. 可求得 $x+y=0$.

19. 因为 $A\sim B$，故存在可逆矩阵 P，使 $P^{-1}AP=B$. 两边转置：$P^{\mathrm{T}}A^{\mathrm{T}}(P^{-1})^{\mathrm{T}}=B^{\mathrm{T}}$，记 $P^{\mathrm{T}}=Q^{-1}$，则 $Q^{-1}A^{\mathrm{T}}Q=B^{\mathrm{T}}$. 因此，$A^{\mathrm{T}}\sim B^{\mathrm{T}}$.

20. 因为 $AB=BA$，则 $(P^{-1}AP)\cdot(P^{-1}BP)=P^{-1}ABP=P^{-1}BAP=(P^{-1}BP)\cdot(P^{-1}AP)$.

21. 设 $P^{-1}AP=\Lambda_1$，$P^{-1}BP=\Lambda_2$，Λ_1，Λ_2 均为对角矩阵. 故 $(P^{-1}AP)\cdot(P^{-1}BP)=P^{-1}ABP=\Lambda_1\Lambda_2$. 又 $P^{-1}BP\cdot P^{-1}AP=P^{-1}BAP=\Lambda_2\Lambda_1$. 记 $\Lambda_1=\begin{pmatrix}\lambda_1 & & \\ & \ddots & \\ & & \lambda_n\end{pmatrix}$，$\Lambda_2=\begin{pmatrix}\mu_1 & & \\ & \ddots & \\ & & \mu_n\end{pmatrix}$. 显然有 $\Lambda_1\Lambda_2=\Lambda_2\Lambda_1$. 即有 $P^{-1}ABP=P^{-1}BAP, AB=BA$.

22. (1) 因为 A 可逆，$BA=(A^{-1}A)BA=A^{-1}(AB)A$，故 AB 与 BA 相似.

(2) 因为 $A\sim B$，即存在可逆矩阵 P，使 $P^{-1}AP=B$，即 $|B|=|P^{-1}|\cdot|A|\cdot|P|=|A|\neq0$（因为 A 可逆），因此 B 也可逆，即有 $B^{-1}=(P^{-1}AP)^{-1}=P^{-1}A^{-1}P$，故 A^{-1} 与 B^{-1} 相似.

又 $A^{-1}=\frac{1}{|A|}A^*$，$B^{-1}=\frac{1}{|B|}B^*$，代入上式即有

$$\frac{1}{|B|}B^*=P^{-1}\left(\frac{1}{|A|}A^*\right)P$$

因为 $|A|=|B|$，有 $B^*=P^{-1}A^*P$，即 $A^*\sim B^*$.

23. （1）能. 令 $P=\begin{pmatrix}1 & 4\\ 1 & -5\end{pmatrix}$, $P^{-1}AP=\begin{pmatrix}7 & 0\\ 0 & -2\end{pmatrix}$.

（2）不能

（3）能. 令 $P=\begin{pmatrix}1 & 0 & 1\\ 0 & 1 & 0\\ 1 & 0 & -1\end{pmatrix}$, $P^{-1}AP=\begin{pmatrix}1 & & \\ & 1 & \\ & & -1\end{pmatrix}$.

（4）能. 令 $P=\begin{pmatrix}2 & -1+2\mathrm{i} & -1-2\mathrm{i}\\ -1 & 1-\mathrm{i} & 1+\mathrm{i}\\ -1 & 2 & 2\end{pmatrix}$, $P^{-1}AP=\begin{pmatrix}1 & & \\ & \mathrm{i} & \\ & & -\mathrm{i}\end{pmatrix}$.

24. 提示：A 有 n 个两两不等的特征值.

25. 记 $P=(X_1, X_2, X_3)$，证明 P 可逆. 又 A 必可对角化，有

$$P^{-1}AP=\begin{pmatrix}1 & & \\ & -1 & \\ & & 0\end{pmatrix}=\Lambda,$$

故

$$A=P\Lambda P^{-1}=\begin{pmatrix}5 & -1 & -2\\ 16 & -4 & -6\\ 2 & 0 & -1\end{pmatrix}$$

26. A 有三个特征值及三个线性无关的特征向量，故 A 可以对角化. $\lambda_1=\lambda_2=-1$, $\lambda_3=5$. 对应的特征向量分别为 $X_1=(1, 0, -1)^{\mathrm{T}}$, $X_2=(0, 1, -1)^{\mathrm{T}}$, $X_3=(1, 1, 1)^{\mathrm{T}}$. 因此，有

$$A^k=P\Lambda^kP^{-1}=\frac{1}{3}\begin{pmatrix}(-1)^k\cdot 2+5^k & (-1)^{k+1}+5^k & (-1)^{k+1}+5^k\\ (-1)^{k+1}+5^k & (-1)^k\cdot 2+5^k & (-1)^{k+1}+5^k\\ (-1)^{k+1}+5^k & (-1)^{k+1}+5^k & (-1)^k\cdot 2+5^k\end{pmatrix}$$

27. 提示：A 有三个相异的特征值.

28. 提示：首先证明矩阵 A 有特征值 $+1$, -1，设其中 $+1$ 的个数为 r，再证 -1 的个数为 $n-r$，则由实对称矩阵知，必存在正交矩阵 T，使 $T^{-1}AT$ 为对角阵.

29. （1）$a=b=0$ （2）$T=\begin{pmatrix}\frac{1}{\sqrt{2}} & 0 & \frac{1}{\sqrt{2}}\\ 0 & 1 & 0\\ -\frac{1}{\sqrt{2}} & 0 & \frac{1}{\sqrt{2}}\end{pmatrix}$

30. 设属于 $\lambda_2=1$ 的另一个特征向量为 $X_2=(a_1, a_2, a_3)^{\mathrm{T}}$，则 $X_2\perp X_3$. 因此，有 $X_2^{\mathrm{T}}\cdot X_3=\mathbf{0}$，即 $a_1+a_2-a_3=0$. 可求得其一组基础解系为 $\boldsymbol{\eta}_1=(1, -1,$

$0)^{\mathrm{T}}$，$\boldsymbol{\eta}_2=(1,0,1)^{\mathrm{T}}$. 由此可见，$\boldsymbol{X}_2=\boldsymbol{\eta}_1=(1,-1,0)^{\mathrm{T}}$. 故有 $\boldsymbol{P}=(\boldsymbol{X}_1,\boldsymbol{X}_2,\boldsymbol{X}_3)$ $=\begin{pmatrix}1&1&1\\0&-1&1\\1&0&-1\end{pmatrix}$，且有 $\boldsymbol{P}^{-1}\boldsymbol{A}\boldsymbol{P}=\boldsymbol{\Lambda}$.

$$\text{或}\boldsymbol{A}=\boldsymbol{P}\boldsymbol{\Lambda}\boldsymbol{P}^{-1}=\begin{pmatrix}1&1&1\\0&-1&1\\1&0&-1\end{pmatrix}\begin{pmatrix}1&&\\&1&\\&&-2\end{pmatrix}\begin{pmatrix}1&1&1\\0&-1&1\\1&0&-1\end{pmatrix}^{-1}=$$

$$\begin{pmatrix}1&1&-2\\0&-1&-2\\1&0&2\end{pmatrix}\cdot\begin{pmatrix}\frac{1}{3}&\frac{1}{3}&\frac{2}{3}\\\frac{1}{3}&-\frac{2}{3}&-\frac{1}{3}\\\frac{1}{3}&\frac{1}{3}&-\frac{1}{3}\end{pmatrix}=\begin{pmatrix}0&-1&1\\-1&0&1\\1&1&0\end{pmatrix}$$

32. 因为 $\boldsymbol{A}$, $\boldsymbol{B}$ 有相同的两两不等的特征值，因此 $\boldsymbol{A}$, $\boldsymbol{B}$ 均可对角化，且对角矩阵相同. 根据相似关系的传递性，$\boldsymbol{A}$ 也相似于 $\boldsymbol{B}$. 设存在可逆矩阵 $\boldsymbol{T}$，使 $\boldsymbol{T}^{-1}\boldsymbol{A}\boldsymbol{T}=\boldsymbol{B}$，或 $\boldsymbol{A}=\boldsymbol{T}\boldsymbol{B}\boldsymbol{T}^{-1}$. 记 $\boldsymbol{S}=\boldsymbol{B}\boldsymbol{T}^{-1}$，则 $\boldsymbol{A}=\boldsymbol{T}(\boldsymbol{B}\boldsymbol{T}^{-1})=\boldsymbol{T}\boldsymbol{S}$，又 $\boldsymbol{B}=\boldsymbol{T}^{-1}\boldsymbol{A}\boldsymbol{T}=\boldsymbol{T}^{-1}(\boldsymbol{T}\boldsymbol{S})\boldsymbol{T}=\boldsymbol{S}\boldsymbol{T}$，其中，$\boldsymbol{T}$ 为可逆阵.

33. 因为 $\boldsymbol{X}_1$, $\boldsymbol{X}_2$, $\cdots$, $\boldsymbol{X}_n$ 是两两正交的单位特征列向量，因此 $\boldsymbol{A}$ 有 n 个线性无关的特征向量，有 $\boldsymbol{A}\boldsymbol{X}_1=\lambda_1\boldsymbol{X}_1$，$\boldsymbol{A}\boldsymbol{X}_2=\lambda_2\boldsymbol{X}_2$，$\cdots$，$\boldsymbol{A}\boldsymbol{X}_n=\lambda_n\boldsymbol{X}_n$，即

$$\boldsymbol{A}(\boldsymbol{X}_1,\boldsymbol{X}_2,\cdots,\boldsymbol{X}_n)=(\boldsymbol{X}_1,\boldsymbol{X}_2,\cdots,\boldsymbol{X}_n)\begin{pmatrix}\lambda_1&&&\\&\lambda_2&&\\&&\ddots&\\&&&\lambda_n\end{pmatrix}$$

记 $\boldsymbol{T}=(\boldsymbol{X}_1,\boldsymbol{X}_2,\cdots,\boldsymbol{X}_n)$，则 $\boldsymbol{T}$ 必为一个正交矩阵，得

$$\boldsymbol{A}\boldsymbol{T}=\boldsymbol{T}\boldsymbol{\Lambda}$$

或

$$\boldsymbol{A}=\boldsymbol{T}\boldsymbol{\Lambda}\boldsymbol{T}^{-1}=\boldsymbol{T}\boldsymbol{\Lambda}\boldsymbol{T}^{\mathrm{T}}$$

又 $\boldsymbol{T}^{\mathrm{T}}=(\boldsymbol{X}_1,\boldsymbol{X}_2,\cdots,\boldsymbol{X}_n)^{\mathrm{T}}=\begin{pmatrix}\boldsymbol{X}_1^{\mathrm{T}}\\\boldsymbol{X}_2^{\mathrm{T}}\\\vdots\\\boldsymbol{X}_n^{\mathrm{T}}\end{pmatrix}$，代入上式有

$$\boldsymbol{A}=(\boldsymbol{X}_1,\boldsymbol{X}_2,\cdots,\boldsymbol{X}_n)\begin{pmatrix}\lambda_1&&&\\&\lambda_2&&\\&&\ddots&\\&&&\lambda_n\end{pmatrix}\begin{pmatrix}\boldsymbol{X}_1^{\mathrm{T}}\\\boldsymbol{X}_2^{\mathrm{T}}\\\vdots\\\boldsymbol{X}_n^{\mathrm{T}}\end{pmatrix}$$

$$=(\lambda_1 X_1, \lambda_2 X_2, \cdots, \lambda_n X_n)\begin{pmatrix} X_1^{\mathrm{T}} \\ X_2^{\mathrm{T}} \\ \vdots \\ X_n^{\mathrm{T}} \end{pmatrix}$$

$$=\lambda_1 X_1 X_1^{\mathrm{T}} + \lambda_2 X_2 X_2^{\mathrm{T}} + \cdots + \lambda_n X_n X_n^{\mathrm{T}}$$

34. 因为$\boldsymbol{A}$是实对称矩阵，因此$\boldsymbol{A}$一定能对角化. k重特征值λ_0的线性无关的特征向量的最大个数恰好也为k. 设$\boldsymbol{\alpha}_1,\boldsymbol{\alpha}_2,\cdots,\boldsymbol{\alpha}_k$为其$k$个线性无关的特征向量，因此属于$\lambda_0$的任一个特征向量均可由$\boldsymbol{\alpha}_1,\boldsymbol{\alpha}_2,\cdots,\boldsymbol{\alpha}_k$线性表示，即$\boldsymbol{\alpha}_1,\boldsymbol{\alpha}_2,\cdots,\boldsymbol{\alpha}_k$必是线性齐次方程组$(\lambda_0\boldsymbol{E}-\boldsymbol{A})\boldsymbol{X}=\boldsymbol{0}$的一个基础解系. 即$(\lambda_0\boldsymbol{E}-\boldsymbol{A})$的秩为$n-k$.

35. 充分性　若$\boldsymbol{A}$与$\boldsymbol{B}$有相同的特征多项式，因此有相同的特征值，记作$\lambda_1,\lambda_2,\cdots,\lambda_n$. 又因为$\boldsymbol{A},\boldsymbol{B}$均为对称矩阵，因此它们均可对角化，其对角矩阵也相等. 记作

$$\boldsymbol{\Lambda}=\begin{pmatrix} \lambda_1 & & & \\ & \lambda_2 & & \\ & & \ddots & \\ & & & \lambda_n \end{pmatrix}$$

则存在正交矩阵$\boldsymbol{T}_1$及$\boldsymbol{T}_2$，使$\boldsymbol{T}_1^{-1}\boldsymbol{A}\boldsymbol{T}_1=\boldsymbol{\Lambda}$及$\boldsymbol{T}_2^{-1}\boldsymbol{B}\boldsymbol{T}_2=\boldsymbol{\Lambda}$. 即有

$$\boldsymbol{T}_1^{-1}\boldsymbol{A}\boldsymbol{T}_1=\boldsymbol{T}_2^{-1}\boldsymbol{B}\boldsymbol{T}_2$$

或

$$\boldsymbol{T}_2\boldsymbol{T}_1^{-1}\boldsymbol{A}\boldsymbol{T}_1\boldsymbol{T}_2^{-1}=\boldsymbol{B}$$

或

$$(\boldsymbol{T}_1\boldsymbol{T}_2^{-1})^{-1}\boldsymbol{A}(\boldsymbol{T}_1\boldsymbol{T}_2^{-1})=\boldsymbol{B}$$

记$\boldsymbol{T}=\boldsymbol{T}_1\boldsymbol{T}_2^{-1}$，则$\boldsymbol{T}$也是正交阵. 故有$\boldsymbol{T}^{-1}\boldsymbol{A}\boldsymbol{T}=\boldsymbol{B}$.

必要性　设存在正交矩阵$\boldsymbol{T}$，使$\boldsymbol{T}^{-1}\boldsymbol{A}\boldsymbol{T}=\boldsymbol{B}$成立，则$\boldsymbol{A}\sim\boldsymbol{B}$，因此$\boldsymbol{A}$与$\boldsymbol{B}$有相同的特征多项式.

36. 提示：$\boldsymbol{A}$有n重根$\lambda=0$，只有一个线性无关的特征向量$\boldsymbol{X}=(1,0,\cdots,0)^{\mathrm{T}}$.

第 8 章

习 题 8

1. (1) $\boldsymbol{X}=\begin{pmatrix} 1 & \frac{1}{2} & -\frac{3}{2} \\ 0 & \frac{1}{2} & -\frac{1}{2} \\ 0 & 0 & 1 \end{pmatrix}\boldsymbol{Y}$, $f=y_1^2-y_2^2$

(2) $X=\begin{pmatrix}1 & -1 & 0\\ 1 & 1 & 0\\ 0 & 0 & 1\end{pmatrix}Y,\ f=2y_1^2-2y_2^2+3y_3^2$

(3) $X=\begin{pmatrix}1 & 1 & 3\\ 1 & -1 & -1\\ 0 & 0 & 1\end{pmatrix}Y,\ f=y_1^2-y_2^3+3y_3^2$

(4) $X=\begin{pmatrix}1 & 1 & 1 & -\frac{1}{2}\\ 1 & -1 & -1 & \frac{1}{2}\\ 0 & 0 & 1 & \frac{1}{2}\\ 0 & 0 & 0 & 1\end{pmatrix}Y,\ f=2y_1^2-2y_2^2+2y_3^2+\frac{3}{2}y_4^2$

2. (1) $X=\begin{pmatrix}1 & -1 & -1\\ 0 & 1 & 1\\ 0 & 0 & 1\end{pmatrix}Y,\ f=y_1^2-y_2^2$

(2) $X=\begin{pmatrix}1 & -\frac{1}{2} & -1\\ 1 & \frac{1}{2} & -1\\ 0 & 0 & 1\end{pmatrix}Y,\ f=y_1^2-\frac{1}{4}y_2^2-y_3^2$

3. (1) $X=\begin{pmatrix}0 & \frac{1}{\sqrt{2}} & \frac{1}{\sqrt{2}}\\ 1 & 0 & 0\\ 0 & -\frac{1}{\sqrt{2}} & \frac{1}{\sqrt{2}}\end{pmatrix}Y,\ f=y_1^2+2y_2^2$

(2) $X=\begin{pmatrix}-\frac{1}{\sqrt{5}} & -\frac{4}{3\sqrt{5}} & \frac{2}{3}\\ \frac{2}{\sqrt{5}} & -\frac{2}{3\sqrt{5}} & \frac{1}{3}\\ 0 & \frac{5}{3\sqrt{5}} & \frac{2}{3}\end{pmatrix}Y,\ f=7y_1^2+7y_2^2-2y_3^2$

（3）$X=\begin{pmatrix} \frac{1}{2} & \frac{1}{\sqrt{2}} & \frac{1}{\sqrt{6}} & -\frac{1}{2\sqrt{3}} \\ -\frac{1}{2} & \frac{1}{\sqrt{2}} & -\frac{1}{\sqrt{6}} & \frac{1}{2\sqrt{3}} \\ -\frac{1}{2} & 0 & \frac{2}{\sqrt{6}} & \frac{1}{2\sqrt{3}} \\ \frac{1}{2} & 0 & 0 & \frac{3}{2\sqrt{3}} \end{pmatrix}Y$, $f=-3y_1^2+y_2^2+y_3^2+y_4^2$

4. -2
5. （1）秩 3，正惯性指数 2，符号差 1
   （2）秩 3，正惯性指数 1，符号差 -1
   （3）秩 2，正惯性指数 1，符号差 0
6. 正定
7. 正定
8. 不正定
9. $-\frac{4}{5}<t<0$ 时正定
10. $-2<t<1$ 时正定
11. $a=2$，$X=\begin{pmatrix} 0 & 1 & 0 \\ \frac{1}{\sqrt{2}} & 0 & \frac{1}{\sqrt{2}} \\ -\frac{1}{\sqrt{2}} & 0 & \frac{1}{\sqrt{2}} \end{pmatrix}Y$
13. 正定
20. $a=1$
21. （1）a，$a-2$，$a+1$　（2）$\lambda=0$，$a=2$
22. 否
24. （1）$f=y_1^2+y_2^2+\cdots+y_r^2$　（2）$(n+1)^r$
27. 否
29. $t<\min\{\lambda_1, \lambda_2, \cdots, \lambda_n\}$ 时正定

参 考 文 献

[1] БЕКЛЕМИШЕВ А В. Курс аналитической геометрии и линейной алгебры[M]. Москва: Наука, 1999.

[2] БЕКЛЕМИШЕВА Л А. Сборник задач по аналитической геометрии и линейной алгебре [M]. Москва: Наука, 2002.

[3] 郑宝东. 线性代数与空间解析几何[M]. 北京: 高等教育出版社, 2010.

[4] 居余马, 等. 线性代数[M]. 北京: 清华大学出版社, 2006.

[5] Я С Бугров, С М Никольский. Высшая математика Том. I[M]. Москва: Наука, 2004.

[6] В А Болтов, Б П Демидович, А В Ефимов и др. СБорник задач по Математике I[M]. Москва: Наука, 2004.